José Tadeu Balbo
Pavimentos de Concreto

Oficina de Textos

© Copyright 2009 – Oficina de Textos
1ª reimpressão – 2012 | 2ª reimpressão – 2014
3ª reimpressão – 2018 | 4ª reimpressão – 2023

Grafia atualizada conforme o Acordo Ortográfico da Língua Portuguesa de 1990, em vigor no Brasil desde 2009.

Conselho editorial Aloízio Borém; Arthur Pinto Chaves; Cylon Gonçalves da Silva; Doris C. C. K. Kowaltowski; José Galizia Tundisi; Luis Enrique Sánchez; Paulo Helene; Rozely Ferreira dos Santos; Teresa Gallotti Florenzano

Capa Malu Vallim
Foto de capa Fabrizia Balbo
Projeto gráfico, preparação de figuras e diagramação Douglas da R. Yoshida
Preparação de texto Gerson Silva
Revisão de texto Carolina Mangione

Dados Internacionais de Catalogação na Publicação (CIP)
(Câmara Brasileira do Livro, SP, Brasil)

Balbo, José Tadeu
Pavimentos de concreto / José Tadeu Balbo. --
São Paulo : Oficina de Textos, 2009.

Bibliografia
ISBN 978-85-86238-90-1

1. Pavimentação de concreto - Técnicas
2. Pavimentos de concreto I. Título.

09-09228   CDD-625.8

Índices para catálogo sistemático:
1. Pavimentos de concreto : Engenharia   625.8

Todos os direitos reservados à **Oficina de Textos**
Rua Cubatão, 798
CEP 04013-003 – São Paulo – Brasil
Fone (11) 3085 7933
www.ofitexto.com.br   e-mail: atendimento@ofitexto.com.br

Para meus queridos filhos, André (Deco) e Fabrizia (Bibi), em sinal de minha dedicação e eterno amor.

Infuso e amado por vocês, os consolará e os restituirá de qualquer dor, que não mais existirá, trazendo imensurável felicidade. Portanto, não olhem para os lados, e mirem apenas objetivos elevados. Infuso e amado por vocês, os tornará, simplesmente, incomparáveis.

Apresentação
Introduction

Aeroportos e autoestradas bem--projetados e bem-construídos com pavimentos de concreto podem fornecer excelente desempenho em longo prazo sob larga variedade de condições operacionais e de localização. Ao observar os elementos típicos de projeto e de construção, incluindo a de espessura de base, das juntas transversais e longitudinais e propriedades do concreto, os pavimentos de concreto superam seus equivalentes asfálticos por não apresentarem afundamentos em trilhas de roda e por poderem ser projetados para resistir a qualquer quantidade de repetições de eixos pesados (com mínimo dano por fadiga). Nas últimas duas décadas, as tecnologias para pavimentos de concreto e os equipamentos de construção evoluíram espetacularmente para garantir que esse pavimento seja mais eficiente do que jamais o fora. Este livro oferece a engenheiros e estudantes brasileiros uma visão geral dos métodos clássicos e contemporâneos para a concepção, a construção e a avaliação de pavimentos de concreto.

O livro abrange diversos tópicos, incluindo os tipos e as caracterís-

Well-designed and well-constructed airport and highway concrete pavements can provide excellent long-term performance under a wide range of operational and site conditions. By observing elements of proper design and construction, including considerations of thickness, base, transverse and longitudinal joints, and concrete properties, concrete pavements will outperform flexible pavements. Rigid pavements can be designed to withstand any number and magnitude of repeated axle loads (with minimal fatigue damage). In the last two decades concrete pavement technologies and construction equipment have improved dramatically to ensure that these pavements are better constructed and able to achieve the desired design life. This book provides Portuguese speaking engineers and students with a concise overview of classical and contemporary methods in the design, construction, and evaluation of concrete pavements.

The book covers a wide range of topics, including types and features

ticas dos pavimentos de concreto e de reforços em concreto, várias técnicas de construção e a teoria clássica de Westergaard sobre a análise de pavimentos de concreto. O Cap. 4 fornece um panorama de diversos procedimentos, desde os tradicionais métodos da PCA e da FAA até os mais modernos métodos LEDFAA e da PMSP (no Brasil). A obra também apresenta uma variedade de modelos analíticos que permitem uma análise dos pavimentos para as condições não previstas pelos métodos de projeto convencionais. Por fim, apresenta diversas ferramentas e métodos para avaliação do estado do pavimento, para ensaios não destrutivos e para sua manutenção.

Em nosso entendimento, o Prof. Balbo é a autoridade ideal para trabalhar cada um dos temas que esta obra envolve. Embora alguns o conheçam principalmente por seu trabalho sobre o comportamento dos pavimentos em climas tropicais, a verdade é que sua experiência é muito mais ampla e inclui uma série de questões importantes sobre mecânica dos pavimentos teórica e aplicada – por exemplo, seu trabalho sobre os efeitos de gradientes térmicos no desempenho de placas finas, e ensaios, em escala real e modelagem teórica, de *whitetoppings* ultradelgados. Por meio de sua pesquisa e ensino, o Prof. Balbo tem desempenho ativo em engenharia de

of concrete pavements and overlays, various construction techniques, and the classical Westergaard theory of concrete pavement analysis. The design chapter provides a comprehensive overview of various procedures, from the traditional PCA and FAA to the more modern LEDFAA and PMSP (Brazilian) designs. The book also presents a variety of model analytical tools that permit an analysis of rigid pavements for the conditions not covered by conventional design methods. Finally, the book introduces various tools and methods for pavement condition assessment, non-destructive testing, and maintenance.

On each of these topics, Prof. Balbo is to our knowledge the ideal authority for the work of this text. While some know Prof. Balbo mainly for his work on pavement behavior in tropical climates, the truth is that his expertise is much broader and includes a number of important topics in theoretical and applied pavement mechanics. This includes work in the effects of thermal gradients on the performance of thin slabs and full-scale testing and theoretical modeling of ultra thin whitetopping overlays. Through his research and teaching, Prof. Balbo has been very active in theoretical and applied pavement engineering around the

pavimentos teórica e aplicada em todo o mundo, incluindo compromissos de pesquisa em um número significativo de instituições nos Estados Unidos e na Europa, bem como indicações para comitês de associações internacionais de rodovias de concreto.

O livro do Prof. Balbo oferece uma visão abrangente das metodologias de projeto bem consolidadas, das práticas brasileiras e dos conceitos do estado da arte. Recomendamos esta obra para estudantes e profissionais como livro-texto e uma excelente fonte de conhecimento atual. Servirá ainda de referência para engenheiros experientes em pavimentos que desejam rever e melhorar seus conhecimentos teóricos, e aplicá-los para resolver problemas práticos.

world, including research appointments at a number of institutions in the United States and Europe and appointments on the committees of international consortiums in concrete roads.

Professor Balbo's book provides a comprehensive overview of the well-established design methodologies, Brazilian practices, as well as the state-of-the art concepts. We recommend this textbook to students and practitioners as an excellent source of current knowledge or as a reference book for experienced pavement engineers who want to review or improve their theoretical understanding for future applications to practical problems.

Michael Darter, PhD
Professor Emérito da Universidade de Illinois, Urbana-Champaign
Emeritus Professor, University of Illinois at Urbana-Champaign

Lev Khazanovich, PhD
Professor Associado da Universidade de Minnesota, Twin Cities
Associate Professor, University of Minnesota at Twin Cities

Jeffery Roesler, Ph.D.
Professor Associado da Universidade de Illinois, Urbana-Champaign.
Associate Professor, University of Illinois at Urbana-Champaign

APRESENTAÇÃO II

Tenho a honra de prefaciar uma das mais completas obras já escritas sobre Pavimentos de Concreto, fruto de uma vida voltada ao estudo e à pesquisa, representando o coroamento de uma brilhante carreira dedicada à área.

Seu autor, José Tadeu Balbo, é Graduado em Engenharia Civil (1984), Mestre em Engenharia de Transportes (1990) e Doutor em Engenharia (1993), todos pela Universidade de São Paulo (USP), com programa de doutorado-sanduíche da CAPES, na Escola Politécnica Federal de Zurique, Suíça (1992-1993), e Pós-doutorado pela Universidade de Cincinnati, Ohio (EUA).

É também o primeiro Livre-docente em Projeto e Construção de Pavimentos pela USP (1999) e, atualmente, professor associado desta mesma instituição; membro do Comitê de Pavimentos Rígidos (AFD50) do Transportation Research Board – National Academy of Sciences (EUA); revisor do *International Journal of Pavement Engineering* e do *Journal of the Transportation Research Board*; conselheiro editorial do *International Journal of Pavement Research and Technology*; diretor da International Society for Concrete Pavements e coordenador de comitê de rodovias em concreto do Instituto Brasileiro do Concreto.

Em 2008, atuou como Professor Visitante na Universidade de Illinois, em Urbana-Champaign (EUA), na área de pesquisas de pavimentos de concreto delgado, com análise de dados de deformações e temperaturas em placas de concreto. Participa, igualmente, de pesquisa na Universidade de Minnesota (Twin Cities).

Este livro é um verdadeiro manual para projeto, construção e manutenção de pavimentos de concreto, fundamentado em estudos teóricos; tecnologia do concreto; análises dimensional, estrutural e de tensões; avaliação, diagnóstico e recuperação. Balbo conclui sua obra discutindo a reciclagem do concreto e as preocupações de um profissional com a sustentabilidade da infraestrutura de nosso País.

Além disso, esta obra será, com certeza, adotada pelas principais universidades brasileiras como livro-texto em seus cursos de Engenharia.

Rubens Machado Bittencourt
Presidente do Instituto Brasileiro do Concreto

PREFÁCIO

É um prazer deveras especial poder oferecer este livro ao setor de engenharia de pavimentação da construção civil do País. Uma das razões é que esta obra sintetiza minha vida acadêmica no ensino de graduação e de pós-graduação. Acredito que se cumpre, assim, uma tarefa que contribuirá, de alguma maneira, para a formação, a conscientização e a compreensão acerca de vários elementos referentes a projeto e construção de pavimentos de concreto. Tenho convicção de que um bom público da área técnica poderá beneficiar-se com a consolidação desta obra, sobretudo na sistematização das questões que envolvem os pavimentos de concreto em sistemas de placas, bem como nas sínteses propostas para os assuntos mais emaranhados. Este livro foi escrito para o serviço de estudantes de pós-graduação, profissionais de consultoria e de obras, bem como para professores empenhados no ensino dessa tecnologia.

Este momento é para mim uma oportunidade única para o registro de minha área de especialidade, que pode ser detalhadamente verificada no currículo Lattes da base de dados do CNPq. Aliás, certa vez um estudante de doutorado na USP desejava esclarecer algumas ideias sobre placas apoiadas em meio elástico e, ao encontrar-me, questionou-me se alguém da área de pavimentação da universidade poderia ajudá-lo. Notei que ele estava um tanto constrangido, pois alguém de outro instituto próximo lhe havia dito que eu não seria a pessoa adequada para isso, de maneira que ele ficou perdido, naquela entre o sim e o não. Conclusão: para ter certeza sobre uma orientação acadêmica, verifique o currículo Lattes do CNPq do pesquisador, pois passa pelo crivo da própria comunidade acadêmica séria, que conhece quem faz e quem não faz sobre determinado assunto.

Tenho também uma história de imensa colaboração com muitos engenheiros da Prefeitura de São Paulo, dedicados profissionais que gerenciam verdadeiras "rodovias urbanas". Essas antigas relações muitas vezes converteram-se em amizade, e aprendemos a confiar na opinião técnica uns dos outros, sem objetivos mercantis. O método de projeto de pavimentos de concreto simples da PMSP, publicado em 2004, foi fruto de mais de um ano de trabalho voluntário desse grupo, quando se discutiu com muito fundamento a questão técnica do dimensionamento de pavimentos de concreto simples. É o primeiro método oficial do Brasil, com viés mecanicista e que considera os efeitos da temperatura em ambiente tropical, bem como o processo de fadiga em bases cimentadas e em concretos nacionais, não existindo até o momento outro método desenvolvido por qualquer outra agência municipal, estadual ou federal, o que coloca a PMSP na liderança dessa tecnologia. Após seu lançamento, esses meus amigos comentaram que alguém interessado no assunto lhes havia avisado para não encampar minhas ideias, pois eu era "maluco". Evidentemente, esse é um potencial leitor perdido, malgrado este livro iluminar intensamente o porquê de o método da PMSP ser como é.

Tive a oportunidade de ler algumas publicações que, possivelmente no afã de buscar uma suposta originalidade, ainda que após o ano 2000, afirmavam que não se havia feito pesquisa sobre pavimentos de concreto no Brasil. Também causou-me estranheza o fato de aqueles textos não fazerem referência a teses e publicações de meus ex-orientados – digamos, discípulos. Ora, afirmar, após 1990, que não se fez pesquisa sobre esse tema no País revela, para expressarmos aqui um gesto de tolerância com sua boa intenção, falta de rigor na revisão bibliográfica feita pelo autor. Dessa forma, espero que este livro sirva para que se evitem, de modo contundente, afirmações incertas como a referida.

Certa vez também fui criticado por não ter uma postura mais agressiva junto a órgãos, agências rodoviárias, concessionárias de rodovias, para oferecer minha visão sobre pavimentação em concreto. Respondi que marketing pessoal não era o meu forte. Insistiram dizendo que outras pessoas com notoriedade, e que talvez entendessem menos do assunto, estavam prestando um desserviço à sociedade, emitindo supostos pareceres de que espessuras de concreto inferiores àquelas estabelecidas em projetos não implicariam problemas em obras de pavimentação, e coisas do gênero. Argumentei então que os interessados eram livres para selecionar o tipo de profissional adequado para cada situação. Diante de uma insistência, como se eu tivesse que virar a mesa sobre um problema que não fui convidado a resolver, finalmente, para encerrar o assunto, disse algo pouco original: "em terra de cego...". Detesto fazer juízo de valor, pois, em minha visão da sociedade, isso é algo reservado ao futuro. Este livro, porém, de alguma forma, vai auxiliar esse colega que estava tão desconsolado com um parecer que ele julgara parcial. Em suas futuras contestações, se posso chamar assim, minhas respostas para muitos dos problemas (não todos) que lhe causavam ansiedade, e talvez a outros, já estarão registradas nesta obra, o que faço cumprindo meu dever como educador. Assim, este livro poderá apoiar a contestação de trabalhos programados ou realizados de maneira equivocada.

A presente obra não constitui uma tentativa de tese acadêmica, um manual de boas práticas para engenheiros ou um livro didático dirigido ao ensino de graduação. Nem mesmo é o resultado do esforço inicial de um jovem de 20 anos, ou a tentativa de alguém próximo dos 50 anos de agarrar-se a um "nicho" (e isso é muito natural e comum) sem um passado reflexivo sobre o tema proposto. Trata-se do resultado de longa reflexão e, ao mesmo tempo, de experiência prática, elaborada por um engenheiro que, desde os 20 anos, foi progressivamente amadurecendo no que diz respeito à técnica de pavimentação em concreto. Assim, também não é uma tradução e adaptação de obra alheia. Por honestidade, deve-se assinalar que abrange, na mais otimista das hipóteses, 10% do conhecimento existente (em minha mente) sobre o assunto; e não há como tratar de tudo em um trabalho de extensão limitada e escrito por um autor apenas. Trata-se, portanto, de uma obra básica de referência.

Embora minha história pessoal com pavimentação remonte aos meus cinco anos de idade, com pavimentos de concreto começa em 1975, bem antes de eu frequentar uma universidade. Havia uma "Paineira do Butantã", no cruzamento das avenidas Francisco Morato, Vital Brasil, Eusébio Matoso e do Jóquei Clube de São Paulo, que um dia daria lugar ao progresso do sistema viário (relativo, pois o transporte público continuou com problemas). Na rampa de descida para o cruzamento, em trecho curvo, na Av. Francisco Morato, a faixa da direita, constantemente solicitada por ônibus (lotados, como sempre) e caminhões freando, tinha seu pavimento asfáltico e flexível destruído anualmente. Como usuário de ônibus, era o trecho mais enjoativo do percurso entre o Butantã e a Av. Paulista. Perguntava-me, sem considerações tecnológicas: "Por que não se usa concreto aqui para acabar com esse tobogã?".

Coincidentemente, a edição deste livro ocorre quando se completam 20 anos de pesquisa documentada sobre pavimentos de concreto, pois é de 1989 o primeiro registro oficial do desenvolvimento de pesquisa relacionada ao tema, versando sobre a criação de um programa de elementos finitos para a abordagem estrutural de placas de concreto. Contudo, meu interesse profissional e acadêmico pelo tema nasceu com o trabalho de graduação em Engenharia Civil sobre a pavimentação das pistas e pátios do atual aeroporto Governador André Franco Montoro (Guarulhos – SP), em 1983. Além de documentários fotográficos e filmagens sobre as técnicas de pavimentação em concreto, o trabalho consistia na tentativa de esclarecimento dos critérios de projeto dos pavimentos de concreto. Na busca de referências, o jovem estudante se deu conta de que, no Brasil, havia algumas traduções de trabalhos estrangeiros, em geral norte-americanos, mas nenhuma análise crítica ou desenvolvimento essencialmente nacional.

Em 1994, passei a lecionar a disciplina Pavimentos de Concreto em curso de pós-graduação na Universidade de São Paulo, e desde então recebemos alunos de várias instituições de ensino e pesquisa no Brasil, dando nossa contribuição a uma atividade de interface: tecnologia de concretos aplicada à pavimentação. Completam-se assim 15 anos ininterruptos de magistério na pós-graduação e 22 anos em pesquisa aplicada na USP, além da orientação de diversas teses de doutorado e dissertações de mestrado. Embora isso possa conferir alguma autoridade, exige muita responsabilidade de quem se debruça para escrever. Nesses 20 anos, tenho também me dedicado ao ensino de pavimentação em concreto no curso de graduação em Engenharia Civil, e há dez anos, pela importância do tema, passei a dedicar 50% da quantidade de tempo em sala de aula aos pavimentos de concreto (o que é incomum em cursos de Engenharia Civil no País). Além disso, o autor acumula vivência profissional em consultoria de projetos e em obras de pavimentação em concreto, adquirida em vários estados da federação, em diversas situações e oportunidades.

A abordagem escolhida para a redação do texto teve dois focos fundamentais. Primeiramente, a tecnologia do concreto em si, que não poderia ser mais um compêndio, uma vez que existe material abundante e de altíssima qualidade no Brasil. Teria que ser uma tecnologia direcionada à produção do pavimento de concreto, como costumamos enfocar em sala de aula, procurando alertar o leitor sobre os riscos do emprego inadequado do material. Reconhece-se que a sistematização de muitos conhecimentos, especialmente sobre a tecnologia dos concretos, já foi realizada inclusive por outros autores nacionais, de maneira que não me ative a longas revisões bibliográficas para a exploração de cada tema, abordando o essencial ao conceito e à prática, porém fornecendo referências para a leitura de outros textos muito importantes, que analisam com maior profundidade os conceitos expostos. O segundo foco seria uma abordagem mecanicista, reflexiva e crítica dos critérios de análise estrutural e de projetos, alguns deles mais conhecidos e empregados por engenheiros brasileiros, delimitando claramente suas incertezas e limitações. Isso não poderia ser feito sem uma abordagem, ainda que sumária, dos conceitos de análise estrutural, analíticos ou numéricos, desses tipos de estruturas. Também nesse particular houve um esforço para transformar o trabalho de pesquisa em algo mais direto e didático. A técnica de abordagem é reflexiva e exige a leitura de todos os conceitos e ideias expostos. Propositadamente, em diferentes pontos do texto, os conceitos tidos como fundamentais são retomados e aprofundados, para melhor fixação.

Não se engane: o texto proposto apresenta muitos novos paradigmas, embora possam até ser tidos por subjetivos; porém, tais desenvolvimentos, quando relacionados à atividade de investigação do autor, foram submetidos a rigorosas avaliações de revisores em congressos internacionais, bem como de comitês editoriais e científicos de jornais de grande circulação internacional. Por essa razão, o autor se sente bastante à vontade quando explicitamente expressa conceitos ou entendimentos de consenso internacional, coisa que apenas a vivência no exterior, em equipes de pesquisa de universidades ou em diretorias de associações técnicas, europeias e norte-americanas, pôde legar a quem escreveu a obra. Isso não rompe, antes reforça, o compromisso do autor com a melhoria da qualidade de projeto e construção dos pavimentos de concreto, que certamente terão sua aplicação em crescimento ascensional a partir das próximas duas ou três décadas. Por essa razão, o autor se sentirá bastante satisfeito em discutir com o colega leitor, se necessário e oportuno for, daqui a um século, a utilidade do esforço empreendido no presente trabalho.

Esta obra tem muito da garra e das mãos iluminadas de minha querida editora, Shoshana Signer, que me incentivou a sondar os caminhos que pudessem conduzir à sua edição, já que o assunto era específico demais para atingir um grande público, o que causava restrições à sua edição. Sou muito grato aos seus conselhos e diligência em cuidar deste trabalho, em especial por não me deixar desanimar. Também sou grato à competente equipe de revisão e diagramação da Oficina de Textos, pelo seu esforço em tornar o texto mais fluido e visualmente agradável aos leitores. Como patrocinadores, tive a extrema felicidade de receber prontamente um sim, sem titubeios, de quatro empresas de reputação irretocável, que não se encontravam "imersas" na crise financeira internacional. Gostaria, contudo, de ressaltar que os contatos e entendimentos com essas empresas foram realizados da melhor sorte possível, com quatro profissionais de altíssimo gabarito, com quem tenho convivido nas últimas duas décadas em uma sinérgica e mútua relação de respeito e admiração, além de cooperação profissional: Leônidas Alvarez Neto (JBA Engenharia), Mauro Beligni (Tecpav Engenharia), Publio Penna Rodrigues (LPE Engenharia) e Rodrigo Maluf Barella (Solotest). Meus amigos, tomem parte, com grande exclusividade, dessa minha festa pessoal contida nas páginas que se seguem.

Gostaria de expressar meus sinceros agradecimentos ao Prof. Paulo Helene pela revisão e sugestões para o Cap. 2, bem como ao Prof. Lev Khazanovich, por inúmeras sugestões para os Caps. 3 e 4. Várias informações e elementos gráficos contidos no Cap. 1 foram cedidos pelo Prof. Willy Wilk (ETH-Zurique), meu coorientador de doutorado, ao qual também sou bastante grato. Para finalizar, durante a batelada de exames para meu concurso de ingresso na carreira docente da Universidade de São Paulo, o presidente da banca avaliadora, Prof. Paulo Roberto do Lago Helene, durante arguição do memorial por mim oferecido, questionou-me sobre o trabalho que tive ao construir uma linha de pesquisa a partir do zero (Pavimentos de Concreto), sem que tivesse um líder prévio que pudesse direcionar a empreitada, sem uma liderança para a construção do conhecimento desejado; enfim, sem uma referência anterior. No cansaço final da arguição, não me veio uma resposta clara; contudo, nesta oportunidade, apresento finalmente aos mais curiosos a melhor resposta.

Em nossa breve existência, se ficarmos atentos, reconheceremos que somos colocados em meio a pessoas e grupos distintos. Um grupo é aquele ao qual você auxilia a cumprir suas missões, e muitas vezes não ocorre aí um envolvimento emocional; outro, de mais limitada ocorrência, é aquele com o qual você divide ideais, missões e méritos. Há um terceiro, ainda mais limitado, que é aquele que o coloca diante de novos desafios; nesse grupo encontramos criaturas altruístas, luminosas e dotadas de enorme inteligência, que transformam nossa vida profissional e pessoal, trazendo discernimento para nossa missão. Registro aqui minha homenagem a esse terceiro grupo que aconteceu na minha vida acadêmica, como professor e pesquisador na área de Engenharia Civil. Todos se tornaram também amigos queridos. A vocês, meus amigos, guias e mentores, minha mais profunda gratidão, admiração e respeito:

- Prof. Willy Wilk, do Instituto Federal de Tecnologia de Zurique, Suíça (ETH-Z), um dos mais notáveis especialistas em pavimentação em concreto da Europa nas décadas de 1970 a 1990, e atualmente Membro Honorário da Sociedade Internacional de Pavimentos de Concreto, que me deu luz e discernimento para minhas pesquisas de doutoramento naquele país, entre 1992 e 1993;
- Prof. Anastasios Ioannides, da Universidade de Ohio (Cincinnati, EUA), um dos raros especialistas internacionais em teorias de placas e elementos finitos para pavimentos de concreto, com quem, sob sua supervisão, realizei estágio de pós-doutoramento em 2001;
- Dra. Kathleen Teresa Hall, ex-presidente do Comitê de Pavimentos Rígidos do TRB-NRC (Washington, D.C.) e vice-presidente da Sociedade Internacional de Pavimentos de Concreto, pelas oportunidades e grande amizade ao longo dos últimos 15 anos. Ela me contou que anos atrás lhe perguntaram desde quando me conhecia, e a resposta foi: "Acho que sempre conheci o José..., eu não me recordo!";
- Prof. Lev Khazanovich, da Universidade de Minnesota e professor visitante na USP (Fapesp), meu grande amigo e possuidor da mente mais clara sobre respostas mecânicas de pavimentos (de qualquer tipo) que conheci, e que também me proporcionou oportunidades como pesquisador e professor visitante em sua universidade;
- Prof. Mang Tia, da Universidade da Flórida, uma alma humana fantástica, que foi também professor visitante na USP (Fapesp), que

me possibilitou uma abertura total do conhecimento sobre efeitos térmicos em placas de concreto;
- Ao eng. Francisco Sanz-Estebán, ex-presidente da Associação Brasileira de Cimento Portland, um grande incentivador e desafiador para meus trabalhos, pessoa iluminada, de uma delicadeza incomum, sempre otimista e ativo, que abriu portas para mim e me disse insistentemente que jamais a indústria e a universidade poderiam estar dissociadas na pesquisa, ampliação do conhecimento e transferência de bens para a melhoria da qualidade de vida da sociedade.

São Paulo, inverno (tropical) de 2009.

Sumário

1 Sistemas em placas de concreto para pisos e pavimentos 19
  1.1 Tipos de pavimentos de concreto 19
  1.2 Breve histórico de doze décadas de tecnologia 34
  1.3 Estradas e autoestradas brasileiras (um breve passeio) 46
  1.4 Rodovia somente para tráfego pesado? 52

2 Tecnologia de concretos aplicada
   à construção de pavimentos 53
  2.1 Propósitos básicos na abordagem da questão
     tecnológica dos concretos 53
  2.2 Tipos de concretos empregados em pavimentação 56
  2.3 Propriedades do concreto fresco 61
  2.4 Propriedades do concreto endurecido 67
  2.5 Degradação dos concretos – Aspectos especiais 137
  2.6 Dosagem dos concretos para pavimentação –
     princípios gerais e diretrizes racionais 140
  2.7 Lançamento do concreto – Tecnologias
     para grandes volumes 148
  2.8 Cura dos concretos 152
  2.9 Acabamento superficial - Texturização 156
  2.10 Aços nos pavimentos de concreto 159
  2.11 Recomendações atuais sobre o uso de juntas 173
  2.12 Tendências internacionais atuais para o controle de fissuras 176
  2.13 Por que pavimentos de concreto ainda
      falham prematuramente? 177

3 Fundamentos teóricos para análise de tensões em placas 181
  3.1 Motivações para a aprendizagem teórica 181
  3.2 Breve introdução à Teoria Clássica de Placas Isótropas 182
  3.3 Sistemas elásticos de suporte para placas 193
  3.4 Esforços de retração no concreto 212
  3.5 Esforços resultantes de variações térmicas 214
  3.6 Modelos analíticos de Westergaard
     Placa sobre fundação de Winkler 215
  3.7 Modelos analíticos de Westergaard
     para tensões resultantes de temperaturas 233
  3.8 Modelos analíticos de Hogg-Losberg –
     Placa sobre fundação elástica 243
  3.9 Teoria das Charneiras Plásticas 244
  3.10 Sistemas de placas equivalentes 250
  3.11 Transferência de cargas em juntas 259
  3.12 Ligação lateral entre placas 263

3.13 Solicitações normais em seções armadas retangulares de concreto.. 264
3.14 Valores característicos e de cálculo.. 273
3.15 Linearidade entre carga e tensão em placas de concreto........... 275
3.16 Equivalência entre cargas nos pavimentos de concreto............. 278
3.17 Comportamento de placas sobrepostas com base em flexão de vigas... 280

4 Dimensionamento e análise estrutural dos pavimentos de concreto 285

4.1 Evolução dos métodos analíticos para critérios de projeto de pavimentos de concreto... 285
4.2 Métodos fechados para projeto de pavimentos de concreto apoiados no MEF – Análise numérica..................... 302
4.3 O método da PCA (1984) e outros derivados do MEF calculam as mesmas coisas?... 336
4.4 Calibração de tensões em pistas experimentais 344
4.5 Limitações dos modelos analíticos *VERSUS* MEF......................... 346
4.6 Aplicação do MEF na análise estrutural de placas de concreto (pisos e pavimentos) 350
4.7 O abismo inqualificável entre projeto e execução da obra.......... 370

5 Avaliação, diagnóstico e manutenção dos pavimentos de concreto 373

5.1 Avaliação e análise estrutural... 373
5.2 Avaliação funcional e de patologias... 398
5.3 Manutenção dos pavimentos de concreto 423

Referências bibliográficas
Disponível na página do livro
https://www.ofitexto.com.br/pavimentos-de-concreto/p

Sistemas em placas de concreto para pisos e pavimentos

1.1 Tipos de pavimentos de concreto

Os pavimentos de concreto são aqueles cuja camada de rolamento (ou revestimento) é elaborada com concreto (produzido com agregados e ligantes hidráulicos), o que pode ser feito com diversas técnicas de manipulação e elaboração do concreto – como pré-moldagem ou produção *in loco* –, que apresentam suas particularidades de projeto, execução, operação e manutenção. No Quadro 1.1 apresentam-se os tipos de pavimentos de concreto abordados neste texto.

Os pavimentos em blocos intertravados como revestimento, produzidos industrialmente, não serão tratados aqui, mas apenas os pavimentos constituídos por placas de concreto, cujo comportamento estrutural é radicalmente diferente dos blocos de concreto, embora também se enquadrem, em um senso de definição, como pavimentos de concreto. Para uma discussão mais profunda sobre a questão da nomenclatura e da classificação dos pavimentos, ver Balbo (2007).

QUADRO 1.1 Tipos de pavimentos de concreto em placas
(adaptado de Balbo, 2005)

Denominação	Símbolo	Principais características estruturais e construtivas
Pavimento de concreto simples	PCS	Concreto de alta resistência em relação a concretos estruturais para edifícios, que combate os esforços de tração na flexão gerados na estrutura, por não possuir armaduras para isso. A presença de juntas serradas de contração (para controle da retração) pouco espaçadas é marcante
Pavimento de concreto armado	PCA	Concreto que trabalha em regime de compressão no banzo comprimido, mas sem sofrer esmagamento. No banzo tracionado estão as armaduras resistentes aos esforços de tração, o que faz dele um concreto convencional armado. Há juntas serradas, porém de modo mais espaçado que no PCS

QUADRO 1.1 Tipos de pavimentos de concreto em placas
(adaptado de Balbo, 2005) (Continuação)

Denominação	Símbolo	Principais características estruturais e construtivas
Pavimento de concreto com armadura contínua	PCAC	Concreto que tolera a fissuração de retração, transversalmente, de modo aleatório. À armadura contínua, colocada pouco acima da linha neutra, na seção transversal da placa, cabe a tarefa de manter as faces fissuradas fortemente unidas. Não se executam juntas de contração nesse pavimento, com exceção das construtivas
Pavimento de concreto protendido	PCPRO	Concreto que permite placas de grandes dimensões planas e menores espessuras, trabalhando em regime elástico
Pavimento de concreto pré-moldado	PCPM	As placas de concreto pré-moldadas atendem à necessidade de transporte. São normalmente fabricadas sob medida, com elevado controle e precisão, para a rápida substituição de placas em pavimentos de concreto deteriorados
Whitetopping	WT	Nova camada de revestimento de um antigo pavimento asfáltico de concreto, que poderá ser em PCS, PCA, PCAC, PCPRO ou PCPM, de acordo com os respectivos padrões construtivos dessas soluções
Whitetopping ultradelgado	WTUD	Camada delgada de concreto, de elevada resistência, lançada sobre a antiga superfície asfáltica fresada, que apresenta placas de pequenas dimensões e trabalha por flexão e deflexão. As juntas de contração são serradas com espaçamentos pequenos e, em geral, utiliza-se concreto de alta resistência

1.1.1 Pavimentos de Concreto Simples

Os pavimentos de concreto simples (PCS) – portanto, não armados – são constituídos de placas de concreto moldadas *in loco*, algumas horas após a moldagem do concreto, e definidas por serragem de juntas transversais e longitudinais (Fig. 1.1). Essas placas encontram-se assentes sobre um sistema de apoio constituído da base (esta, eventualmente, sobre uma sub-base) e do subleito. Vários tipos de concreto podem ser empregados na construção dessas placas, como o concreto convencional (CCV), o concreto de alta resistência (CAD) e o concreto compactado com rolo (CCR).

A motivação principal para a serragem das juntas igualmente espaçadas é o controle da retração hidráulica na massa de concreto fresca, de grande área e volume, exposta às condições ambientais mais desfavoráveis possíveis (sol, chuva, ventos), se comparadas às condições de cura de concretos em estruturas corriqueiras. Evidentemente, tal corte induz a fissuração por retração hidráulica da massa fresca de concreto de cimento Portland (CCP) exatamente nessa junta, digamos, "enfraquecida" ("a corrente rompe no elo mais fraco"). Tais conformações delimitam verdadeiras placas de concreto, e a estrutura de pavimento estará bastante condicionada a essa condição geométrica para apresentar suas respostas às cargas impostas ao pavimento.

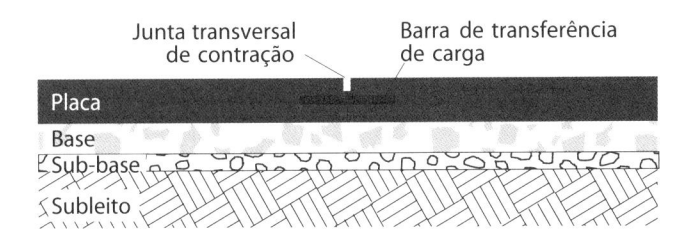

Fig. 1.1 *Placas de pavimento de concreto simples*

O aço genericamente empregado em PCS é para a colocação das chamadas barras de transferência de carga (BT), posicionadas exatamente nessas juntas transversais, de tal sorte que as cargas aplicadas sobre a placa, próximas à junta transversal, têm seus efeitos aliviados pela presença das BT, que deslocam parte dos esforços para a placa subsequente, fazendo que placas sucessivas trabalhem solidariamente naquela região. Esse efeito é denominado "transferência de carga" e ocorre em qualquer junta de pavimentos de concreto em placas.

A não existência de BT é um aspecto muito importante do ponto de vista do fundamento do cálculo estrutural do PCS, e delimita muito bem qual tipo de teoria ou método empregar quando de sua existência.

> O corredor de ônibus 9 de Julho-Santo Amaro, na cidade de São Paulo, foi construído em 1985, com PCS sem BT em suas baias para paradas de ônibus. Fissurações associadas à região de juntas transversais, com subsequente escalonamento entre placas de concreto, com prejuízos evidentes ao tráfego, exigiram a reconstrução desses pavimentos em 1996, dessa vez com BT e bases em CCR. Esse pavimento foi demolido em 2004 para a construção de um novo corredor de transporte coletivo, empregando-se novamente o PCS com BT.

Em termos práticos, as BT influenciam bastante o comportamento de pavimentos de CCP simples. Na ausência de BT, a junta serrada deverá fazer ponte de distribuição de esforços entre placas contíguas por interfaceamento de agregados na face vertical fissurada.

Nas juntas longitudinais do PCS são dispostas as chamadas barras de ligação (BL), cuja função é evitar o deslocamento horizontal relativo entre placas lateralmente dispostas, que ocorre pelo engastamento da armadura em ambas as placas de concreto. A expressão *tied* é utilizada no inglês técnico para se referir à placa amarrada a outras placas lateralmente dispostas.

Algumas vezes, opta-se pelo emprego de armadura de retração, na forma de telas, posicionada acima da linha neutra, o que permite a execução de placas de maior comprimento, sem, no entanto, tal armadura destinar-se a combater esforços de tração. Mantêm-se, assim, as características típicas de um PCS. Essa técnica foi paulatinamente abandonada nas modernas construções, e o espaçamento entre juntas serradas é comum entre 4,5 m a 6 m.

No Brasil, ao longo de muitos anos, as construções de PCS empregaram manta ou lona plástica (de polietileno) sobre a base do pavimento, inclusive no caso de ser cimentada (brita graduada tratada com cimento – BGTC – ou CCR), como meio de evitar possíveis propagações de fissuras (no caso de bases cimentadas) nas placas de concreto. Essa preocupação praticamente só tinha precedentes na Espanha. Nos EUA, prefere-se a aderência entre o concreto e a base cimentada ou em concreto compactado com rolo, sem o uso dessas mantas separadoras.

Em algumas obras de pavimentação em concreto, em importantes rodovias, passou-se a aplicar emulsão asfáltica sobre a base cimentada, para auxiliar na cura da base, com consequente redução de preço, pelo não uso da lona plástica, sem existir uma expectativa muito clara se o sistema, nesse caso, seria aderido ou não. Esse assunto será retomado adiante, no que tange à questão estrutural, que traz implicações para todos os tipos de pavimentos de concreto.

Os esforços decorrentes das possíveis ações sobre o pavimento criam um estado de flexão na placa de concreto que, no caso dos PCS, é analisado com base em teorias derivadas de análises de estado plano de tensões, para que seja possível o cálculo de momentos fletores ou tensões de tração na flexão nas placas de concreto em regime elástico. No passado, os modelos elásticos mais utilizados para o cálculo desses esforços eram oriundos da Teoria de Westergaard; modernamente, porém, recomenda-se o cálculo estrutural com emprego de modelagem numérica, por razões que ficarão, em diversos momentos desta obra, absolutamente claras.

Ora, não possuindo tal tipo de pavimento armadura estrutural, atribui-se ao concreto toda a responsabilidade de suportar deformações de tração na flexão, sem que ocorra sua ruptura, que seria caracterizada por fissuração. Assim, para fins de cálculo de espessuras, os fundamentos e os modelos de análise de tensões nesses pavimentos exigem a hipótese de que o concreto trabalhe em regime elástico, sendo o único responsável por resistir aos esforços impostos, sem que estes, ao excederem a resistência do concreto, provoquem fissuração, tomando-se em conta o processo de danificação do pavimento por fadiga ao longo de um horizonte de serviço (ou de projeto).

Por tal razão e diante da magnitude de esforços gerados por veículos rodoviários, aeronaves, empilhadeiras portuárias e industriais, bem como por efeitos climáticos, a chave central do dimensionamento desse tipo de pavimento é a definição, para o concreto, de uma espessura de placa e de uma resistência à tração na flexão que, analisado o consumo por fadiga do concreto sob a ação de esforços de natureza repetitiva, leve a resultados capazes de atender a uma demanda de tráfego e ambiental ao longo de um período de projeto preestabelecido.

Em função de tais características, quando se deseja pesquisar, analisar, dimensionar e construir um PCS, os engenheiros civis conhecem muito bem o fator limitante mais crítico de projeto: a resistência do concreto. O controle de tal característica é o aspecto mais crucial para o bom desempenho de um pavimento desse tipo, mantidos sem variação os demais parâmetros de projeto, em especial o módulo de elasticidade do concreto. Assim, em fase de projeto ou de execução de um PCS, naturalmente as preocupações dos engenheiros civis voltam-se para critérios de segurança quanto ao concreto utilizado, inequivocamente em termos de sua resistência, medida por meio de ensaios para reproduzir esforços de tração na flexão.

O PCS pode ser construído com emprego de CCR, o que exige cuidados especiais com relação ao acabamento da superfície do concreto, por duas razões simples (Fig. 1.2). Diferentemente do CCP vibrado, o CCR não oferece um acabamento desempenado, ocasionando falta de planicidade perfeita, o que gera irregularidades ou desconforto ao rolamento de veículos, um aspecto menos importante em vias de baixa velocidade. Por outro lado, pela impossibilidade de ranhura (texturização) da superfície do CCR, como no outro caso, condições de aderência pneu-pavimento poderão ser prejudicadas. Ainda há outro aspecto: a dificuldade de instalação e fixação de BT em juntas transversais, bem como das BL, o que deixa um PCS em CCR sem elementos em aço para a transferência de carga e a ligação entre as placas. Recorda-se que esse tipo de pavimento poderá possuir também juntas serradas, sendo alterado apenas o tipo de concreto.

Fig. 1.2 *Pavimento de concreto em CCR em resort nos EUA (www.spokanervresort.com)*

1.1.2 Pavimentos de Concreto Armado

Da mesma maneira que um PCS, o pavimento de concreto (estruturalmente) armado (PCA) é formado por uma sequência ou conjunto de placas armadas (Fig. 1.3), mas que apresentam dimensões planas maiores, geralmente duas a três vezes superiores a uma placa de PCS, e, em razão disso, exigem menor quantidade de BT e de BL em sua construção. Os PCA trabalham sob a ação de esforços em flexão, e a densidade de armadura resistente nessas placas, bem como de retração, é considerável.

O PCA diferencia-se muito do PCS, em termos de fundamento de dimensionamento e de análise de tensões, pela hipótese assumida em projeto, de que os esforços de tração críticos que ocorrem em fibras

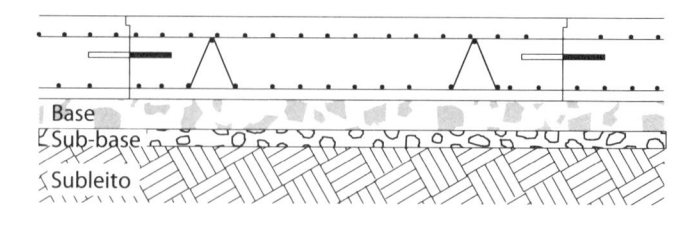

Fig. 1.3 *Seção transversal de placa de pavimento de concreto armado*

superiores ou inferiores de uma placa armada são obrigatoriamente absorvidos pela área transversal da armadura de aço, projetada e disposta de modo racional para cumprir tal função. De fato, em relação aos PCS, a espessura do concreto nos PCA é reduzida, bem como sua própria resistência (no caso, à compressão). Este último fator implica maiores momentos fletores, e isso faz a estrutura entrar em regime de fissuração (limite entre Estádios I e II) e os esforços serem absorvidos pelas armaduras longitudinais e transversais.

No caso de um PCA, alternativamente ao fundamento de cálculo em regime elástico utilizado para um PCS, admite-se que o pavimento possa ser analisado em regime plástico, o que, na prática brasileira de projetos, quase não ocorre, uma vez que os momentos fletores são geralmente calculados por teorias em regime elástico. Isso significa dizer que, nas zonas de uma placa estruturalmente armada onde ocorrem os esforços de tração na flexão, o concreto fissura, deixando de ter continuidade, sendo então tais deformações absorvidas pelo aço, uma vez que o concreto fissurado já não é capaz de cumprir tal tarefa.

Para o dimensionamento desse pavimento, empregam-se possivelmente teorias de naturezas muito distintas, como a própria Teoria de Westergaard ou aquelas baseadas na Teoria das Charneiras Plásticas, bem como métodos numéricos mais sofisticados, passando a ser o cerne do projeto e do cálculo a definição da área de armadura transversal e longitudinal necessária para resistir aos momentos fletores impostos por cargas externas, sem que ocorra a ruptura do aço, que controla então a resistência do elemento estrutural (ou seja, da placa), uma vez que o concreto encontra-se fissurado.

Ainda com relação à elevada taxa de armadura na placa de concreto, é necessário recordar que tal armadura passa a controlar a ocorrência de fissuras de retração, especialmente de natureza hidráulica, durante as idades iniciais de cura do concreto. Em face de tal característica, as juntas transversais e longitudinais de um PCA podem ser projetadas de modo mais espaçado, de tal sorte que são definidas placas de maiores dimensões sem riscos de fissuras de retração durante a cura, o que não é válido para os PCS.

Pode-se afirmar, com objetividade, que a resistência de concretos utilizados em PCA não é definida em função de sua adequação para enfrentar os esforços atuantes, mesmo porque, como já se destacou, não é o concreto que controla as reações aos esforços de flexão. Define-se a resistência do concreto, ainda que sem amparo de regras de norma técnica sobre o assunto, possivelmente em função da necessidade de durabilidade do concreto, cuja área superficial muito grande em pavimentos fica exposta à ação de chuvas, de descargas de elementos sólidos ou líquidos nocivos à sua durabilidade e, principalmente, à abrasão causada por rodas de veículos. Assim, acredita-se que a dosagem ideal para o concreto de um PCA permeia necessariamente o atendimento de um teor de argamassa mínimo no material.

Colocados tais fundamentos, é totalmente cabível e lógica a inexistência da necessidade de controle de resistência à tração na flexão do concreto utilizado em PCA (contrariamente ao caso do PCS), porque o concreto, de fato, não deverá resistir a tais esforços. Projetar ou construir um PCA em que o concreto resistisse aos esforços de tração na flexão – portanto, trabalhasse em regime elástico – seria um contrassenso sem precedentes em termos de economia na execução da obra.

1.1.3 Pavimentos de Concreto Protendido

A concepção de um pavimento de concreto protendido (PCPRO) pode abarcar a presença simultânea de armaduras convencionais e de cordoalhas protendidas, ou apenas estas últimas. Nesse caso, realizada uma protensão prévia ou posterior nas barras de aço, criam-se esforços de compressão na estrutura antes mesmo de sua solicitação por cargas externas. Durante a atuação dos carregamentos exteriores, por veículos ou por efeitos ambientais, apenas ocorre tração no concreto protendido quando o esforço prévio de compressão é superado, o que permite uma redução apreciável na espessura da placa pela tolerância de maiores momentos fletores.

Os PCPRO permitem a execução de grandes placas de concreto sem necessidade de juntas de contração, inclusive com o emprego de placas de espessura bastante inferior à dos PCS. Contudo, contrariamente ao caso dos PCA, que permitem detalhamento de armaduras para resistências de concretos inferiores às dos tradicionais PCS, o PCPRO tem como requisito normal uma elevada resistência à compressão do concreto, pela necessidade de imposição de esforços primários de protensão em compressão.

Trata-se de solução difundida há décadas no Brasil, na construção de pátios e áreas de manobras de aeroportos, tendo como marco inaugural o Aeroporto Internacional Tom Jobim (Galeão), no Rio de Janeiro, em meados da década de 1970. Atualmente, o emprego dos PCPRO expandiu-se também para o caso dos pisos industriais, especialmente quando existem restrições para juntas. Yoder e Witczak (1975) mencionam o emprego mais comum dessa tecnologia na Europa e indicam algumas dificuldades primárias adicionais: métodos de ancoragem e travamento entre placas após esforços de protensão e o detalhamento de juntas frias entre as placas.

1.1.4 *Whitetopping*

O emprego do concreto para a restauração de superfícies de pavimentos, como nova camada de rolamento, seja sobre pavimentos asfálticos ou de concreto, teve sua evolução desde primórdios da década de 1920 (McGhee; Ozyildirim, 1992). Pode-se dizer que nos anos 1970, serviços de reabilitação de antigos pavimentos, com aplicação de camadas de concreto, tiveram uma grande expansão, com destaque para os EUA.

O *whitetopping* (WT), literalmente "cobertura branca", pode ser um revestimento do tipo PCS ou PCA, moldado diretamente sobre o pavimento preexistente (Fig. 1.4). Vias urbanas e residenciais de baixo volume de tráfego, vias rurais, pavimentos industriais e, em especial, pavimentos de aeroportos, foram naquela década contemplados com reforços de camadas mais delgadas que os pavimentos de concreto convencionais, encontrando-se inúmeros exemplos do que se chamou de *whitetopping*, conforme apresentado no Quadro 1.2. Essa tecnologia teve um grande incremento após a introdução de fibras de aço no mercado do concreto na construção civil.

Fig. 1.4 Whitetopping *na rodovia Porto Alegre-Osório (RS), em 2000 (cortesia da eng.ª Valéria J. F. Ganassali)*

QUADRO 1.2 EMPREGOS PIONEIROS DE WT EM PAVIMENTOS DE CONCRETO COM FIBRAS (adaptado de Hoff, 1985)

Uso do pavimento	Época de execução	Local	Espessura do WT (mm)	Pavimento original
Vias residenciais	1972	Cedar Rapids, Iowa	64 a 102	concreto com armaduras
	1972	Fayetteville, Arkansas	64	concreto
Vias urbanas	1972	Detroit, Michigan	76	concreto
	1975	Grã-Bretanha, Autoestrada M10	60 e 80	concreto
Rodovias	1973	Ashley, Ohio	102	pavimento novo com base de concreto asfáltico
	1973	Greene County, Iowa	51 e 76	concreto, construído em 1920
Indústrias	1968	Niles, Michigan	51	concreto
	1974	Fort Hood, Texas (estacionamento de caminhões-tanque)	51	asfáltico com 127 a 178 mm de espessura
Aeroportos	1972	Vicksburg, Mississippi (WES)	102	concreto
	1972	Tampa, Florida	102 e 152	concreto
	1972	Cedar Rapids, Iowa	25 a 102	concreto com remendos em mistura asfáltica
	1974	Aeroporto JFK, Nova York	140	asfáltico
	1976	Las Vegas, Nevada	152	concreto
	1975	Reno, Nevada	102	concreto
	1977	Estação Aéreo-Naval de Norfolk, Virginia	127	asfáltico
	1984	Base Aérea de Taoyuan, Taiwan	152	concreto

Dos empregos pioneiros de WT sobre pavimentos preexistentes, dois casos merecem destaque. O primeiro deles tratava-se de um pavimento novo em concreto, porém com sua espessura limitada a

102 mm de concreto, executado sobre uma base asfáltica de 127 mm. O concreto utilizado continha fibras de aço, e não foram executadas juntas para uma área de 4,9 m de largura por 152 m de comprimento. Em 1976, por seu comportamento sofrível, esse pavimento foi reabilitado. Naquela época, chegou-se à conclusão de que esse tipo de pavimento necessitaria de juntas bem definidas e comprimentos de placas menores que os convencionais (Hoff, 1985). Ou seja, não bastavam as fibras de aço para o controle da retração de secagem e dos esforços causados pelo tráfego.

Em 1974, em uma área de manutenção de caminhões-tanque para derivados de petróleo, houve um caso inusitado e não experimental de *whitetopping* ultradelgado: 51 mm de concreto executados sobre um pavimento asfáltico preexistente que, pelo tráfego severo de caminhões, a cada três a quatro anos apresentava necessidade de reforço estrutural, por causa da formação de trilhas de rodas em sua superfície, além do desgaste superficial. As juntas foram executadas a cada 15,2 m; porém, ocorreram fissuras de retração com espaçamento de 2,4 a 3,6 m. Problemas posteriores foram narrados, devido à infiltração de óleo e gasolina pelas juntas, que teriam causado degradação no concreto asfáltico inferior (Hoff, 1985).

WT com espessuras superiores a 100 mm são muito referenciados na literatura técnica, para diversos empregos (em diferentes tipos de áreas pavimentadas), quando se recorda sua utilização há mais de vinte anos (Hawbaker, 1996). Desde 1966 há exemplos de espessuras entre 127 e 267 mm de concreto sobre pavimentos flexíveis, e desde 1944, para pavimentos asfálticos deteriorados (Mack; Cole; Mohsen, 1993). Sua utilização ocorreu em cerca de doze projetos de rodovias primárias e interestaduais do estado de Ohio, nos EUA, que teriam apresentado excelentes condições de serviço por mais de dez anos (Dixon, 1997).

No estado norte-americano de Iowa, que aparece no Quadro 1.2 como um dos pioneiros no emprego de WT, desde 1977 utilizava-se essa técnica de reabilitação de pavimentos. No balanço daquele estado, desde 1986 existiam cerca de 420 km de rodovias que haviam recebido WT, predominantemente no sistema de rodovias distritais (Grove; Harris; Skinner, 1992). De acordo com Risser et al. (1993), tal extensão de vias reforçadas por WT, se tomados os projetos executados em todo o estado de Iowa desde 1960, atingiria o montante de 500 km. Além disso, essa obra relata diversas ocorrências de espessuras de concreto de 127 a 203 mm, e que espessuras de 100 mm de reforço foram registradas pela primeira vez em 1980.

1.1.5 *Whitetopping* Ultradelgado

Por reforço de antigos pavimentos asfálticos com camadas ultradelgadas de concreto entende-se a moldagem de concreto com espessura não superior a 100 mm sobre uma superfície asfáltica preexistente. O termo *whitetopping* tomou como diferencial a cor predominante do concreto que dará lugar à antiga cor de uma superfície com revestimento asfáltico (Balbo, 1999). Tal termo, embora não constitua um neologismo em português, é bem entendido no Brasil e em todo o mundo, razão pela qual é adotado para simplificação. A denominação "ultradelgado" é uma tradução do original inglês *ultra-thin*, de modo que a expressão *whitetopping* ultradelgado (WTUD) tem prevalecido no meio técnico, uma vez que ainda não há norma técnica que regulamente outra expressão.

Cabe aqui, no entanto, estabelecer que a expressão "reforço" é empregada genericamente para denominar novas camadas de pavimentos que, alterando o comportamento da estrutura sob o prisma de modificações em campos de deformações e tensões, são entendidas como reforços estruturais. Segundo pontos de vista de outros pesquisadores do exterior, o WTUD pode não ser encarado como um reforço estrutural, o que se confunde com um objetivo ou meta da tecnologia. A opção por essa técnica, em muitos casos, poderá ser motivada por outras razões que não propriamente uma melhoria da capacidade estrutural dos pavimentos preexistentes.

A moldagem do concreto em pequena espessura sobre o revestimento asfáltico preexistente poderá ser executada por meio de duas alternativas básicas: no sistema sobreposto e no sistema encaixado (*overlay* e *inlay*, respectivamente), conforme mostra a Fig. 1.5. Após algumas horas, o concreto assim moldado é serrado transversal e longitudinalmente, resultando em juntas pouco espaçadas entre si (distância inferior a 1 m, preferencialmente), em comparação com os pavimentos de concreto tradicionais (Fig. 1.6).

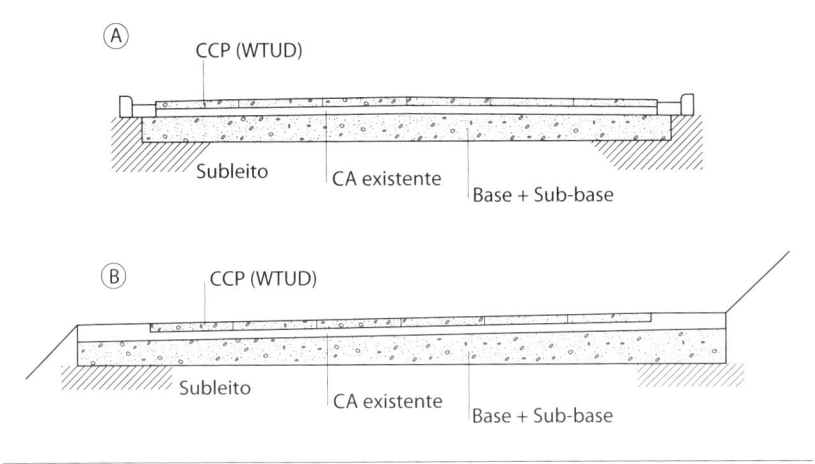

Fig. 1.5 Sistemas de moldagem sobreposta (A) e encaixada (B) (adaptado de Balbo, 1999)

Fig. 1.6 Diferentes espaçamentos entre juntas no WTUD: (A) Rodovia Castelo Branco, km 154, em 1997; (B) Rua do Matão, Campus da USP em São Paulo, em 2008, após 9 anos de sua construção

Nos primórdios do uso dessa técnica sobre antigos pavimentos, embora prevalecessem os WT não aderidos, a condição de aderência para camadas ultradelgadas de concreto (*whitetopping* ultradelgado) já era requisito para reforços sobre pontes desde a década de 1960 (Hawbaker, 1996). Deve-se considerar também que o emprego de camadas delgadas de concreto para renovação de revestimento de pista de rolamento era, desde a década de 1950, uma técnica predecessora do WTUD, especialmente para antigos pavimentos de concreto, conforme relata Hughes (1951), com várias aplicações no estado de Nova York.

Quanto à origem do WTUD, há certa concordância de que essa técnica tenha sido inicialmente utilizada no estado do Kentucky

(Construction Super Network, 1997). Todavia, muitos concordam que grande parte de tal tecnologia foi desenvolvida em Iowa. Cole, Mack e Packard (1997) relatam que o WTUD passa a ser introduzido em grande escala de testes a partir de 1991. O limite mais forte de diferenciação entre o WTUD e o WT é, como se verifica na literatura, a espessura de concreto empregada. Espessuras inferiores a 100 mm são consideradas na faixa dos WTUD (Hawbaker, 1996; Chattin, 1997).

A questão fundamental, no caso do WTUD, é a aderência do concreto à superfície do pavimento asfáltico, pois com tal mecanismo se consegue uma redução de tensões na placa superior de concreto. Em geral, a aderência é obtida pela fresagem da mistura asfáltica e sua limpeza intensa, com a retirada de pó e agregados soltos, de maneira a permitir a hidratação do cimento que envolve o agregado exposto. Contudo, apenas a aderência do concreto não resolve a questão, pois, mesmo aderido, se a camada asfáltica subjacente apresentar fissuração (incapacidade estrutural), de nada servirá aderir o concreto a um material que definitivamente não trabalha em flexão (misturas asfálticas fissuradas trabalham como blocos em compressão), conforme Balbo (2003).

Outra questão é quanto deve ser a espessura remanescente de concreto asfáltico íntegra para que, efetivamente, haja ação composta entre ambas as camadas, ou seja, ao trabalhar aderida e em flexão, a camada asfáltica absorveria parte dos esforços horizontais, reduzindo as tensões de tração na placa de concreto superior (o que equivale a alterar a posição da linha neutra na placa superior). As literaturas americana e sueca expõem necessidades de razoáveis espessuras remanescentes, de 75 a 150 mm. Pereira et al. (2006), porém, demonstraram que uma camada de 40 mm de concreto asfáltico, íntegra, embora sem causar a referida ação composta, não impede o bom desempenho do conjunto, desde que garantida a aderência para evitar a movimentação das placas. Tal relaxamento no critério exige, em contrapartida, o uso de concretos com maior resistência à flexão, pois caberá somente a esse elemento resistir aos momentos fletores impostos.

1.1.6 Placas de Concreto Pré-Moldadas

A utilização de placas de concreto pré-moldadas (PCPM) na construção civil é algo de longa data, sendo mais recente a aplicação desses elementos, que podem ser inclusive estocados, em pavimentação. Essa aplicação se faz de duas maneiras distintas: (a) na construção de novos pavimentos; (b) na reparação de pavimentos preexistentes, ou seja, na reposição de placas degradadas (Fig. 1.7), caso em que, de acordo com Merrit e Tyson (2006), as placas pré-moldadas surgiram como solução para o antigo problema de conflito com o tráfego gerado por serviços de demolição e reconstrução de placas de concreto *in loco*.

Fig. 1.7 *Substituição de pavimento deteriorado com placas pré-moldadas na ponte Tappan Zee, em Tarrytown, NY (cortesia de Thomas Yu e Lev Khazanovich)*

Embora não se trate de método mais barato que a moldagem convencional em pista, as placas pré-moldadas apresentam inúmeras vantagens. Uma delas é a perfeita elaboração, nas medidas requeridas e nas mais favoráveis condições de cura, o que evita, de imediato, o surgimento de defeitos por processos de retração no concreto (retração plástica, por exemplo). Asseguradas as excelentes condições de cura, é possível, em processo industrial, a garantia de resistências mais elevadas e concretos muito mais homogêneos, a menores custos. No caso de pavimentos novos, tais condições permitem economia no dimensionamento de espessuras para essas placas.

Alguns aspectos são importantes na tecnologia de placas pré-moldadas. Em primeiro lugar, as placas, após posicionadas em pista, devem estar perfeitamente apoiadas sobre a base, evitando-se vazios ou falta de contato entre ambas, pois isso gera estados críticos sob a ação da temperatura e de cargas de veículos. Para tanto, a superfície da base deve ser a mais plana e nivelada possível, o que não é garantido por qualquer material de construção de pavimentos, como muitos engenheiros experientes reconhecem. Segundo Merrit e Tyson (2006), os concretos asfálticos são os materiais que melhor garantem essa planicidade.

Outra questão importante nessas placas pré-moldadas é a necessidade de armadura. Elas serão alçadas, estocadas, transportadas etc., o que requer grande resistência em relação ao seu peso próprio.

Para tanto, são normalmente armadas para suportar seu próprio peso durante as movimentações necessárias. Tais painéis poderiam também ser dimensionados para atuarem como PCA, ou seja, armaduras para combater esforços gerados pelo tráfego. Todavia, o transporte e a instalação desses elementos acabam por limitar muito as dimensões possíveis para a sua produção.

As placas pré-moldadas podem também ser pensadas em placas protendidas, cuja protensão é aplicada no pátio de fabricação desses elementos. É importante notar que os detalhes de construção são importantes, pois essas placas deverão possuir barras de transferência de carga e barras de ligação nas juntas construtivas com outras placas. Tem-se discutido o uso de grout após a instalação das placas, para enchimento de volumes vazios nos elementos, relacionados ao posicionamento dessas barras, e várias contribuições têm sido apresentadas quanto aos materiais de fechamento. As juntas entre as placas devem ser devidamente seladas.

1.2 Breve histórico de doze décadas de tecnologia

Quando se tem interesse por um assunto (em especial os pesquisadores com uma espécie de dom particular, que é a curiosidade, além da especulação), busca-se ser um "rato de biblioteca", capaz de percorrer as trilhas mais ocultas desse ambiente. E assim, ao se realizar essas buscas e resgates, no caso da história de uma dada tecnologia, muitas surpresas são desveladas, e isso pode causar algum incômodo, pois às vezes se percebe que algo era feito de certa maneira em suas origens, mas acabou se perdendo com o tempo, e que talvez valesse a pena voltar às práticas originais.

No caso da história dos pavimentos de concreto, que data da mesma época dos pavimentos asfálticos (século XIX), próximo da invenção do automóvel, não é necessária uma longa revisão bibliográfica e territorial, por uma razão simples: as tecnologias de construção foram altamente influenciadas, em todo o mundo, pela escola europeia. Do ponto de vista da tecnologia de projeto e análise estrutural, com o fechamento e isolamento do Leste Europeu – e, em certos casos, da própria Ásia –, a escola americana, com excelentes professores e pesquisadores, além de empenhados membros de agências oficiais de transportes, foi quem ditou as regras sobre a matéria. Basta voltar os olhos para o caso da América do Sul em termos de pavimentação em geral.

Tendo em vista esses divisores de águas, nesta seção procura-se resumir a história recente, muito centrada no século XX, da tecnologia dos pavimentos de concreto, com destaque para os esforços no norte da Europa, particularmente na Alemanha e na Suíça, e nos Estados Unidos. Isso não exclui, de forma alguma, interessantes contribuições tecnológicas ocorridas em outros lugares; porém, auxilia bastante a compreensão de muitas técnicas expostas nos capítulos subsequentes.

1.2.1 As origens: EUA ou França?

Na década de 1980, quando já me interessava pelo tema há mais de cinco anos, consultei alguns livros clássicos de engenharia publicados na Itália por professores de escolas tradicionais, como Milão e Turim, para investigar o que tinham a dizer sobre pavimentação no século XIX. Tinham, de fato, bastante a dizer, inclusive sobre pavimentos de concreto. Corini (1947) afirmava que o primeiro pavimento de concreto havia sido construído na cidade de Grenoble, próxima aos Alpes franceses, em 1876. Então, pedi a um colega que fazia o doutorado nessa cidade para ir à prefeitura, informar-se e registrar uma fotografia da respectiva rua.

De forma atenciosa, meu interlocutor foi à sede comunal, onde lhe afirmaram: "Olhe, não sabemos onde é tal pavimento. Porém, caso você venha a descobrir, por gentileza nos informe, para que coloquemos um marco no local". Isso me obriga, ainda hoje, a reter a informação de que o primeiro pavimento de concreto foi construído na *Main Street*, em Bellafontaine, Ohio, EUA, em 1891. Tratava-se de uma avenida, e não de uma estrada. De certa forma, a dúvida continua a me perseguir, pois os europeus eram os usuários compulsivos do concreto, e não os americanos.

1.2.2 Autoestradas alemãs

No caso das autoestradas da Alemanha, existe farta documentação na literatura técnica, inclusive em língua inglesa, o que nos dá maior liberdade para mencionar inúmeros aspectos tecnológicos. A literatura italiana menciona bastante a preferência pela construção de estradas em concreto desde o início do século XX, na Europa como um todo, mas em especial na Alemanha e na própria Itália. Pautar-se-á aqui pelo relato de Jackson e Allen (1948), engenheiros da *Public Roads Administration* dos EUA, que empreenderam visita investigativa no verão de 1947, dois anos após o término da 2ª Guerra Mundial, percorrendo mais de 1,6 mil km em autoestradas em concreto construídas durante o III Reich, análise que se limitou à zona de ocupação britânica e americana.

Entre 1934 e 1940, o plano original do governo alemão era a construção de cerca de 6,4 mil km de autoestradas em pista dupla, conectando todas as principais cidades da Alemanha. Esse montante atingiu 1,6 mil km de rodovias com pavimentos de concreto no período mencionado. Outras fontes (Cembureau, 1964) indicam 2,4 mil km antes da 2ª Guerra. As rodovias analisadas pelos investigadores foram: Munich-Salzburg; Munich-Stuttgart; Stuttgart-Frankfurt; Frankfurt-Dortmund; Dortmund-Hannover; Frankfurt-Kassel; Hannover-Berlin; Hamburg-Lubeck (Fig. 1.8). As análises compreenderam investigação dos tipos de solos dos cortes e principalmente aterros; dos tipos de agregados utilizados; da geometria das rodovias e dos climas predominantes.

Alguns aspectos são dignos de menção. Em geral, a variabilidade de solos de fundação encontrados no país era pequena, bem como a variabilidade climática. A temperatura média em janeiro era de -1ºC e em julho, de 18ºC. A precipitação média anual era de 580 mm em Berlim e de 910 mm em Munique, a primeira mais representativa para o território alemão. Por preocupações com os efeitos da capilaridade e de congelamento dos subleitos, na maior parte dos casos, em sua camada final de terraplenagem, os aterros eram construídos com solos mais granulares, com espessuras de mais de 90 cm.

As estradas possuíam duas pistas (autoestradas), cada uma com duas faixas de rolamento de aproximadamente 7,5 m de largura total e, a princípio, mais 1 m de acostamento e 0,4 m de refúgio central,

Fig. 1.8 *Autoestrada Hamburg-Hannover (Cembureau, 1964)*

pois mais tarde os acostamentos foram construídos com 2,5 m de largura (Fig. 1.8). Os canteiros centrais possuíam padrão de 4 m de largura e eram gramados. Com relação aos pavimentos, o Quadro 1.3 descreve suas principais características.

Quadro 1.3 Características dos pavimentos de concreto nas autoestradas alemãs (década de 1930)

Item de construção	Especificações gerais
Base do pavimento	Em geral, construída com areia branca fina ou pedregulho bastante arenoso, com 20 cm de espessura e compactados por impacto
Espessura da placa de concreto	Em duas espessuras, de 20 ou 25 cm, nas faixas de rolamento. Nos acostamentos, as placas possuíam 18 cm de espessura e eram recobertas, em muitos casos, com 7 cm de revestimento em mistura asfáltica, para contraste com a pista de rolamento
Bordas espessadas	Os alemães não utilizavam bordas espessadas nas placas de concreto, como era comum nos EUA naquela época. A espessura da placa era uniforme
Juntas transversais	Distanciadas a cada 8 m (nos PCS) e a cada 12-30 m (nos pavimentos com tela de reforço). Os comprimentos entre juntas eram sistematicamente incrementados em 1 m de placa para placa, a fim de minimizar as vibrações de frequência constante
Barras de transferência de carga	Em juntas transversais, feitas de aço de seção circular com 22 mm de diâmetro, 35 cm de comprimento e espaçamento de 30 cm entre si (mais reduzido nas proximidades de cantos)
Tela de aço	Malhas com cerca de 2,5 kg/m² que eram colocadas a 1/3 da espessura da placa
Cimentos empregados	Preferencialmente *Eisenportland zement* (70% de clínquer e 30% de escória granulada) ao *Hochofenzement* (15% de clínquer e 85% de escória granulada)
Consistência do concreto	Abatimento zero (seco)
Agregados para o concreto	1ª camada: $\varnothing_{máx}$ de 40-50 mm 2ª camada: $\varnothing_{máx}$ de 30 mm e qualidade mais controlada
Consumo de cimento	300-350 kg/m³
Resistência à tração na flexão	4,5 MPa em média

Quadro 1.3 Características dos pavimentos de concreto nas autoestradas alemãs (década de 1930) (Continuação)

Item de construção	Especificações gerais
Resistência à compressão	40 MPa em média
Controle de resistência	Aos 7 dias deveria apresentar ao menos 70% da resistência aos 28 dias; moldagem de corpos de prova para medidas aos 28 dias; amostras extraídas de pista para controle aos 60 dias
Relação água/cimento	0,35 a 0,50

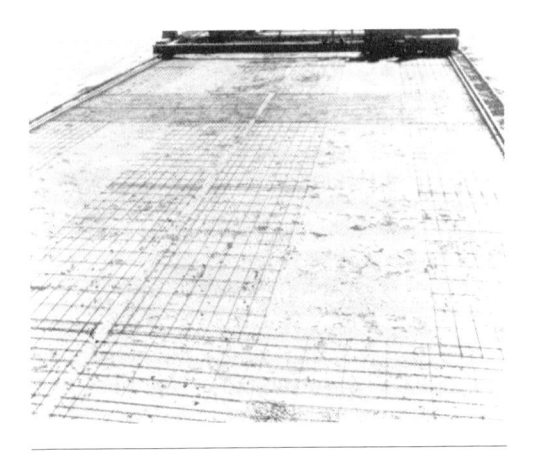

Fig. 1.9 Colocação de telas sobre a primeira camada compactada de concreto
(cortesia de W. Wilk, de trabalho de W. Shüepp – presidentes da Associação Suíça de Cimento Portland nas décadas de 1980-90 e 1950-60, respectivamente)

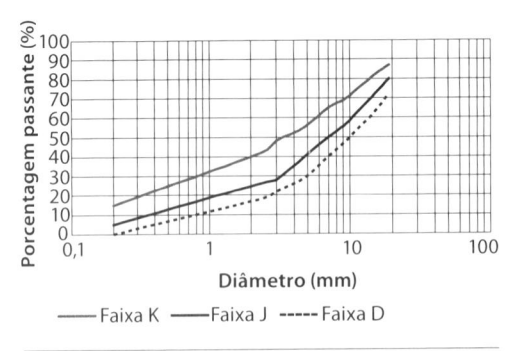

Fig. 1.10 Faixas granulométricas dos concretos de pavimentação empregados na Alemanha (1930-1940)

No que diz respeito à disposição da tela de aço na parte próxima à superfície do concreto, eram colocadas imediatamente após o lançamento da primeira camada de concreto, que tinha dois terços da espessura da placa (Fig. 1.9), e imediatamente depois havia o lançamento da segunda camada de concreto. O uso de telas de aço foi descontinuado a partir de 1937, pela escassez do material. No Quadro 1.4 são indicadas técnicas de construção utilizadas nas autoestradas alemãs naquele período.

Na Fig. 1.10 apresentam-se as faixas granulométricas dos agregados empregados nos concretos. A distribuição geralmente deveria recair entre as faixas J e D, para equipamentos com elevada eficiência de compactação do concreto. A faixa K seria específica para pedras britadas e a faixa D, para pedregulhos. Observe que o concreto utilizado era bem graduado, ou seja, uma mistura contínua.

Quadro 1.4 Técnicas de construção dos pavimentos de concreto nas autoestradas alemãs (década de 1930)

Item de construção	Especificações gerais
Equipamento de distribuição	Sobre fôrmas-trilho e concretagem de toda a faixa de 7,5 m, de uma só vez
Compactação	Placas e réguas vibratórias com até 3.600 aplicações por minuto
Acabamento	Régua vibratória e aplicação de várias passagens de desempenamento para dar bom acabamento ao concreto, que era seco
Cura	Uso de tendas de proteção contra sol (Fig. 1.11) e ventos nas primeiras horas após o acabamento. Cura úmida com estopas e umedecimento constante durante até três semanas

Segundo Jackson e Allen (1948), os pavimentos, mesmo após mais de dez anos de uso, não apresentavam desgaste superficial, em virtude dos excelentes agregados utilizados no concreto, da baixa relação água/cimento da mistura, da inexistente exsudação para a superfície do concreto (pois este era seco) e dos excelentes processos de cura. Para se ter uma ideia, a demolição de muitos desses pavimentos somente ocorreu nas décadas de 1980 e início de 1990, após mais de 50 anos de uso, e eles foram, em muitos casos, utilizados na construção de novos pavimentos de concreto, como agregados reciclados britados. A preferência por concretos secos na Alemanha teve impactos no desenvolvimento tecnológico de modernas pavimentadoras de fôrmas deslizantes no país, pois seus equipamentos atuais foram concebidos de tal forma robustos que podem inclusive dar acabamento, por vibração, em concretos com abatimento nulo. Trata-se de uma herança "cultural" da tecnologia empregada no passado, da qual ainda se faz uso com sucesso no presente.

Fig. 1.11 Tendas móveis de proteção para os concretos de pavimentação empregados na Alemanha e na Suíça (Cembureau, 1964)

1.2.3 Autoestradas suíças

A Suíça (Confederação Helvética), por assim dizer, também foi uma grande escola, paralelamente à alemã, no uso de concretos para pavimentação. Sua tradição no uso desse material e seu isolamento na época da 2ª Guerra Mundial colaboraram bastante no período posterior de reconstrução da Europa, para que os engenheiros suíços especializados no assunto atuassem em outros países, influenciando os demais com seus conceitos e ideias.

Shüepp (1966) indica que a primeira estrada em pavimento de concreto construída na Suíça dataria de 1909 (em Rorschach) e continuaria em serviço até então. O sucesso da durabilidade dessas rodovias era atribuído à combinação de alguns fatores simples, como o rigoroso controle de qualidade realizado por equipes muito qualificadas tecnicamente e a manutenção responsável das estradas ao longo de sua utilização. O Cembureau (1964) colocava a Suíça como o mais renomado país em termos de construção de pavimentos de concreto, pela perfeição de acabamento e qualidade construtiva. Em 1929 se havia constituído a Betonstrassen A.G., empresa altamente qualificada para realizar planejamento, projeto e construção de rodovias em concreto, cujas atividades perduraram até meados de 1990, quando então foi fechada devido a alterações de perspectivas, por parte da indústria e do governo, sobre a continuidade na questão dos pavimentos de concreto no país.

Até 1964, haviam sido executados na Suíça mais de 9 milhões de metros quadrados de estradas em concreto. No Quadro 1.5 são apresentadas algumas das características típicas dos concretos e processos construtivos utilizados na Suíça até os anos 1960, relativamente semelhantes aos da Alemanha. Pode-se notar, porém, uma diferença marcante: o emprego de bases cimentadas (Fig. 1.12), aspecto no qual a tecnologia suíça avançou muito. Nesse país, o uso de barras de transferência de carga e juntas transversais com fissuras induzidas já era prática consagrada dos técnicos rodoviários nos anos 1930 (Fig. 1.13).

O predomínio do emprego de pavimentos de concreto em estradas e autoestradas foi grande no norte ocidental da Europa até os anos 1960. Como exemplos, em países com pequenos territórios, como Holanda e Bélgica, as extensões atingiam 3,2 mil km e 4 mil km, respectivamente (Cembureau, 1964). Contudo, em termos de rodovias, essas condições

QUADRO 1.5 CARACTERÍSTICAS DOS PAVIMENTOS DE CONCRETO NAS AUTOESTRADAS SUÍÇAS (até a década de 1960)

Item de construção	Especificações gerais
Base do pavimento	Mistura cimentada de pedregulhos graduados e consumo de cimento de 80 a 100 kg/m^3, com f_{ck} de 4 MPa aos 28 dias
Bordas espessadas	Os suíços não utilizavam bordas espessadas nas placas de concreto, como era muito comum nos EUA naquela época. A espessura da placa era uniforme
Juntas	Não se usavam juntas de expansão nos pavimentos da Suíça. Colocavam-se indutores de fissuras serpenteados no fundo da camada, na posição de juntas transversais e longitudinais (Fig. 1.13)
Barras de transferência de carga	Em juntas transversais, feitas de aço de seção circular
Tela de aço	Malhas com cerca de 1,7 kg/m^2 e Ø de 4,5 ou 4,8 mm, que eram colocadas a 1/3 da espessura da placa
Aditivos empregados	Incorporador de ar (para resultado de 4,5 a 6%) para controle de sais de degelo
Consistência do concreto	Abatimento zero (seco); concreto compactado por placas e réguas vibratórias superficiais
Consumo de cimento	2ª camada: 350 kg/m^3
Resistência à tração na flexão	1ª camada: 4 MPa 2ª camada: 5 MPa
Resistência à compressão	1ª camada: 26 MPa aos 28 dias 2ª camada: 38 MPa aos 28 dias
Relação água/cimento	0,4 a 0,5

preferenciais se inverteram drasticamente na atualidade. Para comparação, no Brasil, até 2009, a extensão de estradas e rodovias pavimentadas em concreto não ultrapassa os 2 mil km, sendo a pavimentação asfáltica a mais tradicional, popular e difundida a partir dos anos 1950. Além da questão dos custos, essa preferência se justifica pela ampla gama de apoio técnico e normativo para a pavimentação asfáltica existente em agências de transporte oficiais. Porém, ainda há muito o que fazer para uma utilização mais extensiva dos concretos em pavimentação.

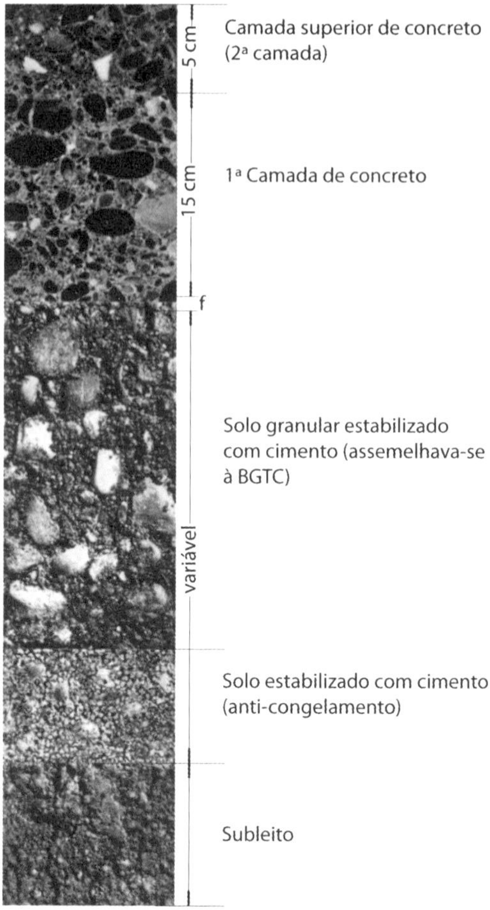
5 cm
Camada superior de concreto
(2ª camada)
15 cm
1ª Camada de concreto
f
Solo granular estabilizado
com cimento (assemelhava-se
à BGTC)
variável
Solo estabilizado com cimento
(anti-congelamento)
Subleito

Fig. 1.12 *Seção típica de pavimento de concreto na Suíça (cortesia de W. Wilk, TFB, Wildegg)*

1.2.4 Autoestradas e rodovias interestaduais dos EUA

Até 1925 haviam sido construídos cerca de 70 mil km de rodovias em concreto nos EUA (Shüepp, 1966), um número realmente muito acima daquele representado, talvez, por todos os países europeus ocidentais. Para comparação, uma conta rápida do número de quilômetros (em um sentido apenas) de rodovias em concreto construídas no Brasil, desde a década de 1920, indica cerca de 1,3 mil km (em termos percentuais, menos de 2%), uma extensão modesta, mesmo em face da pujança rodoviária em concreto da Alemanha na década de 1930. Existem outros tipos de vias, como as portuárias, as aeroportuárias, as industriais e os

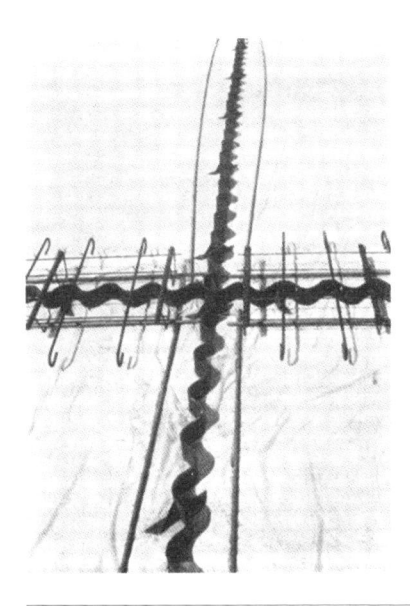

Fig. 1.13 *Sistema indutor de fissuras em juntas com barras de ligação ou de transferência de carga (cortesia de W. Wilk, de trabalho de W. Shüepp)*

corredores urbanos de ônibus, que praticamente fazem uso compulsório do concreto, devido a razões de natureza técnica e de manutenção. Isso é válido para todos os países. Contudo, os grandes conhecimentos tecnológicos e construtivos advêm essencialmente das rodovias, cujas técnicas foram aplicadas, às vezes com adaptações, a outros tipos de pisos e pavimentos. Esses argumentos devem balizar o que se entende por "ter tradição" na área rodoviária ou nas demais áreas de infraestrutura no uso do concreto. Para mencionar números da Associação Rodoviária Mundial, em 1999 apontava-se a porcentagem, em extensão de rodovias, de 20% em concreto nos EUA e 40% na Alemanha. Quanto ao Reino Unido, deve-se considerar que não se trata absolutamente da solução tradicional, pois ali, há muito tempo, usa-se o concreto como base, e não como revestimento de pavimentos rodoviários.

Foi nessa época (meados da década de 1920) que o engenheiro dinamarquês Harald Malcam Westergaard, que em 1916 havia defendido na Universidade de Illinois a tese de doutorado *Tests and analysis relating to the strength and elasticity of concrete and reinforced concrete under bi-axial stress*, propôs modelos analíticos para o cálculo de tensões e deflexões em placas de concreto oriundas dos carregamentos de veículos e de diferenciais térmicos, que se tornariam padrão em todo o planeta. Ou seja, a escola americana viria a diferenciar-se das europeias pela formulação teórica e pela experimentação com instrumentação em pista para medidas de deformações. Nos EUA, desde primórdios do século XX, a evolução dos processos tecnológicos em pavimentação aconteceria com base no binômio modelagem analítica-experimentação em pista. Em paralelo às obras do Império Romano, sem sombra de dúvida, podemos reconhecer nos EUA a grande escola do rodoviarismo internacional (Fig. 1.14).

Fig. 1.14 *(A) Interestadual US92, Deland (Flórida), em 2005, após 60 anos (cortesia de Thomas Yu e Lev Khazanvich); (B) primeira rodovia em concreto no estado de Nova Jersey, em 1912 (www.publicroads.com)*

A mais famosa experimentação, que tinha como um de seus objetivos a validação dos modelos de Westergaard, foi a *Arlington Experimental Farm*, na década de 1930. Os americanos tinham uma incrível consciência de que as pesquisas aplicada e teórica deveriam somar-se para dirimir questões importantes, criando novas especificações de projeto e construção de pavimentos. Uma dessas mudanças de rota, em função da pesquisa aplicada, foi a questão das bordas espessadas de placas, que os alemães e suíços definitivamente não utilizavam. Até o início da década de 1940, era comum o emprego de placas com seção transversal espessada nas bordas. Kelley (1939) relata que em 1912 a Comissão de Autoestradas da Califórnia já adotara tal padrão, com as seções próximas às bordas espessadas de até 75 mm, em forma trapezoidal. Na análise dessa questão com base em resultados de medidas de tensões durante os testes na *Arlington Experimental Farm*, já se observara que, em termos de efeitos combinados de carga e de temperatura, não haveria vantagem no uso das seções com bordas espessadas, prática definitivamente abandonada na década de 1940.

Nos EUA, pelo menos três instituições operavam, em geral de forma colaborativa, para a disseminação e divulgação de especificações adequadas para a construção relacionada a rodovias: o *Bureau of Public Roads* (fundado em 1893), a *American Association of State Highway Officials* (fundada em 1914) e o *Highway Research Board* (fundado em 1920). A partir de 1916, o Congresso Americano iniciou o financiamento de fundos para a expansão do sistema federal rodoviário, sendo o planejamento levado com extrema seriedade, mesmo em momentos críticos como a recessão a partir de 1929. O processo teve seu ponto culminante com o planejamento do *AASHO Road Test*, maior experimento rodoviário da humanidade, que envidava esforços de ampliação do conhecimento tecnológico para a grande expansão do *Interstate System* (*Federal Aid Highway Act of 1956*), em especial a partir da década de 1960. Em 1955, o número de automóveis no país era de aproximadamente 60 milhões (Hoel; Short, 2006), o que demonstrava a urgência da melhoria e ampliação do modal rodoviário nos EUA. Atualmente esse número supera 230 milhões de veículos.

De 1920 a 1960, as misturas de concreto eram produzidas em pista. A partir de então, essa técnica foi superada com o emprego de misturadoras de grande capacidade de produção e caminhões basculantes ou betoneiras, associados ao uso crescente de pavimentadoras de fôrmas deslizantes, desenvolvidas no estado de Iowa em 1947 (no Brasil, esse tipo de máquina viria a ser empregado apenas em meados dos anos 1980). Os pavimentos de concreto eram produzidos com equipamentos de vibração do concreto, não apresentando padrão seco, como era comum nos países europeus. Em 1949, as pavimentadoras de fôrmas deslizantes tinham a capacidade de construir, de uma só vez, pavimentos de concreto com largura de 2,75 m e espessura de 150 mm, capacidade rapidamente expandida com a implantação do *Interstate System*. Atualmente é comum o uso de equipamentos de pavimentação para faixa única de concretagem de 15 m de largura e 500 mm de espessura.

Hoel e Short (2006) – professor na Universidade da Virgínia e engenheiro do Exército Americano, respectivamente – admitem, sem melindres diplomáticos, que foi apenas muitos anos mais tarde, sobretudo na década de 1990 (recentemente, portanto), que os construtores e engenheiros responsáveis por controle e fiscalização tomaram consciência da importância de garantia de alta qualidade do processo de construção de pavimentos de concreto, que havia sido inúmeras vezes comprometido pela velocidade das obras. Esse reconhecimento e *mea culpa* podem ser bastante didáticos para futuras gerações de engenheiros civis, mais do que propriamente focar somente a divulgação tecnológica.

A escola americana, diferentemente da europeia, avançou no emprego de pavimentos de concreto simples (sem quaisquer armaduras) e de pavimentos de concreto continuamente armado (sem juntas que não as construtivas). No início dos anos 1990, liderou a utilização do concreto como reforço de pavimentos asfálticos (*whitetopping*), a reciclagem dos pavimentos de concreto antigos e, mais recentemente, na virada do século, o desenvolvimento de tecnologia de placas de concreto pré-fabricadas para a reposição de antigos pavimentos deteriorados. Vale lembrar, porém, que as dimensões continentais do país, o número de empresas privadas, as universidades envolvidas nessa questão tecnológica e a extensão da malha rodoviária pavimentada americana (2 milhões de quilômetros) tornam impossível uma tentativa de curta sistematização, neste texto, do desenvolvimento tecnológico dos pavimentos de concreto nos EUA.

1.3 Estradas e autoestradas brasileiras (um breve passeio)

Apresenta-se nesta seção uma pequena descrição das principais rodovias em concreto construídas no Brasil, nos últimos 80 anos. Esse tipo de solução foi também bastante utilizado em mercados cativos, como pátios de estacionamento de aeroportos, pátios portuários e pátios e terminais industriais. Ressalta-se que existem outros trechos de rodovias em concreto, além dos mencionados aqui; porém, a falta de dados sobre o desempenho dessas estradas e as poucas inovações construtivas em relação à tecnologia no exterior limitam bastante uma análise crítica dos resultados obtidos nos anos que se seguiram à sua construção.

A primeira estrada em concreto no Brasil (provavelmente na América Latina) foi o antigo Caminho do Mar, entre Riacho Grande e Cubatão (Fig. 1.15). Sua construção iniciou-se em 1925 e foi concluída em

1926, com uma extensão de aproximadamente 8 km, segundo Penteado (apud Ferreira, 1973). A base do pavimento de concreto, com 20 cm de espessura, era de macadame hidráulico; a mistura do concreto era feita em uma betoneira deslocada sobre trilhos, com o material composto na seguinte dosagem: uma barrica de cimento para um metro cúbico de pedra britada, 500 litros de areia e 300 litros de água.

Fig. 1.15 *Rodovia Caminho do Mar (Riacho Grande-Cubatão) (fotos de Fabrizia Balbo)*

Penteado (1929) relata alguns aspectos da construção da estrada na Serra de Petrópolis, no Estado do Rio de Janeiro, com 23 km de extensão no trecho em serra, construída a partir do ano de 1927, totalmente em concreto, com duas faixas de largura de 3,25 m, em pista simples (Fig. 1.16).

Em 1938 iniciou-se a construção da longa Rodovia BR-232 (atual Rodovia Luiz Gonzaga), entre Recife e Caruaru, com aproximadamente 120 km de extensão, em pista simples. Um aspecto importante nos PCS da rodovia original foi o uso de bordas espessadas, técnica até então empregada pelos americanos. Em duplicação a partir de 2002, os pavimentos de

Fig. 1.16 *Rodovia Rio de Janeiro-Teresópolis (Serra dos Sinos)*

Fig. 1.17 *Mostruário do PCS na Rodovia BR-232/PE em um laboratório de controle na obra*

concreto – predominantemente em concreto simples, com espessura de 220 mm, sobre base em CCR de 100 mm (Fig. 1.17) – apresentam duas faixas com 7,20 m de largura total, tendo consumido 190 mil m³ de concreto simples e 100 mil m³ de CCR.

A primeira autoestrada do país, a Via Anchieta, ligando São Paulo à Baixada Santista, foi iniciada em 22 de abril de 1939, em concreto, com pistas duplas de 6 m de largura cada uma, em todo o trecho de 62 km. Segundo Nogami (1983), tratou-se de um caso bastante interessante de transposição de tecnologia. Uma comissão do Departamento de Estradas de Rodagem (DER-SP), criado em 1934, teria viajado para a Alemanha e a Itália com a finalidade de conhecer seus respectivos padrões de autoestradas, em termos geométricos e de pavimentação, bem como de suas pontes. No caso da Via Anchieta, o pavimento de concreto seguiria o padrão alemão, com placas de 20 cm sobre base de areia compactada, sendo que as BT, por escassez do aço, seriam substituídas por vigotas de concreto posicionadas exatamente sob as juntas transversais das placas de concreto, apoiando as extremidades de duas placas contíguas. Finalizada a obra, aproximadamente seis meses depois, as placas começaram a apresentar ruptura transversal em sua seção média. A explicação para o fato era simples: a camada de base de areia, devido às condições de drenagem e declividades locais na serra, e aos elevados índices pluviométricos (mais de 3.000 mm anuais), foi rapidamente lavada e carreada, ficando as placas descalçadas, sem apoio central, rompendo por flexão. Até hoje essas placas originais encontram-se sobre espessas camadas de misturas asfálticas que recobriram sucessivamente a rodovia. Na década de 1940 construía-se também a Rodovia São Paulo-Jundiaí, com o emprego de PCS, em solução semelhante à utilizada na Rodovia Anchieta.

Na Via Dutra, construída na década de 1950, no trecho de saída da cidade do Rio de Janeiro, com extensão de cerca de 60 km, utilizou-se PCS com 200 mm de espessura, sobre bases de macadame hidráulico, diferentemente da pavimentação restante na extensão da rodovia, essencialmente asfáltica. Em 1998 ocorreu a duplicação da Via Dutra, no trecho Guarulhos-São Paulo (pistas marginais), empregando-se novamente PCS, desta vez com uso de equipamentos importados de alta produção (pavimentadoras de fôrmas deslizantes e usinas dosadoras-misturadoras).

A rodovia de interligação entre a Via Anchieta e a Rodovia dos Imigrantes foi construída em 1973, em PCS, na cabeceira da Serra do Mar, durante a construção do trecho de serra da Imigrantes. O pavimento possui espessura de 220 mm sobre base em BGTC. Trata-se de um dos raros casos de existência de dados posteriores sobre o desempenho, revelando os problemas que se manifestaram nas placas. No ano de 1999, essa rodovia recebeu uma terceira faixa de rolamento, no sentido Imigrantes-Anchieta, que manteve a estrutura de pavimento existente.

A Rodovia dos Imigrantes foi aberta ao tráfego em 1974, e no seu trecho na Serra do Mar, com cerca de 13 km, empregou-se PCS em três faixas de rolamento, com concreto de abatimento entre 50 e 100 mm, para uso de equipamento de execução sobre fôrmas-trilho, com espessura de 220 mm e resistência à tração na flexão de 4,5 MPa (aos 28 dias). A largura da faixa de rolamento foi de 3,5 m e o espaçamento entre juntas transversais de 6 m, nas mesmas BT (CA-25), com 25 mm de diâmetro, espaçadas 350 mm entre si e com 500 mm de comprimento. As BL (CA-50) tinham 12,5 mm de diâmetro, espaçadas 700 mm entre si e com 700 mm de comprimento, em todos os trechos de pavimento sobre terrapleno. Nos túneis, foram utilizadas bases em brita graduada simples (BGS) de 10 cm, e nos demais trechos, bases em BGTC (com consumo entre 3% a 5% em peso de cimento). Naquela época já se empregou película de cura química sem tendas de proteção, além do uso de telas de aço nas placas sem função estrutural.

Com destaque no rodoviarismo nacional, a Rodovia dos Imigrantes era tida como a melhor rodovia do país, pois apresentava equipamentos de apoio ao usuário inusitados no Brasil naquele início da década de 1970. Trata-se também de um caso raro de conhecimento não oficial de desempenho: em 2003-2004, após três décadas de operação, das cerca de 11,5 mil placas de concreto no trecho da Serra do Mar, aproximadamente 6,5% foram totalmente substituídas. Segundo informações obtidas na antiga agência rodoviária responsável pela rodovia, naqueles 30 anos nunca fora feita manutenção preventiva ou corretiva por meio de resselagem de juntas. Em 2001-2002 foi concluída a pista descendente da Rodovia dos Imigrantes, que empregou placas de PCS com 220 mm de espessura, sobre bases em CCR de 100 mm (Fig. 1.18).

Fig. 1.18 *Rodovia dos Imigrantes (SP): duplicação em 2000 (A) e trecho original na Serra do Mar (B)*

Em 1986, a rodovia da Serra do Rio do Rastro, com cerca de 1.400 m de desnível, ligando a região de Criciúma à de São Joaquim, no Estado de Santa Catarina, foi pavimentada, em seu trecho mais íngreme, com cerca de 7 km em PCS, com placas de 200 mm de espessura, sobre base em CCR de 100 mm. Após 15 anos de uso, com um tráfego de 1,3 mil veículos diários, das cerca de 2,2 mil placas de concreto, apenas 6% necessitavam de reconstrução. Trata-se de uma rodovia de imensa beleza, em altitudes maiores que a estrada do Caminho do Mar, em São Paulo. Nesse mesmo ano também foi feita a duplicação de trecho de 20 km da Rodovia Pedro Taques, na Baixada Santista, com PCS.

Em 2002 teve início a pavimentação da Rodovia MT-130, no Estado do Mato Grosso, entre Primavera do Leste e Paranatinga, com 110 km de extensão, em PCS sobre base de solo cimento. Trata-se da primeira rodovia pavimentada em concreto naquela região.

O Rodoanel Metropolitano Mário Covas entrou em operação no ano de 2002. Embora criticado na imprensa paulista, não foram publicados dados técnicos que tornassem possível uma avaliação e a análise sistemática do desempenho do seu pavimento, construído com PCS de 240 mm de espessura, sobre base em CCR de 150 mm e sub-base em BGS de 100 mm. O subleito apresentava-se com abundância de solo de alteração residual de micaxisto, muito comum nas zonas oeste e sul da Região Metropolitana de São Paulo, mas que não representaria, a princípio, problemas estruturais para os pavimentos de concreto.

Um caso pioneiro de WT diretamente sobre o pavimento asfáltico preexistente foi a restauração, concluída em 2000, de um trecho de quase 9 km da Rodovia Porto Alegre-Osório, no Estado do Rio Grande do Sul. Construiu-se o PCS com placas de 220 mm de espessura nas três faixas de rolamento, em um sentido apenas. Também com soluções em concreto (220 mm de PCS sobre CCR de 100 mm), em uma espécie de WT com a camada de regularização em CCR, restaurou-se a Rodovia SP-79 (Sorocaba-Votorantim), além de ser duplicada com PCS entre 2000 e 2001. Na mesma época foram construídos os PCS das marginais da Rodovia SP-280 (Castelo Branco), entre Osasco e Barueri.

No ano de 2006 teve início a duplicação da BR-101 Nordeste, no trecho entre Natal e Maceió. No passado, vários trechos dessa rodovia já haviam recebido pavimentação em PCS, e no projeto de duplicação estão sendo utilizadas espessuras de 220 mm de concreto simples e 100 mm de CCR diretamente aplicado sobre subleito com solo selecionado. As obras entre Recife e Natal, programadas para o período 2007-2010, estão sendo realizadas por Batalhões de Engenharia do Exército Brasileiro (Fig. 1.19).

Fig. 1.19 *Duplicação da BR-101/PE, trecho norte, pelo Exército Brasileiro (maio de 2007)*

1.4 Rodovia somente para tráfego pesado?

Esse é um mito que se consolidou em nossa cultura, como se fosse a exceção plausível. Não se trata, porém, de uma realidade histórica, pois, ao analisarmos a experiência internacional, sobretudo a europeia, não há como negar essa evidência (Fig. 1.20).

Fig. 1.20 *Rodovias de baixo volume de tráfego com pavimentos de concreto: (A) estrada florestal, Suíça; (B) estrada vicinal, Suécia; (C) estrada vicinal, País de Gales; (D) estrada cantonal, Suíça (cortesia do prof. Willy Wilk)*

Tecnologia de concretos aplicada à construção de pavimentos

2.1 Propósitos básicos na abordagem da questão tecnológica dos concretos

Em julho de 1963 ocorreu no Rio de Janeiro a 4ª Reunião Anual de Pavimentação, no auditório do extinto Departamento Nacional de Estradas de Rodagem. O professor Eládio Petrucci estava na presidência da 3ª Comissão Técnica, sobre pavimentos de concreto, em cujos anais consta sua recordação de uma palestra do diretor do Laboratório Nacional de Engenharia Civil, que afirmara o seguinte: "Portugal é bastante pobre para não se poder dar ao luxo de construir qualquer obra de engenharia, dispensando um estudo inicial cuidadoso e um controle de execução rigoroso". Os estudos iniciais podem referir-se a projetos e à dosagem dos concretos para pavimentação, aspectos que se pretende abordar aqui, ainda que não de maneira exaustiva, mas suficiente para reflexões maduras sobre os temas, de maneira a destacar a interdisciplinaridade entre tecnologia de concreto e análise estrutural de pavimentos. É necessário ampliar no conhecimento a certeza de que falta de controle de diversos aspectos redunda em efeitos maléficos ao comportamento estrutural e ao desempenho desses pavimentos, seja por falta de completitude de projetos ou por descaso com aspectos essenciais de controle tecnológico.

Os concretos, produzidos com quaisquer ligantes hidráulicos, necessitam de controle tecnológico estrito para desempenharem satisfatoriamente seu papel como revestimentos ou como bases de pavimentos. O comportamento do concreto seco e endurecido, em especial como pavimento moldado *in situ*, não se restringe a questões relacionadas ao controle da resistência especificada em projeto. No Quadro 2.1 são apresentadas características vinculadas a concretos de pavimentação que exigem controle tecnológico rigoroso, sem o qual o pavimento opera com falhas funcionais ou estruturais, algumas manifestas precocemente.

QUADRO 2.1 PRINCIPAIS CARACTERÍSTICAS DE CONCRETOS DE PAVIMENTAÇÃO POTENCIALMENTE SUJEITAS A CONTROLE ESTRITO

Estado do concreto	Características	Motivo de controle	Consequências deletérias possíveis
Fresco	Trabalhabilidade	Compatibilidade com o processo construtivo	Inúmeras imperfeições estruturais e mesmo geométricas
	Segregação/ exsudação	Qualidade superficial	Lamelação, textura inadequada
	Retração plástica	Evitar fissuras de superfície	Degradação estrutural
Endurecido	Retração de secagem	Evitar fissuras de contração não programadas	Ruptura precoce
	Resistência estática	Adequação ao projeto estrutural	Ruptura precoce
	Módulo de elasticidade	Adequação ao projeto estrutural	Estados de tensão não previstos
	Resistência à fadiga	Adequação ao projeto estrutural	Ruptura precoce
	Porosidade/ permeabilidade	Percolação de água	Empenamento higrométrico, reação álcali-agregados, corrosão de armaduras
	Expansão térmica	Efeitos relacionados a cargas ambientais	Empenamento não controlado
	Abrasividade	Qualidade superficial	Perda de qualidade funcional

Nem todas as características poderão ser controladas em todas as obras, muitas vezes em razão da tecnologia disponível para controle tecnológico, da ausência de especificação adequada e de prazos e custos incompatíveis com os padrões da obra. Para exemplificar, os ensaios de fadiga apresentam alguns inconvenientes: são lentos, exigem tratamento estatístico específico, além de equipamentos e técnicos especializados. Em razão disso, são recomendados para obras de grande responsabilidade (p.ex. autoestradas e longos corredores urbanos de ônibus). Outra situação muito mais constrangedora para a tecnologia é a ausência de diretrizes técnicas para execução e controle de juntas serradas com barras de transferência de carga, o que pode afetar todo tipo de obra de pavimentação em concreto.

Na maior parte das obras de menor vulto, é necessária, na ausência da possibilidade de estudo aprofundado dessas características, a assimilação de resultados de estudos anteriores. Haverá tanto menos riscos quanto mais próximo for o material utilizado (agregados, cimentos) daquele que será tomado como referência e para o qual existem estudos mais detalhados. Embora esse tipo de procedimento seja empirista, reconhece-se que no atual nível de disseminação do conhecimento sobre esse assunto no Brasil, muitos desses requisitos fundamentais de controle ainda não têm respaldo normativo oficial, nem mesmo são detalhadamente conhecidos (p.ex. não se controlam parâmetros como o módulo de elasticidade e o coeficiente de expansão térmica). Também inexistem meios tecnológicos cotidianamente disponíveis para tais testes, como a checagem a *posteriori* do posicionamento de barras de transferência de carga. É evidente, portanto, não uma falta de tradição no uso dessa tecnologia de pavimentação, mas um descompasso tecnológico no que tange aos modernos meios de controle disponíveis, em comparação a países mais evoluídos tecnologicamente.

Não se objetiva apresentar aqui detalhes referentes a materiais que compõem os concretos, como agregados, ligantes hidráulicos, adições minerais e aditivos químicos de diversos tipos e com diversas finalidades, nem as especificidades dos temas efetivamente abordados. A razão para isso é bastante simples: em 2005, o Instituto Brasileiro do Concreto editou uma obra sobre concreto, consolidada pelos maiores especialistas brasileiros, que se tornou referência para todos os níveis da engenharia e da arquitetura no Brasil (Isaia, 2005). Existem ainda outras obras, nacionais e estrangeiras (traduzidas), que abordam a tecnologia de concretos. Em função dessa abundância de textos técnicos, procura-se expor a tecnologia de concretos no que tange às obras de pavimentação, com o objetivo de alertar o leitor para certas questões fundamentais, numa abordagem causa-efeito. Esse tipo de abordagem interessa muito do ponto de vista construtivo, uma vez que insucessos ocorridos no exterior, e mesmo no Brasil, no uso dessa alternativa de pavimentação, aparentemente estariam bem mais correlacionados a questões de natureza tecnológica e construtiva do que propriamente de projeto.

Contudo, recorda-se que das falhas emerge a experiência. Em diversos países, existe na engenharia um aspecto mais filosófico do que normativo para garantir a evolução da tecnologia de concreto. Um recente caso nos EUA pode ser bastante representativo. Em janeiro de 2007, durante a reunião anual do Comitê em Pavimentos de Concreto do *Transportation Research Board*, houve dois relatos de casos que denotam bem o espírito empreendedor e científico de engenheiros dos Departamentos de Transporte dos Estados da Carolina do Norte e de Washington. No primeiro caso, o representante narrou o recente e traumático resultado da construção de mais de 100 milhas de pavimentos de concreto, que apresentaram incontáveis problemas de fissuração, em especial por secagem, bem como outros defeitos relacionados a juntas, fato que estaria sendo investigado por uma comissão técnica altamente qualificada para que "nunca mais" ocorra.

No segundo caso, o representante afirmou que, após 40 longos anos, o Washington DOT voltaria a construir uma rodovia em concreto e, para tanto, teria contratado os serviços de consultores e pesquisadores altamente qualificados para estabelecer protocolos mínimos de especificações para todas as fases do processo construtivo, de maneira a evitar qualquer insucesso para o produto, o que seria um verdadeiro banho de água fria. Típico profissionalismo americano. *That's it*!

2.2 Tipos de concretos empregados em pavimentação

Os concretos são amplamente conhecidos como materiais de construção (talvez os mais populares), sendo geralmente definidos como uma mistura devidamente proporcional de agregados graúdos, agregados miúdos, ligante hidráulico (tradicionalmente cimento tipo Portland, embora cimentos siderúrgicos e pozolânicos já estejam em pleno uso em alguns países) e água, além da eventual introdução de minerais durante a moagem do clínquer e de aditivos para inibir ou ressaltar, temporariamente, algumas características das misturas, com menção especial aos aditivos plastificantes (redutores de água na mistura) e dos retardadores e aceleradores de pega.

Como no caso dos cimentos, nas últimas duas décadas a indústria química buscou alternativas e novos conceitos para aditivos de concretos, com destaque para os superplastificantes e os produtos inibidores de evaporação e de retração, além dos produtos auxiliares de cura aplicados sobre as superfícies de concretos frescos expostos, que criam uma película inibidora da evaporação da água de amassamento. Atualmente, os aditivos redutores de expansão são produtos a serem considerados em dosagens.

Os *concretos de alto desempenho* (CAD) foram assim denominados por apresentarem algumas propriedades melhoradas, em comparação com os concretos convencionais, elaborados diuturnamente até a década de 1980. Os CAD – em geral com emprego de cimentos de maior finura e adições minerais (p.ex. escórias granuladas moídas, cinzas volantes, sílica ativa, metacaulim e cinza de casca de arroz) – apresentavam permeabilidade muito reduzida, o que lhes conferia vantagens em diversos aspectos relacionados à durabilidade dos concretos armados (p.ex. ataques de sulfatos e despassivação de armaduras). Nos pavimentos, o início da utilização dos CAD foi mais motivado pela possibilidade de elaboração de misturas de rápida liberação ao tráfego, com uso de cimentos de acelerado ganho de resistência, para torná-las mais adequadas a obras urbanas e de restauração de pavimentos (a espera de cura sempre foi tratada, nesses casos, como obstáculo ao tráfego). Além disso, resistências à tração na flexão bastante superiores aos convencionais 4,5 MPa descortinavam a possibilidade de redução na espessura de estruturas de pavimentos moldadas *in loco*. Os aspectos relacionados à durabilidade, tão ponderados no caso de estruturas de edifícios, estruturas fluviais e marítimas, pilares e fundações de pontes, ainda não são claramente considerados em pavimentação.

Apesar disso, a preocupação com questões acerca da durabilidade do concreto tem crescido recentemente, como é o caso da reação álcalis-agregados. Também no exterior, o uso de sais para liquefação de gelo na superfície dos pavimentos já despertara, há décadas, a consciência para a perda de durabilidade dos concretos diante de possíveis ataques dos sais à microestrutura do material, bem como às barras de aço de transferência de cargas e às barras de ligação em juntas. Contudo, na área de pavimentação, a expressão "concreto de elevada resistência" já foi mais comum.

As investigações de Cervo (2004) sobre a resistência à fadiga dos concretos convencionais (CV) e dos CAD no Brasil inauguraram novos paradigmas sobre a questão da resistência aos esforços repetitivos em

CAD, que se mostrou sensivelmente inferior àquela dos CV. Isso denota um potencial de mais baixo desempenho dos concretos "de alto desempenho", provavelmente devido à sua maior fragilidade e suscetibilidade à nucleação de fissuras em sua microestrutura. Nada, porém, que não possa ser considerado passível de controle no dimensionamento estrutural dos pavimentos. Além disso, o tipo de CAD estudado revelou, tanto em termos de resistência estática quanto dinâmica, certa dependência de seu estado de saturação, melhorando com ela, o que bateu de frente com o comportamento normalmente esperado para os CV, cujas resistências diminuíam em estado saturado.

Em termos de resistência, os concretos tradicionais ou convencionais para pavimentos são, em geral, diferentes dos concretos conhecidos como estruturais. Enquanto estes normalmente são avaliados por meio de sua resistência à compressão, para pavimentos de concreto simples (PCS) e *whitetopping* (WT), os concretos são dosados para atender a determinadas resistências à tração na flexão. Historicamente, os casos mais comuns exigiram concretos para pavimentos cuja resistência à compressão normalmente era superior a 32 MPa. Contudo, para os pavimentos de concreto armado (PCA) ou pavimentos de concreto pré-moldado (PCPM), os padrões de concretos de até 30 MPa em compressão predominam, ainda assim, tendo-se em conta exigências relacionadas à abrasão superficial.

Os concretos compactados com rolo (CCR), cuja origem remonta ao Reino Unido nos anos finais da 2ª Guerra Mundial e que tiveram um grande avanço a partir da década de 1970, apresentam diferenças e peculiaridades. Já foram denominados "concreto magro" (*lean concrete*), "concreto rolado" (*rolled concrete*) e *econocrete* (EUA). Originalmente, eram chamados de concretos magros, e foram bastante utilizados para a reconstrução de rodovias rurais que sofreram devastação durante os bombardeios aéreos sobre a periferia de Londres e Birmingham. Seu emprego cresceu modestamente, sobretudo no Reino Unido, como material preferencial para bases de pavimentos asfálticos, dada sua durabilidade e simplicidade construtiva. Há muitos artigos técnicos na literatura que deixam evidentes as grandes vantagens dos CCR sobre as britas graduadas tratadas com cimento, amplamente utilizadas na França.

Mais recentemente, os CCR têm sido alvos de novas abordagens em sua formulação e emprego. No primeiro caso, desde a década de 1980 consideram-se as grandes vantagens, sob vários aspectos (consumo de cimento, habilidade de compactação, ganho de peso específico), do uso de misturas de CCR com distribuição contínua (bem graduada) de agregados. Em função disso, foi possível atingir resistências mais elevadas com menor consumo de cimento, como confirmado por Abreu (2002) e Ricci (2007). Em pavimentação, em termos conceituais, o CCR atingiu um novo patamar, passando a ser utilizado também como revestimento de vias de baixa velocidade.

Um material conceitualmente semelhante ao CCR é o concreto empregado na moderna fabricação de blocos de concreto com sistemas hidráulicos de prensagem (os blocos também ainda são fabricados em sistemas tradicionais, do tipo *dormido* ou *virado*, com concretos mais plásticos). Essa semelhança restringe-se à sua característica de baixa plasticidade ou trabalhabilidade, já que a prensagem é altamente eficiente para seu adensamento, exigindo, contudo, sua desforma imediata – que é possível para um concreto seco. De resto, difere bastante em distribuição granulométrica, cura e controle de resistência para blocos de pavimentos.

Dois tipos de concreto ainda merecem ser mencionados aqui, embora de aplicabilidade mais restrita em pavimentação. O primeiro é o concreto reforçado com fibras (CRF), que, na realidade, aparentemente representa pouco ganho em termos de resistência estática ou de resistência à fadiga, considerando-se as faixas de teores de fibras tradicionalmente empregadas em concretos projetados, por exemplo. Contudo, há situações especiais para sua aplicação, como quando há necessidade ou vantagem de maior tenacidade do material para a aplicação.

Há, ainda, o caso de concretos ditos autonivelantes (CAN), que em diversas situações já foram aplicados sobre tabuleiros de pontes e viadutos, embora não sejam pavimentos em termos geotécnicos tradicionais. Os concretos do tipo CAN apresentam elevadíssima plasticidade, que permite seu lançamento e sua moldagem sem o uso de equipamentos de adensamento, o que, no entanto, tem restrições do ponto de vista de declividades transversais e longitudinais em pavimentação.

Em cada obra específica, o engenheiro somente descartará o emprego de um ou de outro tipo de concreto com base em restrições de natureza técnica e econômica, consideradas concomitantemente. Não se poderá descartar, *a priori*, a aplicabilidade de qualquer tipo de concreto em bases e revestimentos de pavimentos. Aliás, na atualidade, há grande necessidade de reutilização de materiais reciclados, como entulhos de demolição e construção, e o engenheiro deve manter a mente aberta e discernir corretamente o tipo de concreto e seus componentes passíveis de utilização em cada tipo de obra.

Críticas à tecnologia, no que diz respeito à dificuldade de recuperação depois de vencido longo período de serviço de um pavimento de concreto, quando sua degradação funcional e estrutural são gritantes, ocorrem algumas vezes por provável ausência de conhecimento mais profundo de tecnologias de reciclagem e reaproveitamento do pavimento de concreto deteriorado para se produzir... pavimentos de concreto (ver Cap. 5). Aliás, deve-se ter em mente (de engenheiro) que qualquer tipo de pavimento deteriora e tem de ser removido após certo tempo, em especial no caso de bases amplamente degradadas, granulares ou cimentadas. Ainda não foi inventado o pavimento eterno, mesmo que passível de manutenção.

O problema de fundo dos concretos de pavimentação, a ser estritamente controlado, é o surgimento de fissuras. O concreto tem tendência a fissurar, e as fissuras descontroladas causam, antes de tudo, um razoável prejuízo estético na percepção do usuário, que, desconhecedor das causas, tende a culpar a tecnologia como um todo. Além disso, as fissuras geram problemas estruturais de difícil solução e a redução da durabilidade, inclusive funcional, dos pavimentos de concreto. O interessado na tecnologia deve estar atento a dois importantes desafios em matéria de pavimentos de concreto (Weiss; Ozyldirim, 2007):

i. novas tecnologias de ligantes hidráulicos e concretos podem oferecer riscos de fissuração quando seu uso não é precedido de uma ponderação racional do binômio "novo material/novo comportamento";
ii. métodos de construção atuais garantem a possibilidade de execução de grandes volumes de pavimentos de concreto e ganho rápido de resistência, sem que estudos mais profundos sobre cura nessas condições estejam amplamente disponíveis. Inclusive, atualmente os processos de cura parecem ser mais limitados do que no passado, ao menos em termos temporais.

> **Causas de fissuração e falhas nos pavimentos de concreto** (Weiss; Ozyldirim, 2007):
> - Carregamento (peso próprio ou cargas dinâmicas): projeto inadequado, concreto inadequado, alteração precoce de premissas de projeto (causas mais raras).
> - Projeto: detalhamento de juntas inadequado; resistência à fadiga não compatível com o concreto utilizado.
> - Construção: juntas malformadas (causa mais comum); dosagem inadequada do concreto; cura inadequada (causa comum).
> - Ambientais: por recorrência de subsidência do concreto, retração plástica, retração por secagem, contração térmica, ação do congelamento, corrosão, ataque por sulfatos, reação álcalis-agregados.
>
> **O combate a essas causas exige:**
> - Seleção do tipo de pavimento de concreto mais adequado.
> - Projeto muito bem especificado.
> - Exato e preciso proporcionamento das misturas.
> - Boas práticas de construção.
> - Fiscalização presente e adequada no canteiro de obras.

2.3 Propriedades do concreto fresco

2.3.1 Trabalhabilidade

Por *trabalhabilidade* do concreto entende-se a resistência que a própria massa de concreto opõe ao seu movimento, por ação da gravidade. Na prática comum, a trabalhabilidade é dada pela medida da consistência do concreto fresco, o que, para concretos convencionais, normalmente é feito com o cone de Abrams, por meio do qual se obtém a medida do abatimento (*slump*), que equivale à diferença entre a altura inicial do concreto (do tronco de cone) e a sua altura final depois da retirada do cone de compactação que envolve a massa fresca (Fig. 2.1). Existem outras formas de avaliação da consistência do concreto, como o fator de *compactação* (FC), que, para condições normalizadas, é a relação entre a massa autocompactada lançada dentro de um cilindro e a massa compactada no mesmo volume; e o ensaio *VeBe*, que vem sendo paulatinamente introduzido.

Um concreto é dito seco se o abatimento for pequeno e fluido se for grande. A Tab. 2.1 apresenta valores típicos de abatimento no tronco de cone para concretos. Em termos de pavimentação, dependendo do tipo e do processo de produção do pavimento de concreto, os valores de abatimento no tronco de cone podem ser bastante diferentes, conforme as sugestões da Tab. 2.2. Embora o abatimento seja um dos parâmetros de dosagem e controle, é necessário recordar que seu valor entre a usina dosadora (ou dosadora-misturadora) e o local de aplicação em pista poderá sofrer sensíveis alterações. Alguns fatores de ordem natural, de transporte ou relacionados à composição do concreto – como dias excessivamente quentes, distância de transporte e uso de adições no concreto, como a sílica ativa – tendem a causar significativa perda de abatimento na massa fresca, como se dá com o uso de fibras.

Fig. 2.1 *(A) controle do abatimento em obra; (B) e em laboratório (dosagem)*

TAB. 2.1 VALORES TÍPICOS PARA CONSIDERAÇÃO DE CONCRETOS SECOS OU FLUIDOS

Tipo	Abatimento (mm)	FC
Seco	0 a 20	< 0,75
Normal	20 a 160	0,75 a 0,97
Fluido	> 160	> 0,97

2.3.2 Segregação e exsudação

Ao movimento de partículas grosseiras do concreto em sentido descendente denomina-se *segregação*, que, evidentemente, causa a tendência de separação da fração mais grossa dos agregados daquela mais fina, o que resulta na perda de homogeneidade da massa de concreto fresco recém-misturado. Por *exsudação*, fenômeno em geral concomitante com a segregação, entende-se a tendência de movimento ascendente de partículas finas com a água de amassamento como veículo, gerando excesso de pasta de cimento na superfície do pavimento.

Tab. 2.2 Valores típicos de abatimento para concretos em pavimentação (Balbo, 2005)

Tipo de pavimento	Tipo de concreto	Método construtivo	Abatimento (mm)
PCS WT	CV	Fôrmas-trilho	60-90
		Régua vibratória e fôrmas laterais desmontáveis	60-90
		Fôrmas deslizantes	0-40
		Laser screed	60-100
	CCR	Rolo liso vibratório	0
PCA	CV	Régua vibratória e fôrmas laterais	60-100
		Fôrmas deslizantes	50-70
		Laser screed	60-100
PCAC	CV	Fôrmas-trilho	60-100
		Régua vibratória e fôrmas laterais	60-90
		Fôrmas deslizantes	40-60
PCPM	CV	Fôrmas metálicas	60-100
PCPRO	CV	Régua vibratória e fôrmas laterais	60-90
WTUD	CAD	Fôrmas deslizantes	20-60
		Laser screed	80-160
		Fôrmas-trilho	60-90
		Régua vibratória e fôrmas laterais	80-160

As causas da segregação podem ser variadas: transporte do concreto sem misturação em caminhões basculantes, agravado por longas distâncias e caminhos de serviço ou vias com superfícies irregulares; presença excessiva de finos no concreto; lançamento em pilhas e com impacto sobre a área de aplicação; vibração excessiva por agulhas manuais ou de pavimentadoras de fôrmas deslizantes; uso de ligante hidráulico de pega muito lenta, dando tempo de permanência da massa fresca sob a ação da gravidade sem travamento entre os agregados; utilização de concretos muito fluidos.

Deve-se ter em mente que a segregação, quando ocorre, acaba por definir duas regiões no concreto: uma superior, com mais finos, pasta e água, e uma inferior, com mais agregados graúdos e menor quantidade de pasta de cimento. Isso tem consequências normalmente não consideradas do ponto de vista estrutural.

Uma dessas consequências é a exsudação, que implica a formação de uma película de nata de cimento na superfície, que não fica visível após a texturização da superfície. Excesso de desempenamento favorece a ocorrência do fenômeno. Todavia, essa nata de cimento é muito frágil e será arrancada, na forma de lamelas, pela ação de veículos (mesmo os leves), causando uma aparência de degradação superficial (Fig. 2.2). O importante, do ponto de vista funcional, é reconhecer as seguintes possibilidades:

i. ingestão, por turbinas de aeronaves, das lamelas e partículas desprendidas;
ii. lançamento das partículas soltas, lateralmente ou sobre para-brisas de veículos;
iii. aspecto superficial desfavorável;
iv. perda de texturização adequada para a aderência de pneus em pistas de velocidade.

Fig. 2.2 *Superfície com lamelação após etapa construtiva, devido à exsudação da nata de cimento*

O controle desse fenômeno requer a adoção de alguns procedimentos específicos para pavimentos de concreto, como: utilizar baixas relações água/cimento (a/c); evitar excesso de vibração; evitar desempenamento excessivo da superfície; e evitar gradientes ascensionais de umidade na massa fresca, por meio de cura adequada do concreto.

Trata-se de procedimentos também indicados para o fenômeno de retração plástica, discutido a seguir.

2.3.3 Retração plástica

A *retração plástica* ou *dessecação superficial* é um fenômeno a ser evitado nos pavimentos de concreto, que apresentam uma grande área exposta à ação de diversos agentes climáticos durante seu lançamento e cura. Tal fenômeno está estritamente relacionado à segregação e à exsudação do concreto, tendo como consequências possíveis a fissuração da massa e o seu assentamento plástico, ambas as ocorrências altamente indesejáveis para os pavimentos de concreto. A retração plástica encontra-se intimamente associada à evaporação de água na superfície do concreto antes do final da pega.

A Fig. 2.3 mostra o mecanismo da retração plástica no concreto ainda fresco. A ação da radiação solar e da temperatura ambiente na massa faz surgir uma zona superior (na placa de concreto) mais aquecida que seu fundo, e isso, evidentemente, gera um gradiente térmico ao longo da profundidade. A superfície aquecida vai formando rapidamente uma crosta (mais endurecida), e o gradiente térmico causa a mobilização de maior umidade para a superfície, cuja água, por capilaridade e sucção, sobe a partir dos estratos inferiores da massa de concreto.

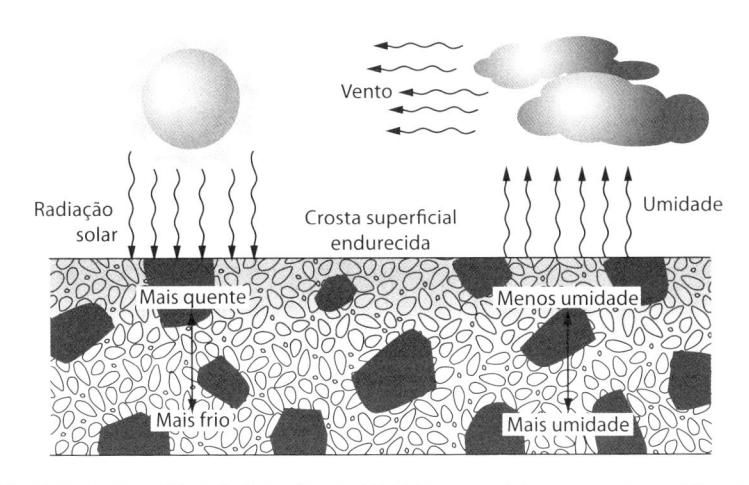

Fig. 2.3 *Mecanismo de ocorrência de retração plástica (adaptado de Holland, 2005)*

Isso induz, além da eventual segregação, a exsudação. A temperatura externa da atmosfera, o desequilíbrio entre a umidade da superfície e do ar, a radiação solar imediata e os ventos serão agentes de evaporação dessa água superficial, o que provocará tensões superficiais de contração na pasta de cimento, forçando a ruptura, ou seja, a abertura de fissuras superficiais. Essas fissuras são ditas de retração plástica e têm a tendência de avançar, propagando-se profundidade abaixo da placa de concreto (Fig. 2.4). Não é preciso elucubrar muito para antever o possível dano estrutural causado por tais fissuras indesejáveis.

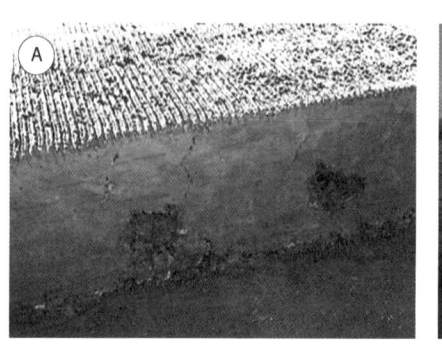

Fig. 2.4 *(A) fissuras de retração plástica do topo para baixo; (B) resultado de excessiva retração plástica no concreto*

Exposto seu mecanismo, fica mais fácil a busca por procedimentos para controle e mesmo eliminação da retração plástica em pavimentos de concreto. Embora envolva conjuntamente outros fenômenos, o controle da retração plástica permeia a busca pela redução da migração excessiva de água para a superfície (imposta pelo gradiente de umidade) e pela proteção da superfície para se evitar a perda de água inicial nela. Assim, as seguintes medidas podem ser consideradas como abertamente favoráveis ao controle do fenômeno:
- evitar o desempenamento excessivo da superfície do concreto;
- em regiões muito quentes, quando possível, trabalhar com concretos frios;
- quando possível, manter o substrato umedecido.

Há outros procedimentos que também favorecem o controle da retração plástica, tais como:

- uso de corta-ventos laterais e proteção solar – quebra-luz (tendas) – após o lançamento do concreto em pista (Fig. 2.5);
- trabalho de lançamento noturno, evitando-se radiação solar direta;
- uso de cortina de fumaça em situações especiais;
- cobrimento do concreto lançado com lona plástica entre as diversas fases de operações de construção *in loco*;
- uso de modernos produtos retardadores de evaporação, adicionados ao concreto durante sua usinagem;
- uso de fibras que servem para controlar a fissuração do concreto, dando ductilidade à massa.

Fig. 2.5 *Uso de tendas de proteção sobre o concreto fresco: Sait-Gallen (Suíça - 1990)*

2.4 Propriedades do concreto endurecido

2.4.1 Retração por secagem e seu controle

A *retração por secagem* ou *retração hidráulica*, segundo define Neville (1997), resulta da secagem do concreto, o que acaba abrangendo a retração *autógena* e a volumétrica, por contração. Esse fenômeno está associado ao uso de água na mistura durante a fase inicial de hidratação dos ligantes hidráulicos, e é caracterizado pela perda de água da massa para o ambiente, o que se relaciona com as condições climáticas.

A água de amassamento do concreto é tradicionalmente dividida em três partes, conforme suas funções: (a) a água de cristalização, responsável pelas reações que formam a parte sólida da pasta de cimento; (b) a *água de gel*, que é aquela adsorvida aos cristais hidratados e que serve de veículo para os compostos que dão continuidade às reações de hidratação, formando o gel de cimento hidratado; (c) a *água livre* ou *água capilar*, que, somada ao gel de cimento, forma a pasta de cimento. A água adsorvida, ao ser eliminada por secagem do material em interação com o ambiente, é a principal responsável pela retração da pasta de cimento por secagem ou retração hidráulica (Hasparyk et al., 2005).

Do ponto de vista macroestrutural, o mecanismo de fissuração é bastante simples, conforme apresentado na Fig. 2.6. A fissura de retração por secagem ocorre no momento em que as deformações de contração na massa de concreto igualam-se à capacidade de deformação em tração desenvolvida até dado momento pela hidratação dos compostos anidros, ou seja, esforço contra resistência. A contração da massa está vinculada aos processos químicos em curso durante as primeiras horas de hidratação da solução supersaturada, mesmo se garantida a manutenção do volume de água de amassamento do concreto por meio de métodos de cura adequados a cada circunstância.

Massa de concreto fresco

Deformações por contração da massa durante a secagem
ε_r e σ_r ε_r e σ_r

Fissura de retração por secagem

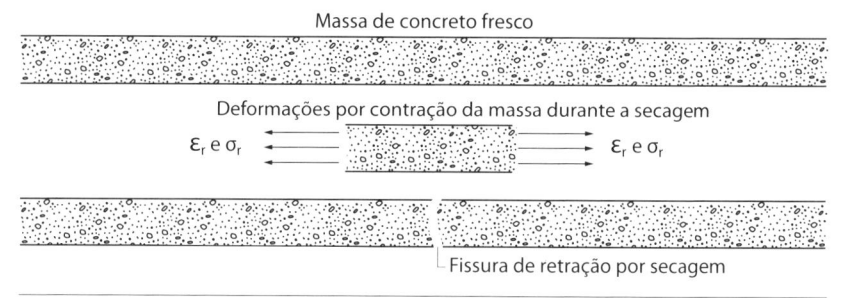

Fig. 2.6 *Mecanismo de ocorrência de fissura de retração por secagem*

Isso significa dizer que a ocorrência de fissuras de retração é um fenômeno inevitável, e o espaçamento entre as fissuras transversais em um volume longitudinal de concreto (pavimento) varia em função de diversos fatores, tendo o ligante hidráulico – conforme sua finura, seu calor de hidratação e a quantidade empregada –papel preponderante na definição do tempo de ocorrência e manifestação das fissuras de retração por secagem.

Nos pavimentos de concreto moldados *in loco* sob a forma de placas, que apresentam grande volume de massa fresca, a consequência mais comum da retração hidráulica é o surgimento de fissuras transversais ou longitudinais, em termos de direção preferencial. Muitas vezes essas fissuras não se manifestam antes de algumas semanas, tornando-se mais visíveis após o ganho final de resistência do concreto e a diminuição da temperatura ambiente durante a fase de operação do pavimento. As amostras na Fig. 2.7 permitem intuir os problemas de respostas mecânicas e comportamentos estruturais anômalos dos pavimentos assim fissurados, que abrem espaço para outros problemas, como escalonamento no contorno da fissura (desconforto de rolamento), com posteriores esborcinamentos (quebras nas bordas de fissuras), permitindo a entrada de água para as camadas inferiores, fato gerador de diversas patologias, como o bombeamento de finos e o descalçamento da placa de concreto na região da fissura.

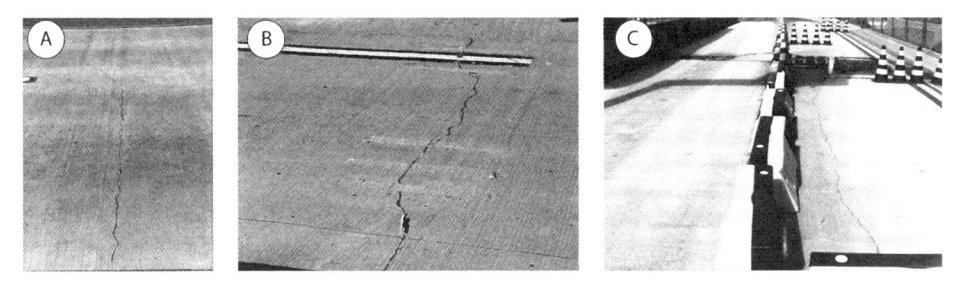

Fig. 2.7 *Manifestação da retração por secagem (transversal, A e B; longitudinal, C)*

O controle do fenômeno – uma vez que sua completa eliminação é impossível – requer a construção de juntas de retração ou contração, induzindo-se a fissura em determinada posição, por meio da redução da espessura na massa de concreto (Fig. 2.8), geralmente feita com a técnica de serragem com disco diamantado. Essa redução da seção transversal do concreto obriga a concentração de deformações de retração em seção estrangulada (Fig. 2.9), aumentando expressivamente as tensões de tração no local, o que induz a fissura em continuidade ao corte executado.

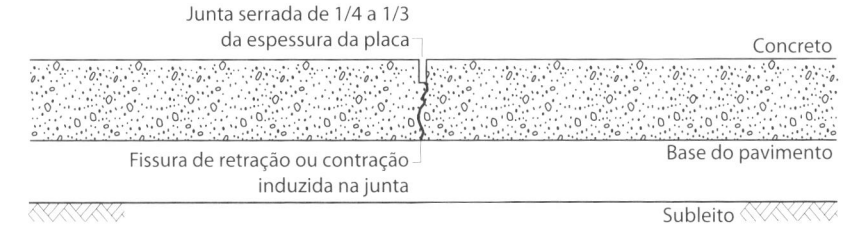

Fig. 2.8 *Posicionamento da fissura de retração induzida*

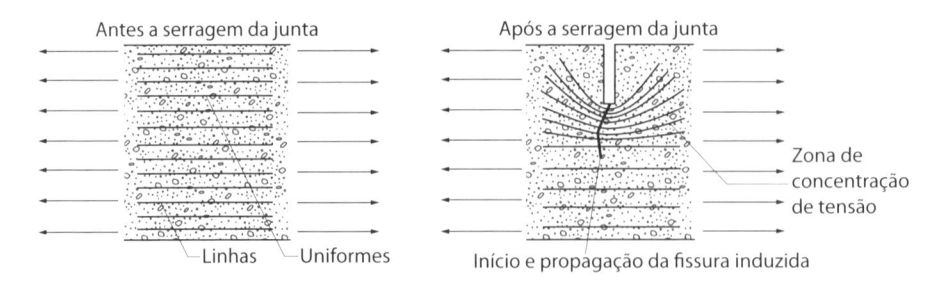

Fig. 2.9 *Mecanismo de ocorrência de fissura de retração induzida*

A experiência, inclusive no exterior, demonstrou que o corte deve ser introduzido até uma profundidade mínima de 1/4 a 1/3 da espessura da placa de concreto, ou seja, entre 60 mm e 80 mm para uma placa de 240 mm de espessura. Recentes experiências mostram que essa profundidade de corte é fator crítico, uma vez que cortes inferiores resultaram em fissura de retração fora da junta, o que não é de causar estranheza ao se refletir sobre o fenômeno conforme representado na Fig. 2.9. O procedimento de serragem das juntas (com serra de disco diamantado) e a fissura induzida resultante em toda a espessura da placa de concreto são ilustrados na Fig. 2.10.

Fig. 2.10 *Serragem da junta de retração e indução da fissura em PCS*

No Quadro 2.2 apresentam-se alguns dos fatores mais comuns para a retração por secagem. Observe que, com base nessas constatações, dever-se-ia ter extremo cuidado com a cura de pavimentos de liberação rápida (*fast track*), pois nesses casos geralmente são empregados ligantes do tipo CPV-ARI, que normalmente são produzidos com moagem mais enérgica, resultando mais finos, como a sílica ativa e o metacaulim. Reforça-se tal questão no caso de concretagem de placas mais finas, como de PCA e WTUD.

QUADRO 2.2 FATORES QUE AFETAM A RETRAÇÃO POR SECAGEM
(adaptado de Hasparyk et al., 2005)

Material empregado	Influência na retração hidráulica
Agregados de elevado módulo de elasticidade	Diminui
Agregado graúdo em grande quantidade	Diminui
Maior dimensão do agregado graúdo	Diminui
Aumento da relação a/c	Aumenta, para um mesmo consumo de cimento
Adições finas de pozolanas e escórias	Aumenta, por aumentar o volume de poros finos
Aditivos plastificantes	Aumenta, o que é compensado pela redução da relação a/c
Peças estruturais mais espessas	Diminui, pois a migração da água para o ambiente é mais lenta

Embora existam estudos sobre o desenvolvimento da fissura de retração ao longo de semanas e meses, aqui a abordagem é prática, o que requer do engenheiro responsável pela obra uma atitude mais rigorosa, pautada em efetiva experimentação. Para cada tipo de agregado graúdo ou miúdo, ligante hidráulico e, eventualmente, aditivo, devem ser realizados testes preliminares de moldagem de placas nas condições climáticas típicas do local, com o objetivo de determinar o período de tempo adequado, após a mistura do concreto, para a execução das serragens de indução de fissuras (juntas transversais e longitudinais). Se, durante o desenrolar da obra, for alterada a procedência de algum dos materiais que constituem o concreto, ou se houver alterações climáticas (para obras de longa duração), nova experimentação deverá confirmar o tempo de corte adequado. Atitudes como essas superariam a eventual omissão de especificações, já que a retração por secagem é inevitável e pode ter consequências desastrosas.

No caso dos CCR, quando utilizados como base dos pavimentos de concreto ou asfálticos, em geral não há necessidade de serragem, porque os CCR normalmente são bem menos retráteis que o concreto, sobretudo com dosagens contínuas de agregados e baixo consumo de cimento, além de bem menos sujeitos à segregação, e menos ainda à exsudação, em razão do seu processo construtivo. Quando utilizados como camada de revestimento, com consumos mais elevados de ligante hidráulico, as juntas deverão ser igualmente serradas em posições predeterminadas.

Quanto ao espaçamento entre as juntas serradas, deve-se obedecer ao projeto estrutural, uma vez que o afastamento à revelia acaba por impor solicitações mais críticas, por ação das cargas de veículos e de cargas ambientais. A definição dessas juntas de contração, portanto, deve ser bem pensada em projetos, conforme os concretos empregados.

O uso de fibras e de aditivos compensadores da retração poderá ser de interesse em projetos que apresentem condições de restrição de cura, bem como de uso de ligantes de alta resistência inicial. A título de ilustração, o Wire Reinforcing Institute (2006) admite retração do concreto da ordem de 0,5 mm/m.

2.4.2 Retração térmica de hidratação ou climática

Segundo Graça, Bittencourt e Santos (2005), a retração térmica é um processo que não ocorre somente em estruturas de concreto massivas, mas também em concretos com consumo elevado de ligantes hidráulicos (como nos CAD), uma vez que resulta da expansão do concreto, decorrente do aumento da temperatura pela liberação de calor durante as reações de hidratação do concreto em idades jovens. Trata-se, portanto, de fenômeno a ser considerado no caso de pavimentos de concreto com elevado consumo de cimento e o uso de ligantes hidráulicos de elevado calor de hidratação.

O fenômeno de retração térmica ocorre pela lentidão do concreto em transferir calor, o que torna a temperatura em seu núcleo mais elevada em comparação à da superfície, causando sua expansão, que é absorvida pela fluência da massa fresca. Contudo, à medida que as reações prosseguem e o concreto ganha resistência e aumenta seu módulo de elasticidade, o fenômeno poderá se manifestar sob a forma de fissuras profundas e lineares, uma vez que há tensões de tração internas que podem ser muito elevadas. Ao se evitar a perda de calor pela superfície, evita-se um diferencial de temperatura entre esta e o núcleo do concreto, o que é favorável ao controle da retração térmica. Em razão disso, a cura adequada é também um agente de controle desse fenômeno.

A retração térmica resultante de mudança climática refere-se à contração que a massa endurecida de concreto sofre por bruscas variações de temperatura ao longo do ano. Durante sua execução, o concreto faria uma espécie de registro ("memória") de sua condição média de temperatura durante a cura, o que lhe confere também suas propriedades térmicas específicas. Uma brusca queda de temperatura – de 40ºC, por exemplo – poderá causar uma contração que impõe deformações superiores à deformação de ruptura do concreto, causando sua fissuração. Esse problema é objeto de discussão maior em regiões de clima temperado.

2.4.3 Resistência estática

Na discussão das características de resistência estática dos concretos endurecidos, não objetivamos apresentar os métodos e normas de testes laboratoriais. Tais procedimentos são encontrados em diversos textos na literatura nacional e na normalização pertinente. Detalhes dos procedimentos de medidas de resistência em laboratório podem ser encontrados em Jacintho e Giongo (2005) e em Balbo (2007). Pavimentos de concreto, moldados *in loco* ou pré-moldados, têm como padrões de controle convencionais de sua resistência os ensaios de compressão e os ensaios de tração na flexão, via de regra, conforme o tipo de pavimento. Ensaios de tração indireta por compressão diametral, embora vantajosos em certos aspectos, ainda não são medidas corriqueiras em obras. As normas nacionais que regem tais ensaios são indicadas no Quadro 2.3.

A resistência, do ponto de vista da engenharia, pode ser vista como a tensão aplicada que impõe ao material uma deformação correspondente à sua deformação de ruptura. A resistência do compósito cimento/agregados não é a da pasta de cimento nem mesmo a do agregado. No caso da resistência à tração do concreto, há grande interferência da condição de contato entre a pasta de cimento e os agregados graúdos, devendo levar-se em conta a relação a/c.

QUADRO 2.3 ENSAIOS DE RESISTÊNCIA PARA CONCRETOS DE PAVIMENTAÇÃO

Tipo de pavimento	Tipo de ensaio	Procedimentos
PCS, WT, PCAC e WTUD	Tração na flexão (dois cutelos)	MB 3483 - NBR 5738
PCA, PCPM e PCPRO	Compressão simples (uniaxial)	NBR 5739

A dosagem a/c do concreto é um valor nominal, médio para toda a massa (Fig. 2.11). Contudo, dado que a água de amassamento tende a alojar-se na superfície dos agregados, sua quantidade é maior nessa zona, elevando aí a relação a/c local, o que afeta a resistência do concreto. Assim, características do agregado graúdo, como sua porosidade e seu diâmetro, afetam a zona de transição. Agregados graúdos, por exemplo, podem levar a zonas de transição mais fracas e com maior quantidade de microfissuras, embora a massa possa requerer menor quantidade de água de amassamento (Metha; Monteiro, 1994).

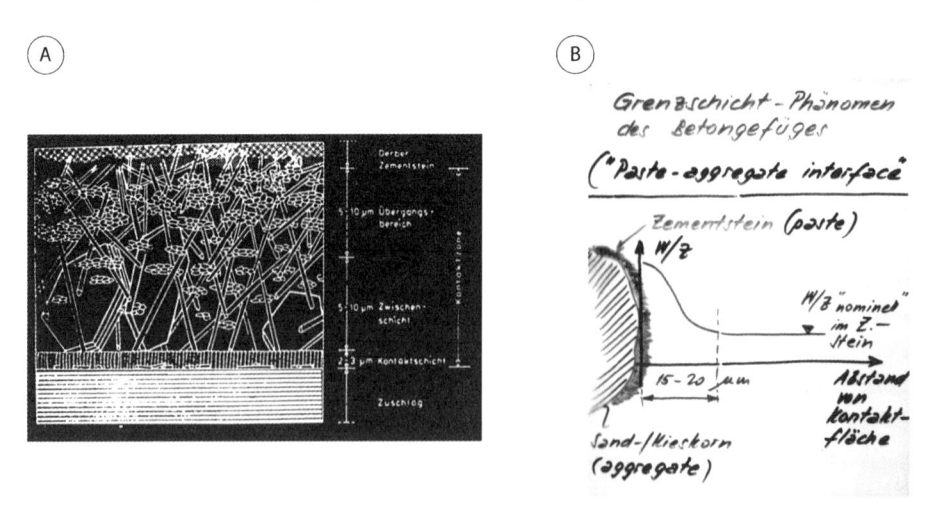

Fig. 2.11 *(A) encastelamento de cristais sobre o agregado; (B) variação da relação a/c na zona de interface agregado/pasta de cimento (cortesia do prof. Willy Wilk)*

Uma propriedade também associada à distribuição granulométrica, à quantidade de pasta de cimento e à própria relação a/c é a *porosidade* do concreto, correspondente aos vazios capilares na massa de concreto endurecida, que são os espaços não preenchidos após a massa de concreto atingir seu estado sólido. Toda imperfeição, como vazios capilares e fissuras iniciais, afetam a resistência dos materiais, porque impõem descontinuidades na matriz (do concreto), o que gera zonas de estado crítico de tensões e de progressão de fissuras, concedendo menor resistência final ao material.

Resistência à compressão
Os ensaios de resistência à compressão, para especificação de projeto, dosagem e controle tecnológico, são fundamentais para o caso dos PCA, dos PCPM e dos pavimentos de concreto protendido (PCPRO). No primeiro caso, a resistência característica do concreto à compressão é parâmetro de projeto estrutural, e a área de aço na seção armada depende desse valor. No caso dos PCPRO, essa característica é fundamental por dois aspectos: resistência disponível em combate aos esforços de tração e resistência exigida para suporte dos esforços de protensão. Em todos esses casos, o dimensionamento estrutural da seção da placa do pavimento depende da resistência à compressão.

Os ensaios em compressão uniaxial são normalmente realizados sobre corpos de prova nas dimensões de 150 x 300 mm ou 100 x 200 mm (diâmetro x altura). É possível a aferição dessa resistência em corpos de prova com relação altura/diâmetro inferior a 2, sendo necessária a devida correção para redução do valor obtido, conforme padrões universalmente conhecidos e indicados na Tab. 2.3.

Para a medida da resistência à compressão, exerce papel importante o tipo de agregado graúdo (sua

TAB. 2.3 FATORES DE CORREÇÃO PARA A RESISTÊNCIA À COMPRESSÃO (NBR 7680)

h/Ø	Fator de correção (multiplicativo)
2	1
1,75	0,98
1,5	0,96
1,25	0,94
1,1	0,90
1	0,85
0,75	0,7
0,5	0,5

natureza) utilizado na formulação da mistura, uma vez que essa resistência depende bastante da qualidade (dureza) desses agregados. Em dois extremos, pode-se utilizar os agregados britados a partir de rochas graníticas e aqueles obtidos artificialmente, como as escórias de alto-forno. Sbrighi Neto (2005) apresenta importante sumarização sobre os agregados para os concretos.

Como parâmetro de controle para a aceitação de PCS, a resistência à compressão não faz sentido, uma vez que, em projetos, o que se especifica e se almeja é uma resistência à tração na flexão. A medida da resistência à compressão em concretos de pavimentos pode ter algum sentido prático na verificação, logo nos primeiros três e sete dias, se o ganho de resistência do concreto segue uma trajetória normal.

Resistência à tração na flexão

As medidas de resistência à tração na flexão são indispensáveis para as placas de concreto não armado, incluindo aquelas cuja eventual armadura seja de topo para controle de retração. Falamos, portanto, dos PCS, dos WT e dos pavimentos de concreto com armadura contínua (PCAC). Em todos esses sistemas, o concreto é responsável pelo combate aos esforços de tração impostos por cargas estáticas e dinâmicas de veículos e por cargas ambientais.

O valor da resistência característica à tração na flexão ($f_{ct,f}$) é habitualmente estabelecido durante a fase de dimensionamento estrutural do pavimento, sendo necessária a dosagem da mistura em fase preliminar à obra, para seu adequado proporcionamento, conforme se exige. A resistência à tração na flexão é, ainda, parâmetro básico para estudos de resistência à fadiga do concreto, bem como para seu dimensionamento, tendo em vista tal critério de danificação. De maneira não rigorosa, mas compreensível, muitas vezes essa resistência é denominada "módulo de ruptura do concreto", o que não é elegante e nem mesmo mencionado na NBR 6118.

No Brasil, as medidas de resistência à tração na flexão são feitas por meio do ensaio de dois cutelos, impondo-se no vão central do corpo de prova um momento fletor constante. Por convenção, até hoje os corpos de prova são moldados nas dimensões 150 x 150 x 500 mm; contudo, Cervo e Balbo (2004) apresentam fortes razões para o emprego de dimensões reduzidas para 100 x 100 x 400 mm, procedimento corriqueiramente observado em outros países. Apesar disso, tais dimensões, ainda que bastante justificáveis, não têm amparo normativo no país até o momento, embora sejam objeto de discussão em diversos setores.

Relações entre resistências

Na NBR 6118 (2003) são apresentadas as seguintes relações entre resistências:

- Resistência à tração direta: 90% da resistência à tração indireta ou 70% da resistência à tração na flexão;
- Resistência à tração direta média em função da resistência à compressão:

$$f_{ct,m} = 0{,}3\sqrt[3]{(f_{ck})^2} \ [MPa] \quad (2.1)$$

Observa-se na NBR 6118 o reconhecimento, com base em experimentos realizados, de que a resistência à tração direta (ensaio de maior complexidade de elaboração) é bastante próxima à medida de resistência à tração indireta, ou seja, por compressão diametral. Com base nessas informações, espera-se que a resistência medida pelo ensaio de compressão diametral não supere 80% da resistência à tração na flexão para concretos idênticos. Hammitt (1971) propôs a seguinte relação entre a resistência à tração na flexão ($f_{ct,f}$) e a resistência à tração indireta (f_{ti}) por compressão diametral do concreto:

$$f_{ct,f} = 1{,}02 \cdot f_{ti} + 1{,}48 \ [MPa] \quad (2.2)$$

O ganho de resistência à tração na flexão do concreto no tempo, após a idade de 28 dias, foi estudado por Darter (1977), que elaborou o seguinte modelo experimental, onde t representa a idade do concreto em dias:

$$\frac{(f_{ct,f})^{futuro}}{(f_{ct,f})^{28 \ dias}} = 1{,}22 + 0{,}17 \cdot \log_{10} t - 0{,}05 \cdot (\log_{10} t)^2 \quad (2.3)$$

Fusco (1981) propôs a seguinte relação entre a resistência à tração direta (f_{ct}) e a resistência à tração indireta (f_{ti}) do concreto, que dá respaldo, entre outras fontes, à NBR 6118:

$$f_{ct} = 0,85 \cdot f_{ti} \qquad (2.4)$$

Para o caso de britas graduadas tratadas com cimento (BGTC), Balbo (1993) propôs as seguintes correlações entre a resistência à tração direta (f_{ct}) e a resistência à compressão (f_c) simples do material, obtidas a partir de ensaios com misturas de granito britado bem graduado, com 4% de cimento em peso (na época, do tipo CP-II-E 32):

$$f_{ct} = 0,37 + 0,06 \cdot f_c \ [MPa] \qquad (2.5)$$

$$\frac{f_{ct}}{f_c} = 0,1 \qquad (2.6)$$

Metha e Monteiro (1994) classificaram os concretos em: de baixa resistência (< 20 MPa), de resistência mediana (de 20 a 40 MPa) e de elevada resistência (>40 MPa), assinalando, de modo indicativo, que a resistência à tração dos concretos, em relação às suas resistências à compressão, é de 10% a 11% no primeiro caso, de 8% a 9% no segundo caso e de 7% no caso dos concretos de elevada resistência.

Para materiais britados com cimento – ainda que bem graduados granulometricamente, porém com matriz bastante heterogênea, em especial pela baixa quantidade de pasta de cimento na mistura, como na BGTC –, Balbo (1993) sugere a seguinte relação entre a resistência à tração direta (fct) e a resistência à tração indireta (fti):

$$\frac{f_{ct}}{f_{ti}} = 0,52 \qquad (2.7)$$

Evidentemente, como afirmou Petrucci (1963) de forma magistral, nenhuma fórmula de relação entre resistências possui validade universal. Ele sugeriu a busca de novas correlações para cada concreto estudado e empregado, o que é válido especialmente em questões práticas, se tais correlações são utilizadas para checagem de resistência à tração por meio da medida de resistência à compressão, como ainda ocorre em obras de pavimentação. A *American Concrete Pavement Association* (ACPA, 2004) afirma textualmente, embora não com a ênfase por alguns desejada, que, para grandes obras, as correlações entre diferentes parâmetros de resistência de misturas de concretos deve ser determinada experimentalmente, pois seriam "mais acuradas".

Quanto a esse aspecto, vale a pena transcrever a tomada de posição da ACPA (2004) sobre o controle tecnológico de resistência do concreto em obras de pavimentação:

- Para que os testes de resistência sejam realizados em tração na flexão, o executante deverá possuir uma experiência significante em tal tipo de controle.
- Se testes em compressão são empregados para o controle tecnológico, correlação com a resistência especificada em projeto deve ser estabelecida por meio da experiência anterior da agência viária ou por meio de correlações obtidas experimentalmente para a mistura.
- A abertura ao tráfego do pavimento de concreto deve ser definida em função de testes de resistência.

A ACPA (2004) afirmou que, quando houvesse dúvidas sobre a qualidade da moldagem de corpos de prova ou sobre o resultado dos respectivos ensaios, deveriam ser realizados testes de referência com amostras extraídas de pista. Ressaltou ainda – há pouco mais de uma década – que os testes em tração na flexão deveriam ser melhorados, e um esforço educacional na análise desse tipo de teste e no controle de resistência em geral, feito por todos os envolvidos.

A extração de amostras do concreto em pista, para a medida de resistência, não é uma ideia nova para engenheiros. De fato, Petrucci (1963) já enumerava vantagens na execução do controle tecnológico com amostras retiradas de pista, pois refletiriam o próprio processo de adensamento do concreto empregado, bem como a cura dada ao material. Infelizmente, até agora pouco se caminhou nessa direção, embora se empreguem procedimentos bastante simples.

Ainda com relação ao modo de controlar a resistência do concreto, Franco (1976) não deixa dúvidas sobre sua experiência na construção da Rodovia dos Imigrantes, no início da década de 1970. Na Tab. 2.4 apresentam-se resultados comparativos entre resistências à compressão e à tração na flexão para diversos traços de concreto empregados, com corpos de prova cilíndricos de 150 x 300 mm e prismáticos de 150 x 150 x 750 mm, durante o controle tecnológico na fase da construção da rodovia.

Tab. 2.4 Valores médios de resultados de controle de resistência de concretos (Franco, 1976)

Traço	f_{cd} (MPa)	$f_{ct,d}$ (MPa)	Relação compressão/tração
1	38,9	5,7	6,8
2	40,7	5,6	7,3
3	41,4	6,1	6,9
4	38,1	5,0	7,6
5	41,2	5,3	7,8
6	38,4	5,3	7,3
7	43,0	5,1	8,5
8	37,9	5,3	7,2
9	36,0	4,7	7,7
10	37,5	4,7	8,1
11	36,5	4,8	7,6
12	45,8	6,1	7,5
13	43,0	5,2	8,3
14	34,7	4,8	7,3
15	38,3	5,4	7,1
16	39,4	4,7	8,4
17	42,0	4,8	8,8

O problema que se extrai do uso desses resultados é que, por exemplo, se a relação tomada entre resistência à compressão e resistência à tração na flexão fosse, como regra, a do primeiro traço (6,8), a estimativa de uma resistência à tração na flexão para o concreto no primeiro traço seria de 5,7 MPa; se usada a mesma relação para a determinação da resistência à tração na flexão do traço 16, a partir da resistência à compressão medida (39,4 MPa), chegar-se-ia a 5,8 MPa – portanto, bem acima (23%) da resistência à tração na flexão de fato aferida para o traço 16, de 4,7 MPa. Com base nesses fatos, Franco (1976, p. 119) expressou:

> Disso concluímos ser necessário dosar os concretos diretamente para as resistências à tração e não atribuir uma relação entre os dois comportamentos e estudar, em laboratório, a resistência à compressão. Visto que o tipo e forma dos agregados graúdos exercem uma influência muito grande em tal relação.

A medida da resistência à compressão do concreto, para pavimentos especificados com base em sua resistência à tração na flexão, não é de todo desprezível. Corpos de prova rompidos à compressão em idades de três a sete dias são termômetros passíveis de emprego para a verificação do ganho de resistência em curto prazo (verificação de anomalias iniciais) e do ganho de resistência final esperado para os 28 dias, em concretos que sigam essa regra.

É importante considerar que diante da enorme evolução, nas duas últimas décadas, na formulação de concretos de ganho rápido de resistência (*fast track*), cabe ao projetista especificar a data de controle da resistência de projeto sem tomar por base definições rígidas, mas levando em conta a necessidade de liberação do piso ou pavimento ao tráfego. Por outro lado, 28 dias poderá ser uma data muito prematura para pavimentos submetidos a carregamentos pelo tráfego após meses de sua construção.

Ganho de resistência e método de cura
Metha e Monteiro (1994) apresentam os resultados de medidas de resistência até 180 dias, para concretos idênticos, com amostras mantidas em ambiente úmido e outras curadas ao ar. As amostras mantidas úmidas constantemente apresentaram resistência à compressão até três vezes superior com relação à das secas ao ar. Como isso se transporta para a questão dos pavimentos de concreto, uma massa enorme de concreto moldada em pista e exposta a diversas variações climáticas durante o período de cura inicial e principal (até 28 dias, por exemplo)?

Em geral, espera-se que o rigoroso controle de cura do concreto permita que seja alcançada a resistência estabelecida em projeto (e em dosagem, mais especificamente). Também se espera que a saturação do concreto resulte da perda de resistência, em especial em flexão, durante seu uso. Contudo, tendo em vista o advento dos concretos de elevada resistência, normalmente elaborados com cimentos mais finos e, não raramente, com o acréscimo de adições minerais também bastante finas nas misturas, essa perspectiva altera-se um pouco e merece ser tratada com atenção.

As normas vigentes sobre moldagem e cura dos corpos de prova para dosagem ou controle tecnológico do concreto prescrevem sua manutenção em câmaras úmidas ou em tanques, sendo daí retirados apenas na data de execução dos ensaios. Como se sabe, com os efeitos climáticos atuantes sobre a massa de concreto fresca e em endurecimento, ao longo de dias e semanas, intensas interações do concreto com o ambiente ocorrem se precauções de cura não forem tomadas.

Ora, o pavimento de concreto, diferentemente de outras situações ideais, é lançado sobre bases granulares, solos etc. Por isso, é de se esperar que ocorram também interações em sentido descendente, isto é, frentes de equilíbrio térmico e hidráulico dessa massa de concreto com as camadas subjacentes. Ademais, as áreas concretadas são muito extensas, especialmente com as modernas pavimentadoras, de tal maneira que o concreto fica sujeito a uma grande quantidade de interações, trocando calor e umidade com seu entorno. Diante disso, o bom senso geralmente duvida de que a resistência de dosagem será de fato alcançada em pista.

Balbo (1999) dá orientações explícitas de situação típica, nesse caso, com emprego de um CAD cujo traço é apresentado na Tab. 2.7. A resistência de dosagem do concreto havia sido fixada, e o concreto proporcionado para tanto, em 6,5 MPa. Durante a obra, adotou-se o procedimento, até então inusitado, de manter os corpos de prova preparados para cada caminhão betoneira que chegava ao canteiro, *ao lado da pista*, isto é, em processo de cura nas condições locais. Na Tab. 2.5 apresentam-se os resultados para os corpos de prova assim preparados e curados, procurando-se imitar a condição de cura do pavimento em questão.

TAB. 2.5 ENSAIOS SOBRE CORPOS DE PROVA CURADOS EM CONDIÇÕES DE PISTA PARA UM CAD (adaptado de Balbo, 1999)

Resistência	À compressão (MPa)			À tração na flexão (MPa)		
Idade →	3 dias	7 dias	28 dias	3 dias	7 dias	28 dias
Média	35,1	43,4	56,1	3,5	5,0	6,1
Moda	35,8	41,0	56,8	3,2	5,1	6,0
Desvio padrão	4,2	5,5	5,6	0,4	0,7	0,8
cv (%)	12,0	12,6	10,0	11,0	13,7	12,5
Valor máximo	48,7	55,7	65,0	4,4	6,6	7,8
Valor mínimo	27,5	33,6	44,8	2,8	3,7	4,4

Na análise desses resultados, destaca-se, em primeiro lugar, que o concreto é de fato um CAD, ou concreto de elevada resistência, tanto do ponto de vista de compressão como de flexão. Também se observa que aos 7 dias o concreto já atinge cerca de 80% de sua resistência aos 28 dias. Acredita-se que a resistência aos 28 dias seja uma resistência "final", pois teria sido efetivamente atingida há mais tempo, já que o cimento empregado era do tipo CPV (alta resistência inicial). Tanto a média quanto a moda da amostra, que continha 28 corpos de prova para cada data, atingem valores finais próximos. De fato, o valor individual mais comum era muito próximo: da média, 6,1 MPa; da moda, 6,0 MPa. Depreende-se dos dados que o concreto era realmente muito homogêneo. A cura foi homogênea ao longo dos dias, reflexo de condições ideais e constantes de execução do pavimento.

Mas há valores que indicam certo desconforto com os resultados obtidos. O primeiro deles, bastante conhecido, é o valor do coeficiente de variação (cv), sempre acima de 10%, o que não é de se alarmar tanto, uma vez que, para o concreto em pista, esperam-se valores de cv em torno de 15%, enquanto em laboratório esse valor deveria estar abaixo de 8%. Uma análise fria dos números não gera grandes preocupações, pois o coeficiente de variação da amostra é baixo, dentro de limites aceitáveis para condições de campo.

Quanto ao desvio padrão, para qualquer idade os resultados em compressão estão acima de 4 MPa, valor típico para concretos com dosagem por massa e assistência tecnológica intensa em usina. Isso certamente não faltou, mas o desvio padrão mesmo assim resultou um pouco elevado. O fato mais preocupante, porém, seria a existência de valor mínimo de 4,4 MPa para um corpo de prova testado, bem abaixo do valor de dosagem de 6,5 MPa. Ora, apesar de tanto controle tecnológico, o que causa essas disparidades indesejáveis?

Antes de responder a essa questão, há mais dados disponíveis para o caso descrito. Um ano após a construção, recolhidos pedaços de placas da pista, posteriormente removida, e preparadas amostras prismáticas de concreto, surgiram novas luzes. Com 28 amostras extraídas, obteve-se resistência à tração na flexão média de 6,0 MPa e desvio padrão de 0,81 MPa, o que resultou em coeficiente de variação de 13,5%. Nessa nova amostra, encontrou-se novamente um valor mínimo de 4,4 MPa e máximo de 7,0 MPa para a resistência à tração na flexão. De fato, as placas apresentavam padrões de resistência muito parecidos, para não dizer idênticos, aos corpos de prova *moldados em pista e curados em pista*. Isso é resultado de seriedade nos controles de produção e tecnológico do concreto.

Porém, é necessário observar que: (i) os corpos de prova moldados foram curados em condições de pista; (ii) os corpos de prova moldados não estiveram em câmara úmida ou tanque até a data do ensaio de ruptura. Ora, sabe-se que, em termos de ensaios com concretos convencionais, a saturação do corpo de prova causa a perda de resistência do material, resultando em valor reduzido, conforme assinalam as normas vigentes. Mas será que isso ocorre sempre, em qualquer condição? O relato que se segue, fruto das pesquisas fundamentais de Cervo (2004), mostra situações inusitadas quanto às questões de cura e saturação de corpos de prova, que fazem repensar qual caminho seria adequado para aferir a resistência mecânica.

Na Tab. 2.6 apresentam-se, de modo sumarizado, os estudos de Cervo com dois tipos de concreto, um convencional (4,5 MPa) e um CAD (6,0 MPa), com as resistências de dosagem à tração na flexão, variando-se as condições de cura e de saturação dos corpos de prova antes de sua ruptura nas datas consideradas. Os traços para tais concretos são apresentados nas Tabs. 2.7 e 2.8. Os valores indicados são médias de séries de corpos de prova preparados em laboratório, cujo coeficiente de variação ficou sempre abaixo de 8% (a maioria deles abaixo de 4%).

Esses resultados permitem concluir que:

i. a resistência do CV não foi afetada pela saturação do material, após longo prazo de cura (casos 1 e 3); quanto ao CAD, houve ganho de resistência com a saturação, mesmo em longo prazo (casos 16 e 17), o que é confirmado pelo caso 18; a explicação para esse paradoxo encontra-se na porosidade do material;

ii. a saturação do material afeta a resistência do CAD logo nas primeiras idades de cura: a resistência é maior quando saturado aos 7 dias (caso 5), se comparada à cura em câmara úmida (casos 6 e 7), e maior ainda quando comparada à cura química (caso 4), situação esta que representa melhor as condições de cura em pista (uso de produto que cria película ou membrana na superfície do concreto, evitando a evaporação d'água);

iii. os casos de cura química com membrana sobre a superfície exposta do corpo de prova dentro do molde (4 e 15) foram aqueles que resultaram em menores resistências para o material. Tal fato também se verifica para o corpo de prova envolto em PVC, levado à câmara úmida e depois mantido em laboratório (caso 13);

iv. a resistência do CAD aos 28 dias, se mantido saturado (caso 10), é superior a uma situação de umidade controlada até os 7 dias e posterior cura ao ar até os 28 dias (caso 9); esta última situação, diga-se de passagem, mais recomendável em pista (umedecer a superfície de CAD em abundância por 7 dias para concretos com cimentos de elevada resistência inicial, inclusive como método de combate à retração);

Tab. 2.6 Resistência à tração na flexão (MPa) de acordo com a condição de cura (adaptado de Cervo, 2004)

Tipo de concreto de cimento Portland (CCP)	Caso	Idade (dias)	Condição de cura	$f_{ct,f}$ (MPa)
CV	1	28 (saturado)	28 dias imerso em tanque	5,0
	2	365 (seco)	28 dias imerso em tanque e 337 dias em ambiente de laboratório	5,0
	3	365 (saturado)	28 dias imerso em tanque, 330 dias em ambiente de laboratório e mais 7 dias imerso em tanque	4,7
CAD	4	7 (seco)	7 dias em cura (química) com membrana superficial	5,3
	5	7 (saturado)	7 dias imerso em tanque	6,5
	6	7	7 dias em câmara úmida	5,8
	7	7	7 dias envolto por filme de PVC em câmara úmida	6,0
CAD	8	28	28 dias em cura (química) com membrana superficial	5,7
	9	28 (seco)	7 dias imerso em tanque e 21 dias fora d'água em ambiente de laboratório	6,0
	10	28 (saturado)	28 dias imerso em tanque	7,3
	11	28	28 dias em câmara úmida	7,1
	12	28	28 dias envolto por filme de PVC em câmara úmida	6,7
CAD	13	56	28 dias envolto por filme de PVC em câmara úmida e 28 dias envolto por filme de PVC em ambiente de laboratório	5,2
	14	56	28 dias em câmara úmida e 28 dias em ambiente de laboratório	5,6
CAD	15	91	91 dias em cura química	5,7

Tab. 2.6 Resistência à tração na flexão (MPa) de acordo com a condição de cura (adaptado de Cervo, 2004) (Continuação)

Tipo de concreto de cimento Portland (CCP)	Caso	Idade (dias)	Condição de cura	$f_{ct,f}$ (MPa)
CAD	16	180 (seco)	7 dias envolto por filme de PVC em câmara úmida e 173 dias envolto por filme de PVC em ambiente de laboratório	6,0
	17	180 (saturado)	7 dias envolto por filme de PVC em câmara úmida, 166 dias envolto por filme de PVC em ambiente de laboratório e 7 dias imerso em tanque	7,0
	18	180 (seco-saturado-seco)	7 dias envolto por filme de PVC em câmara úmida, 166 dias envolto por filme de PVC em ambiente de laboratório e 7 dias imerso em tanque d'água	6,4

v. os casos 13 e 14 indicam que o uso de PVC para cura de corpos de prova faz pouco efeito, em longo prazo, quando o material é mantido em câmara úmida até os 28 dias;

vi. os casos 11 e 12 ressaltam as melhorias obtidas quando a cura é realizada em câmara úmida, em comparação à cura química;

vii. o caso 15 é indicativo de que, em longo prazo (e, portanto, ao longo da fase de vida de serviço esperada para o pavimento), a cura química resulta menos eficiente que as condições de cura úmida aos 7 e aos 28 dias.

Em termos práticos, os testes acima apresentados permitem afirmar, resumidamente, que: (i) a resistência dos concretos depende do tipo de procedimento de cura e pode variar mesmo em laboratório; (ii) a cura com membrana é menos eficiente (campo); (iii) a cura também é menos eficiente quando se evita o contato da atmosfera saturada com a superfície do corpo de prova (envolvê-lo em PVC e mantê-lo em estufa).

Pode-se afirmar que tanto a resistência de dosagem quanto a resistência obtida por controle tecnológico, em ensaios de tração na flexão para o CAD, são bastante afetadas pela condição de imersão (saturação completa do material) e pela condição de impedimento de evaporação da água de amassamento (câmara úmida). Como resultado, encontram-se *resistências mais elevadas para concretos de alto desempenho submetidos a cura em saturação* do que aquelas encontradas em corpos de prova extraídos de pista, quando insolação, ventos, variações térmicas e umidade relativa do ar influenciam sobremaneira a hidratação do cimento em pista. Na Fig. 2.12 ilustram-se graficamente os resultados obtidos por Cervo (2004).

Assim, as condições de dosagem e de controle tecnológico de amostras, no caso de CCP moldado em pista para fins de pavimentação, quando o controle se dá por tração na flexão, devem procurar aproximar-se ao máximo das condições de cura em pista. A imersão até a data de ruptura (de controle) resulta em valores fictícios e deve ser evitada no caso de emprego de CAD em pavimentos. Os concretos apresentarão menor ganho de resistência quando não mantidos em imersão para cura, e sim recobertos com películas protetoras. Tais resultados poderão variar conforme o produto de cura com película utilizado.

Um possível caminho para o controle tecnológico em pista seria a moldagem de painéis de CCP à margem da via, uma melhoria do procedimento adotado no caso descrito anteriormente, que se revelou bastante coerente ao se comparar as amostras curadas em pista (e não em tanques) com as amostras extraídas dos pavimentos. Esses painéis seriam curados em condições idênticas ao pavimento, para extração posterior de amostras para ensaios com corte por meio de serra de disco (a mesma usada para o corte de juntas de retração nas placas de concreto).

Novos paradigmas para o controle da resistência do concreto em pista têm sido objeto de estudos, em especial por engenheiros da Federal Highway Administration, a julgar pelo número de publicações existentes. Um deles é o ensaio de maturidade, com controle de tempe-

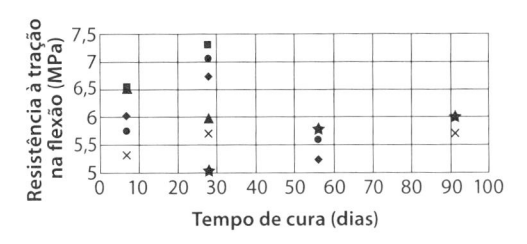

▲ Métodos A e B   ■ Métodos A e C
♦ Métodos D, H e I   ● Métodos J, K e L
★ Métodos D, E, F e G × Métodos M, N e O

Fig. 2.12 *Resistência à tração na flexão (MPa) segundo a condição de cura (adaptado de Cervo, 2004)*

ratura da massa de concreto ao longo de sua cura, que apresenta correlações com o ganho de resistência, embora tais correlações não sejam universais. Esse método nos parece mais vantajoso, por sua simplicidade, que o controle de parâmetros de fratura. Independentemente de como evoluirão os procedimentos, a queda de resistência do concreto significa redução da resistência à fadiga do material, o que é altamente indesejável quanto ao desempenho dos pavimentos.

Outro aspecto importante é a medida da resistência à tração na flexão em estado unidirecional de tensões, conforme impõem as normas vigentes. A resistência do concreto sob a forma de placas, tal qual a distribuição de tensões, dá-se em estado plano de tensões, em condição biaxial. Assim, é provável que em pista a resistência real do concreto seja, para placas, superior à resistência à tração na flexão medida pelo ensaio com vigotas biapoiadas. Essa discrepância, incômoda do ponto de vista da análise estrutural, somente será esclarecida por novos paradigmas de determinação da capacidade de carga de concretos em placas, interpretados com base na teoria estrutural de fundo desse tipo de sistema.

2.4.4 Resistência à fadiga

A modelagem à fadiga de concretos é um aspecto que passou a ser considerado na década de 1930, na questão estrutural dos pavimentos de concreto em placas. Todavia, diante das inúmeras limitações dos conceitos vigentes e dos meios de modelagem desse fenômeno para finalidades de engenharia, é relevante uma reflexão mais apropriada sobre a resistência à fadiga e os modelos experimentais e semiempíricos existentes para sua consideração explícita no dimensionamento de estruturas de pavimento que empreguem concreto. Essa propriedade do concreto endurecido parece ainda tratar-se de um território obscuro para muitos, o que leva a reducionismos e a hipóteses de comportamento do concreto, quanto a esse quesito, muitas vezes, desprovidos de verdadeiros critérios de engenharia.

A ruptura por fadiga é atribuída a um processo de microfissuração progressiva na estrutura de um material, que degrada paulatinamente sua microestrutura cristalina ou amorfa, culminando na fratura da peça estrutural, evidenciada por uma ou mais superfícies de ruptura. Isso ocorre em condições de deformações ou tensões impostas com magnitudes inferiores à deformação ou à tensão de ruptura, ou seja, quando há solicitações de magnitude inferior à capacidade resistente do material.

Em termos de concretos para PCS, mais especificamente quanto ao seu dimensionamento estrutural, à confrontação clássica entre as tensões solicitantes e a resistência do concreto é acrescida a relação entre o número de ciclos de carga impostos e a ocorrência de uma superfície de fratura no material, na maioria dos critérios de projeto. Adota-se um tratamento da degradação do pavimento sob um matiz estrutural, e as tensões solicitantes tomadas são aquelas de tração na flexão.

Vários aspectos concorrem para o comportamento à fadiga do concreto, entre os quais destacam-se a própria heterogeneidade do material, efeitos ambientais como temperatura e umidade, magnitude e frequência de carregamentos, e tempo de relaxação entre cargas sucessivas. Em laboratório, a modelagem do processo de fadiga do concreto, ainda que menos sujeita a importantes dispersões, como ocorre no caso de misturas asfálticas, não pode ser tomada como algo sem limitações. Basta recordar que os campos de tensões impostos em corpos de prova cilíndricos ou prismáticos são muito diferentes daqueles que ocorrem em placas de concreto em pista, sujeitas aos esforços causados por veículos e às variações climáticas. Além disso, a geometria do carregamento imposto em laboratório não possui semelhança com a realidade de campo.

As relações entre tensões e correspondentes deformações, para valores elevados de tensões, não são lineares, na contrário das hipóteses normalmente assumidas em testes laboratoriais. Testes de fadiga em laboratório buscam, por meio de altas frequências de aplicação de cargas (de 1 a 10 Hz), uma simulação acelerada de um processo que leva tempo para ocorrer em pista. Com isso, o concreto é sujeito a curtíssimos tempos de descarregamento e a tempos de duração de cargas muitas vezes irreais.

Outra dificuldade a ser considerada é que, tradicionalmente, ensaios de fadiga do concreto são realizados com tensão constante (ou controlada), em geral por serem mais simples e "coerentes" com a ausência de degradação sensível do módulo de elasticidade do concreto durante sua vida de serviço. Não consideram, todavia, que as tensões não passam de valores fictícios decorrentes da geometria do corpo de prova e da carga (além de outros possíveis fatores), ou seja, não constituem a propriedade fundamental do material, que é sua capacidade de retenção de energia de deformação.

Muitas vezes, estes são argumentos obscuros sobre os ensaios de fadiga no meio profissional. Contudo, para finalidades práticas, e uma vez que não existe um conhecimento mais lógico e consolidado para a descrição prática do fenômeno, os modelos de fadiga são geralmente descritos como uma relação entre o número de aplicações de carga (N) e a razão entre a resistência à tração do concreto e o nível de tensão de tração (σ_t) sofrido pela ação de determinada carga, dada por expressões como:

$$N = a \times (RT)^b$$

onde RT = $\sigma_t/f_{ct,f}$ ou vice-versa, sendo *a* e *b* constantes experimentais ou semiempíricas.

Uma das razões que mais contribuem para a dispersão encontrada em tais tipos de testes é a ausência de conhecimento acurado do valor de $f_{ct,f}$. Se esse valor apresentar um desvio padrão importante em pista, o que depende muito da qualidade construtiva e de controle tecnológico rigoroso, inclusive do ligante hidráulico utilizado, o resultado quanto ao número de ciclos (ou número de repetição de cargas) à fadiga (o que é chamado de resistência à fadiga) previsto pelo modelo será muito maior ou muito menor que o esperado.

A expressão apresentada, geralmente empregada de forma linear, revela algumas limitações como forma de representação do fenômeno. Não é incomum, para essa representação matemática sob forma logarítmica, falar-se em "reta de fadiga". Recorde-se, contudo, que o fenômeno, assumida a relação entre tensões aplicadas ao material em função do logaritmo de N, não se trata de uma reta. Essa relação é assim reduzida por simplicidade de representação e correlação entre as variáveis, pois, a bem da verdade, seria melhor representada por uma relação não linear, típica do fenômeno.

Para não se utilizar o termo "reta", às vezes emprega-se o termo "curva", o que gera indagações sobre por que aludir a uma curva se a representação matemática dos pontos é uma reta. E é frequente, na literatura, a incorreção mais grave de referir-se à expressão matemática que representa o fenômeno físico por "lei", como se explicasse perfeitamente o fenômeno ao denotar uma relação de obrigatoriedade. Certamente o termo "modelo" é o mais conveniente e simples, por não entrar no mérito de o fenômeno tratar-se de "reta" ou "curva", além de demonstrar, de modo claro, que a expressão matemática é uma tentativa, e não uma certeza de representação da realidade (Balbo, 2007).

Um aspecto pouco discutido por projetistas com relação à aplicabilidade e acurácia dos modelos de fadiga, mesmo considerando a diferente distribuição de tensões entre laboratório e pista, é a questão da cobertura de veículos dentro de uma mesma faixa de rolamento. Possíveis variações laterais dos veículos em suas trajetórias, em valores absolutos – de 0,3 m, por exemplo –, podem ter significância para os cálculos, uma vez que, para o ponto mais solicitado, há flutuações das tensões aplicadas diante dessas variações laterais. Isso indica que, com relação a esse aspecto, os testes em laboratório são, na realidade, conservadores.

Diversos modelos de fadiga para os concretos, experimentais e semiempíricos, foram desenvolvidos em estudos conduzidos em diversos centros de pesquisa, universidades e agências viárias no mundo. Com isso, a menos que um manual de projeto indique especificamente qual modelo empregar, a tarefa de decidir por algum modelo de fadiga pode tornar-se o início de um questionamento incômodo sobre a real validade de tais modelos. Por outro lado, o conhecimento das condições específicas de desenvolvimento de um modelo pode auxiliar bastante na sua interpretação e na visualização de seu domínio de validade.

Modelos experimentais de fadiga para concretos

Os modelos experimentais de fadiga são construídos a partir de testes laboratoriais, em que amostras do material de interesse, moldadas em laboratório ou extraídas de pista, são submetidas a ciclos sucessivos de carregamento e descarregamento, chamados de ensaios dinâmicos. No caso dos concretos para pavimentação, as grandes limitações desses ensaios, de natureza prática, recaem sobre condicionantes de diversos tipos.

A viabilidade do ensaio de fadiga está na possibilidade de aplicação de cargas repetitivas solicitando o material em um número de ciclos muito elevado (10^6 repetições costuma ser a referência para número de ciclos de teste). Consegue-se isso aplicando-se uma frequência de carregamento muito elevada, em geral acima de 5 Hz. Ora, na realidade da pista não ocorrem tais frequências de aplicação de cargas em um mesmo ponto da estrutura do pavimento. Em outras palavras, significa dizer que, em pista, o material tem tempo para a relaxação. Esse aspecto é certamente muito mais crítico para os concretos asfálticos, materiais de natureza viscoelástica. Em testes muito bem documentados, Cervo (2004) mostrou que, em concretos, quanto menor a frequência de aplicação de cargas, menor a resistência à fadiga do concreto (denotada por N_f).

A aplicação de cargas em laboratório normalmente consiste na repetição de esforços idênticos no material. Trata-se de uma situação muito diferente da realidade da pista, em primeiro lugar, porque as cargas que sucessivamente solicitam os pavimentos são naturalmente desiguais em suas magnitudes e pressões aplicadas. Além disso, na via, em função da largura da faixa de rolamento e da bitola do eixo do veículo comercial, ocorrem deslocamentos laterais das cargas (dos pneus) que fazem com que o ponto de análise para fins de projeto (fluxo canalizado) seja, na realidade, solicitado por tensões ainda inferiores à tensão estabelecida durante um ensaio em laboratório. Cervo (2004) também mostrou que a resistência à fadiga do concreto depende dessa variabilidade nas tensões aplicadas, e que o material apresenta maior resistência à fadiga durante testes com incremento da relação entre tensões (RT).

Majidzadeh (1988) afirma que os modelos de fadiga resultantes de testes laboratoriais com vigas de concreto em flexão parecem ser inadequados, pelo fato de a fratura ser aferida pela imposição de um estado uniaxial de tensões, diferentemente da realidade em pista, onde a estrutura de pavimento experimenta um estado triaxial de tensões.

Os aspectos até aqui mencionados, e apenas como reflexão parcial da questão, apontam para uma realidade inexorável: quanto a esses fatores, os ensaios de fadiga em laboratório são naturalmente otimistas; além disso, para efeito de se estabelecer uma relação entre o processo de fadiga em campo e em laboratório, os ensaios são em grande quantidade, e não de consideração banal e imediata.

O mais antigo modelo de fadiga para o concreto (Bradbury, 1938) foi desenvolvido, aparentemente, com ensaios dinâmicos realizados em 1934 pelo Departamento de Estradas de Rodagem do Estado de Illinois, EUA (Illinois Division of Highways, 1934). Com base nos resultados experimentais obtidos naquele estudo, chega-se ao seguinte modelo linear de fadiga:

$$\log N_f = 13{,}164 - 14{,}409 \times \left[\frac{\sigma_{tf}}{f_{ct,f}} \right] \qquad (2.8)$$

Segundo Bradbury (1938), o trabalho avaliava que, presumivelmente, o concreto poderia resistir a um número indefinido (ilimitado) de repetições de carga, desde que as tensões de tração na flexão induzidas por cada carregamento individual não excedesse 50% da resistência estática à tração na flexão. Esse conceito, oriundo das limitações dos testes dinâmicos em laboratório na década de 1930, de certa maneira manteve-se até a atualidade, muito possivelmente pela ausência de uma reflexão crítica da rica literatura internacional sobre o assunto.

É importante recordar que, já na década de 1930 (Kelley, 1939), com base nos dados e resultados de testes até então disponíveis, havia se tornado prática comum assumir que a limitação das tensões em 50% da tensão de ruptura do concreto era seguro e conservador. Deve-se lembrar ainda que os testes disponíveis haviam sido realizados com curto espaçamento entre carregamentos (ou alta frequência de repetição de cargas), o que não apresentava coerência alguma com as situações de carregamento em pista. Além disso, Kelley (1939) afirmava que, até então, nada se sabia sobre o comportamento do concreto para carregamentos com frequências mais baixas.

Essa forma de projetar acabou por tornar-se, na realidade, uma hipótese comum e mais forte, que pode ser assim descrita: "mantido sempre um valor de tensão solicitante inferior a 50% da tensão de ruptura em pista, o concreto suportaria um 'número ilimitado' de repetições de cargas". Observe que essa hipótese foi se transformando em tese (falaciosa) e acabou dogmatizada em setores envolvidos na questão, como resultado da pequena reflexão sobre a generalização (ou melhor, reducionismo) apresentada. Sabe-se, inclusive, que inúmeros tipos de ligas metálicas cristalinas não apresentam esse suposto "limiar", o que foi verificado com testes que ultrapassaram 10^8 repetições de cargas na área da engenharia de materiais, mecânica e metalúrgica.

O conceito de um número "ilimitado de repetições de carga" matizou-se, especialmente no critério de dimensionamento de PCS da

Portland Cement Association (PCA, 1966). O limite foi reduzido para 0,45 pela própria PCA (1984), embora, aparentemente, de forma bastante intuitiva e subjetiva, sem apoio contundente de novos e documentados estudos sobre fadiga dos concretos com cimentos mais modernos. Ou seja, não houve elementos experimentais ou empíricos para justificar tal decisão, o que, do ponto de vista científico, não resolve a questão sobre a existência do "limite de fadiga".

No Brasil e, muitas vezes, nos EUA (em obras não governamentais), o modelo de fadiga para o concreto mais empregado, durante anos, foi o proposto pela Portland em uma de suas versões de métodos de projeto de pavimentos rodoviários de concreto (PCA, 1966), os quais começaram a ser editados a partir de 1931. Tal modelo é descrito pela função:

$$\log N_f = 11,78 - 12,11 \times \left[\frac{\sigma_{tf}}{f_{ct,f}} \right] \qquad (2.9)$$

Essa expressão é válida para relações entre tensões entre 0,5 e 1. O referido modelo assumia que, para relações entre tensões inferiores a 0,5, o valor de N seria ilimitado (tenderia ao infinito), embora não se apresentassem justificativas técnicas convincentes para tal preferência. Na versão do critério de projeto mais recente da Portland (PCA, 1984), apresenta-se um novo modelo de fadiga, tido como similar ao anterior, que fora baseado em experimentos laboratoriais.

Nesse novo modelo, a faixa de abrangência foi alterada de aproximadamente 5×10^5 para 10^7 repetições de carga, "para eliminar a descontinuidade na curva anterior que, algumas vezes, causa efeitos irreais", conforme a PCA (1984). A nova relação entre tensões abaixo da qual o processo de fadiga não se consumaria seria de 0,45. A Eq. 2.9 continuaria válida para relações entre tensões superiores a 0,55; entre tais extremos, estabeleceu-se uma função potencial para a estimativa do número de ciclos permissíveis, por meio do valor da relação entre tensões, dada por:

$$N_f = \left(\frac{4,2577}{\left[\frac{\sigma_{tf}}{f_{ct,f}} \right] - 0,4325} \right)^{3,268} \qquad (2.10)$$

Darter (1977), a partir de uma reavaliação de resultados de pesquisas de fadiga do concreto anteriormente realizadas, inclusive considerando efeitos de umidade e da idade de concretos, apresenta modelos de fadiga resultantes da consideração conjunta desses estudos anteriores em laboratório, agrupando cerca de 140 testes com vigotas em concreto em flexão. Os concretos, embora convencionais para uso em pavimentação, tinham marcantes diferenças quanto a suas dosagens. Para uma probabilidade de fadiga de 50%, o modelo obtido foi:

$$log\, N_f = 17,61 - 17,61 \times \left[\frac{\sigma_{tf}}{f_{ct,f}}\right] \qquad (2.11)$$

Para o critério de dimensionamento dos pavimentos de concreto à fadiga (*zero-maintenance design*), Darter (1977) aconselhava a redução da probabilidade de fadiga para um nível de 24%, o que resulta no modelo:

$$log\, N_f = 16,61 - 17,61 \times \left[\frac{\sigma_{tf}}{f_{ct,f}}\right] \qquad (2.12)$$

Na Europa, em especial no Norte, onde há tradição e histórico de desenvolvimento tecnológico específico para pavimentação em concreto, encontram-se também estudos bastante refinados sobre a resistência à fadiga de concretos endurecidos. Na República Federal da Alemanha, Eisenmann (1979 apud Stet e Frénay, 1998) propôs o uso de um modelo gerado por meio de testes de laboratório, nos quais aplicou carregamento com a utilização de roda simples, porém levemente modificado após comparações entre resultados de simulações teóricas e observações de desempenho em campo, resultando em modelo próximo ao da PCA, assim descrito:

$$log\, N_f = 11,79 - 12,23 \times \left[\frac{\sigma_{tf}}{f_{ct,f}}\right] \qquad (2.13)$$

Stet e Frénay (1998) apresentam um modelo de fadiga empregado na Bélgica, no método de dimensionamento de pavimentos de concreto simples, embora não indiquem se esse modelo é resultante de observações em campo ou de ensaios em laboratório. A expressão sugerida é dada por:

$$\log N_f = 20 - 20 \times \left[\frac{\sigma_{tf}}{f_{ct,f}} \right] \qquad (2.14)$$

A tensão de tração a ser considerada no emprego desse modelo é diferenciada, tendo em conta a possibilidade de ocorrência de empenamento nas placas de concreto, de modo que é tomada como sendo a tensão resultante da carga aplicada por veículos, no caso de placas com comprimento inferior a 6 m, e a tensão resultante da ação simultânea de cargas veiculares e ambientais, para comprimentos superiores.

Os efeitos de flutuações de tensões e modificações na frequência (f) de cargas aplicadas de modo repetitivo em amostras de concreto submetidas a ensaios de fadiga em laboratório foram publicados inicialmente por Hsu (1981). Os modelos foram estudados sobre os corpos de prova alternadamente solicitados por dois níveis de tensão (tomados como $\sigma_{máx}$ e $\sigma_{mín}$), e a expressão apresentada nesse estudo para valores de N superiores a 10^3 repetições de carga é dada por:

(2.15)

$$\left[\frac{\sigma_{tf}}{f_{ct,f}} \right] = 1 - 0{,}0662 \times \left(1 - 0{,}556 \times \frac{\sigma_{mín}}{\sigma_{máx}} \right) \times \log N_f - 0{,}0294 \times \log\left(\frac{1}{f} \right)$$

Segundo esse resultado, como a frequência do ensaio é maior, o concreto suportaria também um maior número de repetições de carga à fadiga, o que foi confirmado experimentalmente por Cervo (2004), ao testar concretos com frequências entre 1 e 10 Hz. Por exemplo, para uma relação entre tensões de 0,6, alterar a frequência de 10 Hz para 100 Hz implicaria uma elevação do número de ciclos à fadiga de 5 x 10^6 para cerca de 10^7 (100% de variação). Como a frequência média de aplicações de cargas em pista é certamente inferior a 10 Hz (frequência normalmente utilizada em ensaios laboratoriais), conclui-se que os modelos experimentais de fadiga resultam em valores bastante otimistas, em comparação com a realidade de campo.

Petersson (1990) apresenta um modelo de fadiga para estruturas de concreto, inicialmente divulgado em 1978, em que tensões resultantes da combinação de solicitações por cargas e por gradientes térmicos são consideradas simultaneamente, sendo $\sigma_{máx}$ a tensão oriunda dos efeitos combinados e $\sigma_{mín}$ a tensão resultante de gradientes térmicos. O modelo é descrito pela expressão:

$$\left[\frac{\sigma_{tf}}{f_{ct,f}}\right] = 1 - 0{,}0685 \times \left(1 - \frac{\sigma_{mín}}{\sigma_{máx}}\right) \times \log N_f \qquad (2.16)$$

Em estudo mais amplo de Cornelissen (1984), os testes laboratoriais foram conduzidos em ciclos de tração e compressão, com o emprego de formas de solicitação do tipo uniaxial e em flexão. Os resultados de ensaios de fadiga com solicitações em tração uniaxial foram importantes para diferenciar comportamentos de conjunto de amostras secas e de conjunto de amostras molhadas (saturadas), de onde se concluiu que tais condições afetavam de maneira significativa o número de ciclos de carga toleráveis pelo material. Os respectivos modelos, obtidos por Cornelissen por meio de cuidadosos ensaios sobre 120 corpos de prova alternadamente solicitados por dois níveis de tensão (tomados como $\sigma_{máx}$ e $\sigma_{mín}$), são descritos pelas expressões:

$$\log N_f = 12{,}53 - 10{,}95 \times \left[\frac{\sigma_{tf}}{f_{ct,f}}\right] \qquad (2.17)$$

e

$$\log N_f = 9{,}91 - 7{,}45 \times \left[\frac{\sigma_{tf}}{f_{ct,f}}\right] - 1{,}93 \times \left[\frac{\sigma_{mín}}{f_{ck}}\right] \qquad (2.18)$$

onde f_{ck} é a resistência característica do concreto em compressão.

O método de projeto empregado na Holanda (Van der Most; Leewis, 1986) tomava como base um modelo experimental em que dois níveis de tensões se relacionavam com o número de ciclos de carregamento à fadiga: um nível máximo, somando-se as tensões resultantes das cargas e dos gradientes térmicos, e um nível mínimo, considerando-se apenas a tensão resultante dos efeitos térmicos (empenamento). Esse modelo é descrito pela expressão:

$$\log N_f = 12{,}6 \times \left[1 - \frac{0{,}8 \times \dfrac{\sigma_{máx} - \sigma_{mín}}{f_{ct,f}}}{0{,}8 - \dfrac{\sigma_{mín}}{f_{ct,f}}}\right] \qquad (2.19)$$

De acordo com Stet e Frénay (1998), na Holanda, para fins de dimensionamento de pavimentos de concreto, o modelo de fadiga atualmente empregado deriva de alguns experimentos realizados com critério de tensão variável durante os ensaios. Limitado seu emprego à faixa de tensões entre 83% e 50% da resistência à tração na flexão do concreto (módulo de ruptura), esse modelo é expresso matematicamente por:

$$\log N_f = \frac{16{,}80 \times \left[0{,}9 - \dfrac{\sigma_{máx}}{f_{ct,f}}\right]}{1{,}0667 - \dfrac{\sigma_{mín}}{f_{ct,f}}} \quad (2.20)$$

No Japão, Iwama e Fukuda (1986) apresentaram um estudo comparativo de concretos elaborados com agregados de diâmetros máximos de 20 e 40 mm, empregando cerca de 150 corpos de prova submetidos a ensaios de fadiga em flexão. Os modelos encontrados por esses pesquisadores para descrever o fenômeno são, respectivamente para os casos de probabilidade de fadiga de 50% e 15%:

$$\log N_f = 20{,}04 - 18{,}52 \times \left[\frac{\sigma_{tf}}{f_{ct,f}}\right] \quad (2.21)$$

e

$$\log N_f = 16{,}73 - 16{,}13 \times \left[\frac{\sigma_{tf}}{f_{ct,f}}\right] \quad (2.22)$$

Os estudos permitiram concluir que os efeitos do diâmetro máximo de agregados utilizados nos concretos seriam desprezíveis diante das dispersões inerentes a ensaios dessa natureza, o que resultou nos modelos genéricos apresentados.

Também no Japão, com base em ensaios laboratoriais em flexão com corpos de prova de concretos elaborados com dois tamanhos máximos de agregados (20 e 40 mm) e com resistências características à tração na flexão de 4,0, 5,2 e 6,0 MPa, Koyanagawa, Yoneya e Kokubu (1994) elaboraram modelos de determinação da resistência à fadiga do concreto para probabilidades de fadiga entre 10% e 50%. Por exemplo, para probabilidades de fadiga de 50% e 10%, os modelos resultaram, respectivamente, nas funções:

$$\log N_f = 18,49 - 16,95 \times \left[\frac{\sigma_{tf}}{f_{ct,f}} \right] \quad (2.23)$$

e

$$\log N_f = 15,95 - 15,38 \times \left[\frac{\sigma_{tf}}{f_{ct,f}} \right] \quad (2.24)$$

Os autores concluíram que, para relações entre tensões inferiores a 0,8, o diâmetro do agregado passaria a ter alguma influência, ainda que pequena, na vida de fadiga do concreto, apresentando vantagens, nesse sentido, os concretos com diâmetro máximo de agregados de 20 mm. Também verificaram que, para as zonas com elevadas relações entre tensões, a influência do módulo de ruptura do concreto em sua vida de fadiga seria desprezível, tendo maior significância para baixas relações entre tensões. Eles sugeriram, por fim, que em projetos de pavimentos sujeitos a tráfego pesado deveriam ser adotados modelos de fadiga correspondentes a baixa probabilidade de fadiga.

Modelos de fadiga para concreto estudados na Itália e na Espanha, levando em consideração os efeitos de gradientes térmicos combinados com os efeitos de cargas, apresentaram expressões muito semelhantes, igualmente capazes de indicar a influência da amplitude de tensões na vida de fadiga do concreto. Domenichini e Marchionna (1981) propuseram o seguinte modelo para uma faixa de variação da tensão no concreto:

$$\log N_f = 10,48 \times \left[\frac{1 - \dfrac{\sigma_{máx}}{f_{ct,f}}}{1 - \dfrac{\sigma_{mín}}{\sigma_{máx}}} \right] \quad (2.25)$$

Faraggi, Jofre e Kramer (1986) adaptaram a constante desse modelo italiano, por meio de algumas observações de desempenho em pavimentos de concreto de rodovias espanholas, chegando à expressão:

$$\log N_f = 11 \times \left[\frac{1 - \dfrac{\sigma_{máx}}{f_{ct,f}}}{1 - \dfrac{\sigma_{mín}}{\sigma_{máx}}} \right] \quad (2.26)$$

Yao (1990) apresenta modelos de fadiga para vários níveis de confiança impostos em regressões lineares na forma log-log, resultantes de experimentos laboratoriais em que a tensão aplicada oscilava entre valores mínimos e máximos, para fins de simulação de efeitos de gradientes térmicos, isoladamente e em combinação com efeitos de carregamentos. O modelo é descrito pela função:

$$log_{10}\left[\frac{\sigma_{mín}}{fct,f}\right] = log_{10} A - 0,042 \times \left[1 - \frac{\sigma_{mín}}{\sigma_{máx}}\right] \times log_{10} N_f \quad \text{(2.27)}$$

onde a variável A assume o valor de 1,038 para um nível de confiança de 50%.

Modelos semiempíricos de fadiga de concretos
Um modelo semiempírico possui natureza muito diversa dos modelos experimentais. Seu campo de validade limita-se às condições de tráfego e ambientais dos pavimentos que, observados e monitorados ao longo de sua vida de serviço, foram a fonte básica de informações para sua elaboração. No caso dos pavimentos de concreto, a *AASHO Road Test* (American Association of State Highway Officials) foi uma profícua fonte de informações para que alguns modelos de fadiga fossem formalizados, por meio de análises de desempenho em pista associadas ao emprego de alguma teoria para a determinação de possíveis tensões críticas nas estruturas de pavimento (placas de concreto). Essa associação entre observações de danos ocorridos e modelagem teórica de estados de tensão gera modelos genericamente denominados semiempíricos.

Majidzadeh (1988) descreve dois modelos de fadiga do concreto desenvolvidos com base nos resultados de desempenho dos pavimentos de concreto empregados nas pistas experimentais da AASHO, que, no entanto, foram formulados com base em outras peculiaridades da forma de ruptura das placas e em teorias diferentes para a estimativa da história de tensões durante os experimentos: o modelo ARE e o modelo RISC.

Para a elaboração do modelo ARE, todas as seções de pavimentos de concreto que apresentaram fissuras interligadas e com desagregação foram tomadas. O tráfego que solicitou as seções foi convertido em um número de repetições de eixo padrão de 80 kN, assumindo-se os fatores de equivalência entre cargas propostos pela própria AASHO para um valor de serventia final de 2,5. A teoria empregada para o cálculo de tensões de tração na flexão, para cada seção analisada, foi a Teoria de Sistema de Camadas Elásticas, que, naturalmente, só permitiria a estimativa de tensões na zona central (carga interior) das placas de concreto. O modelo de fadiga obtido foi descrito pela função exponencial:

$$N_f = 23440 \times \left[\frac{f_{ct,f}}{\sigma_{tf}}\right]^{3,21} \quad (2.28)$$

O modelo RISC baseou-se na Teoria das Placas Isótropas suportadas por um meio multielástico, representativo das demais camadas dos pavimentos, apoiando-se em modelagem numérica. O número de repetições de carga de eixo padrão de 80 kN foi obtido a partir da análise de dados do experimento, tomando-se como referência um valor de serventia final de 2. O modelo resultante das análises, semelhante ao expresso pela função 2.28, foi:

$$N_f = 22209 \times \left[\frac{f_{ct,f}}{\sigma_{tf}}\right]^{4,29} \quad (2.29)$$

Darter (1990), confrontando modelos de laboratório com o desempenho observado em campo, apresenta um modelo semiempírico resultante de quase 30 anos de observações de pavimentos de concreto em aeroportos, pelo *United States Army Corps of Engineers* (USACE). Das aproximadamente 60 seções de controle observadas, tomou-se apenas metade, tendo em vista que as demais não apresentaram fissuras. As tensões críticas nas placas em pistas foram calculadas por meio do emprego de cartas de influência de Pickett e Ray (Cap. 4) para borda livre, sendo as tensões corrigidas por um fator multiplicativo de 0,75, para levar em conta os efeitos de transferência de cargas nas juntas. Os valores de módulo de reação do subleito foram medidos em campo, por meio de ensaios de carga sobre placa, e a resistência do concreto medida em laboratório. O modelo mais acurado obtido por regressão linear foi:

$$\log_{10} N_f = 2,13 \times \left[\frac{f_{ct,f}}{\sigma_{tf}}\right]^{1,2} \quad (2.30)$$

No âmbito do *National Cooperative Highway Research Program* (NCHRP) (apud Tayabji e Jiang, 1998), estabeleceu-se um modelo de fadiga semiempírico com base na correlação do número de ciclos de cargas, tensões estimadas e resistência à flexão do concreto, tomando-se como critério limite a ocorrência de 50% de placas com fissuras nas seções estudadas, o que resultou na seguinte expressão:

$$log_{10} N_f = 2,8127 \times \left[\frac{f_{ct,f}}{\sigma_{tf}}\right]^{1,2214} \quad (2.31)$$

A análise dos modelos leva à conclusão de que os modelos ARE e RISC apresentam semelhança para elevadas relações entre tensões. A despeito do emprego de diferentes teorias para a avaliação de tensões impostas nas placas durante a *AASHO Road Test*, a fonte de informações era a mesma, alterando-se apenas a contagem de eixos (para serventia final de 2,5 e 2,0, respectivamente), da qual podem resultar as discrepâncias entre os modelos. O modelo do NCHRP é desenvolvido sobre bases de dados mais heterogêneas, referentes a diversas rodovias americanas, onde possivelmente o nível de conhecimento detalhado sobre o tráfego solicitante poderia não estar à altura do caso da *AASHO Road Test*. Tal modelo ainda se mostra um pouco conservador em relação ao modelo de Darter (1977), para uma probabilidade de fadiga de 24%. O modelo do USACE é de difícil comparação com os demais, dadas as peculiaridades de pavimentos de concreto para tráfego de aeronaves: dimensões físicas, magnitude e disposição de cargas e tensões, e o conceito de cobertura implícito no cálculo de um número de repetições de cargas.

O novo guia de projeto de pavimentos da AASHTO (2002) emprega um modelo de fadiga mais recente, formulado com base em dados coletados pelo NCHRP. É o mais conservador entre os modelos apresentados, assim descrito:

$$log_{10} N_f = 2 \times \left[\frac{f_{ct,f}}{\sigma_{tf}}\right]^{1,22} \quad (2.32)$$

Existem muitos outros modelos desenvolvidos no exterior para determinação da resistência à fadiga dos concretos. Não se trata, portanto, de ações isoladas e cientificamente definitivas deste ou daquele país. Os que foram apresentados estão entre os mais clássicos e esclarecedores sobre alguns aspectos da dosagem dos concretos e da forma de carregamento durante os testes. Os gráficos das Figs. 2.13 e 2.14, respectivamente para modelos desenvolvidos nos EUA e em países europeus e asiáticos, possibilitam uma melhor visualização desses modelos e um olhar crítico sobre eles.

É notório o reconhecimento, no mundo inteiro, de que o modelo de previsão de fadiga de concreto da *Portland Cement Association* (PCA, 1966, 1984) é o mais rigoroso, ou seja, o mais pessimista entre todos os demais. Inclusive, a pesquisa aplicada em países europeus, a partir da década de 1980, para o entendimento de tal fenômeno, levou a grandes críticas à maneira como supostamente foi elaborado o modelo experimental da Portland – que, inclusive, não é critério normativo de nenhuma agência viária nos EUA. O modelo, obviamente, só não é mais conservador quando comparado aos modelos semiempíricos desenvolvidos em pista, em que o fenômeno, via de regra, manifesta-se mais prematuramente do que em vigotas extremamente bem curadas e muito homogêneas em laboratório, considerado ainda o efeito da frequência do carregamento cíclico (quanto maior a frequência de aplicação de cargas, mais o concreto resiste à fadiga).

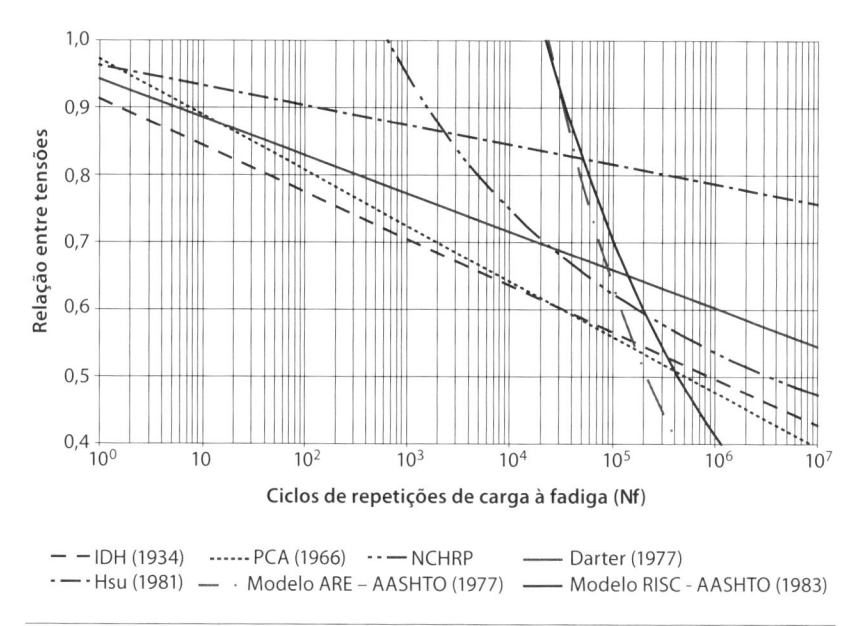

Fig. 2.13 *Alguns modelos de fadiga para concreto desenvolvidos nos EUA*

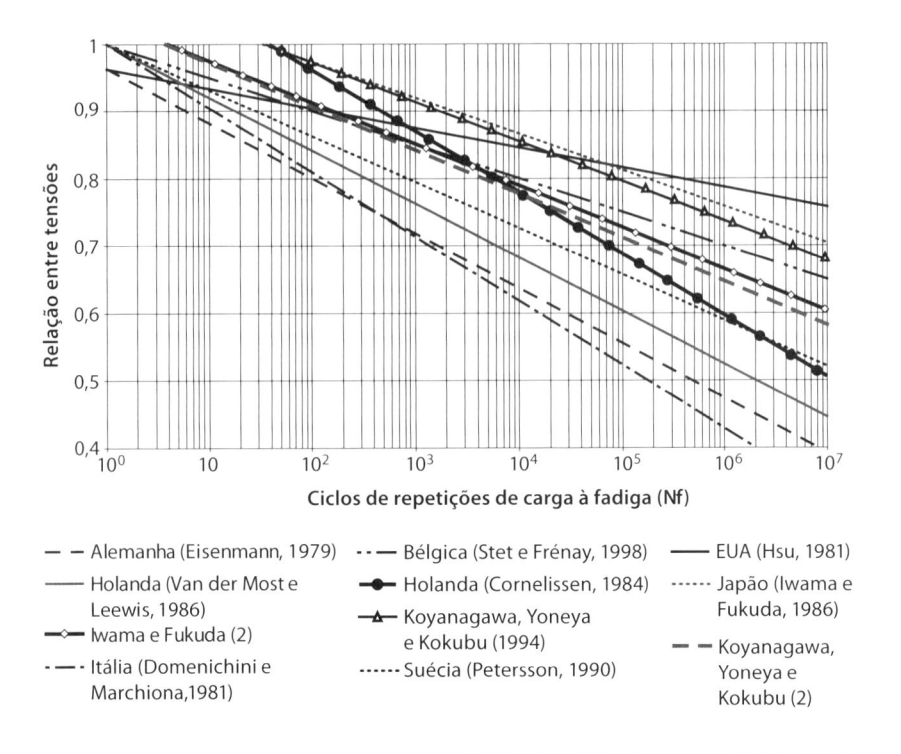

Fig. 2.14 *Alguns modelos experimentais europeus e asiáticos*

Para ciclos de carregamento superiores a 10^7 repetições de carga, os modelos de Iwama e Fukuda (1986); Koyanagawa, Yoneya e Kokubu (1994); e o modelo belga (apud Stet e Frénay, 1998) resultam semelhantes. Para finalidades práticas, os modelos da Portland (PCA, 1966, 1984) e de Eisenmann (1979 apud Stet e Frénay, 1998) são idênticos e os mais conservadores entre os demais. Os modelos de Darter (1977) situam-se em faixa intermediária em relação aos demais. É evidente, portanto, a grande dificuldade de seleção entre os modelos para finalidades de projeto, consideradas as peculiaridades nas origens de cada um deles.

Tomando-se a tensão mínima como nula, observa-se que os modelos de Yao (1990) e de Petersson (1990) são semelhantes; o modelo proposto por Domenichini e Marchionna (1981) é o mais conservador entre todos os analisados; outros modelos bastante conservadores são aqueles da Portland (PCA, 1966, 1984) e de Eisenmann (1979 apud Stet e Frénay, 1998).

Ao se analisar os modelos de tensão variável para uma tensão mínima de 0,4 da tensão máxima de ensaio, evidencia-se que modelos de tensão variável são muito menos conservadores que os de tensão constante. Por exemplo, para uma relação entre tensões de 0,6, o modelo de Domenichini e Marchionna (1981) resulta em uma resistência à fadiga de aproximadamente 10^6, contra os 10^4 para tensão mínima nula. Isso se explica pela redução na amplitude de aplicação de carga durante os ensaios, o que, em comparação com a situação mais crítica do dia, em termos de empenamento, parece ser mais condizente com a realidade. No entanto, nesse caso, a construção de modelos experimentais realistas dependerá do conhecimento prévio de níveis de tensões impostos por gradientes térmicos, o que ainda não é uma realidade para inúmeras agências viárias.

Modelos brasileiros de fadiga de concretos

Os primeiros estudos sobre comportamento à fadiga de CCR e de BGTC foram realizados nos primórdios da década de 1990, por Trichês (1993) para o CCR empregado no Brasil, e por Balbo (1993) para a BGTC, na Suíça. Contudo, modelos consistentes e com ampla sustentação estatística e experimental vieram a ser descritos para concretos utilizados no Brasil apenas no final do século XX. Esses modelos foram apresentados sucessivamente por Balbo (1999), para o CAD, por via semiempírica, e por Cervo (2004), em laboratório, para o mesmo CAD do modelo de Balbo (1999) e para um concreto convencional empregado na pista experimental da Universidade de São Paulo (USP).

Até o momento atual, foram poucos os engenheiros brasileiros que se debruçaram sobre a problemática do comportamento à fadiga de concretos, restrita ao meio acadêmico e sem participação direta de agências viárias nos estudos. Todavia, algumas agências viárias, sobretudo de prefeituras, vêm adotando esses conhecimentos, em particular os que advêm de estudos realizados na USP pela Secretaria de Infraestrutura Viária da Prefeitura do Município de São Paulo.

Os modelos de Trichês (1993) foram desenvolvidos para CCR com emprego de distribuição granulométrica contínua (Pittman; Ragan, 1998), para diferentes consumos de cimento do tipo CP-II-E-32. Verificaram-se melhorias no comportamento à fadiga do material, pois as misturas eram mais homogêneas em suas matrizes e com maior quantidade de argamassa. Já para a BGTC, com agregados graníticos muito bem graduados e o mesmo tipo de cimento, comum naquela época, com matriz bem mais heterogênea, devido ao baixo consumo de cimento, Balbo (1993) encontrou um modelo que indica qualidade inferior da BGTC em relação ao CCR.

No caso dos concretos, o primeiro modelo nacional surgiu da avaliação sistemática da formação de fissuras de canto em placas delgadas de concreto que empregaram CAD, segundo a dosagem mostrada na Tab. 2.7. Esse modelo foi descrito por Balbo (1999) para a previsão da formação de 10% de placas fraturadas em pavimentos de concreto. Cervo (2004), estudando o mesmo tipo de CAD, desenvolveu ensaios de fadiga em laboratório, o que lhe permitiu descrever um modelo de transferência (SF, do inglês *shift-factor*) entre a fadiga observada em campo e aquela prevista por testes em flexão dinâmica de corpos de prova, dado pela expressão:

$$SF = \frac{N_{f,campo}}{N_{f,laboratório}} = \left(\frac{\sigma_{tf}}{f_{ct,f}}\right)^{4,2} \quad (2.33)$$

Tab. 2.7 Traço do CAD estudado por Balbo (1999) e Cervo (2004)

Materiais ou propriedades	Valores obtidos
Cimento (kg/m³)	440
Sílica ativa (kg/m³)	44
Areia (kg/m³)	493
Brita 1 (kg/m³)	1,194
Relação a/c	0,365
Plastificante (L/m³)	1,65
Superplastificante (L/m³)	3,846
Incorporador de ar (mL/m³)	119
Ar incorporado (%)	≤ 5,0
Abatimento (mm)	70 ± 10
Resistência à tração na flexão (MPa) – 28 dias	5,7 a 6,1

Com base nesses resultados de Cervo (2004), verifica-se que os concretos de pavimentação rompem muito mais rapidamente em pista do que em testes laboratoriais dinâmicos. Entre vários fatores envolvidos para a diferenciação do comportamento em fadiga na pista e no laboratório, o fato de se aplicar, em laboratório, cargas em frequência extremamente elevada (Fig. 2.15) gera tempos de atuação do carregamento e de pico de tensão minimizados, deflagrando um processo de propagação de fissuras mais lento durante os ensaios dinâmicos em flexão. De qualquer forma, ainda é o único modelo de conversão de comportamento de laboratório para campo disponível na literatura nacional.

Cervo (2004) não se furtou a estudar os concretos convencionais de pavimentação, cujo traço encontra-se na Tab. 2.8. Os estudos compreenderam concretos saturados e não saturados, variação de frequências e de tensões sobre um mesmo corpo de prova. A Fig. 2.16 mostra os efeitos da variação de frequências, de onde se conclui que ensaios realizados a 10 Hz resultaram em maior resistência à fadiga dos concretos, enquanto que para frequências de 1 e 5 Hz não foram observadas variações claras nessa resistência. Isso indica que testes a 5 Hz são recomendáveis para a determinação de modelos mais condizentes com o comportamento em pista.

A Fig. 2.17 mostra os efeitos de variações das tensões aplicadas sobre um mesmo corpo de prova, de onde se conclui que os concretos submetidos a tensões crescentes apresentam maior resistência à fadiga, contrariamente aos concretos submetidos a valores de tensões decrescentes. Cervo (2004) também observou que os CAD saturados, ao contrário dos concretos comuns de

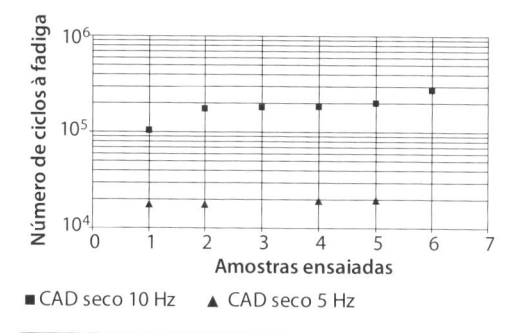

Fig. 2.15 Resistência à fadiga de concreto de alto desempenho em função da frequência

Tab. 2.8 Traço do concreto convencional estudado por Cervo (2004)

Materiais ou propriedades	Valores obtidos
Cimento (kg/m^3)	328
Areia (kg/m^3)	691
Brita 1 (kg/m^3)	483
Brita 2 (kg/m^3)	724
Relação a/c	0,553
Plastificante (L/m^3)	1,148
Ar incorporado (%)	2,6
Abatimento (mm)	65
Resistência à tração na flexão (MPa) aos 28 dias	4,8

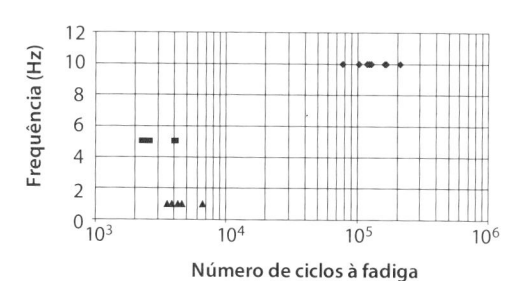

Fig. 2.16 Resistência à fadiga de concreto convencional em função da frequência aplicada

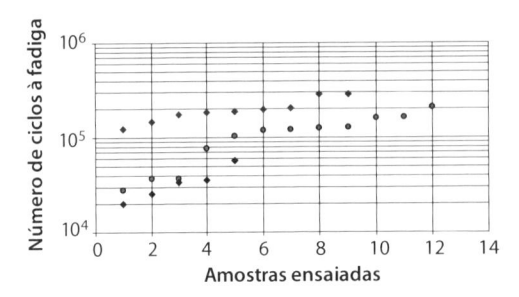

● Tensão constante (RT=0,83)
◆ Tensão variável decrescente (RT=0,85 e 0,83)
◆ Tensão variável crescente (RT=0,75, 0,79 e 0,83)

Fig. 2.17 *Resistência à fadiga de concreto convencional em função da variação de tensões*

pavimentação, apresentavam alguma melhoria no comportamento à fadiga (associada ao ganho de resistência após saturação, para frequência de aplicação de cargas de 10 Hz).

Na Tab. 2.9 apresentam-se os modelos estatísticos que descrem a resistência à fadiga (Nf) em função da relação entre a tensão de tração aplicada e a resistência à tração na flexão dos concretos estudados no Brasil e apresentados nesta seção. Esses modelos são graficamente representados na Fig. 2.18, pela qual se observa que a resistência à fadiga do CAD é, em geral, inferior à do concreto convencional, e que, para relações entre tensões mais baixas, o CAD suporta menor número de repetições em pista do que o esperado em laboratório. Comparativamente, o modelo de fadiga da Portland (PCA, 1966) consegue ser ainda mais pessimista do que no caso dos CCR e da BGTC, o que, evidentemente, inviabiliza seu emprego sem reflexão e justificativa precisas.

O fato mais importante que se extrai da apresentação dos modelos é a impossibilidade de tomar qualquer um deles e admiti-lo como adequado para a descrição do comportamento à fadiga de outro concreto. Para concluir o tema, destacamos que a abordagem aqui apresentada compreendeu apenas parcialmente os trabalhos disponíveis internacionalmente sobre o assunto. Não existiria tanta pesquisa sobre essa questão se não se tratasse de um assunto relevante, primordial até, para o entendimento do comportamento e desempenho dos PCS.

Resultados de testes de fadiga sobre BGTC realizados por Balbo (1993) são interessantes para esclarecer a plastificação do material durante ensaios dinâmicos. Na Fig. 2.19 apresentam-se resultados para três diferentes níveis de tensão (relações entre tensões) durante todo o ciclo de repetições de carga no material, de onde se conclui que os deslocamentos verticais no ensaio à compressão diametral crescem rapidamente à medida que o nível de tensão aumenta, indicando plastificação mais veloz do material.

TAB. 2.9 MODELOS DE RESISTÊNCIA À FADIGA PARA CONCRETOS E CIMENTADOS NACIONAIS

Material	Modelo de fadiga	Restrições	Condições	Referência
Concreto convencional	$\log_{10} N_f = 25{,}858 - 25{,}142 \times \left(\dfrac{\sigma_{máx}}{f_{ct,f}} \right)$	Tab. 2.8	seco	Cervo (2004)
	$\log_{10} N_f = 13{,}408 - 12{,}102 \times \left(\dfrac{\sigma_{máx}}{f_{ct,f}} \right)$	Tab. 2.8	saturado	Cervo (2004)
CAD (pista)	$N_f = 29745 \times \left(\dfrac{f_{ct,f}}{\sigma_{máx}} \right)^{3,338}$	Tab. 2.7	semiempírico	Balbo (1999)
CAD (laboratório)	$N_{Lab} = N_{i,adm} = 29745 \times \left(\dfrac{f_{ct,f}}{\sigma_{máx}} \right)^{7,54031}$	Tab. 2.7	seco, tensão variável	Cervo (2004)
CAD (laboratório)	$\log_{10} N_f = 14{,}13 - 12{,}41 \times \left(\dfrac{\sigma_{máx}}{f_{ct,f}} \right)$	Tab. 2.7	seco, tensão constante	Cervo (2004)

Tab. 2.9 Modelos de resistência à fadiga para concretos e cimentados nacionais (Continuação)

Material	Modelo de fadiga	Restrições	Condições	Referência
	$log_{10} N_f = 19,911 - 15,074 \times \left(\dfrac{\sigma_{máx}}{f_{ct,f}} \right)$	CP II E 32, C = 120 kg/m³	tensão constante	Trichês (1993)
CCR	$log_{10} N_f = 14,310 - 13,518 \times \left(\dfrac{\sigma_{máx}}{f_{ct,f}} \right)$	CP II E 32, C = 200 kg/m3	tensão constante	Trichês (1993)
	$log_{10} N_f = 14,704 - 13,722 \times \left(\dfrac{\sigma_{máx}}{f_{ct,f}} \right)$	CP II E 32, C = 280 kg/m³	tensão constante	Trichês (1993)
BGTC	$log_{10} N_f = 17,137 - 19,608 \times \left(\dfrac{\sigma_{máx}}{f_{ct,f}} \right)$	Material granítico bem graduado, 4% de cimento em peso (CP II E 32) e umidade 1,5% abaixo da ótima de compactação	tensão constante	Balbo (1993)

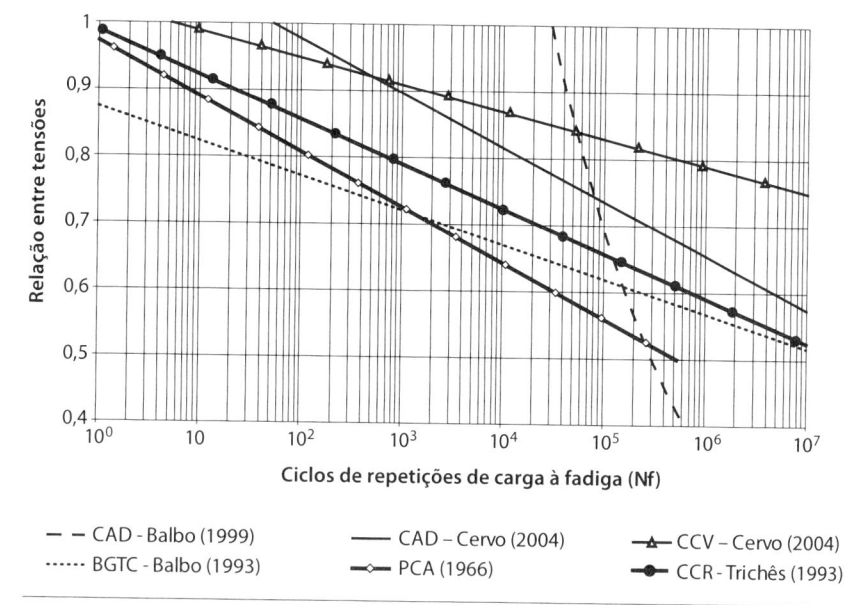

Fig. 2.18 Modelos brasileiros para fadiga de concretos

Modelo do dano contínuo de Palmgren-Miner para a fadiga dos materiais

Na década de 1920, Palmgren (1922) formulou a hipótese de que os materiais sofrem um processo de danificação por fadiga, e que esse dano, a cada aplicação de uma mesma carga ou tensão, seria contínuo ou constante ao longo de toda a vida do material, até que se consumisse sua resistência à fadiga. Essa hipótese seria válida para quaisquer níveis de tensão aplicados. Então, ter-se-ia uma linearidade de danos ao longo do uso do material.

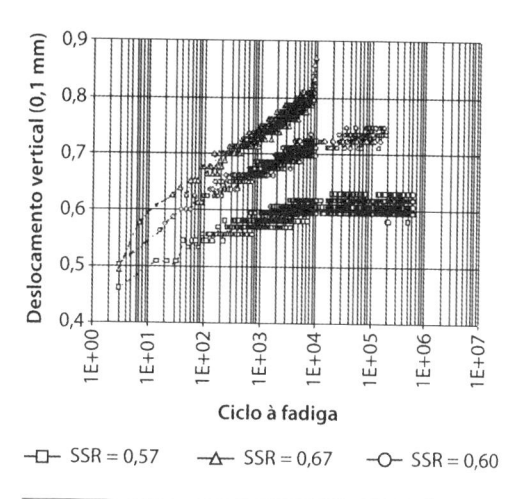

Fig. 2.19 Evolução do deslocamento vertical das amostras de BGTC durante ciclos de carregamento

Miner (1938) verificou experimentalmente, com ligas de alumínio, a validade da hipótese de Palmgren, comprovando-a válida sob algumas restrições. Posteriormente, o emprego dessa hipótese em modelos estruturais foi denominado "hipótese de Palmgren-Miner", também empregada no dimensionamento de PCS.

A hipótese de fratura cumulativa linear (dano linear) é também denominada hipótese de Palmgren-Miner, em homenagem aos dois precursores que trabalharam na questão de forma independente, teórica e experimentalmente (Balbo, 2007). Atualmente, na prática de projetos, embora esta seja uma abordagem *linear* dentro do conhecimento de formulações de fadiga, é conveniente recordar que, no mundo real, os processos de fadiga ocorrem sob condições de carregamento variável tanto em valor quanto em tempo de aplicação ou ocorrência (frequência). Os materiais alteram-se em presença de umidade e diferentes temperaturas a que são expostos; os danos não são lineares, ou seja, eles não se danificam de forma idêntica ou proporcional para cargas diferentes. O dano, assim, é progressivo e a microfissuração, intensificada com a degradação da estrutura interna dos concretos.

Na Fig. 2.20 apresenta-se um esquema para as respostas de um dado material, testado em situação de tensão controlada, razão pela qual se define uma curva do tipo σ-N. No modelo gráfico e linear, para um nível de tensão σ_1, o material sobrevive $N_f^1 = 600$; para um nível de tensão σ_2, sobrevive $N_f^2 = 1.200$. Segundo a teoria dos danos cumulativos, indo do ponto A para o ponto B ou do ponto C para o ponto D, atinge-se da mesma maneira a exaustão da vida de fadiga do material. Por conseguinte, assume-se que, no ponto A e no ponto C, tem-se disponível 100% da vida de fadiga do material. Nos extremos, pontos B e D, atinge-se a exaustão, ou seja, esgota-se a vida de fadiga do material.

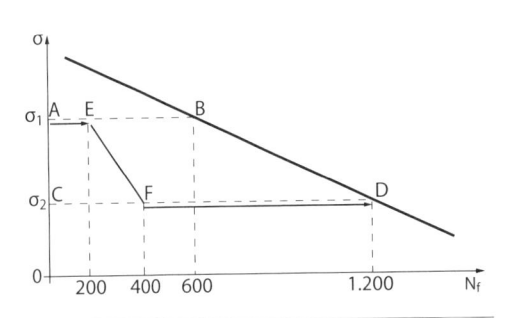

Fig. 2.20 *Efeitos de cargas diferentes sobre a fadiga de um mesmo material*

Conforme Balbo (2007, p. 497-98),

> Ao admitir-se que esse dano cumulativo seja linear ao longo da vida de serviço do material, tem-se, em consequência dessa hipótese, que em um dado nível de tensão σ_i qualquer, cada ciclo de carregamento contribui de forma idêntica para causar o

montante de dano final; a cada ciclo tem-se uma mesma participação de dano (unitário) para se atingir o dano total, à fadiga, à fratura.

Assim, de A para E, ponto intermediário a AB, consome-se 1/3 da vida disponível de fadiga no nível de tensão σ_1. Do ponto C para o ponto F, intermediário a CD, por sua vez, consome-se igualmente 1/3 da vida de fadiga disponível em σ_2.

Quando, durante um teste de fadiga, altera-se o nível de tensão, migrando-se de E para F, ou seja, de σ_1 para σ_2, a vida disponível de fadiga, que já havia sido parcialmente consumida em σ_1 (1/3), seria equivalente ao mesmo porcentual de 1/3 consumido em σ_2. Em outras palavras, 1/3 da vida de fadiga em σ_2 é equivalente a um terço da vida de fadiga em σ_1, em matéria de dano.

Conforme apresentado na Fig. 2.20, ao se alterar a tensão de E para F, para em F o ensaio ter continuidade, tudo se passa como se tivessem sido aplicados 400 ciclos de repetições de carga, sendo que 1/3 da vida de fadiga (200 ciclos) já havia sido consumido no nível σ_1, restando em F 2/3 da vida de fadiga disponível em σ_2. Esse modelo de dano linear representa a hipótese de Palmgren-Miner. No caso apresentado, pode ser escrito que as porcentagens de fadiga consumidas nos níveis de tensão σ_1 e σ_2 são, respectivamente:

$$\frac{n_1}{N_1} = \frac{n\text{úmero de ciclos reais em }\sigma_1}{n\text{úmero de ciclos disponíveis em }\sigma_1} = \frac{200}{600} = \frac{1}{3} \quad (2.34)$$

e

$$\frac{n_2}{N_2} = \frac{n\text{úmero de ciclos reais em }\sigma_2}{n\text{úmero de ciclos disponíveis em }\sigma_2} = \frac{800}{1200} = \frac{2}{3} \quad (2.35)$$

Pode ser escrito que:

$$\frac{n_1}{N_1} + \frac{n_2}{N_2} = \frac{1}{3} + \frac{2}{3} = 1 = 100\% \quad (2.36)$$

A Eq. 2.36 afirma que, quando o somatório dos consumos em cada nível de tensão atinge 100%, atinge-se a exaustão à fadiga do material. Essa equação, generalizada para todos os níveis i de tensão possíveis para o material, conduz à hipótese de Palmgren-Miner:

ou

$$\frac{n_1}{N_1} + \frac{n_2}{N_2} + \ldots + \frac{n_i}{N_i} = 100\%$$ (2.37)

$$\sum_{i=1}^{k} \frac{n_i}{N_i} = 1$$ (2.38)

Segundo Balbo (2007), as seguintes hipóteses são subjacentes a essas duas equações: (i) a taxa de acumulação de danos independe da história de carregamento sofrida; o dano por ciclo não se altera, estando o teste no início do consumo à fadiga ou no final, próximo à exaustão do material; (ii) em consequência dessa hipótese, ter-se-ia que a magnitude e o sentido de troca de carregamentos não poderiam afetar os resultados do teste.

Na realidade, a segunda hipótese acaba por anular a validade da primeira, pois em muitos testes de fadiga com materiais de pavimentação em que os conjuntos de "blocos" de aplicações de carga têm carregamentos, amplitudes e número de aplicações idênticos, mudanças de blocos com amplitudes mais altas para blocos com amplitudes mais baixas mostraram-se muito mais críticas para o processo de fadiga do que aplicações no sentido oposto (Balbo, 2007). Tal discrepância é, naturalmente, bem entendida em Ciência dos Materiais, pois as fissuras preexistentes cresceriam e propagariam mais com a aplicação de um bloco de carregamento mais rigoroso do que o contrário, quando as fissuras talvez nem mesmo se formassem com cargas de pequena magnitude. Recordemos aqui que as fissuras de fadiga começam a nuclear-se nas singularidades (estruturais ou geométricas) e descontinuidades (na superfície ou no interior) da maioria dos materiais. Enfim, os modelos apresentados são apenas uma hipótese prática em projetos, uma vez que o processo de danificação (propagação das fissuras) não é linear ao longo dos ciclos de carregamento e descarregamento.

Calibração laboratório-campo

Pela incapacidade de os testes em laboratório, com amostras reduzidas e conduzidos a grande frequência de aplicação de cargas, representarem de maneira fidedigna o que ocorre em campo em termos de fissuração, há necessidade de recorrência à calibração dos resultados de laboratório com a fissuração de fadiga em pista. (Balbo, 2007, p. 499).

Para auxílio em projetos, sugerem-se os seguintes modelos de calibração laboratório-campo:

- Para concretos, conforme a Eq. 2.33, desenvolvida por Cervo (2004);
- Para materiais granulares estabilizados com cimento, para bases de pavimentos de concreto, o modelo descrito na Fig. 2.21.

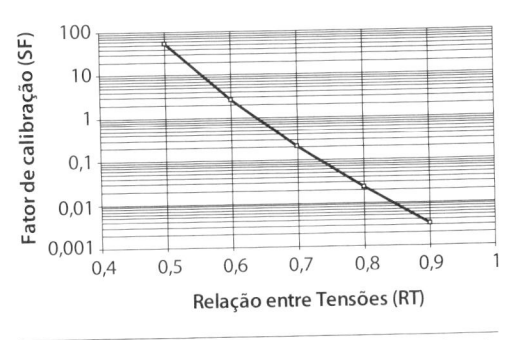

Fig. 2.21 *Fatores de calibração de modelos de fadiga para bases cimentadas (Balbo, 2007)*

No Quadro 2.4 apresentam-se as principais diferenças entre o comportamento dos concretos em laboratório e em campo, nos pavimentos e suas implicações para os ensaios de fadiga conduzidos em laboratório. Como afirma Balbo (2007, p. 499-500):

> Evidentemente, os ensaios de fadiga em laboratório possuem o grande potencial de auxiliar na dosagem e formulação de misturas que apresentem melhores características quanto à resistência à fissuração por fadiga. Mas para o emprego das relações σ-N ou e-N obtidas em laboratório diretamente em projetos, é necessário o estabelecimento de fatores de calibração laboratório-campo, que, na prática, são muito difíceis de serem determinados.

Concretos e materiais estabilizados com cimento comportam-se, em laboratório, de modo muito mais satisfatório que em campo, ou seja, são menos suscetíveis à fadiga e apresentam maior resistência à fissuração (Nf). Uma das razões para esse fato é que amostras em laboratório possuem matrizes mais homogêneas que os materiais trabalhados em pista. Some-se a isso que "o tempo de aplicação de carga é muito curto para materiais frágeis nos testes laboratoriais. O fator de calibração, nesse caso, será um redutor do modelo de laboratório" (Balbo, 2007, p. 500).

Há um limite de fadiga para o concreto?

O limite de fadiga seria caracterizado por uma tensão, ou por uma relação entre a tensão aplicada e a tensão de ruptura estática do material, para a qual o fenômeno da fadiga não se manifestaria jamais, ou seja, seria aquela tensão para a qual o material poderia ser indefinidamente

QUADRO 2.4 DIFERENÇAS ENTRE SITUAÇÕES DE LABORATÓRIO E DE CAMPO
(adaptado de Balbo, 2007)

Condição de teste	Situação em laboratório	Situação em campo	Consequência para a vida de fadiga de concretos e cimentados, em laboratório
Tensão aplicada	Constante	Variável	Superestimação, na maioria dos casos. Em laboratório, as amostras sobrevivem mais se as tensões variam de níveis menores para maiores durante os testes; e menos, se as tensões variam de níveis maiores para menores
Deformação aplicada	Variável	Variável	Mesmas considerações anteriores
Temperatura diária ou sazonal	Constante	Variável	Não simula perda de contato de placas e acréscimos de tensão, superestimando a vida de fadiga
Frequência de cargas	Muito elevada	Baixa	Não permite campos mais críticos de tensão (cargas rápidas). Com isso, diminui a nucleação de fissuras, superestimando a vida de fadiga
Estado de tensão	Uniaxial	Biaxial	Não avalia efeitos de tensões aplicadas em outras direções na direção considerada.
Pressão de aplicação	Constante	Variável	Altera esforços no material para uma mesma carga
Posição do carregamento	Constante	Variável	Em pista, quanto menos confinado o tráfego, a passagem das cargas sofre uma variação lateral, o que altera o estado de tensão em um dado ponto, carga após carga
Critério de ruptura por fadiga	Controle por fratura	Fratura	Analisa a fratura de uma peça apenas, e não de um conjunto mais heterogêneo de concretos executados em pista
Umidade	Seco	Variável	A umidade na amostra, em concretos de baixa porosidade, pode ser fator de superestimativa da vida de fadiga em laboratório
Estrutura da matriz do material	Mais homogênea	Mais heterogênea	Devido à dispersão inerente aos ensaios de fadiga, para se obter resultados consistentes em laboratório, as amostras são moldadas com muita homogeneidade. Recordar que, em campo, ocorrem variáveis que afetam a homogeneidade: temperatura, segregação, compactação

solicitado em tração sem se romper, sem ocorrer propagação interna das fissuras iniciais para a estrutura. Essa condição, segundo muitos autores na área de Ciência de Materiais (p.ex. o tradicionalíssimo Shackelford, 2000), foi comprovada experimentalmente apenas para estruturas cristalinas do tipo das ligas de ferro. Para outros tipos de ligas metálicas essa ocorrência não se verificou. Não existem na literatura, até o momento, evidências experimentais de que isso possa ocorrer no concreto, o que é comum, em função do tempo gasto para a execução de ensaios de fadiga – sobretudo em pelo menos 5 Hz, se se deseja maior precisão e realismo –, é a paralisação do ensaio em cerca de 10^6 repetições de carga, o que, no mundo metalúrgico, ocorre com 10^8.

Associação entre resistência à fadiga e tenacidade à fratura dos concretos

Com base em princípios de Ciência dos Materiais, admitindo-se que a abertura da fissura no material ocorre no modo I (em tração), sendo o esforço uniaxial, o valor da tenacidade crítica à fratura (K_{Ic}) é dado por:

$$K_{Ic} = Y \cdot \sigma_t \cdot \sqrt[2]{\pi \cdot a} \qquad (2.39)$$

onde Y é um fator geométrico adimensional da ordem de uma unidade; σ_t é a tensão total no momento da fratura; e a é o comprimento da fissura superficial ou metade do comprimento da fissura interna ao material.

Note que a unidade de K_{Ic} é [MPa·m^{0,5}]. Para ser possível tal condição, é necessário admitir um estado plano de deformações, quando a espessura do elemento em tração é muito maior que a abertura do entalhe ou a fissura no material em teste.

Materiais frágeis, como o concreto, de baixíssima ductilidade, tendem a apresentar ruptura catastrófica, mesmo em fadiga, e sua característica é geralmente possuir valor de K_{Ic} baixo, inferior a 5 MPa·m^{0,5}. Para o caso dos concretos e cimentos, Ashby e Jones (1980) sugerem para K_{Ic} o valor de 0,2 MPa·m^{0,5}. Com base nesses parâmetros experimentais de fratura, pode-se, por exemplo, estimar em 0,5 mm a abertura crítica de uma fissura superficial em um concreto de pavimentação com resistência à tração de 5 MPa, para que ocorra a ruptura catastrófica.

Durante a vida de serviço dos materiais de pavimentação, uma fissura inicial (resultante do diâmetro de um poro ou do comprimento da imperfeição) vai crescendo a cada novo ciclo de carregamento, ou seja, a fissura aumenta até atingir um dado comprimento crítico, que então causa a ruptura catastrófica em fadiga, com a separação de partes do material que antes era contínuo e constituía uma peça somente. Isso permite afirmar que existe uma relação entre a variação do comprimento da fissura (da) – a partir da fissura inicial de comprimento a_0 – e a variação dos ciclos de carregamento (dN), dada a variação da tenacidade à fratura do material, que decresce após cada ciclo de carga. Assim,

$$\frac{da}{dN} = A \cdot \Delta K^n \qquad (2.40)$$

onde A e n são constantes experimentais que dependem da ductilidade do material, da temperatura do ensaio, do nível de tensão aplicado e da frequência dos testes cíclicos.

Essa relação é conhecida como lei de Paris. Pode ser escrita, em função da relação entre tenacidade e tensão (Eq. 2.32), a seguinte relação:

$$\Delta K = Y \cdot \Delta \sigma_t \cdot \sqrt[2]{\pi \cdot a} = Y \cdot (\sigma_{máx} - \sigma_{mín}) \cdot \sqrt[2]{\pi \cdot a} \qquad (2.41)$$

onde $\sigma_{máx}$ e $\sigma_{mín}$ são as tensões máximas e mínimas de tração aplicadas a cada ciclo de carregamento. Note-se que estamos sempre em modo I de abertura de fissura.

Os modelos de fadiga, geralmente pautados na hipótese de danificação linear contínua de Palmgren-Miner, são muito empregados por sua simplicidade analítica, mas não podem representar, de fato, a progressão do dano na estrutura interna do material, ou seja, a progressão não linear da fissura em cada ciclo de carregamento, o que exigiria a elaboração de modelos pautados na Mecânica da Fratura. Assim o fez Ramsamooj (1994), que apresentou um estudo em que propõe o uso de uma expressão da taxa de propagação da fissura, dada pela equação:

$$N_f = \frac{30 \cdot \sigma_f^2}{K_{Ic}^2} \cdot \int_{c_o}^{c_f} \frac{dc}{\left\{ -ln\left[1 - \left(\frac{K_I - K_{op}}{K_{Ic}}\right)^2 \right] - \left(\frac{K_I - K_{op}}{K_{Ic}}\right)^2 \cdot \left(1 - \frac{2c}{f}\right) \right\}} \qquad (2.42)$$

onde $c = \dfrac{d\psi}{dt}$; ψ é a compilância de fluência; f é a frequência da carga aplicada; K_{Ic} é a tenacidade à fratura do concreto; K_I é o fator de intensidade de tensão no modo I de abertura da fissura; K_{op} é o fator de intensidade de tensão no nível de tensão de abertura.

Se o ensaio de fadiga impõe uma tensão mínima e uma tensão máxima de tração, sendo, portanto:

$$R = \dfrac{\sigma_{mín}}{\sigma_{máx}} \neq 0$$

a parcela $K_I - K_{op}$ deverá ser substituída por $(K_I - K_{op}) \times (1 - 0{,}2 \cdot R - 0{,}8 \cdot R^2)$.

Esse modelo considera a não linearidade da taxa de crescimento da fissura ao longo do tempo, e é bastante elaborado e sofisticado; exigirá, porém, um investimento material e intelectual enorme, que não ocorrerá da noite para o dia, para a caracterização dos parâmetros de alguns concretos, e não de todo o universo de misturas e traços possíveis, o que leva a crer que, num primeiro instante, os ensaios básicos de fadiga convencionais (que indicam, inclusive, alguns dos parâmetros necessários para esse modelo) devam ser o ponto de partida para o incremento e melhoria da tecnologia de projeto de pavimentos de concreto no Brasil.

2.4.5 Módulo de elasticidade

Se o tecnólogo telefonasse para o projetista de uma ponte e lhe dissesse que o módulo de elasticidade do concreto resultou 20% acima das expectativas, é muito provável que o calculista tivesse que dormir à base de tranquilizantes... Será essa a postura do projetista de um pavimento de concreto? Espera-se criar essa consciência ao longo deste livro, o que faria cair por terra alguns conceitos aparentemente estabelecidos, e de interesse mínimo de discussão, sobre a importância do módulo de elasticidade do concreto na análise estrutural e no controle tecnológico da obra de pavimentação. Será justo controlar o valor do módulo de elasticidade, ou apenas mais uma insanidade ou ato terrorista?

O módulo de elasticidade é tradicionalmente definido pela relação entre a tensão e a deformação em um dado segmento ou trecho da curva tensão-deformação determinada em laboratório, o que pode ser feito de várias maneiras: (a) em compressão, impondo-se uma força vertical na amostra e medindo-se o deslocamento sofrido, o que posteriormente se transforma em tensão e deformação; (b) em tração direta, da mesma maneira, porém com inúmeras dificuldades de ensaio, para que a validade deste seja tomada como possível; (c) em flexão, medindo-se a deformação específica de tração que ocorre na fibra inferior da vigota prismática de concreto (somente com instrumentação) e calculando-se a tensão nessa mesma fibra, em função do momento fletor atuante na seção e do momento de inércia da seção; (d) em flexão, medindo-se a flecha ocorrida durante o ensaio e impondo-se o diagrama de momentos fletores sobre a viga, como carregamento, empregando-se analogia de Mohr (as equações para esses ensaios são deduzidas em inúmeros textos, como Jacintho e Giongo, 2005; Balbo, 2007). No diagrama tensão-deformação, o módulo de elasticidade pode ser definido de três maneiras distintas, mas sempre com o emprego da mesma relação:

$$E = \frac{\sigma_f - \sigma_i}{\varepsilon_f - \varepsilon_i} = \frac{\Delta\sigma}{\Delta\varepsilon} \qquad (2.43)$$

Os valores na curva tensão-deformação podem ser extraídos da seguinte maneira:

i. Módulo de elasticidade *secante* na origem, ou seja, os valores iniciais de tensão e de deformação são nulos, tomando-se a tensão e a deformação correspondente em um ponto qualquer da curva antes da ruptura (σ_{rup}). Em outras palavras, é o coeficiente angular da reta que passa pela origem do diagrama e por um ponto qualquer da curva tensão-deformação. Shehata (2005) assinala que, quando a tensão não é indicada, normalmente toma-se entre 40% e 50% da resistência à compressão do concreto.

ii. Módulo de elasticidade *tangente* na origem, ou seja, correspondente ao coeficiente angular da reta que passa pela origem do diagrama, tangenciando a curva tensão-deformação. Evidentemente, este seria o maior valor possível para o parâmetro no diagrama.

iii. Módulo de elasticidade *cordal*, ou seja, correspondente ao coeficiente angular da reta que passa interceptando dois pontos quaisquer da curva tensão-deformação.

Diversas normas estrangeiras estabelecem um valor mínimo de tensão para a determinação do módulo de elasticidade; também padronizam velocidades de aplicação de cargas sobre as amostras e o número de ciclos de carga e descarga iniciais, para a acomodação plástica de imperfeições iniciais mais graves na estrutura do material. Em todos esses aspectos, as normas apresentam diferenças entre si.

O módulo de elasticidade do concreto é afetado por sua própria porosidade, bem como pela porosidade do agregado e as imperfeições existentes na zona de transição pasta/agregado (Metha; Monteiro, 1994). Além disso, existem diferenças entre o comportamento estrutural do concreto em compressão e aquele em tração. No primeiro, é possível existir mais dependência do valor do módulo de elasticidade da própria rigidez do agregado do que no segundo. Assim, módulos de elasticidade em tração e em compressão não costumam ser idênticos em estudos laboratoriais.

A consideração do valor do módulo de elasticidade no projeto de pavimentos de concreto é de fundamental importância, pois métodos de projeto restritos desenvolvidos no passado fixaram tais valores em torno de 28.000 MPa, mas a partir dos anos de 1990, com o emprego de CAD em pavimentação, os valores passaram a ser bastante superiores. Balbo (1999), por exemplo, analisando concretos extraídos do primeiro estudo em campo com CAD, que ocorreu em 1997 no Brasil, obteve valores para o módulo estático em flexão que variaram entre 24.000 e 53.000 MPa, sendo comuns valores em torno de 35.000 MPa. Valores superiores a 30.000 MPa são, inclusive, comuns para o caso de concretos convencionais de pavimentação, como se verificou nas pistas experimentais da USP (Rodolfo, 2001).

Na NBR 6118 (ABNT, 2003) são propostas as seguintes relações para determinação do módulo de elasticidade inicial do concreto em compressão e do módulo de elasticidade secante, aos 28 dias:

$$E_{ci} = 5600 \times \sqrt{f_{ck}} \; [MPa] \quad \textbf{(2.44)}$$

$$E_{cs} = 4760 \times \sqrt{f_{ck}} \; [MPa] \quad \textbf{(2.45)}$$

O Comitê Europeu do Concreto (CEB) adota o seguinte modelo, que relaciona o módulo de elasticidade em compressão (E_c) e a resistência à compressão (f_c) do concreto:

$$E_c = 2{,}15 \times 10^4 \times \sqrt[3]{0{,}1 \cdot f_c}$$ (2.46)

Abreu (2002), em estudo de CCR com o uso de vários tipos de cimentos (CP-II, CP-I e CP-V), observou que o valor do módulo de elasticidade em compressão desse material aumentava à medida que o consumo de cimento também aumentava. Com base nos valores tabulados para 28 dias de idade dos concretos, é possível estabelecer a seguinte correlação entre o módulo de elasticidade e a resistência à tração na flexão do CCR:

$$E = 13734 \times \sqrt{f_{ct,f}}$$ (2.47)

Para o caso da BGTC, Balbo (1997a) propõe a seguinte relação entre o módulo de elasticidade em compressão axial e sua resistência à compressão:

$$E = 4617 \times \sqrt{f_c}$$ (2.48)

Mais recentemente, Ricci (2007) estudou as características mecânicas de CCR que empregava cimento tipo CP-III e agregados reciclados de construção e demolição, nas taxas de 50% e 100%, tendo observado, para esse parâmetro, valores superiores a 15.000 MPa, em média, para CCR com consumo de cimento em torno de 125 kg/m³ e resistência à tração na flexão em torno de 2,5 MPa.

Ao se buscar na literatura relações entre módulo de elasticidade e resistência dos concretos, há que se tomar cuidados importantes, pois apresentam variações significativas conforme o tipo e o consumo de agregado, o tipo de cimento, a relação a/c etc. Em razão disso, ao se adotar uma hipótese de correlação, é preciso comparar os materiais que serão efetivamente empregados com aqueles subjacentes aos ensaios e a partir dos quais se estabeleceu uma correlação específica. Outro aspecto é o tipo de módulo de elasticidade. Na maioria das vezes, os pavimentos de concreto são simples e sem armaduras, o que exige o conhecimento do módulo de elasticidade em flexão do concreto.

2.4.6 Porosidade e permeabilidade

A permeabilidade de um concreto de pavimento poderá ter implicações importantes em termos da durabilidade do material. A presença de meio permeável, superfície permeável (Fig. 2.22), permite a entrada de água na estrutura, que teria implicações importantes na degradação do próprio concreto, para o aço, no caso de pavimentos que o empregam, bem como para as camadas inferiores, eventualmente. Os revestimentos em concreto permeáveis são cabíveis em áreas de estacionamento de veículos de passeio, desde que devidamente tratada a drenagem local com base granular também permeável como caixa de acúmulo temporário de águas pluviais.

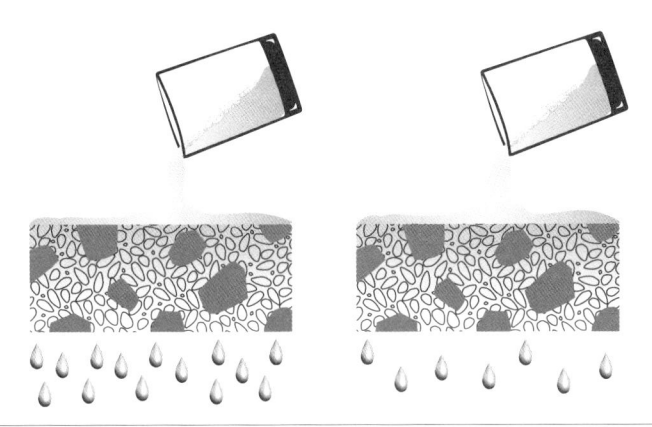

Fig. 2.22 *Esquema de um concreto permeável (A) e outro pouco permeável (B) (Holland, 2005)*

No caso do concreto, já que as superfícies dos pavimentos são geralmente expostas às intempéries, a constante alimentação por água e umidade em sua estrutura é uma condição bastante favorável à ocorrência de reação álcali-agregados. No caso das armaduras, a permeabilidade poderá permitir a ocorrência de efeito pilha, bem como a percolação, até suas superfícies, de substâncias corrosivas.

A capilaridade é uma propriedade que varia de acordo com a formulação dos concretos, como a relação a/c, o uso de adições finas como ligantes hidráulicos, bem como de acordo com dois importantes aspectos construtivos: o adensamento do concreto, que, se incompleto, gera um maior índice de vazios no material, e a cura. Nesta, a evaporação da água provoca uma maior presença de capilares, que permitirão a posterior infiltração, e as fissuras de retração tornam-se portas de acesso para a água e demais substâncias por ela carreadas para dentro do concreto.

Manlouk e Zaniewski (2006) recordam que, com base em estudos passados, o incremento de 0,3 para 0,7 na relação a/c aumenta em mil vezes a permeabilidade do concreto, e que concretos expostos às intempéries (como os pavimentos) devem reter sua relação a/c em até 0,48, enquanto concretos sujeitos à água do mar, no máximo em 0,44.

Quanto à presença de adições minerais muito finas, vale a pena diferenciar os concretos convencionais dos CAD, que, no caso dos pavimentos, têm uma conotação mais voltada para o incremento de resistência. Cervo et al. (2009) estudaram os efeitos de adição de sílica ativa (Fig. 2.23) em concretos com cimento CPV-ARI, apresentando resultados de permeabilidade ao ar, de modo comparativo com concretos convencionais de pavimentação, com cimento CPII-40. Os resultados (Fig. 2.24) apontaram uma redução expressiva da permeabilidade ao ar no CAD. Os autores argumentam que, devido à grande quantidade de ligante hidráulico finamente moído, inclusive com adição de sílica ativa nos CAD, há uma diminuição das dimensões dos poros, bem como uma redução acentuada das cadeias de capilares na estrutura do concreto. Verificaram também que esse fato provavelmente era o causador de aumento na resistência à tração na flexão de concretos tipo CAD saturados.

Estudos realizados em FURNAS (1997) também mostram o aumento da permeabilidade por elevação da relação a/c e pelo aumento do diâmetro máximo do agregado. O ensaio mais comumente empregado é a medida de permeabilidade ao ar estabelecido pelo Cembureau e detalhado na norma RILEM TC-116.

Fig. 2.23 *Ampliação por microscopia dos grãos de cimento comum (A) e de sílica ativa (B) (FHWA, 2005)*

O emprego de ar incorporado no concreto, muito comum em climas temperados – aqui, porém, usado apenas para melhorar a trabalhabilidade de concretos mais secos para pavimentação com máquinas de fôrmas deslizantes –, evidentemente possui implicações com a porosidade do concreto endurecido. Também não se deve esquecer que a hidratação é um processo que se estabiliza após décadas, e que os espaços vazios vão sendo lentamente ocupados pelos cristais hidratados que se encastelam na microestrutura, reduzindo a permeabilidade do concreto.

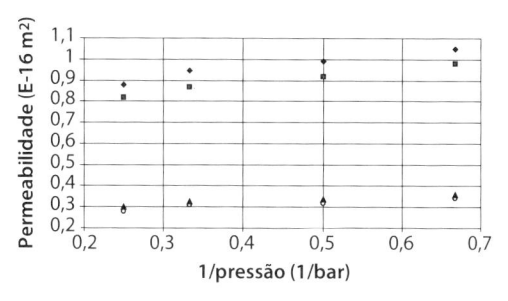

Fig. 2.24 *Permeabilidade de concretos convencionais e de alta resistência (Cervo et al., 2009)*

Concretos muito porosos podem ser o objetivo de uma obra de pavimentação. Nos anos recentes, por pressões de agências ambientais nos EUA, tem crescido a área construída de pavimentos de CCR permeáveis em sua espessura total, entendido que esse tipo de solução só é possível em locais usados por veículos leves. As razões dessa limitação estão associadas ao medíocre comportamento à fadiga de materiais muito porosos e à saturação de camadas granulares e de solos inferiores, o que gera bombeamento de finos e contaminação. É importante pontuar, todavia, que um pavimento permeável poderá ser uma meta a ser atingida em determinados casos bastante específicos.

2.4.7 Expansão térmica do concreto

Os concretos não apresentam suscetibilidades térmicas importantes, como muitos outros materiais de pavimentação que comportam ligantes asfálticos em sua microestrutura. Porém, várias propriedades térmicas dos concretos são importantes, ao menos, conceitual e qualitativamente, para os pavimentos de concreto em placas. Antes de tudo, deve-se ter em mente que a condutividade térmica do concreto é baixa, ou seja, trata-se de um material que apresenta baixa capacidade de conduzir calor dentro de sua estrutura interna, ponto a ponto. Essa má condutividade térmica é acompanhada por uma baixa difusibilidade térmica, ou seja, as mudanças de temperatura na estrutura do material se dão de maneira bastante lenta (algo em torno de 0,005 m^2/hora). Assim, a quantidade de calor necessária para o aumento de uma unidade de temperatura absoluta em uma unidade de massa do material é bastante elevada (cerca de 1.000 J/kg.K). Esse aspecto é de crucial importância para a questão do empenamento do concreto em placas, o que será melhor detalhado no Cap. 3. A NBR 6118 (ABNT, 2003) considera que os efeitos térmicos externos atuam como verdadeiro carregamento nas estruturas, mobilizando assim esforços solicitantes na microestrutura dos concretos. Isso se aplica também aos pavimentos de concreto em placas.

Variação da temperatura na espessura de pavimentos de concreto
No caso do pavimento, ao receber calor em sua superfície (radiação solar e outras possíveis fontes não naturais), esse calor será lentamente transmitido pela profundidade da placa, criando um fluxo diferenciado de aumento de temperatura ao longo dessa espessura que, em geral, não se caracteriza como uma distribuição linear. Esse padrão foi também confirmado em regime tropical, conforme exemplos apresentados na Fig. 2.25.

Balbo e Severi (2002) determinaram valores para gradientes térmicos em placas de concreto de PCS na cidade de São Paulo, para todas as estações climáticas, conforme apresentados sumariamente na Tab. 2.10. Por comparação com duas semanas de medidas de diferenciais

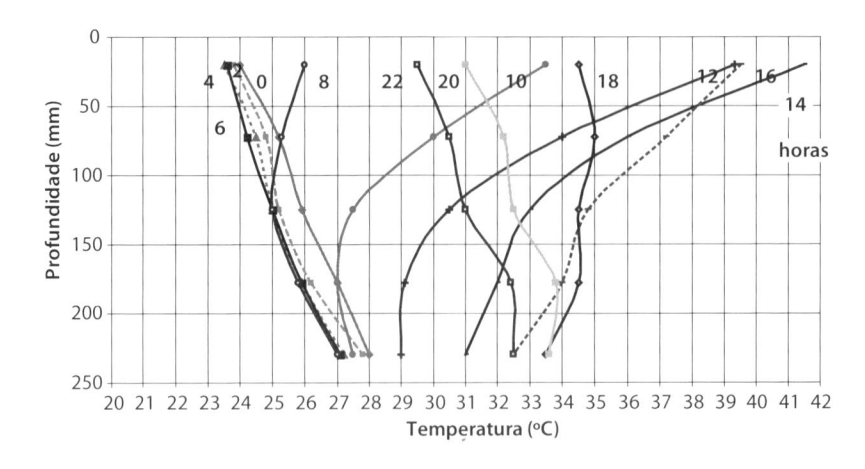

Fig. 2.25 *Amostras de distribuições de temperaturas horárias em placas de concreto em São Paulo (adaptado de Balbo e Severi, 2002)*

térmicos em placas de concreto na Rodovia BR-232, em Jaboatão dos Guararapes (PE), publicados por Marin e Balbo (2004), aparentemente os valores encontrados em São Paulo durante verões seriam aplicáveis também ao Nordeste brasileiro.

TAB. 2.10 VALORES DE TAXA DE INCREMENTO (°C/h) DE TEMPERATURA EM PLACAS DE CONCRETO EM REGIME TROPICAL
(adaptado de Balbo e Severi, 2002)

Estação climática	Espessura de placa (mm)	Taxas crescentes durante manhãs (após 7h)		Taxas decrescentes durante tardes (após 14h)	
		Topo	Fundo	Topo	Fundo
Primavera	150	1,8 a 2,5	1,0	-1,5 a -2,0	-0,5 a -0,8
	250		0,2 a 0,6		-0,2 a -0,5
Verão	150		1,0		-0,5 a -0,8
	250		0,2 a 0,6		-0,2 a -0,5
Outono	150	1,2 a 2,0	0,6 a 0,9	-0,8 a -1,8	-0,2 a -0,5
	250		0,2 a 0,6		-0,2 a -0,5
Inverno	150		0,6 a 0,9		-0,2 a -0,5
	250		0,2 a 0,6		-0,2 a -0,5

Modelos empíricos determinados em pistas instrumentadas no País (Balbo; Severi, 2002) permitem o cálculo preciso do diferencial térmico máximo diurno (DT+) para as seguintes faixas de ajuste de dados: (a) temperatura do ar entre 6ºC e 36ºC; (b) umidade relativa do ar entre 20% e 100%; (c) a velocidade do vento não superava 1 km/h durante todo o ano de levantamento de dados meteorológicos. As equações, em função da estação climática no ano, são apresentadas na Tab. 2.11.

Note que as equações apresentadas prestam-se para o cálculo do diferencial térmico máximo, que ocorre por volta das 15h. O traçado das curvas de aumento e decréscimo diário desse parâmetro pode ser realizado com apoio do uso simultâneo das Tabs. 2.10 e 2.11. Os modelos não foram calibrados para diferenciais térmicos negativos, pois estes mostraram-se pouco relevantes no clima tropical. Nas Figs. 2.26 e 2.27 apresentam-se distribuições de diferenciais térmicos encontrados para a cidade de São Paulo ao longo de dias completos, em que se nota uma grande prevalência de valores positivos ao longo de 365 dias. Há que se observar também que, em qualquer estação do ano, os estudos revelaram que a continuidade de dias quentes implica a ocorrência de diferenciais térmicos positivos também durante as noites, embora de valores pequenos.

TAB. 2.11 EQUAÇÕES PARA CÁLCULO DO DIFERENCIAL TÉRMICO EM PLACAS DE CONCRETO NO BRASIL (Balbo; Severi, 2002)

Estação climática	Temperatura de topo no pico diário (°C)	Diferencial térmico entre topo e fundo no pico diário (°C)
Ano completo	$T_T = -6,0 + 1,0 \cdot Is + 1,37 \cdot T_{ar} + 0,064 \cdot H$	$DT+ = -7,833 + 0,379 \cdot T_T + 0,018 \cdot t + 2,236 \cdot H_f$
Primavera/ verão	$T_T = 11,94 + 1,01 \cdot Is + 0,92 \cdot T_{ar} + 0,03 \cdot H$	$DT+ = -18,83 + 0,542 \cdot T_T + 0,037 \cdot t + 4,165 \cdot H_f$
Outono/ inverno	$T_T = 14,3 + 0,2 \cdot Is + 0,75 \cdot T_{ar} + 0,07 \cdot H$	$DT+ = -6,534 + 0,509 \cdot T_T + 0,013 \cdot t$

T_T: temperatura de topo máxima; Is: número de horas de insolação do nascer do Sol até o pico (15h); T_{ar}: temperatura atmosférica média entre a máxima e a mínima temperatura observada entre 9h e 15h; H: umidade relativa do ar às 15h; H_f: presença de umidade no fundo da placa ($H_f = 1$ se sim; $H_f = 0$ se não); t: espessura da placa (mm)

A AASHTO (1998, 2002) emprega os modelos de cálculo de diferencial térmico para o território dos EUA em função da espessura da placa (t em polegadas), da velocidade do vento (v_v em milhas por hora), da temperatura atmosférica média anual (T_{ar} em graus Fahrenheit) e da precipitação média anual (I_p em polegadas), assim descritos:

$$DT+ = 0,962 - \frac{52,181}{t} + 0,341 \cdot v_v + 0,184 \cdot T_{ar} - 0,00836 \cdot I_p \qquad (2.49)$$

$$DT- = -18,14 - \frac{52,01}{t} + 0,394 \cdot v_v + 0,07 \cdot T_{ar} - 0,00407 \cdot I_p \qquad (2.50)$$

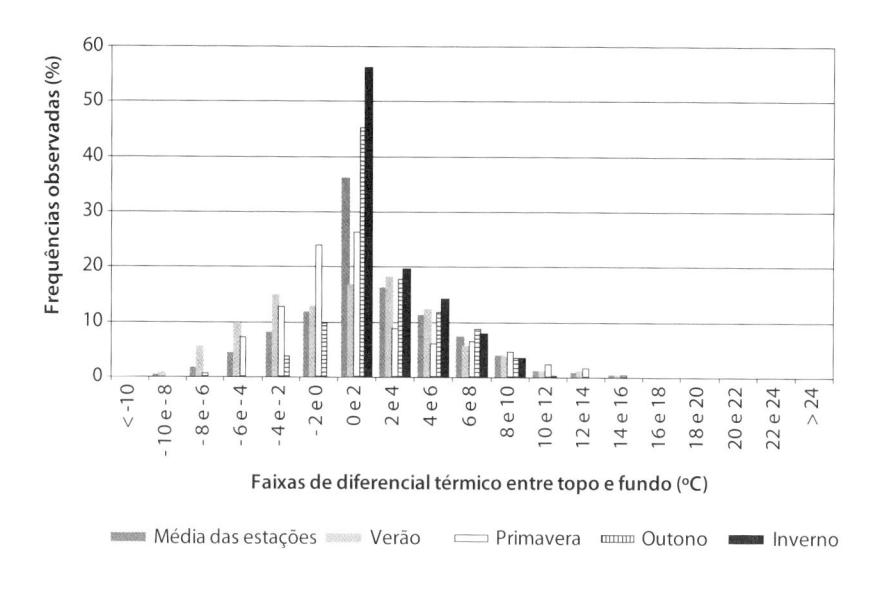

Fig. 2.26 *Frequência de diferenciais térmicos médios em placas de 150 mm durante as estações em São Paulo*

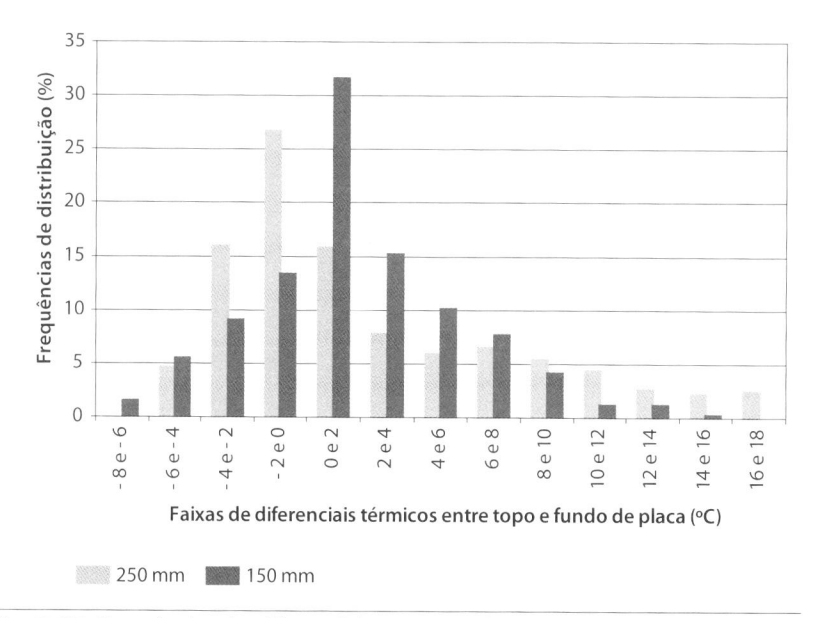

Fig. 2.27 *Frequência de diferenciais térmicos (médias anuais) em placas de 150 mm e 250 mm, em São Paulo*

Na Fig. 2.28 apresenta-se uma comparação gráfica entre as previsões de diferenciais térmicos empregadas pelo método da AASHTO (1998) e por Balbo e Severi (2002), também designada LMP-TT (modelo Termo-Tenso do LMP-EPUSP). Em ambos os modelos, foram simuladas as condições médias para a cidade de São Paulo às 15h, para as referidas estações climáticas. Note-se que o modelo da AASHTO é um modelo médio para o dia.

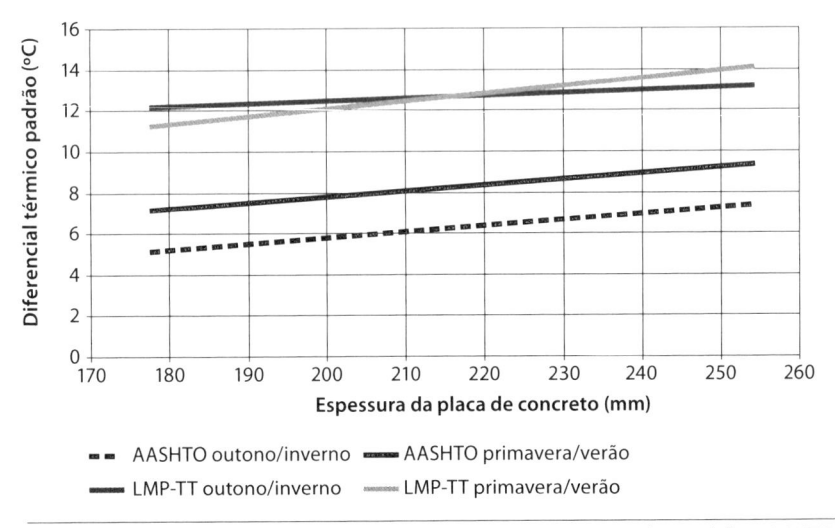

Fig. 2.28 *Comparação entre diferenciais térmicos previstos pelo modelo AASHTO (1998) e o modelo brasileiro de Balbo e Severi (2002)*

Os modelos da AASHTO, também empíricos, evidentemente não devem ser transportados para o clima brasileiro, porque o clima prevalecente nos EUA é o temperado, o que resulta em previsões de diferenciais térmicos sensivelmente inferiores aos que ocorrem no Brasil. O modelo brasileiro permite a determinação dos diferenciais térmicos hora a hora durante os horários em que são positivos, e podem ser empregados valores para os diferenciais noturnos entre 0 e -2°C, em média, sem riscos de subdimensionamento do efeito do empenamento noturno.

O coeficiente de expansão térmica do concreto
Em análise estrutural de placas de pavimentos, a mais importante das propriedades térmicas do concreto é o seu coeficiente de expansão (ou

de contração) térmica (α). A expansão térmica de um material encontra-se associada ao aumento da agitação e movimentação de átomos, em decorrência da elevação da temperatura. A deformação sofrida (ΔL) por um material isotrópico, em uma dada direção, é calculada em função do comprimento da amostra (L) e da variação de temperatura sofrida (na mudança de estado térmico, ΔT), pela equação:

$$\Delta L = \alpha \cdot L \cdot \Delta T \qquad (2.51)$$

Assim, a deformação específica sofrida pelo material, ao expandir-se ou contrair-se, é determinada por:

$$\varepsilon = \frac{\Delta L}{L} = \alpha \cdot \Delta T \qquad (2.52)$$

O valor do coeficiente de expansão térmica do concreto, segundo estudos no Brasil (FURNAS, 1997), varia de 5 a 14 x 10^{-6} °C^{-1}, e a NBR 6118 sugere o emprego de 10^{-5} °C^{-1}. Graça, Bittencourt e Santos (2005) indicam que o valor desse coeficiente pode sofrer alterações em função de muitos itens da dosagem do concreto, principalmente do tipo litológico do agregado empregado, o que demandaria um estudo específico da propriedade para cada tipo de concreto empregado. Além disso, o valor de α não é constante, pois depende da temperatura em que se encontra o material.

Alunghe e Tia (1994) compartilham dessa afirmação especificamente no caso de pavimentos de concreto em placas, mostrando que variações no valor dessa constante têm reflexos importantes nos valores de tensões oriundas do empenamento térmico das placas. Sabe-se também que as condições de umidade do concreto interferem no valor do coeficiente de expansão térmica, o que exige o controle da umidade durante os testes para avaliação da propriedade, conforme procedimento da AASHTO TP60-00. Além disso, Tia et al. (1989), em estudo com agregados do sudeste dos EUA, verificaram notáveis diferenças nos resultados de coeficientes de expansão térmica com diferentes agregados, sendo que agregados aluviais (cascalhos de rios), por exemplo, resultaram em concretos com valores de α 25% superiores aos concretos elaborados com agregado britado de origem calcária.

O valor do coeficiente de expansão térmica é função da composição da mistura de concreto, de seu amadurecimento e de suas condições de umidade (Neville, 1997). Esse parâmetro manifesta-se como resultado da expansão típica sofrida por materiais anidros pela ação de alterações volumétricas de natureza hidrotérmica, em decorrência de deslocamentos microestruturais nos poros capilares e de gel. As pressões de inchamento da massa de concreto resultam da redução da tensão capilar da água na pasta hidratada e na água adsorvida, quando ocorre alteração de temperatura. Portanto, a umidade do concreto tem influência importante no valor desse parâmetro (Tanesi et al., 2007). Na Fig. 2.29 apresentam-se os resultados obtidos para 150 amostras de concretos nos laboratórios da *Federal Highway Administration*.

É necessário ter em mente que, durante sua cura, o concreto enrijece a uma dada temperatura média, que se torna um registro intrínseco em sua natureza. As variações de temperatura ao longo dos períodos concorrerão para a expansão ou a contração térmica do concreto. No caso de expansão, o fenômeno deverá ser controlado, nos pavimentos, com a execução de juntas de expansão previamente determinadas em posições escolhidas na área, em especial no caso de sistemas viários que apresentem duas dimensões importantes, e não apenas uma (como nas rodovias e nos corredores urbanos de ônibus): pátios de indústrias, portos, aeroportos. Em termos de dosagem, já que o coeficiente de expansão térmica poderá ter relações importantes com o desempenho dos pavimentos, para uma mistura mais adequada de concreto, pode-se buscar uma relação mínima entre a tensão máxima induzida pela temperatura (diferencial térmico) e a resistência à tração na flexão do concreto. Este é um assunto ainda pouco investigado em nosso meio.

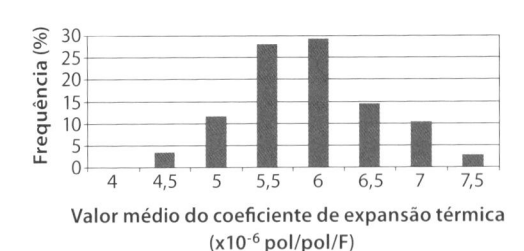

Fig. 2.29 *Valores observados pelo FHWA para concretos de pavimentos (adaptado de Tanesi et al., 2007)*

Valor médio do coeficiente de expansão térmica ($\times 10^{-6}$ pol/pol/F)

2.4.8 Fluência

Entende-se por *fluência* o incremento gradual da deformação ao longo do tempo, sob a ação de carga mantida constante na estrutura. No caso dos concretos, trata-se de uma propriedade que muitas vezes leva décadas para manifestar-se, sendo, portanto, um processo lento, ao contrário de muitos outros materiais de pavimentação. Assim, o concreto tem a vantagem de não manifestar esse fenômeno, responsável por deformações plásticas expressivas em outros materiais de pavimentação.

Outro ponto favorável do concreto com relação à fluência é a dependência que esta tem da rigidez do material, bem como das condições geométricas de carregamento e de sustentação da estrutura. Também aqui deve ser recordada a elevada rigidez dos concretos e o fato de as placas de pavimento estarem, em condições normais, totalmente apoiadas. Em suma, tal propriedade parece não ter sido relevante, nas últimas décadas, para o estudo e a caracterização de concretos para pavimentação, razão pela qual omitiremos aqui um maior detalhamento da questão.

2.4.9 Tenacidade

Por *tenacidade* entende-se a energia necessária para romper o material, ou seja, o produto da força aplicada pelo deslocamento sofrido até o momento da ruptura. Existem várias formas de medir esse parâmetro, embora nenhuma normalização específica esteja disponível no Brasil até o momento. A tenacidade não pode ser confundida com a resistência, pois materiais de baixa resistência poderão apresentar maior tenacidade que materiais de maior resistência.

A tenacidade é um parâmetro importante nas análises e investigações de propagação de fissuras na estrutura interna dos concretos, e ainda mais relevante para o caso de pisos sujeitos a impactos do que propriamente para a caracterização da fissuração dos concretos ao longo do tempo, em fadiga. Todavia, paulatinamente esse tipo de medida passa a ser objeto de investigação, e, em futuro não muito distante, poderá ser incorporada, a princípio, na dosagem de concretos, como também deveria sê-lo a medida do módulo de elasticidade do material.

Balbo (2006), em estudo da tenacidade de misturas de agregados bem graduados com pequena quantidade de pasta de cimento (BGTC com consumo de 80 kg/m^3, Fig. 2.30), observou que esse material, de matriz bastante heterogênea, apresentava abertura de fissura na ruptura final de 1 a 1,5 mm para forças aplicadas bastante baixas (ensaio em tração). Ferreira (2002), estudando concretos de matriz homogênea,

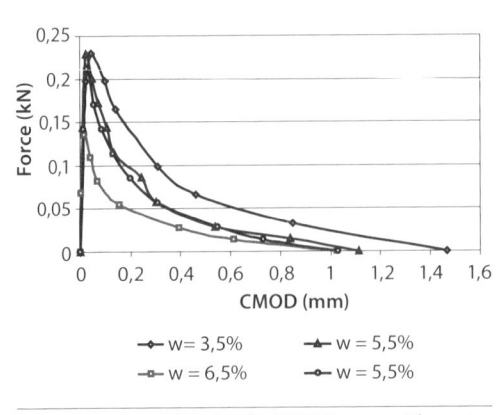

Fig. 2.30 *Tenacidade de BGTC para diferentes umidades de compactação (Balbo, 2007)*

observou que, embora com abertura de fissura na ruptura em modo I, de 0,5 mm, a força nesse instante era cerca de 30 a 40 vezes maior que a verificada para a BGTC, o que denota a pequena energia que rompe este último material. Uma forma de aumento da tenacidade do concreto, isto é, de sua resistência pós-pico de carregamento, é a introdução de fibras de aço na matriz, pois estas atuam como pontes entre zonas da matriz separadas pelas fissuras. Os concretos compactados com rolo apresentam tenacidades próximas aos concretos convencionais e muito superiores às BGTC.

2.4.10 Resistência à abrasão

O desgaste superficial dos concretos por intensa abrasão (atrito a seco) de veículos pesados, como no caso dos pavimentos portuários, aeroportuários e pisos industriais, entre outros, tem-se tornado um dos objetos de estudo de durabilidade e de desempenho dos pavimentos de concreto. De fato, não apenas máquinas sobre esteiras, mas os excessivos esforços horizontais e de giro de pneus pesados sobre as superfícies de concreto provocam esse desgaste, que resulta na perda de argamassa superficial, com exposição de agregados e, nos estágios mais avançados, eventual exposição da armadura de concretos armados.

Os problemas de abrasão podem ainda ser agravados pela possível segregação e exsudação do concreto durante o lançamento e o adensamento (Fig. 2.31). Entre as consequências desse desgaste, os resultados mais frequentes são:

i. perda da textura superficial (ranhuras) do concreto, o que desfavorece a aderência pneu-pavimento;
ii. presença de partículas soltas na superfície, o que pode provocar ingestão de detritos por turbinas de jatos em pátios e pistas de taxiar em aeroportos;

Fig. 2.31 *Abrasão inicial e formação de lamelas por exsudação do concreto*

Fig. 2.32 *Desgaste da argamassa na superfície do pavimento de concreto, com exposição dos agregados*

iii. possível polimento de agregados (Fig. 2.32) na sequência do processo, quando estes não oferecem grande resistência (calcários sedimentares, por exemplo).

Essa questão vem tomando corpo em pesquisas de campo e em laboratório, na busca de meios para contornar o problema, em geral buscando-se conferir maior durabilidade à superfície dos pavimentos de concreto. Um aspecto parece evidente, dentro dos usos tradicionalmente considerados, a exemplo dos PCA, nos quais a presença de armadura de combate aos momentos fletores poderia indicar, do ponto de vista meramente estrutural, o emprego de concretos com f_{ck} entre 18 e 21 MPa, como de fato se deve proceder para um concreto estrutural. Sabe-se, porém, que tais concretos apresentam um consumo de cimento mais baixo, que não proporciona uma boa quantidade de argamassa, nem mesmo após o acabamento superficial, e isso é altamente desfavorável à abrasão. Assim, é de consenso, no meio técnico, que o aumento do consumo de cimento, uma mistura com maior teor de argamassa, até certo limite, proporciona melhorias nesse aspecto. O excesso de argamassa, porém, também é desfavorável à abrasão.

No Brasil, com respeito à abrasão, não existem critérios normativos utilizados comumente em projetos de misturas para pavimentos, algo que, aliás, deve-se buscar mais. Como padrão de medida do desgaste, resta a NBR 12042, que apresenta certa similaridade com o procedimento C779 da American Society for Testing and Materials (ASTM). Todavia, alguns resultados têm sido descritos na literatura técnica, muitas vezes com apoio de pesquisa tecnológica metódica, como é o caso do emprego de fibras de aço – como intuitivamente se imaginava, um material que aumenta a tenacidade do concreto, melhorando o comportamento no caso de impactos. Isso poderia, também intuitivamente, ser levado para o caso da abrasão.

Estudos realizados por Sustersic, Mali e Urbancic (1991) já demonstravam a efetiva contribuição das fibras de aço na melhoria da resistência à abrasão de superfícies de concreto. Os resultados de testes em concretos com relação a/c variando de 0,30 até 0,65, e com o emprego de fibras tipo gancho, mostrou que a adição de fibras melhorou sempre a resistência à abrasão dos concretos, em comparação a traço de referência sem emprego de fibras, com dois diferentes métodos de teste, qualquer que fosse o procedimento de avaliação.

Na dosagem do concreto, com relação à abrasão, sugere-se atenção aos seguintes fatores, que podem cooperar para um melhor desempenho de superfícies acabadas:

i. emprego de concretos compactos, de baixa relação a/c e elevada resistência à compressão;
ii. utilização de agregados de grande dureza e qualidade, como é o caso dos granitos, para evitar o polimento desses componentes superficiais;
iii. estudo de viabilidade do emprego de fibras, mesmo que na parte superior das placas, bem como de outras alternativas de combate à abrasão, como uso de cimentos especiais e avaliação da potencialidade de alguns produtos químicos disponíveis no mercado para o endurecimento da superfície, os quais, em geral, reagem com o hidróxido de cálcio livre nos capilares após as reações de hidratação do ligante hidráulico;
iv. uso de ligantes hidráulicos com propriedades especiais que concedam maior dureza às superfícies, evitando, sempre que possível, a exsudação;
v. cravação de agregados ou de partículas metálicas na superfície do concreto fresco, incorporando-os à superfície nos casos mais críticos de pisos sujeitos a intensa abrasão.

Andrade (2005) recorda que o mecanismo de abrasão na superfície dos concretos se dá por atrito a seco, sendo mais crítico em áreas industriais, pela ação de pesados veículos com rodas de aço ou borracha. Os ensaios de desgaste de superfície são conduzidos sobre amostras do material solicitadas por fricção de disco de ferro fundido, conforme preconizado na NBR 12042 da ABNT. Os ensaios de abrasão também são importantes para os blocos de concreto pré-fabricados utilizados nos pavimentos de concreto intertravados (PBC).

Há abundante literatura sobre as relações entre a resistência à compressão e a resistência à abrasão dos concretos, dadas pela profundidade de desgaste sofrida (mm) durante os testes. Resumidamente, é fato bastante investigado o aumento da resistência à abrasão das amostras em função do incremento do consumo de ligante hidráulico nos concretos, bem como em função da maior resistência à compressão dos agregados. Nogami (1977) fornece alguns valores de resistência de agregados típicos do Estado de São Paulo, que permitem concluir, seguida a regra mencionada, que os diabásios seriam os menos abrasivos, seguidos por granitos e basaltos. Abaixo destes enquadram-se, nesta sequência, os gnaisses, os calcários metamórficos e os calcários sedimentares, sendo os últimos os mais abrasivos. Contudo, nos casos especiais e de responsabilidade, deve-se optar por granitos de elevada resistência à compressão e com abrasão *Los Angeles* inferior a 20% (NBRNM 51).

2.5 Degradação dos concretos — Aspectos especiais

À parte a questão da danificação por fadiga do concreto, que é bastante matizada nos meios rodoviários, existem dois aspectos referentes à degradação do concreto que merecem ser comentados: a reação *álcalis-agregados* (reação AA) e a *biodegradação*. A reação AA, inclusive, exige todos os cuidados na concepção da mistura agregados/ligante hidráulico. No passado, no caso de pavimentos de concreto, pouca relevância era dada a esse fenômeno; contudo, recentes casos rodoviários e aeroportuários evidenciam o problema e apontam para a necessidade de seu controle.

A reação AA constitui reações químicas decorrentes das interações entre sílicas dos agregados, os álcalis (Na_2O e K_2O) contidos nos ligantes hidráulicos: "álcalis ativos, presentes nas soluções contidas nos poros do concreto, entram em contato com certos tipos de agregados que contêm minerais reativos. A reação se processa de forma lenta e complexa e se manifesta por expansão e consequente fissuração, deslocamento e queda de resistência do concreto" (Cesp, 2000). Segundo o comitê de especialistas do Ibracon (2005), "Se o gel estiver confinado pela pasta de cimento, seu inchamento implica a introdução de tensões internas que, eventualmente, podem causar fissuras no concreto".

Ainda segundo a Cesp (2000), a sílica ativa presente em certos tipos de minerais que compõem determinados agregados sofre ataque das soluções alcalinas presentes no concreto, ocasionando a formação de gel expansivo. Esse tipo de problema passou a ser mais relatado na literatura internacional a partir da década de 1970. Os minerais silicosos mais comuns são o opala, a calcedônia, a cristobalita e a tridimita, além de vidros naturais (vulcânicos) que podem ser encontrados em rochas básicas (basaltos, diabásios), em suas variações vítreas e também em vidros artificiais (pirex).

Uma das condições para a existência das soluções alcalinas é a presença de água em abundância e contínua no concreto, algo comum em pavimentos. O resultado das reações, que levam anos para ocorrer, é a fissuração das placas de concreto na forma de um "casco de tartaruga" (Fig. 2.33), com finas fissuras entre as partes, o que denota perda de integridade do concreto. As reações expansivas em grandes áreas pavimentadas implicam também deslocamentos horizontais importantes que afetariam dispositivos de drenagem superficial na bordas das pistas de rolamento, bem como quaisquer estruturas travadas ao pavimento nessas áreas.

No caso de pavimentos, a consequência mais imediata desse processo de degradação é a redução no valor do módulo de elasticidade do concreto e, intuitivamente, a redução de sua resistência à tração na flexão, já que ocorrem fissuras internas. Contudo, após a ocorrência desse fenômeno, nem sempre a solução de manutenção é trivial. Aliás, na prática, o controle

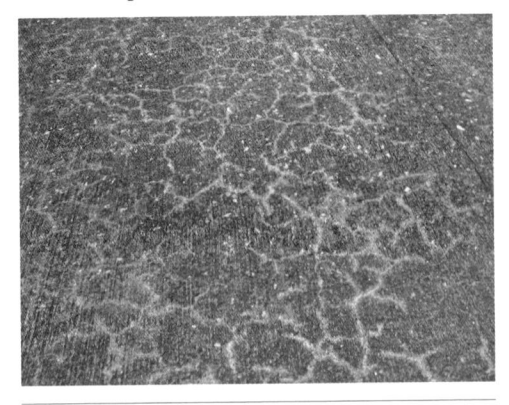

Fig. 2.33 *Reação álcalis-agregados em pavimento de concreto após 25 anos de uso*

da redução do módulo de elasticidade do concreto é impossível, uma vez que a presença de água sobre a superfície, exposta à ação de chuvas, garante a penetração de água para a manutenção das referidas reações. A menos que, preventivamente, bloqueie-se a percolação de águas pelas fissuras, com a colocação de um revestimento novo (em concreto ou mistura asfáltica) sobre o pavimento preexistente. A queda do módulo de elasticidade do concreto implica a alteração da distribuição de pressões sobre camadas inferiores do pavimento (Balbo, 2007), o que, no futuro, terá implicações sobre o desempenho da estrutura do pavimento como um todo.

Na melhor das hipóteses, a potencialidade desse tipo de reação química deve ser considerada antes do início da execução da obra, o que implica verificar a constituição mineralógica dos agregados graúdos e miúdos a serem empregados no local, bem como a fração de álcalis livre no cimento fornecido para as obras. O uso de sais de lítio na mistura do concreto fresco aparentemente auxilia no controle dessas reações, bem como a utilização de ligantes hidráulicos que propiciem reações pozolânicas, como é o caso dos cimentos pozolânicos e das sílicas ativas, que consumiriam esses álcalis. Existem ainda as reações dos tipos álcalis-silicatos e álcalis-carbonatos (em especial quando o agregado é dolomítico), que também devem ser objeto de controle antes da fabricação dos concretos.

Outro fenômeno que apenas mais recentemente tem sido objeto de estudos e avaliações é chamado de *biodegradação* ou *biodeterioração* do concreto. Trata-se, como se percebe, de mecanismo de alteração das propriedades do concreto, sejam estéticas ou mecânicas, por ação de micro-organismos. Silva e Pinheiro (2005) relatam que o concreto é um material biorreceptivo, cujos poros, umidade e mesmo composição química levam micro-organismos a atingirem sua estrutura, o que pode ser deletério para a matriz do concreto (agregados minerais e pasta de cimento).

A julgar pelo tipo de fenômeno e suas condições para ocorrência, é preciso levar em conta que o pavimento de concreto está em constantes ciclos de umedecimento, próximo ou mesmo em contato com os solos (rica fonte de vida biológica), possuindo zonas lindeiras muitas vezes com grande densidade e diversidade vegetal, o que o exporia a uma infinidade de micro-organismos. No Brasil, não há relatos de degradação – pelo menos estrutural e excessiva – de pavimentos de concreto por efeito de ação biológica; porém, o fenômeno é real e digno de consideração, embora bastante complexo.

Recorde-se ainda que, nos PCA, as telas poderão sofrer processo de corrosão, algo que também necessita de controle quanto à especificação do concreto. Esse fenômeno está relacionado à despassivação da armadura, que ocorre quando a profundidade de carbonatação do concreto avança.

2.6 Dosagem dos concretos para pavimentação – princípios gerais e diretrizes racionais

Existem várias formas de dosagem para misturas para preparação de concretos. A mais rudimentar é a empírica, ou seja, um proporcionamento que sabidamente garantirá uma ou mais das propriedades desejadas para os concretos em estado fresco e endurecido. Trata-se da dosagem por "experiência acumulada", sem recorrência a critérios racionais para o estabelecimento da proporção dos componentes do concreto.

Embora a dosagem empírica tenha sido intensamente empregada no passado, resultados insatisfatórios conduziram às primeiras tentativas de organização de critérios organizados e racionais para as misturas de concretos. Helene e Terzian (1992) enumeram os desenvolvimentos realizados nessa área no mundo e apresentam um método bastante organizado, baseado em critério experimental-analítico ou semiexperimental para a dosagem de concretos, que apresenta melhorias importantes em relação a outros critérios experimentais.

Helene (2005), por exemplo, indica que critérios tradicionais – como o do *American Concrete Institute* –, apesar de levarem em conta a busca de distribuição granulométrica ideal e uma otimização da pasta de cimento na mistura, deixam a desejar por não mostrarem interesse significante pela granulometria e finura dos cimentos, que atualmente apresentam inúmeras variações, bem como pelos efeitos destas nas propriedades plásticas dos concretos frescos.

Ao empregar um método de dosagem, mesmo experimental e racional, o engenheiro deve ter em conta que uma dosagem – ou seja, a definição da proporção adequada dos componentes para se obter determinadas características, seja na massa fresca ou endurecida – tem sua validade restrita aos tipos de componentes empregados. Em outras palavras, mesmo que numa mesma obra seja alterado o tipo ou a natureza de um dado agregado ou do cimento fornecido, há necessidade de nova dosagem racional para garantir a obtenção das características esperadas para o concreto utilizado.

O método de dosagem proposto por Helene e Terzian (1992) considera simultaneamente o abatimento desejado para o concreto, ou seja, a necessidade de plasticidade ou trabalhabilidade enquanto fresco, variando-se os teores de argamassa seca na mistura, para a obtenção de uma quantidade mínima de água para o atendimento da consistência e da própria resistência final desejada. O método consiste em uma sequência de procedimentos de proporcionamento de materiais em laboratório, e pode ser assim sistematizado:

ETAPA 1
i. Fixar os agregados, ou seja, suas origens e características (memorando), bem como sua dimensão máxima, definida, em pavimentos de concreto, em função de taxas e cobrimentos de armaduras, e da espessura da placa de concreto.
ii. Fixar o abatimento desejado, que é função do método construtivo a ser empregado (ver Tab. 2.2 como referência).
iii. Fixar a resistência de dosagem a ser atingida (média), que será função da resistência característica de projeto, definida com base em critérios estatísticos e de qualidade do produto fornecido.

ETAPA 2
iv. Determinar, em laboratório, um traço-piloto para o abatimento desejado para o concreto. O traço da mistura de concreto revela a proporção entre os materiais básicos empregados, tomando-se como referência a quantidade de cimento utilizada. Considerando-se as massas (ou peso) de cimento (P_c), de agregados miúdos (P_a), de agregados graúdos (P_p) e de água (P_H), o traço é dado pela seguinte relação entre proporções:

$$\frac{P_c}{P_c} : \frac{P_a}{P_c} : \frac{P_p}{P_c} : \frac{P_H}{P_c} \qquad (2.53)$$

ou

$$1:a:p:a/c \qquad (2.54)$$

onde *a* é a relação entre a massa de agregados miúdos e de cimento; *p* é a relação entre a massa de agregados graúdos e de cimento; e *a/c* é a relação entre a massa de água e a massa de cimento (relação água/cimento). Quanto menores os valores dos parâmetros *a* e *p*, maior a quantidade de cimento na mistura. A soma de *a* e *p* é chamada de massa total de agregados por massa de cimento, e dada por:

$$m = a + p \qquad (2.55)$$

Ainda representando o traço, o teor de argamassa seca no concreto é dado por:

$$\alpha = \frac{1+a}{1+a+p} = \frac{1+a}{1+m} \qquad (2.56)$$

v. Determinado o traço-piloto, varia-se o valor de α, que Helene (2005) sugere ser iniciado no traço piloto com 0,33, incrementando-o de 0,02 em 0,02, para se encontrar visualmente o ponto ideal, manipulando a mistura com colher de pedreiro.

vi. Preparar a mistura completa com água de amassamento, não superando, no caso de pavimentos, uma relação a/c de 0,55 para concretos convencionais ou de 0,4 para CAD, para o abatimento fixado previamente.

ETAPA 3

vii. Na sequência, os traços 1:(m-1) e 1:(m+1) são preparados – para os CAD, Helene (2005) sugere a obtenção dos traços limites 1:(m-0,4) e 1:(m+0,4) –, mantendo-se sempre o valor de abatimento fixado *a priori*, bem como o teor de argamassa igualmente preestabelecido, por meio da variação da relação a/c, o que se faz mantendo-se a relação água-materiais secos (H) constante, conforme abaixo formulada, para assegurar o abatimento constante para uma mesma família de concretos:

$$\alpha = \frac{(a/c)}{1+a+p} = \frac{(a/c)}{1+m} \qquad (2.57)$$

viii. Preparam-se os corpos de prova para medidas de resistências dos traços-limite.

ix. Calcula-se o consumo de cimento (C) de cada um dos traços estudados para a mistura, segundo a fórmula:

$$C = \frac{1000 - ar}{\dfrac{1}{\gamma_c} + \dfrac{a}{\gamma_a} + \dfrac{p}{\gamma_p} + [a/c]} \quad (2.58)$$

onde γ_c é a massa específica do cimento; γ_a é a massa específica do agregado miúdo; γ_p é a massa específica do agregado graúdo; e ar é a porcentagem de ar incorporado na mistura. Na Tab. 2.12 apresentam-se exemplos de traços e os parâmetros de dois concretos diferentes, com o cálculo do consumo de cimento em cada mistura apresentada.

TAB. 2.12 EXEMPLOS DE CÁLCULO DE CONSUMO DE CIMENTO COM BASE NO TRAÇO DO CONCRETO

Parâmetro	Concreto convencional	Concreto de alto desempenho
Traço	1 : 2,11 : 3,68 : 0,55	1 : 1,02 : 2,47 : 0,37
a	2,11	1,02
p	3,68	2,47
a/c	0,55	0,37
g_c (kg/dm³)	3,15	3,15
γ_a (kg/dm³)	2,65	2,65
γ_p (kg/dm³)	2,65	2,65
Ar (%)	2,6	5,0
C (kg/m³)	327	496

ETAPA 4

Com base nos parâmetros obtidos pelos procedimentos relacionados, é possível traçar um diagrama de dosagem, conforme ilustra a Fig. 2.34.

O diagrama de dosagem indica que para cada traço de uma mesma família de concretos (mesmos agregados e tipo de cimento) ocorrem diferentes relações a/c, que levam a diferentes resistências, para um mesmo valor de abatimento pré-fixado. É fácil visualizar que para uma dada resistência (f*) e um dado valor de abatimento pré-fixados, determinam-se o traço m* e o consumo de cimento C*, fixando-se assim as proporções do concreto, tendo em conta três objetivos, portanto: consistência, resistência e custos envolvidos.

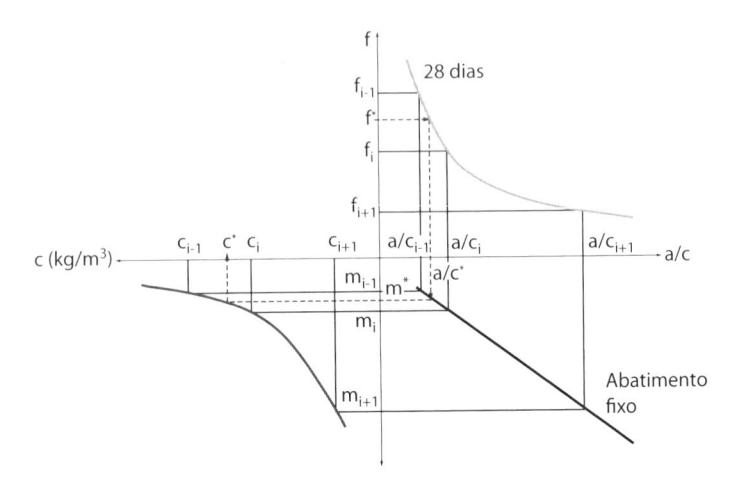

Fig. 2.34 *Diagrama de dosagem segundo o critério de Helene e Terzian (1992)*

Helene e Terzian (1992) apresentam recomendações detalhadas para os procedimentos em laboratório. As recomendações indicadas nas Tabs. 2.13 e 2.14, embora nunca excludentes, são válidas para concretos de pavimentação. A Fig. 2.35 mostra um exemplo de dosagem com o critério indicado, gentilmente cedido por Tatiana Cureau Cervo e Paulo Helene (estudo de 2002, não publicado).

A *resistência de dosagem* do concreto é a resistência – definida com base na resistência característica ou de projeto – para assegurar uma dada condição de que, estatisticamente, considerada uma distribuição normal, apenas 5% das amostras, por exemplo, apresentem valor abaixo do especificado. No caso de resistência à compressão, a resistência média de dosagem ($f_{cmj,d}$), estabelecida pela NBR 6118 da ABNT, para assegurar o valor especificado para $f_{ck,j}$, é calculada pela expressão):

$$f_{cmj,d} = f_{ck,j} + 1{,}65 \cdot s_d \qquad (2.59)$$

TAB. 2.13 RECOMENDAÇÕES PARA DOSAGEM DE ÁGUA E AGREGADOS

Parâmetro	Concreto convencional	CAD	CCR
a/c	0,55 máximo	0,40 máximo	Na umidade ótima de compactação
Distribuição granulométrica	Descontínua ou contínua*	Descontínua ou contínua*	Preferencialmente contínua**

* espera-se menor consumo de cimento para uma mesma resistência
** resulta em concretos com maior peso específico e menor consumo de cimento

TAB. 2.14 PADRÕES COMUNS, NÃO EXCLUDENTES, PARA CONCRETOS EMPREGADOS EM PAVIMENTAÇÃO (BALBO, 2005)

Tipo de pavimento	Resposta estrutural do pavimento	Tipo de CCP empregado	Resistências típicas (MPa)	Observações pertinentes
PCS e WT	Tração na flexão (estádio I)	CCV	$f_{ct,f}$ = 3,8 a 5,1	se WT, liberação rápida desejável
		CCR*	$f_{ct,f}$ = 2,5 a 4,5	difícil colocação de BT; vias de baixa velocidade
PCA e PCPM	Tração na flexão (limite Estádios I e II)	CCV	f_{ck} = 25 a 30	resistência aos esforços horizontais cabe às armaduras
PCAC	Tração na flexão (Estádio I)	CCV	$f_{ct,f}$ = 3,8 a 5,1	sistema não introduzido no País
PCPRO	Compressão e tração na flexão (normais) (limite Estádios I e II)	CCV	$f_{ck} \geq 30$	esforços de tração suportados pelo aço (cordoalha)
WTUD	Tração na flexão e punção (Estádio I)	CAD	$f_{ct,f} \geq 5,5$	liberação rápida indispensável

CCV – concreto convencional em pavimentação que não se trata de CAD;
* opções mais resistentes são possíveis

O desvio padrão para o universo das amostras é definido em função de critérios mais ou menos rigorosos de produção e de controle tecnológico: (a) $s_d = 4{,}0$ MPa se o concreto for preparado com controle por peso e existir assistência tecnológica em sua produção; (b) $s_d = 5{,}5$ MPa se o concreto for preparado com controle por volume de materiais e existir assistência tecnológica em sua produção; (c) $s_d = 7{,}0$ MPa se o concreto for preparado com controle por volume, e na ausência de assistência tecnológica em sua produção.

No caso de CCR, na atualidade, as faixas granulométricas contínuas (bem graduadas), estudadas por Pittman e Ragan (1998), permitem a obtenção de misturas com elevada resistência e mais baixo consumo de cimento. Algumas dessas faixas granulométricas estão indicadas na Fig. 2.36. Na primeira metade do século XX, foi bastante comum, na construção de pavimentos, o uso de concretos convencionais com faixas granulométricas contínuas, como o exemplo apresentado no Cap. 1 para os padrões utilizados nas autoestradas alemãs em concreto, sendo inclusive empregado concreto mais seco do que aqueles a que hoje estamos habituados. Esse antigo conceito, por vezes combatido ou esquecido, tem encontrado eco na dosagem e na construção de novos pavimentos, o que é favorável não apenas quanto aos custos de construção, mas também no combate dos principais problemas

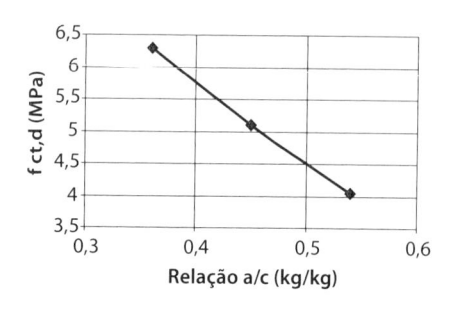

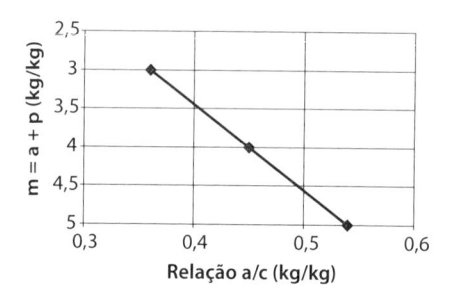

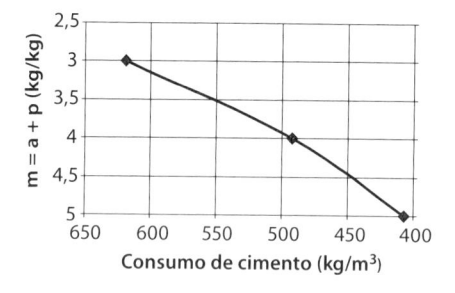

Fig. 2.35 *Diagrama de dosagem de concreto para pavimento (Cervo e Helene, 2002, não publicado)*

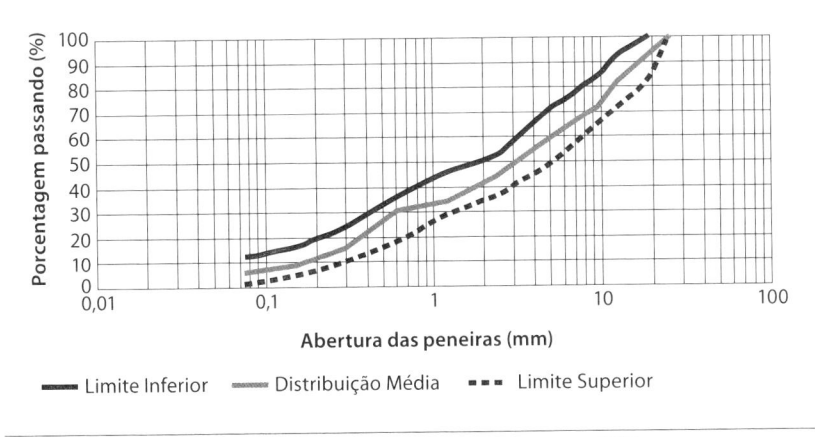

Fig. 2.36 *Curvas granulométricas de Pitman e Ragan para CCR*

construtivos que por vezes ocorrem nos pavimentos de concreto simples: a retração plástica e a retração por secagem.

No caso dos CCR, a dosagem para a definição de faixas granulométricas e de consumo de cimento para as misturas deve seguir a tecnologia de compactação de solos e agregados (naturais ou modificados com ligantes hidráulicos). O procedimento básico é:

i. fixar a faixa de distribuição granulométrica, preferencialmente contínua, com base nos agregados disponíveis no local (ou região) da obra viária;
ii. preparar o ensaio de compactação do material, com acréscimos de 0,5 a 1 ponto porcentual de água em peso para as amostras com umidade crescente. Para referência, esse ensaio poderá ser realizado na energia normal, para consumos de ligantes hidráulicos acima de 180 kg/m^3, e na energia modificada, para consumos abaixo de 120 kg/m^3. Essas condições ideais poderão ser predefinidas com ensaios de compactação preliminares, com o cimento incorporado aos agregados;
iii. determinada a umidade ótima de compactação, preparar amostras para ensaios de tração (por compressão diametral ou em flexão), com os consumos de ligante hidráulico variando de 10 em 10 pontos, por exemplo;
iv. após o rompimento dos corpos de prova na data especificada, traçar a curva resistência *versus* consumo do ligante, e utilizar essa curva mestra para a definição final do consumo adequado para uma resistência especificada em projeto.

Para CCR com curva granulométrica bem graduada (contínua), a experiência recente (Ricci; Balbo, 2008; Mugayar et al., 2009; Pinto et al., 2009; Sachet et al., 2009) tem mostrado que, para misturas a serem empregadas em bases de pavimentos compostos ou de concreto, valores de resistência à tração na flexão próximos de 2 a 2,5 MPa são atingidos com consumos de cimento entre 95 e 125 kg/m³, sendo este último valor para concretos com agregados reciclados de demolição. Note bem que o consumo de 85 kg/m³ é típico de BGTC, as quais, no entanto, dada sua porosidade, apresentam baixa resistência estática ($f_{ct,f} \leq 1$ MPa) e à fadiga, comparadas aos CCR convencionais. Ainda no campo de CCR com faixa granulométrica contínua, Abreu (2002) apresentou resultados alentadores de como obter misturas com elevadas resistências à tração na flexão (aos 28 dias), comparáveis ou mais altas que as de concretos convencionais para pavimentação, e isso com menor consumo de cimento e compactação na energia normal (Tab. 2.15).

TAB. 2.15 RESISTÊNCIAS PARA CCR COM ELEVADO CONSUMO DE LIGANTES HIDRÁULICOS

Resistência à tração na flexão (MPa)	Tipo / consumo de cimento
$f_{ct,f}$ = 5,5	CP-II / 300 kg/m³
$f_{ct,f}$ = 6,5	CP-III / 300 kg/m³
$f_{ct,f}$ = 5,5	CP-V / 250 kg/m³
$f_{ct,f}$ = 6,5	CP-V / 300 kg/m³
$f_{ct,f}$ = 6,6	CP-V / 350 kg/m³
$f_{ct,f}$ = 7,6	CP-V / 400 kg/m³

2.7 Lançamento do concreto – Tecnologias para grandes volumes

Embora os pavimentos de concreto sejam, até hoje, muitas vezes executados com o lançamento do concreto em fôrmas lateralmente dispostas para conter a massa fresca e com o emprego de agulhas de vibração ou de réguas vibratórias para dar acabamento superficial preliminar à superfície, a partir de meados da década de 1950, as grandes obras passaram a contar com a tecnologia das pavimentadoras com fôrmas deslizantes. Essa tecnologia consiste no lançamento da massa de concreto fresco sobre o segmento desejado, e um equipamento vibratório (conjunto de agulhas) com fôrmas laterais móveis avança sobre a massa, distribuindo-a e fazendo sua necessária conformação geométrica.

Essa tecnologia (ilustrada na Fig. 2.37) acabou por exigir o emprego de usinas dosadoras-misturadoras de grande produção horária de concreto, pois a velocidade de execução é bastante grande (pelo menos 1 m a cada dois minutos), o que requer um abastecimento de concreto constante e em grande volume para evitar parada do equipamento (duas faixas de rolamento com largura de 7,2 m e espessura de 0,23 m levam a 100 m^3/h, equivalentes a 20 caminhões-betoneira de 5 m^3 de capacidade).

Fig. 2.37 *(A) usina dosadora-misturadora e carregamento de caminhão basculante com 8 m^3; (B) equipamento distribuidor preliminar do concreto fresco; (C) pavimentadora de fôrmas deslizantes e serviços de desempenamento manual após conformação da massa; (D) distribuidora lateral de massa fresca à frente da pavimentadora; (E) espargimento automatizado de película protetora de cura sobre o concreto; (F) aplicação de selante de junta extrudado após limpeza da junta (fotos extraídas de <www.tfhrc.gov>)*

Em muitas obras, antes da vibração pelas pavimentadoras de fôrmas deslizantes, realiza-se a distribuição do concreto por um equipamento exclusivo para isso, que facilita bastante o trabalho e o andamento das pavimentadoras.

O uso de barras e telas de aço nos pavimentos veio a exigir o emprego de distribuidoras ou lançadoras laterais de concreto, pela impossibilidade de caminhões basculantes trafegarem sobre a pista a ser imediatamente pavimentada. Isso não se aplica quando as barras de ligação e de transferência de carga são inseridas automaticamente pela própria pavimentadora (Fig. 2.38). Serviços como o desempenamento da superfície do concreto após a conformação e a vibração podem ser feitos com equipamentos automatizados e depois complementados manualmente. A aplicação de película de cura química sobre a superfície também é feita por equipamento rodante especializado.

Outra tecnologia em franco crescimento são os sistemas *screed laser*, que permitem o lançamento da massa fresca de concreto por meios tradicionais, e uma régua vibratória, controlada por operador a distância, faz o acabamento com grande precisão, no que tange à espessura do pavimento e ao desempenamento da superfície. Tais equipamentos são muito utilizados em áreas onde é difícil o acesso de outros tipos de equipamentos (as pavimentadoras de fôrmas deslizantes são

Fig. 2.38 *(A) equipamento acoplado à pavimentadora para inserção automática de barras nas juntas; (B) lançamento do concreto com caminhões basculantes em frente à pavimentadora, permitido pela inserção automática de barras no concreto fresco (obras da BR-101/PE em 2007, conduzidas pelo Exército Brasileiro)*

muito grandes) e onde se deseja uma velocidade de execução da obra bem diferenciada dos sistemas convencionais com fôrmas laterais. A Fig. 2.39 apresenta algumas imagens desse equipamento.

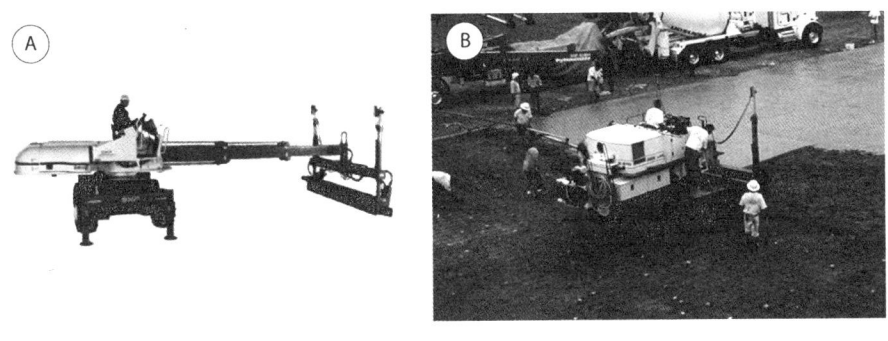

Fig.2.39 *(A) vista do equipamento* screed laser *(www.somero.com); (B) equipamento operando sobre pavimento com telas soldadas (www.cleanlineconcrete.com); (C) execução de acabamento superficial (www.somero.com); (D) aplicação do equipamento em área extensa e com rapidez construtiva (www.somero.com)*

No caso de CCR, a melhor tecnologia para lançamento do material em pista é o emprego de vibroacabadoras, que propiciam uma distribuição uniforme em termos de espessura e de pré-acabamento superficial antes da rolagem. Isso não impede o emprego de distribuidoras de agregados, ou, na pior das hipóteses, o espalhamento com motoniveladoras. Este último processo, porém, muitas vezes impõe desuniformidades no acabamento, devido à passagem dos pneus da própria motoniveladora sobre a camada por ela mesma espalhada e não compactada ao ponto de suportar seu próprio peso. Rolos de pneus de pressão controlável e rolos metálicos vibratórios são empregados sequencialmente para a compactação do material.

2.8 Cura dos concretos

A cura de concretos influencia muito nas suas propriedades, em especial na sua durabilidade, sob diversos aspectos. Um concreto que recebe cura inadequada poderá apresentar, entre ouras perdas, menores resistências mecânicas (incluindo a resistência à abrasão). A perda excessiva de água pode, inclusive, resultar em hidratação inadequada dos componentes cimentícios na mistura, ainda que os concretos em geral possuam quantidade de água de amassamento superior às necessidades de hidratação dos compostos de cimentos. A escolha do método de cura depende, no limite, do emprego final que se fará do concreto, embora também dependa dos equipamentos de execução do concreto, do seu volume e das condições climáticas durante os serviços de concretagem.

Os métodos tradicionais para a cura de concretos de pavimentos são a cobertura da superfície acabada com mantas umedecidas periodicamente, ou o emprego de produtos que, espargidos sobre a superfície do concreto, resultem em membrana impermeável que combata a evaporação da água. Muitas vezes, visando ao ganho de características ideais do concreto, ambos os métodos são combinados. Em muitos casos também, emprega-se apenas o segundo do método, especialmente em obras rodoviárias rurais.

Os procedimentos de cura do concreto são fundamentais no combate à retração plástica e de secagem, bem como para o adequado ganho de resistência. Neste último caso, como já se indicou, a garantia de continuidade das reações de hidratação do concreto se dá pela preservação da umidade no material. A perda de água nos concretos, durante sua cura, é influenciada por fatores como temperatura externa, umidade relativa do ar e ventos, entre outros.

A perda de água superficial por evaporação, como visto, mantém estreita ligação com o fenômeno da retração plástica nos concretos. De acordo com Kosmatka et al. (2004), precauções mais rígidas são necessárias quando a taxa de evaporação excede 1 kg/m^2/h, e valores inferiores a esse são ainda mais preocupantes, no caso de emprego de cimentos com muita pozolana ou sílica ativa. Os autores sugerem o uso de tendas de proteção contra insolação e ventos (como se fazia no passado, na Europa, conforme apresentado no Cap. 1), bem como a proteção do concreto com lonas plásticas entre o seu lançamento e o seu acabamento final.

Aconselham também evitar atrasos entre o lançamento e o acabamento, e colocar a massa de concreto o mais rapidamente possível em processo de cura. Segundo o FHWA (2006), taxas superiores a 0,25 kg/m²/h já representam problemas para pavimentos executados com equipamentos de fôrmas deslizantes.

A taxa de evaporação do concreto em função de condições climáticas é tradicionalmente calculada com base na carta do *American Concrete Institute* (ACI, 1997), conforme adaptação apresentada na Fig. 2.40. A *Portland Cement Association* (PCA, 2002) recomenda medidas de precaução para taxas de evaporação superiores a 1 kg/m²/h, como corta-ventos, a fim de se evitar retração plástica na mistura durante dias quentes. Afirma ainda que cimentos pozolânicos ou com sílica ativa como adições minerais podem resultar em retração plástica com taxas de evaporação ainda inferiores, de 0,5 kg/m²/h e 0,25 kg/m²/h, respectivamente. O nomograma da Fig. 2.40 pode ser resolvido pela equação (FHWA, 2006):

(2.60)
$$ER = 4{,}88 \cdot \left[0{,}1113 + 0{,}04224 \cdot \frac{WS}{0{,}447} \right] \cdot \left(0{,}0443 \cdot e^{(0{,}0302 \cdot (CT \cdot 1{,}8) + 32)} \right) - \left[\left(\frac{RH}{100} \right) \cdot e^{(0{,}0302 \cdot (AT \cdot 1{,}8) + 32)} \right]$$

onde ER é a taxa de evaporação (kg/m²/h); WS é a velocidade do vento (m/s); CT é a temperatura do concreto (°C); AT é a temperatura atmosférica (em °C, a 1,5 m acima da superfície); e RH é a umidade relativa do ar (%).

Recomenda-se a cura úmida logo nas primeiras horas e, em épocas quentes, por todo o período de endurecimento, usando-se mantas têxteis de proteção. No caso proibitivo de constante molhagem da superfície, as alternativas são: aplicação de membrana superficial de retenção da evaporação, espargida sobre o concreto fresco após o seu acabamento; uso de plástico reflexivo de calor; uso de papel de cura; proteção da superfície acabada contra sol e ventos. No caso de cura por aplicação de membrana protetora, convém fazê-lo apenas 24 horas após o emprego da cura úmida inicial, inclusive para, durante a serragem de juntas, não se remover tal película, o que, de fato, pode ocorrer, conforme ilustrado na Fig. 2.41.

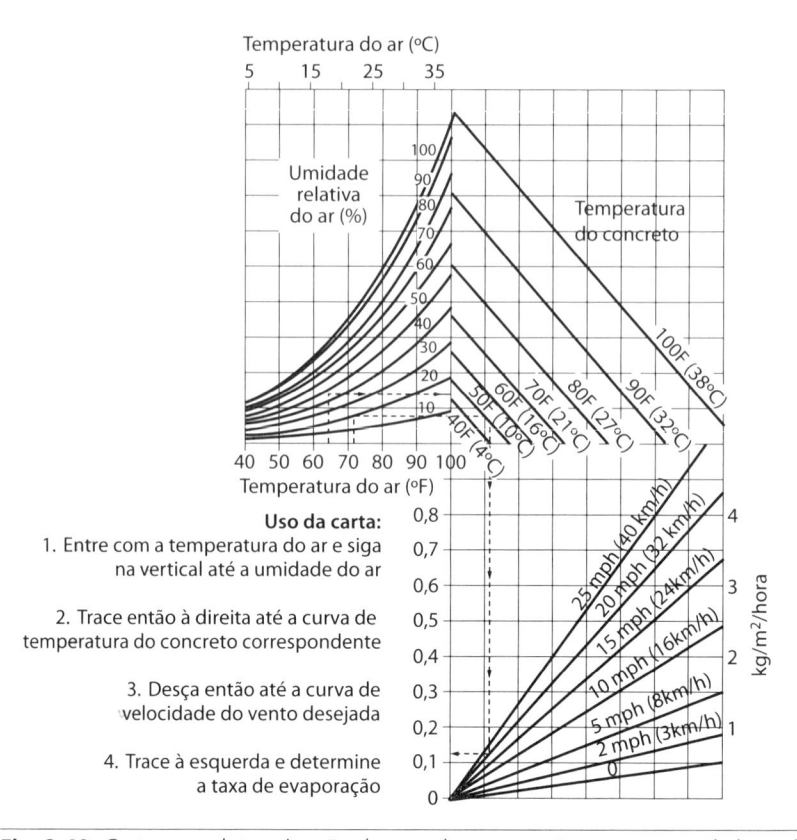

Fig. 2.40 *Carta para determinação da taxa de evaporação no concreto (adaptado de ACI, 1997)*

A cura mais adequada, a ser definida para cada tipo de concreto e obra, será aquela capaz de minimizar a evaporação superficial da água (que causa tensões em meniscos nos poros e gera fissuras ditas de retração plástica) nas primeiras idades (primeiros dois dias após o lançamento do concreto), evitar a secagem da massa de concreto e a ocorrência das indesejadas fissuras de retração hidráulica fora de posições preestabelecidas (juntas serradas), garantindo o ganho de resistência e de módulo de elasticidade determinados em projeto para o pavimento. Evidentemente, períodos de maior umidade relativa do ar (como noites) e uso de redutores de evaporação nas misturas são práticas que favorecem a cura inicial, visando à redução de retração plástica. Os controladores de evaporação, que são emulsões que formam películas sobre a superfície do concreto, reduzem a taxa de evaporação, mas podem requerer várias aplicações periódicas, dependendo das condições climáticas.

Fig. 2.41 *(A) membrana de cura com falhas (gentileza da eng.ª Valéria J. F. Ganassali); (B) cura com manta umedecida; (C) remoção da membrana de cura durante serragem; (D) aplicação irregular da membrana de cura*

O umedecimento da superfície de pavimentos de concreto durante as primeiras 24 horas após seu acabamento, no caso de concretos convencionais, tem-se mostrado bastante eficiente no combate à retração plástica durante períodos quentes e secos, muito mais críticos para a cura do que épocas com temperaturas moderadas e maior umidade do ar. Isso pode ser melhorado ainda mais com o uso de tendas de proteção contra ventos e radiação solar direta. No caso de CAD para pavimentos, a experiência, ainda que limitada no Brasil, mostrou que o umedecimento como meio de cura, durante 72 horas, resultou também favoravelmente. Se a cura não puder ser estendida após esses períodos, a proteção da superfície será obrigatória, empregando-se papel de cura, lençóis plásticos refletores de calor ou, ainda, membranas de cura espargidas uniformemente sobre a superfície acabada do concreto. É sempre conveniente, em função das condições climáticas locais, o teste de produtos formadores de membrana sobre a superfície dos pavimentos, para avaliação de sua eficiência e especificação final.

As membranas de cura têm a função de reter a água dentro da massa de concreto, mas é necessária a sua correta aplicação sobre a superfície, para evitar áreas não tratadas, o que depende da habilidade do operador do serviço de espargimento. Diversas especificações americanas (FHWA, 2006) tratam do assunto, com a exigência, para um bom desempenho do serviço, de limitar-se a taxa de evaporação entre 0,25 e 0,55 kg/m^2/h, dependendo da especificação. Tais valores de controle foram consolidados há várias décadas. O tempo de secagem da membrana de cura também deve ser controlado, para evitar sua lavagem por chuvas. Além disso, a fração de sólidos no líquido de cura é objeto de controle, a fim de garantir a taxa de evaporação máxima desejada. Como são filmes antiaderentes, devem ser posteriormente removidos para a execução da sinalização horizontal (pintura) sobre o pavimento. A taxa de aplicação superficial depende da viscosidade do produto de cura, o que tem implicações no escorregamento sobre a superfície do pavimento.

Os prazos de cura normalmente adotados para pavimentos são 3 dias (CCV) e 7 dias (CAD). O *American Concrete Institute* (ACI, 1997) recomenda 3, 7 e 14 dias para concretos com cimentos tipo III, I e II, respectivamente, e 7 dias para concretos de pavimentos. Levy e Helene (2004) afirmam que, para peças mais espessas de concreto, as condições de manutenção da umidade são favoráveis para a garantia da hidratação adequada do cimento. No caso de pavimentos de concreto, em que as relações a/c são geralmente limitadas em 0,5, os autores concluem que 3 dias de cura seriam suficientes, sendo apenas necessária uma extensão para 5 dias, se for usado cimento CPIII-AF-32. Também indicam correções em função da agressividade do ambiente e, em particular, da geometria da peça de concreto, que, no caso de placas, seria delgada e exigiria incremento de 20% nos tempos de cura mencionados.

2.9 Acabamento superficial - Texturização

A questão da macrotextura superficial é importante em diversos aspectos operacionais dos pavimentos, em termos de qualidade e segurança de rolamento de veículos. A textura mantém estritas relações com aspectos como o ruído, a aderência pneu-pavimento, as vibrações e também o *spray* de veículos sobre para-brisas de outros veículos. É, portanto, como nos pavimentos asfálticos, uma questão recorrente em segurança viária.

Até o início dos anos 1960, era muito comum a técnica de ranhura da superfície do concreto fresco com vassouras de náilon duro, de fios de aço, ou mesmo, no Brasil, de material natural como a piaçava. A partir daquela época, com o incremento do tráfego, principalmente em rodovias americanas e europeias, procurou-se enfrentar a questão com outros tipos de acabamento, com destaque para o *grooving*, que consiste na texturização com um conjunto de ranhuras executado por equipamento apropriado sobre o concreto fresco.

No Brasil, não existe pesquisa muito sistemática sobre o tema do acabamento superficial; não há nem mesmo exigências claras de agências viárias, a maioria delas ainda omissa quanto a esse aspecto, em termos normativos. Da experiência de observação da textura realizada sobre a superfície de pavimento de concreto em parada de ônibus, no *campus* da USP, área evidentemente de frenagem, pôde-se notar que após cerca de dois anos, a textura criada sobre o concreto fresco com o uso de vassoura apresentou intenso desgaste superficial, sendo parcialmente consumida. Tal observação vai ao encontro das observações descritas por Lees e Maynard (1988).

Na Fig. 2.42 apresentam-se as diferenças visuais entre texturas obtidas por vassouras e por *grooving* sobre o concreto fresco. A segunda técnica aparentemente resulta em uma superfície que gera mais ruídos; contudo, uma vez que o aspecto essencial da textura é criar uma microdrenagem superficial, além de facilitar a ruptura da lâmina d'água quando da pressão aplicada pelo pneu, evitando a aquaplanagem, esse elemento construtivo deverá ser obrigatório nos pavimentos de concreto, bem como apresentar a durabilidade desejável.

Fig. 2.42 *(A) texturização com vassoura de piaçava; (B) e com pente metálico ou* grooving

Outras soluções, de uso mais incomum, são possíveis para a garantia de uma textura adequada do ponto de vista da segurança de rolamento: (i) espalhamento e cravação sobre a superfície do concreto fresco com agregados intermediários ou mais graúdos, muito resistentes à abrasão; (ii) uso de lavagem ácida sobre a superfície do concreto, para exposição dos próprios agregados da mistura; (iii) vassouramento mecânico da superfície do concreto algumas horas após seu lançamento, para retirada de argamassa superficial e exposição dos agregados. Em todos esses casos obter-se-ia uma superfície bastante aderente, com possível aumento do nível de ruído de rolamento.

O conceito de textura de pavimentos está indubitavelmente atrelado à segurança de rolamento dos veículos, em especial em períodos de chuva, quando aumenta a possibilidade de perda de aderência pneu-pavimento por presença de lâmina d'água (aquaplanagem). No Brasil, até os dias atuais, as técnicas empregadas restringem-se à texturização com vassouras de piaçava e, em particular, ao *grooving* da superfície ainda em estado plástico do concreto. Essa aparente limitação acaba por colocar essa tecnologia construtiva em patamar inferior à dos concretos asfálticos, que possuem misturas abertas (chamadas de camada porosa de atrito) e também misturas densas, porém com superfície com agregados graúdos mais expostos. Ambas as técnicas são empregadas há décadas em pavimentação em concreto, especialmente na Europa. A Fig. 2.43 apresenta ilustrações de concretos permeáveis e de concretos com agregados expostos.

Os concretos permeáveis são obtidos com o lançamento de uma camada superficial de concreto em seguida ao lançamento do concreto

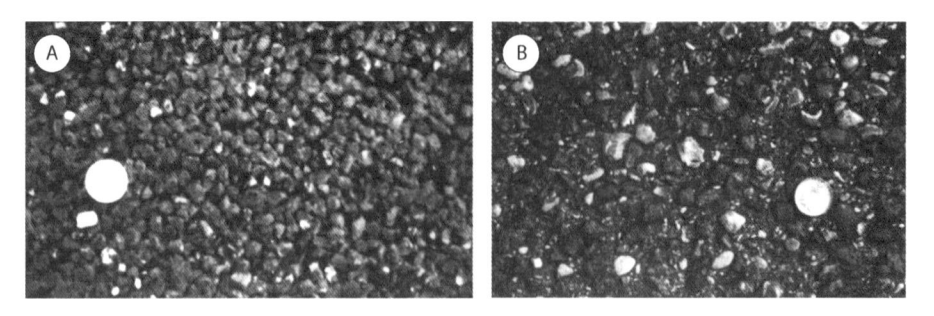

Fig. 2.43 *(A) superfície de concreto permeável; (B) e de concreto com agregados expostos (gentileza do prof. Willy Wilk)*

convencional, o que exige duas pavimentadoras em *tandem*. Essa camada superficial (em zona de compressão das placas de concreto) é dosada com distribuição granulométrica descontínua, com expressiva redução no volume de finos, o que resulta em material permeável (drenante). Os concretos com agregados expostos na superfície, por sua vez, são elaborados com uma varrição úmida e enérgica da superfície do concreto poucas horas após a pega, permitindo a exposição dos agregados. No primeiro caso, o concreto permeável escoa a água superficial lateralmente para fora do pavimento; no segundo, as pontas de agregados expostos permitem a ruptura de lâminas d'água entre pneus e superfície, melhorando muito a aderência e evitando a aquaplanagem.

2.10 Aços nos pavimentos de concreto

2.10.1 Características gerais e normativas das barras de aço

Os aços para construção civil são produzidos com ligas ferro-carbono, laminados a quente ou conformados a frio, sendo que, neste último caso, o metal torna-se mais duro, mais resistente e menos dúctil. Os aços laminados a quente possuem um patamar de escoamento bem definido (onde o material passa a deformar-se plasticamente sem aumento de tensão), com posterior ganho de resistência, e o processo de encruamento a frio impede a existência dessa característica (patamar do diagrama tensão-deformação). Nesse caso, a norma brasileira (NBR 7480) indica, como valor de resistência de escoamento, a tensão correspondente a uma deformação plástica de 0,2%. Uma característica tecnológica importante nos aços é que, embora possam apresentar resistências muito diferentes, seu módulo de elasticidade é bastante similar.

Os aços para concreto armado CA-25 e CA-50 apresentam o patamar de escoamento característico, enquanto os aços CA-60, encruados a frio, não apresentam esse patamar. Na realidade, o encruamento é um processo que aumenta a resistência do aço. Na nomenclatura adotada, CA refere-se ao concreto armado e 25, por exemplo, à sua resistência, que é de 250 MPa. As barras de aço são denominadas vergalhões.

Os aços para o concreto protendido (CP) apresentam características bastante diferentes dos aços para concreto armado, e entre as principais estão sua resistência, sua ductilidade e sua relaxação, resultando em produtos de qualidade superior. O teor de carbono na liga é superior, além de haver um maior controle sobre elementos e substâncias "impuras" nos processos de fundição. Os aços laminados atingem 1.000 MPa de resistência, e após a trefilação essa resistência aumenta até 2.100 MPa. A NBR 7483 estabelece os padrões desses aços fabricados no País.

2.10.2 Fibras de aço

Segundo Figueiredo (2005), o uso de fibras em matrizes de concretos é uma maneira de melhorar as características da mistura endurecida, por sua forte fragilidade e pequena resistência à tração. As fibras são produzidas a partir de vários produtos, e as mais utilizadas em concretos são as de polipropileno e as de aço.

As fibras de aço apresentam elevado módulo de elasticidade e elevada resistência à tração, enquanto as de polipropileno apresentam baixos valores para ambos os parâmetros, considerado o aço como referência. Dessa forma, o emprego de fibras de polipropileno para o aumento da resistência à tração do material exigiria teores muito elevados, o que tornaria a mistura imprópria em termos econômicos, conforme o caso, também técnicos. Em alguns trabalhos, as fibras de polipropileno e de polietileno são mencionadas como controladoras de retração plástica nos concretos de pavimentação (Tanesi, 1999; Ramakrishnan, 1997).

Ao se utilizar fibras de grande capacidade de deformação (ductilidade), como as fibras de aço, geralmente o que se pretende é estabelecer pontes de transmissão de esforços entre áreas do concreto interfaceadas por fissuras, dado que a matriz do concreto sofreria a fissuração antes da ruptura da fibra de aço propriamente dita. Ter-se-ia, nessas condições, um concreto que, quando fissurado, ainda resguardaria certa capacidade de deformação garantida pela presença das fibras, o que, na realidade, implica um ganho de tenacidade para o material, ou seja, um aumento da capacidade de deformação pós-pico (após ruptura) do concreto, normalmente medida por meio de ensaios de fratura (força *versus* abertura de fissura).

Esse ganho de tenacidade pode atuar de diversas maneiras no controle da fissuração do concreto. Primeiramente, o material seria mais adequado para situações em que vibrações e impactos fossem predominantes; também, em situações de necessidade de melhoria na tenacidade superficial dos concretos de pavimentos, como no combate à abrasão de rodas muito pesadas.

As fibras de aço normalmente apresentam ganchos em suas extremidades, que cumprirão o papel de ancorá-las em meio à matriz do concreto endurecido (Fig. 2.44). Em geral, para a melhoria da tenacidade, a fibra deverá ter comprimento de 2,5 vezes o diâmetro máximo do agregado, garantindo com isso boa ancoragem entre ao menos dois grãos graúdos. Assim, para um concreto com agregado de diâmetro máximo de 19 mm, empregam-se fibras metálicas de 50 mm.

Fig. 2.44 *Padrões mais comuns de fibras de aço*

O fator de forma (FF) de uma fibra é definido pela relação entre seu comprimento (mm) e seu diâmetro (mm). FF inferiores a 50 são considerados baixos, e os superiores a 70, altos. Em geral, a garantia de tenacidade adequada pauta-se pelo emprego de fibras com FF intermediários. FF elevados apresentam consequências para a trabalhabilidade dos concretos e resultam em afloramento de fibras na superfície do pavimento, que passa a apresentar uma aparência não convencional. Portanto, o uso de fibras de aço com fio trefilado e FF 60 é comum na experiência com pavimentos.

O concreto reforçado com fibra de aço (CRFA) não poderá apresentar sua fratura final no momento da ruptura da matriz, o que se garante pelo emprego de um teor mínimo de fibras, dado pela relação entre a resistência à tração da matriz (no caso dos pavimentos, resistência à tração na flexão) e a resistência à tração da fibra de aço. Assim, fibras especificadas com resistência mínima de 1.000 MPa, em pavimentos de concreto simples com $f_{ct,f}$ = 4,5 MPa, devem apresentar teor mínimo de fibras, na porcentagem entre tais resistências, portanto, de 0,45%. Ou seja, o teor seria de 35,5 kg/m³ de concreto.

A tenacidade em flexão de CRFA para pavimentos pode ser aferida conforme o ensaio definido pela *Japan Society of Civil Engineers* (Figueiredo, 2005). A técnica consiste em medir a área do diagrama carga x deflexão (energia), sendo a deflexão medida no centro do vão de amostra de CRFA prismática durante o ensaio, e a área, limitada verticalmente pela deflexão correspondente a 1/150 do valor do vão da vigota de ensaio.

Um aspecto importante com relação ao emprego das fibras, quaisquer que sejam suas naturezas, é sua interferência na perda de consistência (trabalhabilidade) do concreto fresco. Ceccato (1998), ao investigar esse efeito em decorrência da adição de fibras de aço com diferentes FF, verificou que para FF 60 e teor de fibras no concreto inferior a 40 kg/m³, praticamente não há perda de abatimento no tronco de cone. Valores elevados de FF em combinação com teores maiores de fibras implicaram uma expressiva queda de consistência.

2.10.3 Telas soldadas para armaduras resistentes e de retração

O emprego de armaduras nos pavimentos de concreto não é realizado apenas se houver necessidade de controle de fissuração de retração, como no caso dos pavimentos de concreto com armadura contínua (PCAC). Os pavimentos de concreto armado possuem armaduras de combate aos momentos fletores impostos por cargas de veículos e ambientais.

Modernamente, a colocação de malhas de barras longitudinais e transversais em pavimentos armados, quaisquer que sejam suas finalidades, se dá pelo emprego de telas nervuradas, fabricadas com barras de aço CA-60, soldadas industrialmente e fornecidas para as obras de concreto armado na forma de rolos (para fios de pequeno diâmetro) e de painéis, com malhas quadradas ou retangulares (Fig. 2.45). A Tab. 2.16 apresenta alguns dos padrões de malhas quadradas fabricados no Brasil.

A decisão pelo emprego de telas soldadas quadradas ou retangulares, com espaçamentos variados ou com possível diferenciação entre a área de armadura por metro linear, em direções diferentes, baseia-se no projeto estrutural, que depende de diversos fatores, como será abordado em detalhes no Cap. 3. Recorde-se que em telas de aço soldadas pode ocorrer despassivação das armaduras durante seu uso, e, com relação aos pavimentos armados, dependendo do ambiente em que forem inseridos (p.ex. regiões costeiras ou ambientes sujeitos à ação de substâncias deletérias como sulfatos e outras), deve-se refletir antecipadamente sobre o tipo de concreto a ser empregado, sua permeabilidade etc., pois os concretos não estão sujeitos apenas à degradação por fadiga.

Fig. 2.45 Tela de aço nervurada para aplicação em pavimentação (www.gerdau.com.br)

Tab. 2.16 Características de telas soldadas com malhas quadradas em painéis (ABNT, 1990)

Aço CA-60		Espaço entre fios (cm)		Diâmetro (mm)		Seções (cm²/m)		Dimensões (m)		Peso	
Série	Desig.	Long.	Transv.	Long.	Transv.	Long.	Transv.	Larg.	Comp.	kg/m²	kg/peça
92	Q-92	15	15	4,2	4,2	0,92	0,92	2,45	6,00	1,48	21,8
138	Q-138	10	10	4,2	4,2	1,38	1,38	2,45	6,00	2,20	32,3
159	Q-159	10	10	4,5	4,5	1,59	1,59	2,45	6,00	2,52	37,0
196	Q-196	10	10	5,0	5,0	1,96	1,96	2,45	6,00	3,11	45,7
246	Q-246	10	10	5,6	5,6	2,46	2,46	2,45	6,00	3,91	57,5
283	Q-283	10	10	6,0	6,0	2,83	2,83	2,45	6,00	4,48	65,9
335	Q-335	15	15	8,0	8,0	3,35	3,35	2,45	6,00	5,37	78,9
396	Q-396	10	10	7,1	7,1	3,96	3,96	2,45	6,00	6,28	92,3
503	Q-503	10	10	8,0	8,0	5,03	5,03	2,45	6,00	7,97	117,2
636	Q-636	10	10	9,0	9,0	6,36	6,36	2,45	6,00	10,09	148,3
785	Q-785	10	10	10,0	10,0	7,85	7,85	2,45	6,00	12,46	183,2

2.10.4 Barras de transferência de carga em juntas

As barras de transferência de carga (BT) recebem tal nomenclatura pela ação que exercem nas proximidades de juntas transversais (ou longitudinais) quando da aproximação das cargas dos veículos (Quadro 2.5). Além disso, sua presença cria uma ancoragem entre placas que atua favoravelmente ao combate solidário de efeitos de empenamento das placas de concreto.

QUADRO 2.5 COMPORTAMENTO DAS JUNTAS NA AUSÊNCIA E NA PRESENÇA DE BT

Condição da junta transversal	Representação esquemática	Descrição dos eventos
Serrada, sem BT		Com a aproximação da carga sobre a junta, inicia-se o efeito de transmissão de esforços de uma placa para a próxima, por cisalhamento nas interfaces da fissura transversal, em contato entre si. Essa transmissão não se dá com a máxima eficiência
Serrada, sem BT		No decorrer do uso do pavimento, a eficiência da transmissão de esforços entre placas, por atrito na interface fissurada comum, vai diminuindo. Inicia-se então um processo de escalonamento entre placas, que implica o esborcinamento (quebra) dos cantos superiores de juntas
Serrada, com BT		A presença de BT na junta transversal garante uma eficiência de transferência de carga, especialmente por força cortante, entre ambas as placas
Serrada, com BT		O sistema desloca-se conjuntamente, com deflexões semelhantes em ambas as extremidades da junta transversal, em mecanismo que apresenta muito melhor desempenho e durabilidade

Existem vários procedimentos para fixação dessas BT nas posições adequadas (Fig. 2.46), que são sempre aquelas onde há cortes de juntas de contração ou onde ocorrem juntas construtivas. Todavia, é fundamental ter em mente que, qualquer que seja o método de colocação, mesmo que a imersão automática por pavimentadoras de fôrmas deslizantes, as BT devem estar posicionadas corretamente: a meia altura da placa (ou pouco abaixo; acima poderá ocorrer esmagamento do concreto com o momento atuante na barra) e alinhadas paralelamente à superfície (e fundo) da placa, sob risco de mau funcionamento do sistema (Fig. 2.47).

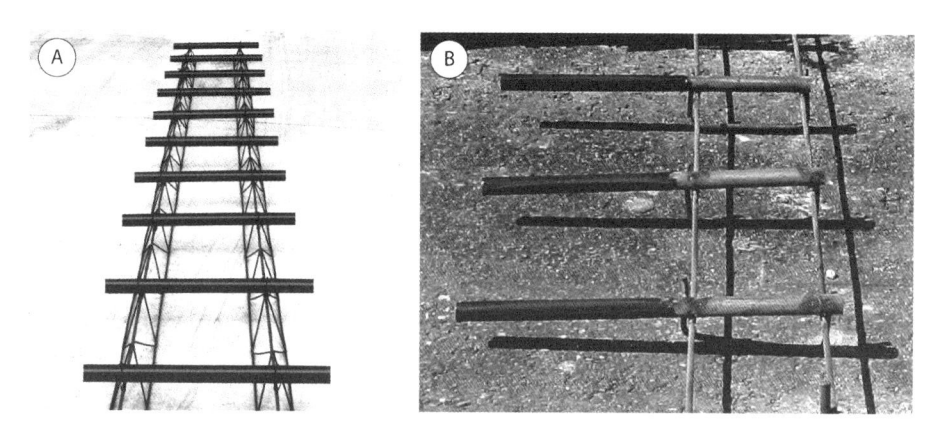

Fig. 2.46 *(A) barras de transferência corretamente alinhadas; (B) barras não alinhadas horizontalmente sobre diferentes dispositivos de fixação*

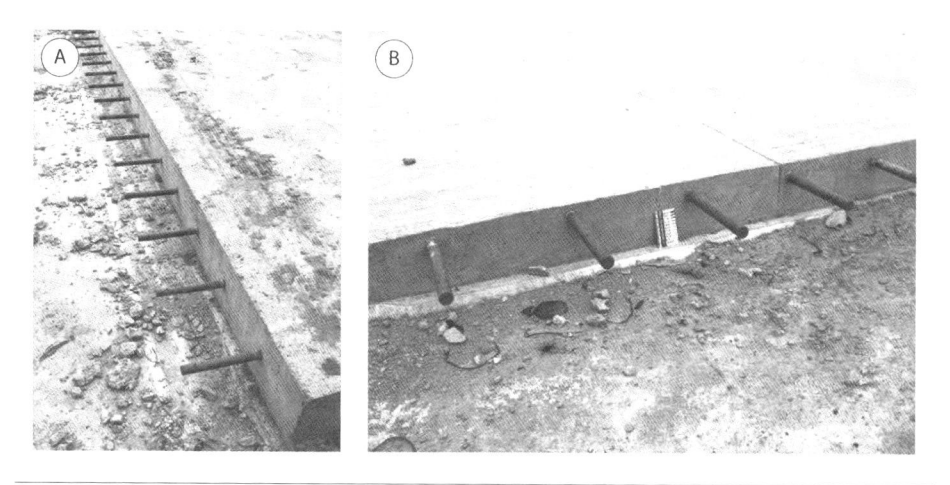

Fig. 2.47 *(A) barras de transferência corretamente posicionadas na junta; (B) e malposicionadas*

Para áreas com tráfego não direcional, aleatório ou com direções diagonais de cargas em movimento sobre as placas de concreto, recomenda-se o emprego de BT em todas as juntas, transversais ou longitudinais – neste último caso, preferencialmente a simples barras de ligação. No Brasil, é comum a produção de BT nos diâmetros de 12,5 mm, 16 mm, 20 mm, 25 mm e 32 mm.

O aço empregado em BT é o CA-25, liso, para permitir futuras movimentações relativas entre a massa de concreto e as barras. Para tanto, as BT nas juntas de contração necessitam ter metade de seu comprimento não aderido, o que permite a movimentação do dispositivo sem esforços no concreto em sua periferia (caso contrário, poderia resultar em fissuras transversais fora das juntas, paralelamente a elas, nas extremidades das barras). Para garantir tal movimentação não solidária, é necessária a lubrificação de metade do comprimento da BT.

Essa exigência, por outro lado, não permitirá a desejada passivação do aço nesse envoltório, já que a metade lubrificada da BT não estará aderida ao concreto. Em razão disso, recomenda-se a pintura dessa metade da BT antes de sua lubrificação, para evitar a oxidação na superfície das barras nessa região. No Quadro 2.6 apresentam-se alguns dos problemas ocasionados por uma execução inadequada de tais dispositivos. Esses aspectos têm extrema importância no desempenho em curto prazo de pavimentos de concreto com juntas de contração.

A junta de contração deverá ser serrada em um período adequado após o lançamento do concreto, em termos de antecipação do aumento de esforços de retração na massa em processo de secagem, o que varia caso a caso, em função de fatores como tipo de concreto, de agregados, tipo e consumo de cimento, além da relação a/c, como já visto. Nas obras de maior responsabilidade, essas questões, para as quais não existe juízo universalmente aplicável, normalmente exigem a consideração dos seguintes procedimentos mínimos: (i) determinação do tempo de retração pela elaboração de painéis experimentais; (ii) determinação do tempo adequado para avanço de equipamento de corte sobre a placa sem danificação do concreto, como afundamento ou quebras de extremidades de juntas durante a serragem.

Nos pavimentos de concreto moldados *in situ*, as questões referentes à disposição de BT e ao controle de serragem de juntas são muito mais críticas, em linhas gerais, do que o próprio controle de dosagem e de resistência do concreto. A razão é relativamente simples: enquanto o controle tecnológico da resistência do concreto é um processo com bases racionais e estatísticas, o controle global do processo construtivo das juntas de contração é de natureza fortemente empírica, alterando-se obra a obra. Isso exige cuidados redobrados, experiência e boas práticas de avaliação experimental em engenharia.

QUADRO 2.6 FALHAS DE ENGRAXAMENTO E DE POSICIONAMENTO DA BT E SUAS CONSEQUÊNCIAS

Condição de colocação da BT	Representação esquemática	Consequências
Horizontal, metade engraxada	Junta transversal de contração / Barra de transferência de carga 1/2 engraxada / Placa / Base / Sub-base / Subleito	Quando ocorre contração ou expansão no concreto endurecido, há mobilidade da barra dentro de uma placa de concreto, por não estar aderida a ele. Isso implica o deslocamento livre de metade da BT, que é o funcionamento almejado
Horizontal, sem engraxar	Junta transversal de contração / Barra de transferência não engraxada / Placa / Base / Sub-base / Subleito	Se a barra encontra-se na posição horizontal (correta), mas não teve sua metade engraxada, significa aderência de ambos os lados da junta. Em caso de contração, isso poderá implicar a fissura da placa na extremidade da barra, ou seja, a BT não cumpre seus propósitos
Fora de posição, mesmo engraxada	Junta transversal de contração / Barra de transferência de carga mal posicionada / Placa / Base / Sub-base / Subleito	Embora com sua metade engraxada, a BT encontra-se fora do plano horizontal. Isso implica esforços em ambos os lados do concreto, e a BT não se desloca livremente. Assim, ocorrerá fissura em uma extremidade da BT e ela não servirá mais a seus propósitos

Além disso, tolerâncias obscuras no controle de resistência podem ter efeitos em médio ou longo prazo na durabilidade do pavimento, enquanto falhas na execução de juntas implicam imperfeições (ainda que de natureza estética apenas) e subsequente degradação em curto prazo. Em outras palavras, os processos de retração no concreto, que devem ser controlados de modo estrito, são inevitáveis; as fissuras em juntas, chamadas de *fissuras induzidas* por serem forçadas, devem ocorrer nos locais especificados, a saber, na zona da junta serrada, onde há BT preparada para agir como elemento controlador dos deslocamentos após a ocorrência dessas fissuras. Notam-se os problemas gerados em pavimentos em que as fissuras de retração ocorrem fora do local programado (Quadro 2.7).

Outra questão que permeia a execução e a finalização das juntas é o seu fechamento após o tempo decorrido de secagem e endurecimento do concreto, quando a retração de secagem tenha cedido. Durante muitos

Quadro 2.7 Acertos e falhas relacionadas a fissuras de retração por secagem

Condição de corte da junta	Representação esquemática	Consequências
Serragem executada no tempo adequado	Junta serrada (corte de indução) h/4 a h/3	Fissura de retração localizada na zona central da BT, abaixo do corte realizado, conforme programado
Serragem em atraso	Junta serrada (corte de indução) h/4 a h/3 — Fissura de retração descontrolada	A fissura ocorre aleatoriamente, em posição transversal à placa e paralela à junta serrada em atraso. Não haverá uma BT na posição da fissura e, portanto, a BT instalada não servirá para seu propósito
Serragem em profundidade aquém da desejada	Junta serrada (corte de indução) inferior a h/4 a h/3 — Fissura de retração descontrolada	A fissura ocorre aleatoriamente, em posição transversal à placa e paralela à junta serrada em atraso, e a BT não serve para seus propósitos. Espessura insuficiente não gera na junta a concentração necessária de deformações de retração no concreto

anos, após a serragem de indução de fissuras (que era executada com disco de serra diamantada com espessura de poucas unidades de milímetros), para finalização do processo de selagem, aguardava-se o término do endurecimento da massa e executava-se uma serragem posterior, que causava uma abertura maior e superficial na junta (Fig. 2.48). Criava-se assim um depósito de selante, de maior abertura.

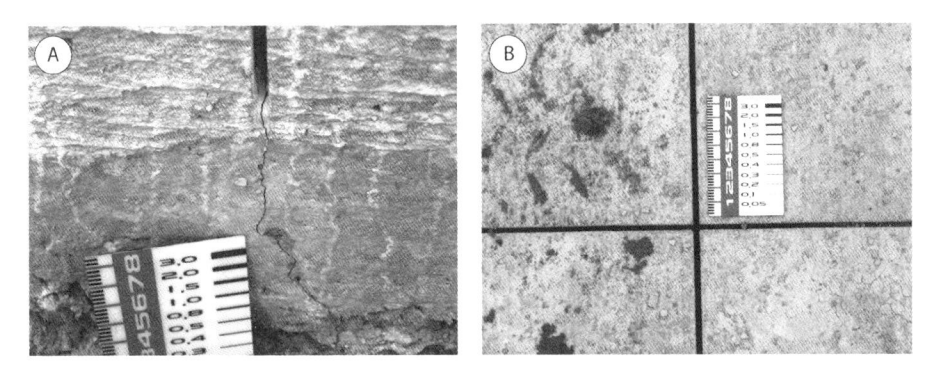

Fig. 2.48 *(A) fissura induzida; (B) aberturas das juntas serradas após o segundo corte (alargamento)*

Muito se discutiu no exterior, nas últimas duas décadas, sobre a conveniência de tal procedimento, para o qual não se encontra um consenso entre os técnicos. Alguns defendem – e efetivamente já foi executada no Brasil – somente a limpeza da junta inicial com ar comprimido, para a remoção de partículas sólidas, e a subsequente aplicação de selante líquido à base de silicone. Os defensores desse procedimento baseiam-se em dois argumentos: economia de execução e desvantagens de procedimento contrário (serragem posterior de depósito de selante), em termos de evitar futuros esborcinamentos (pequenas quebras) nas bordas dessas juntas, o que poderia aumentar o nível de ruído durante o rolamento do veículo e mesmo evoluir para algum desconforto de rolamento.

De qualquer maneira, quando prevalece a execução de corte de abertura complementar, a limpeza ainda é necessária, bem como o bloqueio da parte inferior do corte (com corda de sisal ou equivalente) para posterior selagem, que poderia empregar vários produtos mais densos, como másticas asfálticos e mesmo sólidos, juntas de borrachas mais duráveis e mesmo produtos à base de silicone. As questões de fundo que alguns argumentam contra o sistema antigo é que gera maior manutenção e permite maior infiltração de águas pluviais pelas juntas. Como não há estudos sistematizados sobre o assunto no País, torna-se difícil uma tomada de posição mais crítica em relação a ambos os sistemas.

Em termos do moderno e do antiquado, alguns pontos são certos: atualmente não se empregam bordas espessadas de placas; as BT são dispositivos que incrementam a durabilidade dos pavimentos, combatem mais eficientemente o empenamento das placas e proporcionam um desempenho mais estável com relação ao conforto de rolamento ao longo dos anos. Com base nesses conhecimentos, parece-nos imprescindível o emprego das BT, mesmo para placas sobre bases cimentadas.

Como se abordará no Cap. 3, as BT são passíveis de cálculo estrutural, levando em consideração suas respostas em cisalhamento e flexão. Na prática de projetos, contudo, em certos métodos são predeterminadas as características das BT a serem empregadas. Na Tab. 2.17, por exemplo, indicam-se as recomendações da *Federal Aviation Administration* (FAA, 2002) quanto às dimensões das BT e seu espaçamento nas juntas de pavimentos de aeroportos. A Tab. 2.18 apresenta as recomendações do Departamento de Transportes do Estado do Tennessee para rodovias em concreto com relação a diâmetros e ao desalinhamento de barras.

2.10.5 Barras de ligação em juntas longitudinais

As barras de ligação (BL) são empregadas quando não existe necessidade de BT nas juntas longitudinais, o que normalmente ocorre quando o fluxo de veículos é canalizado, como no caso rodoviário. Elas empregam aços nervurados para manter fortemente atadas ou unidas as placas dispostas lado a lado na pista de rolamento. Ao contrário das BT, as BL devem estar plenamente aderidas ao concreto, e sua função será evitar a movimentação transversal de uma placa em relação a outra; portanto, não são pintadas nem engraxadas. Elas são dispostas a meia altura da placa de concreto.

Essas barras podem ser inseridas lateralmente (Fig. 2.49) em juntas construtivas ou nas extremidades laterais de pistas de concreto, manual ou automaticamente, por equipamentos de pavimentação mais modernos. Elas também são fixadas manualmente quando dispostas em

TAB. 2.17 PADRÕES PARA BARRAS DE TRANSFERÊNCIA DE CARGA EM PAVIMENTOS DE AEROPORTOS (FAA, 2009)

Espessura da placa (mm)	Diâmetro da BT (mm)	Comprimento da BT (mm)	Espaçamento entre BT (mm)
150-180	20	460	305
190-310	25	480	305
320-410	30	510	380
420-510	40	510	460
520-610	50	610	460

TAB. 2.18 PADRÕES PARA BARRAS DE TRANSFERÊNCIA DE CARGA EM PAVIMENTOS RODOVIÁRIOS (www.tdot.state.tn.us)

Espessura da placa (mm)	Diâmetro da BT (mm)	Observações gerais sobre as BT
230	32	Espaçamento entre centros: 305 mm
250	32	Comprimento: 460 mm
280	35	Desvio máximo da extremidade da barra, vertical ou lateral: 6 mm
310	38	
330	41	Deslocamento adiante ou atrás da extremidade da barra: 25 mm
360	45	

Fig. 2.49 *(A) barras de ligação regularmente alinhadas; (B) barras desalinhadas horizontalmente (gentileza da eng.ª Valéria J. F. Ganassali)*

juntas de contração longitudinais serradas, previamente ao lançamento do concreto, o que exige dispositivo de apoio para sua perfeita horizontalidade. A Tab. 2.19 relaciona alguns vergalhões produzidos no Brasil,

TAB. 2.19 AÇOS CA-50 E CA-60 PARA CORTE DE BARRAS DE LIGAÇÃO (vergalhões – NBR 7480)

Diâmetro nominal (mm)	Aço CA-50	Aço CA-60
	Massa nominal (kg)	
4,2	–	0,109
5,0	–	0,154
6,0	–	0,222
6,3	0,245	–
7,0	–	0,302
8,0	0,395	0,395
9,5	–	0,558
10,0	0,617	–
12,5	0,963	–
16,0	1,578	–
20,0	2,466	–
25,0	3,853	–
32,0	6,313	–
40,0	9,865	–

empregados para o corte das BL, cujos diâmetro e comprimento serão determinados em função de esforços de retração e de tensões de aderência entre o aço e o concreto, respectivamente (ver Cap. 3). Placas com espessuras de 200 a 300 mm comumente empregam BL com comprimento de 760 mm, diâmetro de 10 mm, distantes 460 mm entre si (deve-se analisar caso a caso, sempre).

2.10.6 **Cordoalhas para protensão**
Uma importante característica dos aços para protensão é sua relaxação, que depende inclusive da temperatura de moldagem de concretos. Assim, além da resistência das cordoalhas, formadas pelo entrelace de fios de aço específicos para o concreto protendido, seu processo de controle de qualidade exige a verificação da relaxação máxima do conjunto. Na Tab. 2.20 apresentam-se algumas características básicas dessas cordoalhas, de acordo com a NBR 7483, que exige, para todos os casos mostrados, alongamento máximo total na ruptura de 3,5% e relaxação máxima de 3,5% após mil horas.

Os sistemas de protensão normalmente estão associados ao processo de produção do concreto protendido. Quando a produção é pré-moldada, normalmente se emprega o sistema de pré-tensão, em que as cordoalhas ou barras são colocadas no molde e esticadas, para a posterior concretagem; após o concreto atingir a resistência especificada, as barras são soltas, causando esforço de compressão na peça. Com a pós-tensão, normalmente utilizada quando as placas são concretadas *in loco*, é necessário esperar o concreto ganhar a resistência desejada, para depois proceder à aplicação de protensão com auxílio de macacos hidráulicos, seguida de ancoragem da extremidade protendida.

Tab. 2.20 Aços para concreto protendido em cordoalhas (NBR 7483)

Número de fios	Categoria	Designação	Diâmetro nominal (mm)	Carga de ruptura mínima (kN)
3	RB 190	CP 190 RB 3 x 3,0	6,5	40,8
		CP 190 RB 3 x 3,5	7,6	57
		CP 190 RB 3 x 4,0	8,8	71,4
		CP 190 RB 3 x 4,5	9,6	87,7
		CP 190 RB 3 x 5,0	11,1	124,8
	RB 210	CP 210 RB 3 x 3,0	6,5	45,1
		CP 210 RB 3 x 3,5	7,6	63
		CP 210 RB 3 x 4,0	8,8	78,9
		CP 210 RB 3 x 4,5	9,6	96,9
		CP 210 RB 3 x 5,0	11,1	137,9
7	RB 190	CP 190 RB 9,5	9,5	104,3
		CP 190 RB 12,7	12,7	187,3
		CP 190 RB 15,2	15,2	265,8
	RB 210	CP 210 RB 9,5	9,5	115,3
		CP 210 RB 12,7	12,7	207
		CP 210 RB 15,2	15,2	293,8

2.11 Recomendações atuais sobre o uso de juntas

2.11.1 Tipos mais comuns de juntas

A Fig. 2.50 apresenta os dois tipos de juntas mais utilizados em pavimentos de concreto: as juntas de contração e as juntas de expansão. No caso de outro tipo, as juntas de construção, a fissura não é induzida, pois a separação é natural; apenas há necessidade de selagem superficial dessa junta, o que muitas vezes é precedido por uma pequena serragem para abertura de um depósito para selante.

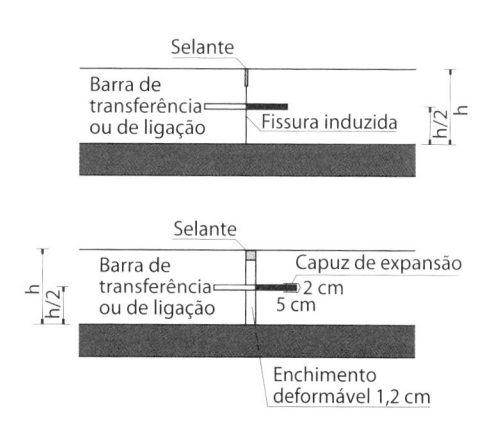

Fig. 2.50 Principais tipos de juntas em pavimentos de concreto

No passado recente, no Brasil – mas não no exterior –, ainda eram utilizadas as juntas tipo "macho-fêmea", que exigiam maiores cuidados com detalhes construtivos. Esse tipo de junta foi abandonado, inclusive por questões baseadas em pontos de excessivas tensões, como falhas ou protuberâncias no concreto. Modernamente são empregadas juntas de contração (retração) transversais e longitudinais, juntas de isolação e juntas de expansão.

As juntas de isolação têm a função de permitir que a placa de concreto se movimente horizontalmente sem entrar em contato com partes de estruturas nas extremidades, como pilares, torres etc., para não lhes causar dano. Seu sistema construtivo é basicamente semelhante às juntas de expansão. No entorno sobretudo de pilares e torres, recomenda-se sempre, preferencialmente, a execução de uma caixa de isolação, que é um perímetro e área sem placa de concreto, com enchimento de materiais de pavimentação flexíveis, como bases em brita graduada simples (BGS) e revestimentos asfálticos.

O caso das juntas de expansão é mais complexo, e a *American Concrete Pavement Association* (ACPA, 1992) praticamente as recomenda apenas quando as placas são muito longas (acima de 18 m), ou a construção ocorre em baixas temperaturas (inferiores a 4ºC), quando há possibilidade de deposição, ao longo do tempo, de material incompressível nas juntas de contração existentes, ou, ainda, quando o pavimento é construído com materiais que apresentam histórico de expansão. A ACPA aparentemente vê como uma possível fonte de insucessos o uso dessas juntas fora das situações mencionadas. Portanto, aconselha-se sempre a consulta a material especializado, para o detalhamento desses elementos fundamentais ao bom desempenho dos pavimentos de concreto.

As juntas de contração devem ser serradas a pelo menos um quarto da espessura da placa, e não mais que a um terço dessa espessura. A abertura máxima dessas juntas deverá ser em torno de 6 mm, e o selante deverá ser colocado, após limpeza da junta com ar comprimido, sobre uma corda (de sisal ou material mais resistente à umidade) previamente encaixada dentro da junta serrada. Um possível detalhe desse depósito de selante é apresentado na Fig. 2.51. A selagem poderá ser executada, alternativamente, com selantes pré-moldados disponíveis para essa função.

2.11.2 Tempo de serragem e sua profundidade em juntas de contração

Existem duas formas de serragem da junta de contração: (i) a tradicional, ou seja, quando a resistência superficial do concreto já permite o movimento do equipamento de corte e esse corte é realizado sem esborcinamentos; (ii) o corte verde, ou seja, com o concreto ainda mais fresco, técnica que exige equipamento mais leve. A profundidade do corte normalmente recomendada, no sistema tradicional, é de um quarto da espessura da placa, no mínimo, embora se recomende o corte de um terço da espessura nos casos de juntas longitudinais, de pavimentos rodoviários e em todos os pavimentos sobre base cimentada (ACPA, 1991).

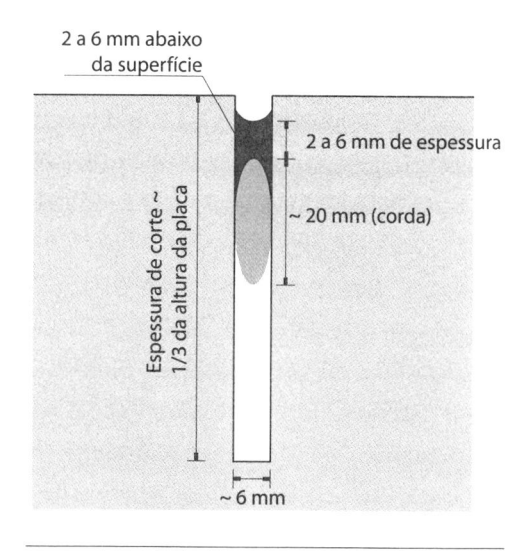

Fig. 2.51 Depósito do selante em juntas transversais e longitudinais

A fissura de retração no concreto ocorre quando as deformações internas (retração) na massa em processo de secagem superam a capacidade de deformação adquirida pelo concreto até aquele momento. Se o corte (ou serragem) da junta for deixado para esse momento ou depois dele, ocorrem fissuras paralelas às juntas ou diagonais, atravessando toda a placa e posicionando-se em local onde não há BT. Muitas vezes, essa falha construtiva não é percebida de início, ficando mais clara após a completa secagem do concreto, e quando cai a temperatura. Esse tipo de falha tem implicações estruturais sérias, prejudicando sobretudo o desempenho do pavimento.

Em termos empíricos, poderíamos definir o início da janela de corte como o tempo mínimo decorrido a partir da preparação do concreto, que permite o corte sem haver esborcinamentos, ou seja, quebras de bordas de juntas. Evidentemente, esse tempo depende do tipo de cimento, de agregados, da dosagem e das condições climáticas. Essa é uma tarefa extremamente importante, que exige verificação em várias fases de uma obra longa e que mereceria um estudo profundo para o estabelecimento de diretrizes construtivas e de controle tecnológico.

Zollinger (1994) discute tecnicamente outra forma de procedimento de serragem, que é o corte verde, ou corte do concreto imaturo, dando indicações de que esse corte é realizado em profundidade não superior a um quarto da espessura da placa de concreto (profundidade que aumenta para bases cimentadas), com vantagens, tendo em vista a possibilidade de fissuras por alterações de temperatura e umidade no topo das placas. Para realizar tal corte, faz-se um teste com uma lâmina para ver se o concreto é lascado ou não; o ponto de corte é a ocorrência de lasca, sendo necessário emprego de equipamento leve e de uma placa de apoio sobre a superfície mais fresca de concreto.

2.12 Tendências internacionais atuais para o controle de fissuras

Ao encerrar este capítulo, acredito ser conveniente insistir, como engenheiro, pesquisador e professor, que os pavimentos de concreto raramente falham ou apresentam defeitos precoces, em especial fissuras, em razão de erros de projeto no que diz respeito à espessura da placa – que parece ser o maior foco de preocupação de quem projeta, em detrimento dos demais aspectos, ainda que se empregue um modelo de cálculo estrutural inadequado. Falhas precoces (antes de 20 anos) nos pavimentos de concreto normalmente estão atreladas a questões construtivas (dosagem, aplicação e cura do concreto).

Nantung (2007), engenheiro de P&D do Departamento de Transportes do Estado de Indiana (EUA), bastante experiente no assunto, assinala que os maiores problemas associados à má execução de pavimentos de concreto envolvem as seguintes constatações:

i. o pessoal de campo não lê as especificações;
ii. em geral, o pessoal de campo espera que alguém lhes conte sobre as especificações;
iii. as especificações vigentes, muitas vezes, são más especificações;
iv. há falta de conhecimento e de experiência para a prática da tecnologia de concreto em pavimentos;
v. há falta de recursos para inspeções mais detalhadas;
vi. as penalidades impostas pelas legislações estaduais aos contratados para execução das obras são muito leves para, de fato, serem realmente punitivas e levadas com a devida seriedade;

vii. raramente são consideradas as condições climáticas locais durante a cura e a serragem das juntas;
viii. há inconsistências construtivas na questão dos pavimentos de rápida liberação ao tráfego.

Ao se observar o panorama internacional, tendo em vista a mitigação dos maiores problemas verificados na pavimentação em concreto, a busca de tecnologias mais adequadas para tais pavimentos engloba os seguintes aspectos:

MATERIAIS PARA O CONCRETO
Limitação do diâmetro máximo e da quantidade de agregados graúdos;
uso de boa gradação granulométrica;
uso de cimentos mais grossos e menos retráteis;
uso de redutores de retração;
uso de concretos de baixo abatimento (elevada consistência);
emprego de escória granulada moída.

PROJETOS DE PAVIMENTOS
Considerar explícita e racionalmente os efeitos do empenamento térmico de placas;
usar concreto armado

OBRAS DE PAVIMENTAÇÃO EM CONCRETO
Estudo detalhado das condições climáticas locais;
compatibilização entre processos de mistura, execução e cura com as condições climáticas;
adequação e proteção de estoques de agregados, ligantes e demais materiais para os concretos;
ranhurar em vez de texturizar a superfície;
uso de mantas grossas para cura úmida de, no mínimo, 14 dias;
controle estrito do tempo de corte em função do concreto e das condições climáticas sazonais.

2.13 POR QUE PAVIMENTOS DE CONCRETO AINDA FALHAM PREMATURAMENTE?

Rollings (2005), do *U.S. Army Corp of Engineers*, em palestra durante a Conferência da Sociedade Internacional para Pavimentos de Concreto, discorreu largamente sobre os porquês da ocorrência de falhas precoces em pavimentos de concreto até os dias de hoje, após mais de cem anos de intenso desenvolvimento dessa tecnologia. Uma consulta à literatura internacional e a análise de casos de obras brasileiras nos permitem fazer as considerações que se seguem sobre o assunto.

Os motivos mais comuns de danificação precoce de pavimentos de concreto *não* se relacionam com:

i. resistência aquém da especificada, pois geralmente há um mínimo de consciência e de controle quanto a esse aspecto;
ii. espessura de placa insuficiente, uma vez que, conhecidas as variáveis de projeto e empregados corretamente os critérios de determinação de espessuras, trata-se de um erro bastante incomum, pois seria evidente e grosseiro. Contudo, seria uma irresponsabilidade afirmar que reduções nas espessuras de projeto não importem;
iii. drenagem inadequada, pois, embora tenda a carregar todo o ônus ("A falha veio dos céus!"), em geral isso é apenas uma retórica em pareceres *post mortem*.

Os maiores motivos de danificação precoce de pavimentos de concreto estão relacionados a:

i. equívocos de engenharia quanto à cura do concreto, o que induz fissuras de diversas naturezas;
ii. equívocos de engenharia quanto à serragem de juntas de contração;
iii. equívocos de engenharia quanto ao emprego e ao posicionamento de BT;
iv. ausência de BT;
v. falhas de projeto com relação ao posicionamento de juntas e seu detalhamento;
vi. equívocos quanto ao desempenamento do concreto.

Podem ainda ser motivos importantes para falhas precoces:

i. ausência, na fase de projeto, de reflexão de engenharia sobre problemas relacionados à expansão térmica dos concretos;
ii. ausência, na fase de projeto, de reflexão de engenharia sobre o empenamento térmico de placas de concreto;
iii. despreocupação, durante a formulação do concreto a ser empregado, com a potencialização da reação álcalis-agregados;

iv. ausência, na fase de projeto – complementada pela de obras –, de reflexão de engenharia quanto ao que vem a ser o processo de fadiga em concretos, bem como pela pseudoconsciência de que todos os concretos fissuram por fadiga, seguindo padrões universais, ou seja, empregar um modelo genérico de fadiga para um concreto diferente do que serviu para sua concepção;

v. cargas não previstas em projeto, o que deve ser criteriosamente investigado;

vi. a pseudoconsciência de que quanto maior o módulo de elasticidade e a resistência do concreto, melhor o resultado em tudo ("o que é demais não prejudica"). Trata-se, nesse caso, de um triste e lamentável equívoco de engenharia, que denota uma provável falha na formação do engenheiro;

vii. falta de compromisso com o controle tecnológico do concreto. Trata-se, nesse caso, de um reflexo da "lei de Gérson" (levar vantagem em tudo), fruto e reminiscência de culturas jurássicas e subdesenvolvidas.

Tendo em vista os custos exorbitantes envolvidos em pavimentação, as faculdades brasileiras de Engenharia Civil deveriam levar extremamente a sério o emprego dessa tecnologia, criando uma cultura técnica progressiva e favorável, pois o futuro é incerto e temerário quanto a outras soluções atualmente prevalecentes em pavimentação. Tecnologia para pavimentação em concreto é essencial para a formação das novas gerações de engenheiros civis, que estarão inseridas em um processo de alterações de hábitos e de nicho de trabalho, com crescente emprego de pavimentos de concreto, de vários tipos. Este último parágrafo é uma espécie de dever de professor e educador, que tem por obrigação olhar para a frente, abstraindo quaisquer preferências pessoais, por mais legítimas que sejam. Assim, este livro faz parte da caminhada para esse futuro. As respostas dadas às perguntas no quadro abaixo deixam claro a necessidade de intenso esforço na formação dos engenheiros.

PERGUNTA: Pavimentos de concreto são construídos para longa duração?
Algumas RESPOSTAS dadas por engenheiros civis:

Acreditar no contrário seria negar as evidências históricas de décadas.

Não posso garantir que sejam; porém, devem ser feitos para tanto.

Se não durarem o tempo especificado em projeto, investigue, pois os céus não estão contra nós.

Os pavimentos dos alemães duraram de 50 a 60 anos. Mas isso é na Alemanha...

Nós somos brasileiros e não estamos obrigados a seguir exemplos estrangeiros... Ninguém dita isso para nós!

Esse tipo de regra é imperialista!

Nós somos mais criativos que os demais (Por que não fazermos para durar 2 anos? Ninguém faz assim!)

Não no Brasil, pois não temos tecnologia de concreto que tenha possibilitado isso.

Veja o caso da Rodovia dos Imigrantes!

Essa pergunta tem um componente político, e não se deve colocar tal tipo de questão em engenharia.

Não, porque assim não sobra espaço para restaurações e recapeamentos, que se trata dos principais objetivos de uma obra de pavimentação, do ponto de vista de geração de empregos e atividades na construção civil, além da geração de riquezas que permitem que a classe média migre para a alta, ampliando a qualidade de vida de todos.

Eu não entendo disso. Nunca me interessei por comparações dessa natureza.

Não li nada cientificamente comprovado sobre o assunto. E também nunca observei com meus olhos e refleti com minha mente sobre a questão, mesmo sendo engenheiro civil, talvez por falta de oportunidades.

Mostre-me, me prove isso!

Olha, tem casos, aqui e fora daqui, que não foram bem assim. E isso demonstra que a pergunta não procede.

Depende do meu emprego atual. Hoje sim, mas quando me demitirem daqui, mudarei de opinião.

Essa questão é muito relativa e deveria ser considerada em um contexto mais amplo.

Não dou opiniões sobre coisas ou pessoas que não aprecio, por princípio ético pessoal.

Professor, esse tipo de pergunta cai em prova? Terei de deixar por escrito minha opinião?

Balbo, você não acha essa pergunta tendenciosa?

Balbo, você acha que você, fazendo essa pergunta, vai agradar alguém?

Me perdoe, tenho um compromisso agora.

Não mesmo. É uma solução cara, de qualidade sempre duvidosa e cujo benefício/custo não foi verificado em obras brasileiras, e conheço o histórico de grande parte delas.

Se você entendesse um pouquinho mais de concreto, jamais faria essa pergunta.

Fundamentos teóricos para análise de tensões em placas 3

> *A teoria sem a prática nos faz cegos. A prática sem a teoria nos torna estúpidos.*
> **Henri Poincaré (1854-1912)**

3.1 Motivações para a aprendizagem teórica

A apresentação de parte das teorias aplicáveis para placas apoiadas sobre meios elásticos deverá ser útil e válida para demonstrar, inclusive, que sem o conhecimento teórico adequado, os métodos de projeto e mesmo as técnicas construtivas, por mais avançados que sejam, se mal compreendidos, terão pouca serventia. Aliás, a ideia central deste capítulo é uma reflexão para melhor se projetar as estruturas de pavimentos de concreto, procurando-se entender, na prática diária, o significado de diversos parâmetros. Algumas vezes, por ausência do conhecimento das hipóteses e condições de contorno das diversas teorias de pavimentação, assume-se uma postura incorreta sobre alguns aspectos técnicos e práticos de projeto. Portanto, um bom conhecimento das teorias, ainda que apenas dos seus principais aspectos, permite aos engenheiros um julgamento mais adequado dos métodos de dimensionamento de pavimentos de concreto. Nos dias de hoje, o antigo e conhecido "chutômetro" serve apenas para denotar subdesenvolvimento tecnológico e atraso no conhecimento.

O entendimento das teorias marginais que permeiam os pavimentos de concreto exige mais fundamentação conceitual do que tradicionalmente se dedicou ao caso dos pavimentos flexíveis e asfálticos, em que um empirismo bastante acentuado continua vigente em relação a determinados problemas. Esse fato é tão verdadeiro que esse empirismo normalmente desaparece ao se tratar de placas de concreto para pavimentação, pois os profissionais ficam mais parcimoniosos em expressar suas "opiniões pessoais". Isso decorre de sua formação como engenheiros (em especial os civis), o que lhes dá uma ideia da complexidade da questão, e mais, de que o concreto é "estrutural" e rompe, gerando ao menos um prejuízo estético evidente e um forte cheiro de "coisa malfeita" para quem observa o resultado, pois o concreto não "era para quebrar", pelo menos não prematuramente. Esse sentimento de falha e impotência quanto ao resultado reflete-se em recapeamentos precoces de pavimentos de concreto com misturas asfálticas, embora isso, como técnica, não seja necessariamente uma má solução.

Existem muitos profissionais na área de estruturas de concreto para os quais a questão do dimensionamento de pavimentos de concreto é algo trivial. Para estes, a abordagem aqui escolhida terá pouco a lhes oferecer. Isso não se aplica à área de pavimentação, que é aquela em que cotidianamente se enfrenta essa questão. Portanto, a leitura deste capítulo poderá ser mais útil aos profissionais desse segundo grupo. Por essa razão, os temas aqui abordados preservam um limite para o conhecimento conceitual da questão, e o seu aprofundamento será facilmente conseguido com bons livros sobre teoria da elasticidade, como o de Love (1934), que muito auxiliou em minha formação, com abordagem didática e acessível aos que tenham uma formação mínima, porém sólida, em teoria de estruturas e matemática avançada.

3.2 Breve introdução à Teoria Clássica de Placas Isótropas

Placas são estruturas superficiais planas em que duas dimensões planas são predominantes em relação à sua profundidade, de maneira que nelas possam ser minimizadas situações de esforços de cisalhamento vertical, eliminando-se assim o comportamento de chapa (estado plano de deformações) ou de cascas. Para as placas nessas condições, admite-se como método possível de análise estrutural a Teoria Clássica de Placas Isótropas, em estado plano de tensões.

3.2.1 Um pouco de história

Em 1811, apresentou-se à Academia Real de Ciências da França uma tese a respeito de superfícies elásticas, de autoria da matemática francesa Marie-Sophie Germain. Um dos examinadores do trabalho foi seu mentor, o matemático Joseph-Louis Lagrange, que, ao fazer uma análise crítica do assunto, acabou por deduzir uma equação diferencial parcial de quarta ordem, que governa a flexão de placas. Navier e Poisson desenvolveram estudos notáveis que contribuíram na formulação da Teoria de Placas Isótropas, adaptada por Navier em 1829 para as placas em flexão. Foi apenas um século depois que Harald Malcolm Westergaard, na década de 1920, propôs soluções analíticas para a equação diferencial das placas em flexão, aplicando-as aos pavimentos de concreto.

3.2.2 Forças atuantes

As forças atuantes sobre a matéria são denominadas externas ou internas. Forças externas são aquelas que se distribuem sobre a superfície da matéria, como pressões de contato e pressões hidrostáticas, e são genericamente denominadas forças de superfície. As forças internas são aquelas que se distribuem no volume do semiespaço elástico, como as forças gravitacionais e as forças de inércia.

3.2.3 Deformação e elasticidade

Elasticidade é a propriedade da matéria de não guardar deformações residuais ou plásticas, ou seja, de responder aos esforços impostos em sua faixa de comportamento resiliente. A elasticidade é dita linear quando, dentro de seus limites resilientes, a relação entre o esforço (σ) aplicado no material e a respectiva deformação (ε) sofrida é constante. Essa relação é chamada de módulo de deformação, módulo de elasticidade ou módulo de resiliência. As duas primeiras denominações são geralmente empregadas para os concretos e a última, para os demais materiais de pavimentação com propriedades resilientes diferentes do concreto. Nessas condições, o módulo de elasticidade é definido pela relação:

$$E = \frac{\Delta\sigma}{\Delta\varepsilon} = \frac{\sigma_i - \sigma_0}{\varepsilon_i - \varepsilon_0} \qquad (3.1)$$

Módulo de elasticidade não é, todavia, uma propriedade da matéria. A propriedade guardada pela matéria é a de se deformar, de acumular energia de deformação elástica. A energia potencial de deformação é energia de trabalho acumulada por material sob a ação de forças externas, em decorrência das deformações virtuais impostas. A deformação virtual faz com que o trabalho externo realizado pelos esforços atuantes transforme-se completamente em energia de deformação. A natureza, intrinsecamente, desconhece o que seja força ou pressão, porém reconhece perfeitamente o que seja deformação, pois é isso que ela sofre.

Por coeficiente de Poisson (μ) entende-se a relação entre a deformação sofrida em plano perpendicular ao de aplicação do esforço e a deformação sofrida na direção de aplicação do esforço – por exemplo, a relação entre a deformação horizontal na seção transversal de uma amostra cilíndrica de um material e a deformação vertical na direção da geratriz do cilindro, quando o esforço é aplicado paralelamente a tal geratriz:

$$\mu = -\frac{\varepsilon_t}{\varepsilon_v} \qquad (3.2)$$

O módulo de elasticidade transversal (G) do material é a relação de proporcionalidade entre a tensão de cisalhamento aplicada e a respectiva distorção (ou deformação de cisalhamento) que ocorre no material:

$$G = \frac{E}{2(1+\mu)} \qquad (3.3)$$

Para uma apresentação mais formal desses parâmetros relacionados à elasticidade, sugere-se recorrer, por exemplo, a Balbo (2007).

3.2.4 Isotropia

Em função das direções de atuação de esforços, um material anisotrópico, como a maioria dos materiais na natureza, apresenta constantes elásticas diferentes, e o caso mais geral são os materiais com 81 constantes elásticas. Esse número reduz-se a 21 constantes, dadas as condições particulares de um problema, e nem todas elas são independentes entre si, caso para o qual o máximo são 18 constantes. Em Engenharia, essas constantes são representadas por valores de módulos de Young (de elasticidade), coeficientes de Poisson e módulos de elasticidade transversais (ou módulos de distorção ou módulos de deformação transversal). Materiais com um plano de simetria elástica possuem 13 diferentes constantes elásticas, com apenas duas independentes entre si.

Os materiais ortotrópicos possuem três planos de simetria elástica perpendiculares entre si, ou seja, três direções principais de elasticidade ortogonais entre si, com nove constantes elásticas independentes. Um material transversalmente isotrópico apresenta um plano de simetria elástica dentro do qual todas as direções são elasticamente equivalentes, com cinco constantes de elasticidade independentes (dois módulos de elasticidade, dois coeficientes de Poisson e um módulo de distorção). Um material isotrópico (completamente isotrópico) é aquele cujas constantes elásticas não são variantes, qualquer que seja o plano ou a direção (do plano) em questão.

3.2.5 Teoria Clássica de Placas Isótropas

A formulação teórica aqui apresentada é aplicável às placas que possuem uma dimensão de espessura constante e muito pequena, em comparação com suas dimensões planas. O limite dessa aplicabilidade é que a relação entre tais dimensões seja tal que esforços de cisalhamento verticais (que geram punção) sejam desprezíveis para o problema da placa em flexão, resultando em um estado plano de deformações. Ioannides (1999) diferencia três tipos de placas:

i. Placas espessas, nas quais flexão e efeitos de cisalhamento transversal na profundidade devem ser considerados;
ii. Placas delgadas (finas), em que estão presentes efeitos de flexão e de membranas (conchas);
iii. Placas medianamente espessas, nas quais preponderam os efeitos de flexão, considerada a relação entre espessura e comprimento, nesses casos, na faixa entre 1/20 e 1/100.

Na formulação da Teoria Clássica de Placas Isótropas admitem-se como verdadeiras as seguintes hipóteses:
(a) Relativas à natureza do material que constitui a placa:
i. o material é homogêneo e isotrópico;
ii. o material apresenta comportamento elástico linear;
iii. o material obedece à lei de Hooke generalizada.

(b) Relativas ao comportamento mecânico da placa:
i. as fibras perpendiculares ao plano médio da placa antes da deformação permanecem perpendiculares à superfície média da placa deformada (hipótese de Kirchoff). Nesse caso, tem-se um estado plano de deformações;

ii. as tensões normais, perpendiculares ao plano médio da placa, são desprezíveis em relação às demais tensões (estado plano de tensões), e a superfície média da placa flete sem sofrer deformações (Fig. 3.1); isso implica dizer que as pressões aplicadas nas superfícies (topo e fundo) da placa são pequenas, comparadas com outras tensões no sistema. Na prática, essas tensões são nulas, o que leva a um estado plano de tensões na análise;

iii. Os deslocamentos verticais sofridos pela placa são suficientemente pequenos para que a curvatura da placa, em uma direção qualquer, seja obtida por meio da derivada segunda do deslocamento na direção considerada.

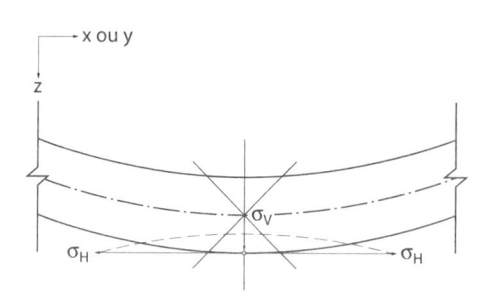

σ_V Tensão normal na direção vertical
σ_H Tensão normal na direção x ou y
—·— Superfície média da placa

$\sigma_V \lll \sigma_H$

Fig. 3.1 *Placa em flexão em estado plano de tensões (Balbo, 1989)*

A hipótese 2.b permite afirmar que a placa trabalha em estado plano de tensões. Por tratar-se de placa pura, os esforços N_x, N_y, T_{xy} e T_{yx} observados no esquema geral de esforços em uma placa (Fig. 3.2) são desprezados. Os demais esforços que ocorrem na espessura da placa (h) podem ser obtidos a partir das tensões atuantes:

$$T_x = \int_{-\frac{h}{2}}^{\frac{h}{2}} \tau_{xz}.dz \qquad (3.4)$$

$$T_y = \int_{-\frac{h}{2}}^{\frac{h}{2}} \tau_{yz}.dz \qquad (3.5)$$

$$M_x = \int_{-\frac{h}{2}}^{\frac{h}{2}} \sigma_x.z.dz \qquad (3.6)$$

3 • Fundamentos teóricos para análise de tensões em placas

$$M_y = \int_{-\frac{h}{2}}^{\frac{h}{2}} \sigma_y \cdot z \cdot dz \qquad (3.7)$$

$$M_{yx} = \int_{-\frac{h}{2}}^{\frac{h}{2}} \tau_{xy} \cdot z \cdot dz = -M_{xy} \qquad (3.8)$$

Os esforços (por unidade de comprimento de placa) apresentados na Fig. 3.2 são assim definidos:

N_x = esforço normal na direção x (desprezado);
N_y = esforço normal na direção y (desprezado);
T_x = esforço cortante na direção vertical, plano yz;
T_y = esforço cortante na direção vertical, plano xz;
T_{xy} = esforço cortante na direção horizontal, plano xz (desprezado);
T_{yx} = esforço cortante na direção horizontal, plano yz (desprezado);
M_x = momento fletor na direção x;
M_y = momento fletor na direção y;
M_{xy} = momento torçor em torno de x;
M_{yz} = momento torçor em torno de y.

As equações diferenciais de equilíbrio estático são montadas a partir dos somatórios nulos de momentos nas direções planas x e y da placa, bem como das forças transversais na direção z, a partir dos esforços apresentados na Fig. 3.3, na qual se tem um elemento infinitesimal de placa com dimensões planas dx e dy, em estado plano de tensões. O equilíbrio de momentos nas direções x e y fornecem, respectivamente:

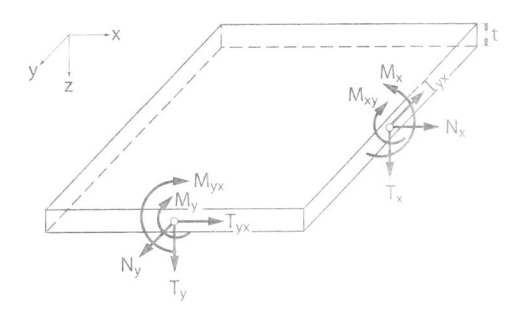

Fig. 3.2 Esforços solicitantes por unidade de comprimento de placa quando em flexão (Balbo, 1989)

$$\frac{\partial M_{yx}}{\partial y} + \frac{\partial M_x}{\partial x} - T_x = 0 \qquad (3.9)$$

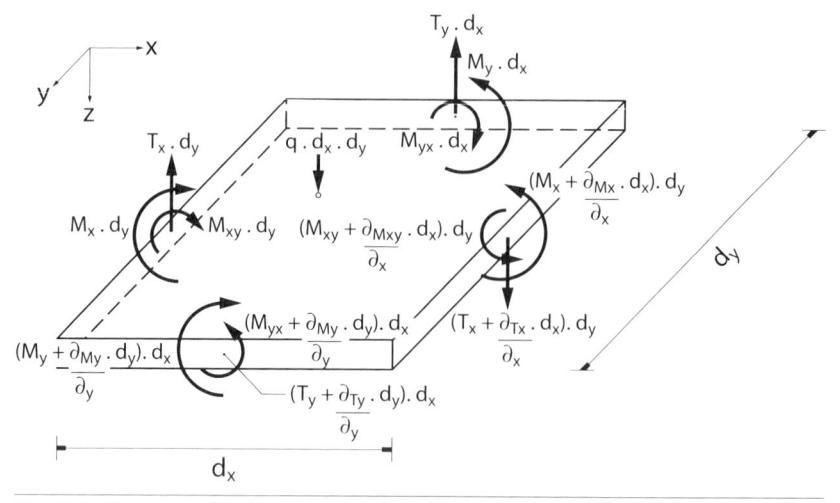

Fig. 3.3 Elemento de placa em estado plano de tensões (Balbo, 1989)

$$\frac{\partial M_{yx}}{\partial y} + \frac{\partial M_x}{\partial x} - T_x = 0 \qquad (3.10)$$

Da mesma maneira, o equilíbrio das forças transversais na direção z fornece a seguinte equação:

$$\frac{\partial T_x}{\partial x} + \frac{\partial T_y}{\partial y} + q = 0 \qquad (3.11)$$

onde q é o somatório das forças exteriormente aplicadas na superfície da placa, ativas e reativas.

As deformações em um dado ponto qualquer da placa em flexão são obtidas por analogia com a teoria de flexão de vigas; para tanto, toma-se como válida a hipótese de Navier. Em estado plano de tensões, ter-se-ão então as deformações definidas por:

$$\varepsilon_x = \frac{z}{r_x} \qquad (3.12)$$

$$\varepsilon_y = \frac{z}{r_y} \qquad (3.13)$$

onde z é a distância vertical entre o ponto qualquer considerado ao longo da profundidade da placa e o plano médio da placa (note-se que no plano médio $z = 0$ e as deformações são nulas); r_x e r_y são os raios de curvatura da placa nas direções x e y (ver Balbo, 2007). Da aplicação da lei de Hooke generalizada ao elemento de placa em estado plano de tensões obtêm-se as seguintes relações entre tensões e deformações:

$$\sigma_x = \frac{E}{(1-\mu^2)} \cdot (\varepsilon_x + \mu \cdot \varepsilon_y) \qquad (3.14)$$

$$\sigma_y = \frac{E}{(1-\mu^2)} \cdot (\varepsilon_y + \mu \cdot \varepsilon_x) \qquad (3.15)$$

Com a substituição das Eqs. 3.12 e 3.13 nas Eqs. 3.14 e 3.15, obtêm-se as tensões em função dos raios de curvatura em x e y da placa em flexão, dadas por:

$$\sigma_x = \frac{E}{(1-\mu^2)} \cdot z \cdot \left(\frac{1}{r_x} + \mu \cdot \frac{1}{r_y} \right) \qquad (3.16)$$

$$\sigma_y = \frac{E}{(1-\mu^2)} \cdot z \cdot \left(\frac{1}{r_y} + \mu \cdot \frac{1}{r_x} \right) \qquad (3.17)$$

Com a aplicação das tensões calculadas nas Eqs. 3.16 e 3.17 sobre as Eqs. 3.6 e 3.7, os momentos fletores atuantes em x e y na placa em estado plano de tensões resultam em:

$$M_x = \frac{E \cdot h^3}{12 \cdot (1-\mu^2)} \cdot \left(\frac{1}{r_x} + \mu \cdot \frac{1}{r_y} \right) \qquad (3.18)$$

$$M_y = \frac{E \cdot h^3}{12 \cdot (1-\mu^2)} \cdot \left(\frac{1}{r_y} + \mu \cdot \frac{1}{r_x} \right) \qquad (3.19)$$

Define-se por *módulo de rigidez da placa em flexão* (D) a relação:

$$D = \frac{E \cdot h^3}{12 \cdot (1-\mu^2)} \qquad (3.20)$$

Por decorrência da hipótese 2.c, podem ser escritas as seguintes expressões, que relacionam a curvatura da placa com a função que descreve os deslocamentos verticais (w) sofridos na linha média da placa em flexão:

$$\frac{1}{r_x} = -\frac{\partial^2 \omega}{\partial x^2} \quad (3.21)$$

$$\frac{1}{r_y} = -\frac{\partial^2 \omega}{\partial y^2} \quad (3.22)$$

$\omega = \omega$ (x,y,z) é uma "função de deslocamentos" capaz de descrever a deformada ao longo de seções transversais da placa. A descrição dessa função, por meios numéricos e aproximativos, será a base da análise estrutural por elementos finitos, ou seja, é necessária essa função de interpolação de deslocamentos. Pela substituição das Eqs. 3.21 e 3.22 nas Eqs. 3.16 e 3.17, respectivamente, e de forma sucessiva, nas Eqs. 3.18 e 3.19, respectivamente, pode-se determinar as tensões correspondentes às deformações sofridas, bem como os momentos fletores, em função de ω, dados na sequência:

$$\sigma_x = -\frac{E}{(1-\mu^2)} \cdot z \cdot \left(\frac{\partial^2 \omega}{\partial x^2} + \mu \cdot \frac{\partial^2 \omega}{\partial y^2} \right) \quad (3.23)$$

$$\sigma_y = -\frac{E}{(1-\mu^2)} \cdot z \cdot \left(\frac{\partial^2 \omega}{\partial y^2} + \mu \cdot \frac{\partial^2 \omega}{\partial x^2} \right) \quad (3.24)$$

$$M_x = -D \cdot \left(\frac{\partial^2 \omega}{\partial x^2} + \mu \cdot \frac{\partial^2 \omega}{\partial y^2} \right) \quad (3.25)$$

$$M_y = -D \cdot \left(\frac{\partial^2 \omega}{\partial y^2} + \mu \cdot \frac{\partial^2 \omega}{\partial x^2} \right) \quad (3.26)$$

Ficam estabelecidos, assim, as tensões normais (em x e y) e os momentos fletores em função dos deslocamentos na seção transversal da placa. Resta ainda determinar as relações entre o momento de torção em uma seção transversal da placa e a deformação angular correspondente.

A hipótese 2.b admite que não ocorrem deformações na superfície média da placa. Em razão disso, as tensões vizinhas à superfície média da placa geram nela efeitos de torção, os quais, por sua vez, mobilizam esforços cortantes para resistir a tal torção. Esses esforços cortantes são responsáveis pelas deformações cisalhantes que ocorrem no plano (x,y) da placa.

Sejam, portanto, u e v as componentes do deslocamento de um ponto P qualquer nas direções x e y, respectivamente, e esse ponto P encontra-se a uma distância vertical z medida a partir da superfície média da placa (Fig. 3.4). As deformações sofridas pelo material no ponto P da placa, quando esta é solicitada em flexão, são descritas por:

$$\varepsilon_x = \frac{\partial u}{\partial x} \quad (3.27)$$

$$\varepsilon_y = \frac{\partial v}{\partial y} \quad (3.28)$$

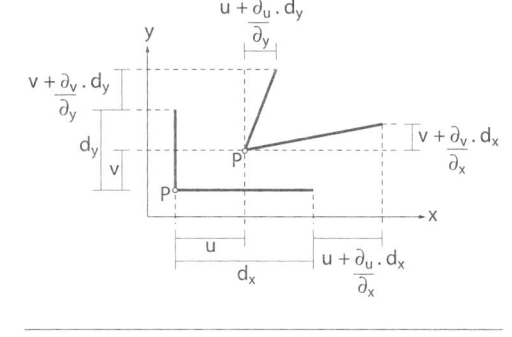

Fig. 3.4 Deformações nas direções x e y (Balbo, 1989)

$$\gamma_{xy} = \frac{\partial u}{\partial y} + \frac{\partial v}{\partial x} \quad (3.29)$$

Aplicando-se novamente a lei de Hooke generalizada aos esforços de cisalhamento, é válida a seguinte equação:

$$\tau_{xy} = \frac{E}{2 \cdot (1+\mu)} \cdot \gamma_{xy} = G \cdot \gamma_{xy} \quad (3.30)$$

Vale recordar que a tensão de cisalhamento guarda proporcionalidade com a distorção sofrida pelo módulo de elasticidade transversal. Substituindo-se a Eq. 3.29, que fornece a distorção em função dos deslocamentos u e v em x e y, respectivamente, na Eq. 3.30, obtém-se:

$$\tau_{xy} = \frac{E}{2 \cdot (1+\mu)} \cdot \left(\frac{\partial u}{\partial y} + \frac{\partial v}{\partial x} \right) \quad (3.31)$$

Se o ponto P sofre um deslocamento vertical e a inclinação da superfície da placa é positiva (Fig. 3.5), as componentes u e v do deslocamento podem ser expressas sob a forma:

$$u = -z \cdot \frac{\partial \omega}{\partial x} \quad (3.32)$$

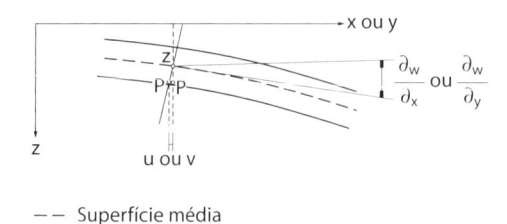

Fig. 3.5 *Superfície média da placa deformada e deformações correspondentes (Balbo, 1989)*

$$v = -z \cdot \frac{\partial \omega}{\partial y} \quad (3.33)$$

Por substituição das Eqs. 3.32 e 3.33 na Eq. 3.31, obtém-se:

$$\tau_{xy} = -\frac{E}{(1+\mu)} \cdot z \cdot \frac{\partial^2 \omega}{\partial x \cdot \partial y} \quad (3.34)$$

Obtida a tensão de cisalhamento conforme a Eq. 3.34 e aplicando-a na Eq. 3.8, o momento de torção na seção transversal da placa ficará definido pela equação:

$$M_{xy} = -M_{yx} = -\frac{E \cdot h^3}{12 \cdot (1-\mu^2)} \cdot (1-\mu) \cdot \frac{\partial^2 \omega}{\partial x \cdot \partial y} = -D \cdot (1-\mu) \cdot \frac{\partial^2 \omega}{\partial x \cdot \partial y} \quad (3.35)$$

Aplicando-se então, simultaneamente, as Eqs. 3.25, 3.26 e 3.35, que fornecem os momentos fletores e de torção numa seção transversal da placa, nas equações de equilíbrio de momentos (3.9 e 3.10), as forças transversais podem ser representadas em função da deformada de superfície da placa, denotada por ω, da seguinte forma:

$$T_x = -D \cdot \frac{\partial}{\partial x} \cdot \left(\frac{\partial^2 \omega}{\partial x^2} + \frac{\partial^2 \omega}{\partial y^2} \right) = -D \cdot \frac{\partial}{\partial x} \cdot \nabla \omega \quad (3.36)$$

$$T_y = -D \cdot \frac{\partial}{\partial y} \cdot \left(\frac{\partial^2 \omega}{\partial x^2} + \frac{\partial^2 \omega}{\partial y^2} \right) = -D \cdot \frac{\partial}{\partial y} \cdot \nabla \omega \quad (3.37)$$

onde ∇ é o operador bidimensional de Laplace.

Finalmente, por substituição das Eqs. 3.36 e 3.37 na equação de equilíbrio de forças transversais na placa (3.11), chega-se à equação de Lagrange, que descreve a deformada da placa em flexão (estado plano de tensões) em função das cargas externas aplicadas e do módulo de rigidez da placa. Essa equação, formalizada matematicamente com base nas hipóteses de Poisson-Kirchhoff (conforme enunciadas), a partir dos trabalhos de Marie-Sophie Germain e de Joseph-Louis Lagrange, é dada por:

$$\frac{\partial^4 \omega}{\partial x^4} + 2 \cdot \frac{\partial^4 \omega}{\partial x^2 \cdot \partial y^2} + \frac{\partial^4 \omega}{\partial y^4} = \frac{q}{D} \qquad (3.38)$$

ou

$$\nabla^4 \omega = \frac{q}{D}$$

Deve-se observar que todo o equacionamento da Teoria de Placas (também denominada Teoria Clássica de Kirchhoff, em homenagem ao físico alemão Gustav Robert Kirchhoff) foi encaminhado em regime elástico, ou seja, quando os materiais respondem mecanicamente, deformando-se de modo reversível ou recuperável, cessada a ação das forças externas. É sempre conveniente recordar que, nessa teoria, a espessura da placa é constante, desprezam-se as deformações de esforços cortantes e, conhecida a tensão crítica (geralmente por meio de modelos analíticos ou numéricos), essa variável relaciona-se ao momento fletor na direção desejada pela expressão:

$$\sigma_y = \frac{M_y}{I_y} \cdot z = \frac{M_y}{\frac{b \cdot h^3}{12}} \cdot \frac{h}{2} = \frac{6 \cdot M_y}{b \cdot h^2} \qquad (3.39)$$

Portanto:

$$M_y = \frac{\sigma_y \cdot b \cdot h^2}{6}$$

onde, para b = 1 (por unidade de comprimento):

$$M_y = \frac{\sigma_y \cdot h^2}{6} \qquad (3.40)$$

3.3 Sistemas elásticos de suporte para placas

3.3.1 Modelo de Winkler (1867)

Em 1867, Winkler publicou um artigo em que propunha um modelo

> **Resumo**
> A Teoria de Kirchhoff é uma extensão da Teoria Elementar de Vigas para o caso bidimensional. Reissner (1945) e Mindlin (1951) propuseram teorias mais completas para placas em flexão, levando em conta os efeitos das deformações resultantes de esforços cortantes. O modelo de Mindlin é o mais completo e mais próximo das soluções da teoria da elasticidade tridimensional, e é aplicável a placas mais espessas, tal qual o modelo de Reissner. Em estudos comparativos com as três teorias em questão, Soriano (2003) mostra que, para placas medianamente delgadas, há pouca diferença entre deflexões e momentos fletores. Todavia, essa conclusão já não prevalece, dado o aumento das espessuras. Nesse caso, as teorias de Reissner e Mindlin apresentam resultados mais condizentes com a Teoria da Elasticidade.

simplificado para o cálculo de esforços de reação de subleitos abaixo de fundações rasas, o qual teria impacto muito importante nos procedimentos analíticos de cálculo de tensões em placas totalmente apoiadas (Winkler, 1867). Seu método de cálculo consistia na simplificação do sistema de apoio (solo) por conjunto de molas de Hooke com constantes elásticas (k) idênticas (formando um colchão de molas), e essas molas trabalhariam independentemente umas das outras dentro do conjunto, ou seja, não haveria transmissão de esforços de cisalhamento entre esses elementos (Fig. 3.6). A reação em cada mola seria idêntica às demais.

Assim, a pressão de reação seria medida pelo produto entre o deslocamento vertical sofrido (em pavimentação, entenda-se por deflexão) e a constante elástica dessas molas. Hertz (1884) foi o primeiro a procurar uma solução para a equação diferencial de quarta ordem, empregando séries de polinomiais, ao estudar a ruptura de placas de gelo consolidadas sobre lagos, com base na hipótese simplificadora de Winkler, em que a água em baixa temperatura sob as placas de gelo poderiam ser consideradas como um líquido muito denso (Fig. 3.7), representado pelas molas de Winkler (daí também a expressão "modelo de líquido denso"). Cerca de 40 anos mais tarde, Westergaard retomará a análise pioneira de Hertz e buscará soluções analíticas para a Teoria Clássica de Placas Isótropas, com relação a placas de dimensões semi-infinitas, o que revolucionará a maneira de se analisar um pavimento de concreto simples (PCS).

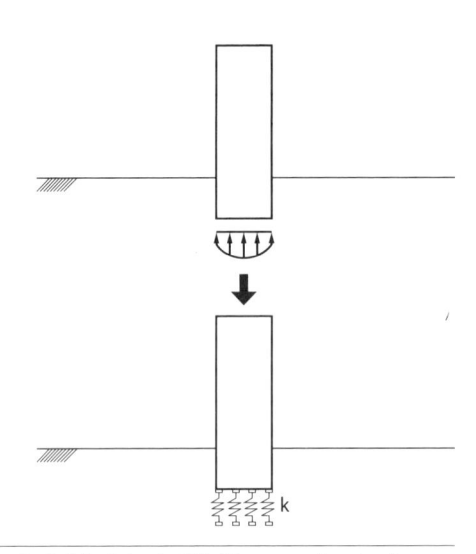

Fig. 3.6 *Modelo de Winkler para fundações*

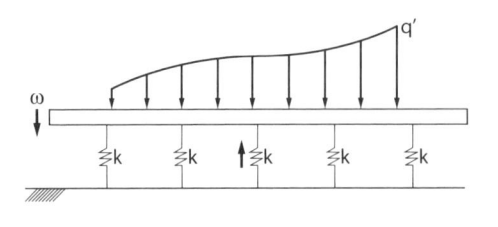

Fig. 3.7 *Respostas do sistema (placa + subleito) de acordo com o modelo de Winkler*

Evidentemente, esse modelo foge bastante da realidade, uma vez que o comportamento de um solo de fundação não poderia transigir com a questão de esforços de cisalhamento entre suas partes, gerando reações de apoio distintas daquela prevista no modelo de Winkler. Pelos modelos gráficos apresentados na Fig. 3.8 pode-se intuir que, junto às bordas, as reações do subleito seriam maiores, bem como haveria continuidade nos deslocamentos da borda para o entorno da placa (região externa). Para Hall e Darter (1994), o modelo de Winkler retrata um aspecto da reação da fundação, enquanto o modelo de sólido elástico retrataria outras condições, e o comportamento real do solo estaria entre tais extremos.

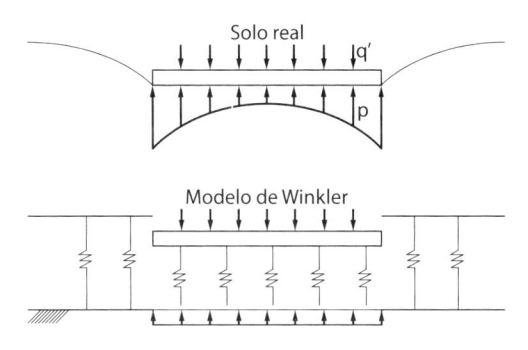

Fig. 3.8 *Diferenças de respostas da fundação entre o modelo de Winkler e o solo real*

Westergaard (1926) adotou, como Hertz, o modelo de Winkler, dada a facilidade analítica que oferece nas soluções de cargas interiores à placa de concreto, embora a falta de interação entre regiões do solo nesse modelo levasse a grande dificuldade para o tratamento de cargas sobre bordas e cantos de placas. Ao se admitir o valor de q como o somatório de forças agindo perpendicularmente sobre a placa, esta poderia ser decomposta em dois vetores, q' e p, sendo o primeiro a carga externa atuante sobre a superfície e o segundo, a reação do sistema de apoio da placa (q = q' - p).

Pela hipótese de Winkler, admitiu-se que a resposta da fundação de suporte para a placa fosse p = k . ω, onde k foi definido como o *módulo de reação da fundação* (ou subleito) da placa e ω como o deslocamento verificado sobre o subleito ou fundação (deflexão), que, dada a rigidez da placa, seria o mesmo deslocamento sofrido pela superfície da placa (teorema das deformações recíprocas de Maxwell). Assim, a equação de partida para o trabalho analítico de Westergaard (1925), por exemplo, foi:

$$D \cdot \nabla^4 \omega = q' - k \cdot \omega \qquad (3.41)$$

Outros modelos de tratamento da fundação sob as placas viriam a ser desenvolvidos ao longo do século XX. A seguir, dá-se atenção especial aos modelos mais referendados por especialistas da área acadêmica.

3.3.2 Modelo de Pasternak

O modelo de Pasternak, apresentado na Rússia em 1954, é uma sofisticação no que tange à interação entre a fundação e as reações de cisalhamento na camada. O autor, segundo Kerr (1994), interpôs uma camada fictícia entre a placa de concreto e o conjunto de molas de Winkler, que pudesse responder diferencialmente pela curvatura da placa de concreto, transmitindo, portanto, diferentes esforços sobre o colchão de molas inferiores (Fig. 3.9). Nesse caso, a camada intermediária é parametrizada por seu módulo de deformação transversal (G). Tendo em vista tais elementos, Pasternak propôs a seguinte formulação para a reação do subleito:

$$p = k \cdot \omega + G \cdot \nabla^2 \omega \qquad (3.42)$$

A aplicação do modelo de Pasternak à Teoria de Placas, para as condições de equilíbrio, leva à seguinte equação:

$$D \cdot \nabla^4 \omega - G \cdot \nabla^2 \omega + k \cdot \omega = q' \qquad (3.43)$$

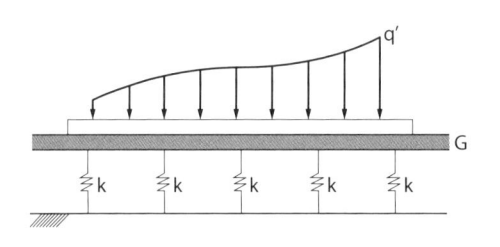

Fig. 3.9 *Modelo de Pasternak para o suporte de placas de concreto*

No modelo de Pasternak, o mais conhecido depois do modelo de Winkler, tem-se uma reação complementar proporcional à rotação sofrida pelo sistema de apoio quando uma deformação vertical lhe é imposta. Van Cawelaert et al. (1994), com base em ensaios com FWD (*falling weight deflectometer*) sobre placas (pavimentos de concreto) e retroanálises, sugerem que o valor de G seja determinado pela expressão:

$$G = 5.000 \cdot e^{\frac{2h}{a}} \cdot k^{\frac{h}{4 \cdot a}} \qquad (3.44)$$

onde *h* é a espessura da placa de concreto (mm); *a* é o raio da carga aplicada (mm); e *k* é o módulo de reação do subleito (N/mm³).

Observe que, se o valor do módulo em cisalhamento G tende a zero, o modelo de Pasternak recai no modelo de Winkler. Pronk e van den Bol (1998) apresentam situações para as quais a fundação, conforme o modelo de Pasternak, apresenta resultados mais colimados com a prática, em especial para as condições de contorno nas proximidades de juntas entre placas.

3.3.3 Modelo de Kerr

Kerr (1994) demonstra que o modelo de Pasternak apresenta um problema de equilíbrio nas bordas da placa, uma vez que, após flexão, a placa perderia contato exatamente em suas extremidades com a fundação. Para solucionar essa limitação, Kerr propôs a consideração de uma primeira camada de molas de Winkler fixadas à placa e apoiadas sobre o modelo original de Pasternak (Fig. 3.10). Tal solução analítica resultou na equação:

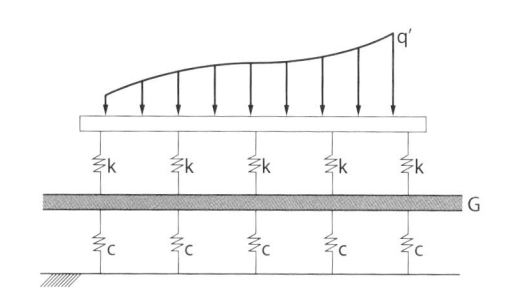

Fig. 3.10 *Modelo de Kerr para o suporte de placas de concreto*

$$\left(1+\frac{k}{c}\right)\cdot p - \frac{G}{c}\cdot\nabla^2 p = k\cdot\omega + G\cdot\nabla^2\omega \qquad (3.45)$$

O modelo de Kerr recai na inserção de uma segunda fundação de Winkler sobre a superfície da fundação de Pasternak. Para o equilíbrio do sistema relativamente à Teoria das Placas, chega-se a:

$$\frac{G\cdot D}{c}\cdot\nabla^6\omega - D\cdot\left(1+\frac{k}{c}\right)\cdot\nabla^4\omega - G\cdot\nabla^2\omega - k\cdot\omega = \frac{G}{c}\cdot\nabla^2 q' - \left(1+\frac{k}{c}\right)\cdot q' \qquad (3.46)$$

3.3.4 Modelo de Totsky

Ioannides e Khazanovich (1993) exploraram largamente o modelo de fundação de Totsky, desenvolvido na Rússia, na segunda metade do século XX, tendo inclusive implantado esse modelo no programa ISLS2 de elementos finitos para cálculo de deslocamentos, deformações e tensões em placas de concreto. O modelo de Totsky considera a placa apoiada sobre sucessivas camadas de "colchões de molas elásticas", cujas propriedades de deformação são representadas por um valor intermediário de k (Fig. 3.11). Os valores de k são calculados pelas expressões:

$$k_1 = \frac{2 \cdot E_1 \cdot (1-\mu_1)}{h_1 \cdot (1-\mu_1-\mu_1^2)} \quad (3.47)$$

$$k_2 = \frac{2 \cdot E_2 \cdot (1-\mu_2)}{h_2 \cdot (1-\mu_2-\mu_2^2)} \quad (3.48)$$

$$k_I = \frac{1}{\frac{1}{k_1}+\frac{1}{k_2}} \quad (3.49)$$

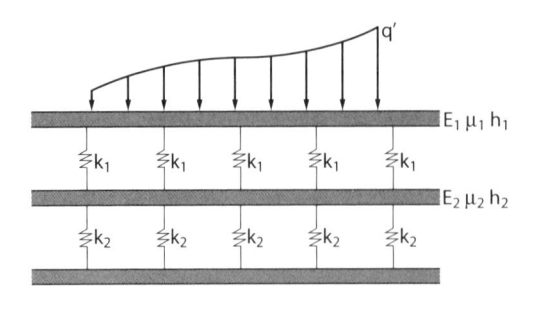

Fig. 3.11 Modelo de Totsky para camadas de suporte de placas

onde k_1 e k_2 são as rigidezes de cada camada de apoio; E_i e μ_i são as constantes elásticas de cada camada; h_i são as espessuras de cada camada; e k_I é a rigidez do sistema.

3.3.5 O ensaio de carga sobre placa para determinação de k

O ensaio para determinação do módulo de reação do subleito consolidou-se durante os experimentos realizados na década de 1930, na *Arlington Experimental Farm*, patrocinados pelo *Bureau of Public Roads* (Teller; Sutherland, 1943). Entre outros aspectos, a pesquisa tinha por objetivo a verificação (e mesmo a calibração) dos modelos propostos por Westergaard (1926), bem como o estudo dos efeitos da reação do subleito (fundação) sobre as deformações nas placas de concreto. Quanto à medida do módulo de reação, os pesquisadores procuravam entender os efeitos da umidade excessiva e do empenamento nesse parâmetro.

Observou-se, durante tais experimentos, com emprego do ensaio de prova de carga sobre placa rígida, que o módulo de reação era muito sensível à dimensão da placa circular empregada durante o teste, com valores estabilizando somente para placas com raio próximo a cerca de 400 mm, conforme indicado na Fig. 3.12. Inclusive, foi a partir desses resultados que foram estabelecidos os padrões para ensaios de carga sobre placas.

Os resultados obtidos naquela época levaram à necessidade de aplicação de ciclos de carregamento e descarregamento sobre o solo, uma vez que este sempre apresentava parcela de deformação plástica durante o ensaio, que basicamente visava estabelecer um valor de resposta elástica da fundação. Assim, era necessário tal procedimento para se obter um equilíbrio elástico nos registros definitivos dos ensaios (ou seja, a acomodação plástica total e final antes das leituras elásticas).

Durante os experimentos, procurou-se determinar padrões específicos para níveis de carga, de modo a se estabelecer os valores de k como sendo a relação entre a pressão aplicada (carga dividida pela área de placa rígida) e a deflexão medida sobre a superfície da placa rígida, resultando k na unidade pressão/deslocamento. Os deslocamentos máximos medidos durantes esses testes estavam entre 5 e 7,5 mm.

Fixado o diâmetro de placa rígida de 760 mm para os testes, restava determinar para qual nível de deformação (deslocamento) deveria ser calculado o valor de k. Para isso, foram determinados para as placas testadas os valores de k retroanalisados, empregando-se as equações de Westergaard, que permitiam calcular a deflexão (deslocamento vertical) resultante de uma carga. O valor de deslocamento de 1,25 mm resultava em valores de k muito próximos dos valores retroanalisados, fato determinante para a fixação desse padrão, e isso foi alvo, inclusive, de testes confirmatórios realizados pelo *U.S. Army Corps of Engineers* (USACE) na década de 1940 (Hall; Darter, 1994).

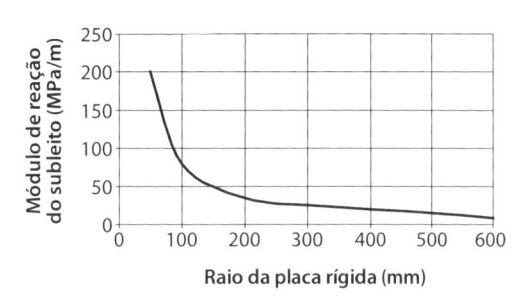

Fig. 3.12 *Influência da dimensão da placa no valor de k (Teller; Sutherland, 1943)*

3.3.6 Aspectos inerentes ao valor do módulo de reação do subleito

Yang (1972) apresentou uma comparação entre soluções obtidas teoricamente para deflexões na superfície de placas apoiadas sobre meio contínuo, sendo essa fundação tomada como um conjunto de molas elásticas (Winkler) ou como um sólido elástico. Seu estudo mostrou, para o primeiro caso, a tendência de obtenção de menores valores de deflexão, ou seja, de soluções de tensões críticas inferiores quando se aplica a hipótese de Winkler, conforme apresentado na Fig. 3.13. A Fig. 3.14, por sua vez, apresenta comparações entre bacias com relação a deflexões estimadas a partir de modelo com base na Teoria de Sistemas de Camadas Elásticas (TSCE), do modelo de Westergaard e do modelo de Pasternak (Van Cawelaert et al., 1994), de onde se conclui que a fundação de Pasternak proporciona, para cargas interiores à placa, resultados semelhantes à TSCE.

Se Westergaard (1927) e Spangler (1935) já admitiam não existir constância no valor de k sob a placa de concreto, os experimentos de Spangler (1942) não deixam dúvidas quanto à questão, uma vez que aferem tais valores em verdadeira grandeza, os quais nunca foram contestados na literatura internacional pelos grandes especialistas. Pela aplicação da carga em diversas posições sobre uma placa de concreto real e com base nas leituras de pressão e de deformação sofridas (a deformação na superfície da placa, segundo a Teoria de Placas, é idêntica à deformação na interface placa/fundação), o valor de k decresceu à medida que a carga se distanciava das extremidades (bordas) da placa.

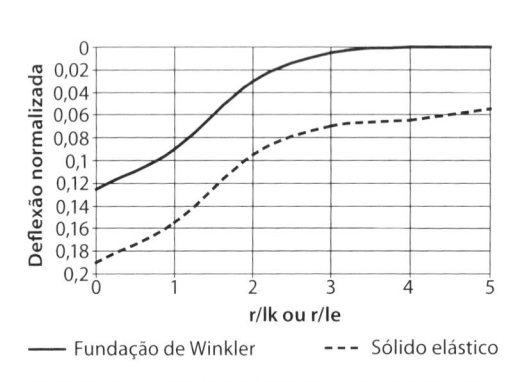

Fig. 3.13 *Deflexões em placas sobre fundação de Winkler ou elástica (Yang, 1972)*

Para referência, um dos resultados de Spangler (1942) indicou uma variação no valor de k de 180 MPa/m, quando medido no canto de uma placa, para 14 MPa/m, quando medido a uma distância de aproximadamente 1 m desse mesmo canto, mantida a mesma carga aplicada. Ora, mais tarde, isso gerou a necessidade de modelos mais elaborados que permitissem a estimativa de tensões no concreto

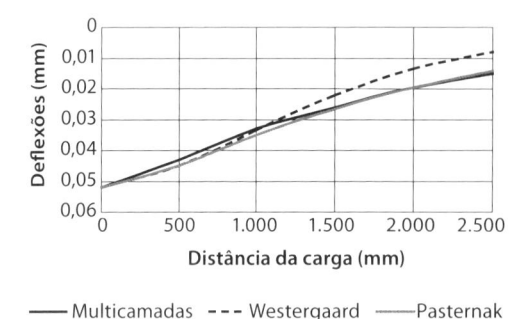

Fig. 3.14 *Deflexões em placas sobre diversos modelos de fundação (Van Cawelaert et al., 1994)*

adotando-se diferentes valores de k sob a placa: valores de centro e valores de borda, como, a propósito, formulou Tia et al. (1986) em seu programa de elementos finitos.

Dessa forma, a realidade aponta uma incompatibilidade entre os modelos analíticos de Westergaard, por exemplo, e a resposta mecânica real do conjunto placa/fundação de apoio. Percebe-se também, por esses resultados, que o valor do módulo de reação do subleito depende de outros fatores, e não exclusivamente das características físicas dos sistemas de apoio às placas: dimensão da placa, posição da carga, espessura da placa etc., o que seguramente implica que modelos analíticos que empregam um valor único de k são uma grande simplificação do problema. Por outro lado, nos estudos clássicos já se percebia, teoricamente, que o valor de k não influenciava em demasia as tensões na placa de concreto. Diante disso, pode-se corroborar com segurança as afirmações de Ioannides (1999), de que a fundação de líquido denso de Winkler é um modelo simplificado em relação ao modelo de fundação de sólido elástico de Boussinesq, que é mais realista e complexo.

Ora, aqui se deve evitar a simples retórica, o que pode ser feito de forma intuitiva e pragmática. A hipótese 2.b da Teoria de Placas diz que "As tensões normais, perpendiculares ao plano médio da placa, são desprezíveis em relação às demais tensões (estado plano de tensões), e a superfície média da placa flete sem sofrer deformações; isso implica dizer que as pressões aplicadas nas superfícies (topo e fundo) da placa são pequenas, comparadas com outras tensões no sistema". Quando se analisam tensões verticais sobre o subleito, por meio da Teoria de Sistemas de Camadas Elásticas, comparando-se pavimentos de comportamento flexível com os semirrígidos, observa-se que tais tensões, no caso de pavimentos com bases rígidas, são muito pequenas, inclusive inferiores a 5% das tensões sobre o mesmo subleito quando a base, de mesma espessura, é granular.

Isso configura, de fato, o estado plano de tensões, ou seja, as tensões perpendiculares ao plano médio da placa são desprezíveis. Considere-se então que a placa de concreto, nas hipóteses de cálculo, não apresenta deformações específicas verticais que componham uma deformação vertical ao longo de sua espessura. O que se deforma, então? O subleito? Bem, essa não é uma resposta exatamente correta. A própria teoria, ao empregar o valor de k como o esforço resistente e de equilíbrio, não leva à determinação das tensões no subleito, pois k não permite isso na análise: apenas equilibra o sistema e, por isso, deve ser escolhido de modo conveniente. Mas a placa se deforma? Bem, ela se curva, ela flete; e assim, sendo tão rígida em relação à camada de apoio, sua curvatura, após a flexão, é imposta à superfície do solo, a qual, por razões de continuidade, apresentará a mesma deformada da superfície da placa, desde que não ocorram vazios.

Embora esse modelo mental não seja perfeito, está muito mais próximo da realidade; além disso, permite-nos entender, na Teoria de Westergaard, o porquê da falta de sensibilidade do valor de k sobre as tensões normais que ocorrem na placa de concreto. Também nos permite afirmar, sem hipocrisias, que, excluídos os solos de fundação sujeitos a recalques, a resistência ao cisalhamento do solo não é um fator restritivo ao emprego de placas de concreto, como alguns, precipitadamente, podem afirmar. É preciso recordar que as pressões impostas sobre o subleito pela deformação das placas são tão pequenas, comparadas a outras condições (pavimento flexível), que, em tese, permitem baixos valores de CBR (*California Bearing Ratio*, ou Índice de Suporte Califórnia) para os solos de fundação, sem que estes sofram ruptura por cisalhamento, pois as pressões distribuídas sob uma placa de concreto são muito menores do que sob camadas de misturas asfálticas.

3.3.7 Correlações entre o valor de k e outras propriedades dos solos

Segundo Yoder e Witczak (1975), o emprego de um valor aumentado para o módulo de reação do subleito, pela presença de bases granulares, betuminosas ou cimentadas sobre os solos de fundação, foi um procedimento atribuído aos testes realizados tanto pela *Portland Cement Association* (PCA), nos anos 1960, quanto pelo USACE, nos anos de 1950, para aplicações em pavimentos de aeroportos. Ioannides, Khazanovich e Becque (1992) julgam tais procedimentos bastante contestáveis do ponto de vista da justificação teórica e usam como argumento a impossibilidade de aferição real de uma condição de suporte do sistema de apoio, com base em testes e retroanálises com emprego de FWD.

Segundo Hall e Darter (1994), durante os estudos do USACE (década de 1940), os ensaios foram realizados sem aplicação de ciclos de carga e descarga sobre as placas, e pode ter havido muitos casos de medida de deflexões como um misto de deformações plásticas e elásticas, o que por si só já tornaria os resultados questionáveis. Além disso, realizaram-se estudos para determinação de k sobre o topo de bases, e isso, de certa forma, teria condicionado e perpetuado um conceito errôneo: as bases serviriam para o combate ao bombeamento de finos e para a uniformização do suporte, sendo negligenciada sua ação estrutural nas placas sobre elas. Assim, desde aquela época se passou a utilizar o conceito de "módulo de reação do sistema de apoio", o que sempre gerou confusões sobre as tarefas estruturais das camadas de pavimentos de concreto.

Na década seguinte, a PCA passou a investir fortemente nesse conceito, investigando bases granulares e cimentadas e incorporando os resultados dessa natureza no seu método de projeto de 1966 (PCA, 1966) e de 1984 (PCA, 1984). O fato é que, nos experimentos da PCA, a diminuição das deflexões proporcionada pela presença e pelo aumento da espessura da base foi erroneamente interpretada como um aumento no módulo de reação (k). Esse engano arrastou-se durante muitos anos no exterior, e ainda se verifica muitas vezes em projetos no Brasil, por ausência de maiores pesquisas (emprega-se cegamente esse conceito empírico e importado) ou mesmo de interpretação correta da questão.

Na realidade, o procedimento correto que a PCA deveria ter tomado na época seria ter realizado retroanálises dos resultados por simulação de uma placa de material cimentado (a base cimentada), sujeita a momentos fletores por ação das cargas, apoiada sobre o subleito. Atualmente, os bons métodos de dimensionamento de PCS já reconhecem esse fato, razão pela qual analisam o comportamento mecânico de bases e não restringem o problema a um imprudente conceito de "módulo de reação do sistema de apoio".

O ideal, na atualidade, seria a criação de bancos de dados com valores retroanalisados de k sob pavimentos de concreto (apenas dos subleitos), estabelecendo-se correlações entre aquele parâmetro e a natureza do solo (classificação genética), sua umidade, seu peso específico e, principalmente, seu módulo de resiliência. Com isso, seriam paulatinamente eliminadas as correlações com o valor do CBR do solo, que mede, a bem da verdade, uma característica relacionada à sua capacidade de deformação plástica, e não resiliente (outro conceito frequentemente muito mal-entendido ao se projetar). Enfim, concluem Hall e Darter (1994, p. 449):

> [...] com base na revisão histórica conjuntamente com análises por elementos finitos [...] os valores de k sejam selecionados para solos naturais e que as camadas de base sejam consideradas em projetos de pavimentos de concreto em termos de seus efeitos nas respostas das placas preferencialmente, em lugar de seus efeitos no valor de k.

Independentemente dessas limitações, na prática, ainda hoje se tem utilizado o valor de k como parâmetro de dimensionamento dos pavimentos de concreto, nos métodos ditos "fechados", mesmo porque a parametrização da fundação, em termos de tratamento teórico, bem como de medidas de propriedades em laboratório, seria muito mais complexa e onerosa. Apesar disso, nada justifica não se empregar procedimentos mais racionais, mesmo que não normativos, em obras de maior responsabilidade. Inclusive, nos dias atuais, a avaliação mecanicista de pavimentos flexíveis e semirrígidos é um procedimento convencional nos setores de projeto, e não se justifica abandoná-la no caso dos pavimentos de concreto

Yoder e Witczak (1975) apresentam uma correlação textual entre o valor do módulo de reação do subleito e a classificação de solos denominada Sistema de Classificação Unificada de Solos (*Unified Soil Classification System*), desenvolvida pelo professor Arthur Casagrande, que é também conhecida por "Classificação para Aeroportos". O USACE ainda associa a cada classe de solos as seguintes informações: sua adequabilidade como subleito, como base de pavimento, sua compressibilidade e expansão, sua drenabilidade, o tipo de equipamento de construção para se trabalhar o material e as faixas de valores de CBR e de módulo de reação do subleito (k) em campo (Tab. 3.1). Também é presente correlação textual entre a Classificação HRB-AASHTO e o valor de k.

Dada a morosidade comum aos ensaios de carga sobre placas para determinação do módulo de reação do subleito, desde os anos da Segunda Guerra Mundial o USACE direcionou esforços para a determinação desse parâmetro por correlação com outros parâmetros de mais fácil identificação para os solos. Tomou-se o ensaio do CBR como padrão e diversas

TAB. 3.1 CLASSIFICAÇÕES HRB-AASHTO, UNIFICADA E VALORES PARA K
(Hall et al., 1997)

Classificação HRB-AASHTO	Descrição	Classificação unificada	Massa específica aparente seca (kN/m³)	CBR (%)	Valor de k (MPa/m)
A-1-a bem graduado	Pedregulho	GW	20,00-22,50	60-80	80-120
A-1-a mal graduado		GP	19,25-20,80	35-60	80-110
A-1-b	Areia grossa	SW	17,60-20,80	20-40	55-110
A-3	Areia fina	SP	16,80-19,25	15-25	40-80
A-2-4 pedregulhoso	Pedregulho siltoso	GM	20,80-23,20	40-80	80-135
A-2-5 pedregulhoso	Pedregulho siltoarenoso				
A-2-4 arenoso	Areia siltosa	SM	19,25-21,60		80-110
A-2-5 arenoso	Areia siltopedregulhosa			20-40	
A-2-6 pedregulhos	Pedregulho argiloso	GC	19,25-22,50		55-120
A-2-7 pedregulhos	Pedregulho argiloarenoso				
A-2-6 arenoso	Areia argilosa	SC	16,80-20,80	10-20	40-95
A-2-7 arenoso	Areia argilopedregulhosa				
A-4	silte	ML	14,40-16,80	4-8	7-45
	silte/areia/mistura pedregulhosa	OL	16,00-20,00	5-15	10-60
A-5	Silte mal graduado	MH	12,80-16,00	4-8	7-50
A-6	Argila plástica	CL	16,00-20,00	5-15	7-70

TAB. 3.1 CLASSIFICAÇÕES HRB-AASHTO, UNIFICADA E VALORES PARA K
(Hall et al., 1997) (Continuação)

Classificação HRB-AASHTO	Descrição	Classificação unificada	Massa específica aparente seca (kN/m³)	CBR (%)	Valor de k (MPa/m)
A-7-5	Argila moderadamente elastoplástica	CL OL	14,40-20,00	4-15	7-60
A-7-6	Argila muito elastoplástica	CH OH	12,80-17,60	3-5	10-60

curvas para determinação de k a partir do valor do CBR do solo foram então desenvolvidas. Posteriormente, sobretudo como fruto de trabalhos da PCA, que reconhecia as bases como elementos de melhoria e uniformização das características de suporte dos subleitos, desenvolveram-se correlações envolvendo a determinação de k sobre a superfície de vários tipos de bases já compactadas (granulares, cimentadas, betuminosas).

A PCA (1966) explicitamente sugere correlações entre o valor de k e as seguintes variáveis: CBR do subleito e espessura da base cimentada ou granular. A Fig. 3.15 apresenta graficamente essas correlações. Nesse ponto, todavia, é preciso ter um mínimo de espírito crítico quando de sua transposição e aplicação direta em condições tipicamente tropicais para solos. Além disso, na busca de um ensaio simples já existente e bastante conhecido no meio técnico (o CBR), é mister reconhecer que a medida do CBR relaciona-se à resposta plástica (ruptura por cisalhamento) do solo, que não possui relação direta com sua capacidade de deformação elástica. Nessas condições, as curvas de correlação da PCA são bastante empíricas, refletindo condições restritas no clima temperado. Na Tab. 3.2 são apresentadas correlações estatísticas referentes às curvas indicadas na Fig. 3.15.

Das curvas que relacionam o CBR do subleito, a espessura de base e o valor de k, observa-se que, no caso de bases granulares, apenas espessuras elevadas permitem um aumento expressivo no módulo de reação do sistema de apoio (sobre a base). No caso de bases tratadas com ligantes

[Figure: graph showing Módulo de reação no topo do apoio (MPa/m) vs CBR do subleito (%), with curves for Base Granular 100/150/200/300 mm, Base Cimentada 100/150/200 mm, Subleito, CCR 100/150/200 mm]

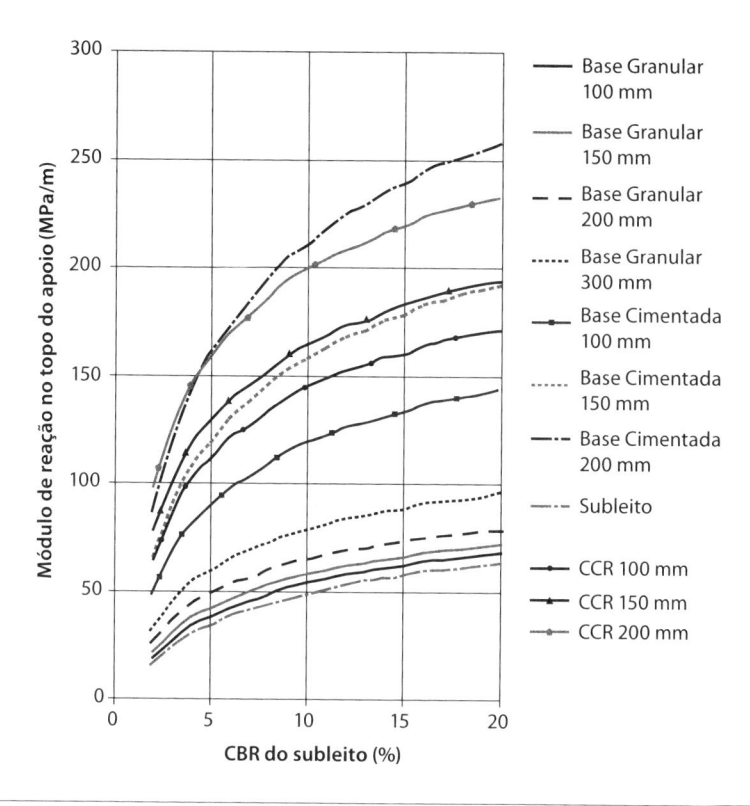

Fig. 3.15 *Módulo de reação para diversas condições de apoio (adaptado de PCA, 1966)*

hidráulicos, o que torna sua rigidez superior, nota-se que espessuras pequenas de concreto compactado com rolo (CCR) poderiam representar melhores resultados do que bases de solo cimento (cimentadas) de mesma espessura; já no caso de grandes espessuras, como 200 mm, para valores de CBR medianos a elevados, as bases cimentadas teriam melhores reflexos para o aumento de k do que o próprio CCR, o que não parece razoável, do ponto de vista elástico e de efeito de placa desses tipos de base.

De fato, quanto maior o valor do módulo de elasticidade do material, maior a redução das deflexões, sob ação de uma mesma carga. Ora, o CCR possui E superior a 20 GPa para o módulo de elasticidade, enquanto bases de solo cimento apresentam, quando excelentes, valores de 5 a 7 GPa. Portanto, considerada a mesma pressão, seria de se esperar menores valores de deslocamentos sobre o CCR e, por decor-

TAB. 3.2 CORRELAÇÕES ENTRE k E CBR PARA DIVERSAS CONDIÇÕES DE APOIO (adaptado de PCA, 1966)

Material no topo do Sistema de apoio	Espessura da base (mm)	Correlação correspondente k *versus* CBR do subleito	R^2
Base granular	100	$k = 21,65 \ln CBR + 3,61$	0,999
	150	$k = 21,79 \ln CBR + 7,35$	0,999
	200	$k = 22,47 \ln CBR + 12,57$	0,998
	300	$k = 26,97 \ln CBR + 15,86$	0,998
Base cimentada	100	$k = 40,35 \ln CBR + 24,61$	0,999
	150	$k = 54,46 \ln CBR + 31,45$	0,999
	200	$k = 72,79 \ln CBR + 42,54$	0,998
CCR	100	$k = 45,84 \ln CBR + 36,81$	0,996
	150	$k = 50,13 \ln CBR + 46,67$	0,997
	200	$k = 57,78 \ln CBR + 63,57$	0,998
Solo de fundação	—	$k = 20,67 \ln CBR + 1,26$	0,999

rência, maiores valores de k para o material, o que não ocorre no caso em questão.

O método da *American Association of State Highway and Transportation Officials* (AASHTO, 1993) propõe, para situações em que a placa é assentada diretamente sobre o subleito, ou seja, na ausência de base no pavimento, uma correlação entre o módulo de reação do subleito (k, em libras por polegada cúbica) obtido diretamente com ensaio de carga sobre placa e o valor do módulo de resiliência (M_r, em libras por polegada quadrada) do solo, dada por:

$$k = \frac{M_r}{19,4} \quad (3.50)$$

No caso de pavimento de concreto com base, a AASHTO (1993) indicava o emprego de valores ajustados empiricamente, em função do potencial de contaminação da base granular e das condições sazonais de uso do pavimento (períodos de gelo e desgelo da fundação). A correlação mais recentemente aplicada nos EUA é a proposta em AASHTO (1998), que admite uma faixa de variação do valor de k em função do CBR do subleito, representada graficamente nas Figs. 3.16 e 3.17, tendo-se em conta diversos estudos elaborados durante muitos anos em pavimentos rodoviários americanos, em todo o território dos EUA, pelo *Strategic Highway Research Program*.

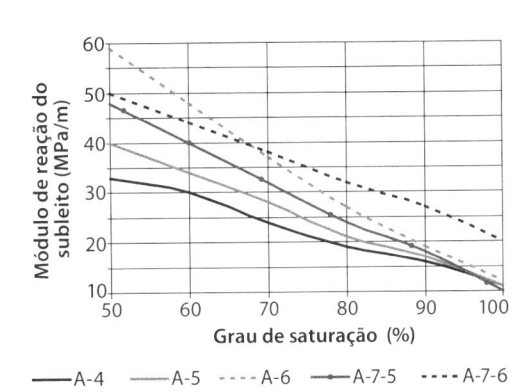

Fig. 3.16 Correlação entre tipo de solo da classificação HRB-AASHTO e k (AASHTO, 1998)

A consideração do grau de saturação do solo e do tipo de solo (classificação HRB-AASHTO), especificamente para solos finos (A-4, A-5, A-6 e A-7), representa uma melhoria na determinação de k, uma vez que, de fato, os padrões de solo e sua unidade influenciam em suas respostas elásticas. Quanto à correlação com o valor de CBR, tem-se uma perspectiva mais crível, pelo fato de serem propostas faixas de valores de k para um mesmo valor de CBR. Trata-se, portanto, de uma escala mais ampla do que aquela originalmente proposta pela PCA, embora, em média, muito semelhantes.

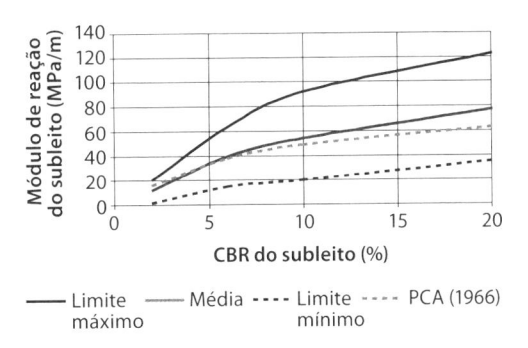

Fig. 3.17 Correlação entre CBR e k (AASHTO, 1998)

Como se pode observar, um solo do tipo A-4 ofereceria, em geral, piores condições de deformabilidade em comparação com solos mais finos ainda – por exemplo, um solo A-7-6. Tal situação poderia ser absolutamente inaceitável para solos típicos tropicais no Brasil, tomando-se como exemplo o solo laterítico arenoso fino (muitas vezes enquadrado na classe A-4), que, devidamente compactado, apresenta módulo de resiliência muito superior ao de determinados solos não lateríticos classificados como do tipo A-6 e A-7, o que dificulta muito o emprego dessas correlações empíricas estrangeiras em projetos.

Quando, no entanto, se emprega o critério empírico de dimensionamento de placas de concreto (AASHTO, 1993) com base no desempenho da condição de rolamento (serventia), toda a discussão apresentada perde um pouco o fôlego, conforme se mostra adiante. Na Fig. 3.18 representam-se os efeitos verificados na espessura da placa de concreto para o pavimento rodoviário, por alterações nas três principais variáveis (no modelo de dimensionamento da AASHTO).

Observa-se que o tráfego de projeto, expresso pelo número de repetições do eixo padrão de 80 kN, e a resistência do concreto apresentam efeitos muito mais importantes do que variações no valor de k, pois variações de 300% no valor do módulo de reação do subleito seriam capazes de causar variações de apenas 8% na espessura da placa de concreto. Ou seja, o experimento em pista comprovara que k é de pouca relevância para o desempenho da estrutura do pavimento, o que, indiretamente, significa que pouco influencia no estado tensional das placas de concreto. O que parece comandar o desempenho, conforme observado em pista na *AASHO Road Test*, são a espessura da placa, o número de repetições de carga (processo de fadiga) e a resistência do concreto. Além disso, relata-se que mesmo placas sem carregamentos no circuito 6 romperam (HRB, 1962), o que foi atribuído a feitos meramente térmicos.

Em pista, observou-se que o valor de k é pouco importante na resposta mecânica, como será confirmado pelos métodos analíticos e pelos métodos numéricos (MEF). Os comentários feitos até aqui foram suficientemente longos e cientificamente embasados para evitar dúvidas para quem refletir sobre a questão. É necessário, porém, um aprofundamento sobre o que representa o módulo de reação do subleito.

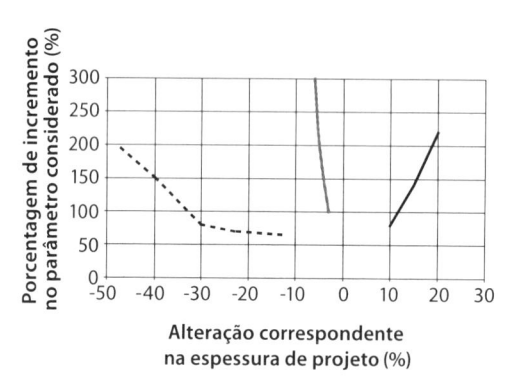

——— Alterações no Número de Repetições de Carga (%)
——— Alterações no Módulo de Reação do Subleito (%)
- - - - Alterações na Resistência do Concreto (%)

Fig. 3.18 *Efeitos de variações de parâmetros de projeto na espessura do pavimento com base na equação de desempenho da AASHTO (1993)*

Com base nos comentários e nas conclusões já apresentados, emitidos pelos próprios autores de modelos analíticos para placas apoiadas sobre meio elástico, bem como nos resultados experimentais de valores de k acumulados na experiência estrangeira e brasileira, na Tab. 3.3 apresenta-se uma proposição, apenas para pragmatismo em projetos, de caracterização do valor de k, quando necessário nos termos indicados, em função de padrões relacionados ao tipo de subleito e às bases a serem construídas.

Tab. 3.3 Proposição pragmática para valores de K

Tipo de solo de fundação (MCT)	Tipo de base	Valor de k (MPa/m) do sistema
LA, LA'	—	40-70
	Granular	50-100
	Cimentada	> 100
	CCR	> 150
LG'	—	30-60
	Granular	40-80
	Cimentada	> 100
	CCR	> 150
NA	—	30-60
	Granular	50-80
	Cimentada	> 100
	CCR	> 150
NA', NS'	—	15-35
	Granular	35-50
	Cimentada	> 80
	CCR	> 100

3.3.8 Determinação de k pelas deflexões FWD – Critério da AASHTO (1993)

Uma vez que o valor de k não se trata de uma propriedade intrínseca do solo, mas do sistema placa + suporte, faz muito sentido a determinação do valor do módulo de reação do subleito por meio de retroanálise de parâmetros de deflexão. Para tanto, a AASHTO (1993) recomenda aplicação de carga de 40 kN sobre placa de 300 mm de diâmetro e medida de deflexões nas posições 0 (deflexão central), 305 mm, 610 mm e 915 mm. A determinação do valor de k é realizada com base na deflexão máxima (em centésimos de mm) e no valor da área normalizada da bacia de deflexão, que é estimada pela função:

$$AREA = 6 \times \left[1 + 2 \times \left(\frac{d_{305}}{d_0} \right) + 2 \times \left(\frac{d_{610}}{d_0} \right) + \left(\frac{d_{915}}{d_0} \right) \right] \quad (3.51)$$

Na Fig. 3.19 apresenta-se um gráfico para determinação do valor de k, denominado k-dinâmico, que, para ser convertido no valor de k-estático, a AASHTO sugere sua multiplicação por fator 50%. A determinação do valor de k por processos de retroanálise (ver Cap. 5) é potencialmente útil para obras de recuperação de pavimentos de concreto, com eventual aplicação de reforço em concreto ou reciclagem do concreto, e para obras de duplicação em fases de projeto. Poderá também ser de grande utilidade na criação de bancos de dados para uma agência viária, para melhor conhecimento do comportamento dos solos de fundação sob pavimentos de concreto.

Hall et al. (1997, p. 72), em estudo amplo com base de dados do *Long Term Pavement Performance*, compararam valores de k medidos com ensaios de carga sobre placa rígida, para todas as seções de pavimentos de concreto nas quais eram disponíveis, com valores de k retroanalisados por meio de bacias de deflexões medidas com FWD, e chegaram à seguinte conclusão:

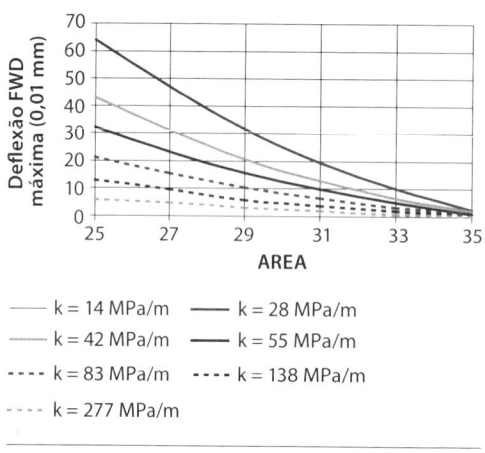

Fig. 3.19 *Determinação do k-dinâmico por deflexões FWD (AASHTO, 1993)*

> Os valores retroanalisados com deflexões FWD excederam os valores de k obtidos com provas de carga sobre placas [...] por fatores com média muito próxima a 2 qualquer que fosse o algoritmo de retroanálise. Portanto, a simples regra de dividir o valor de k retroanalisado por 2 para estimativa do valor de k pelo ensaio de carga sobre placa é considerada válida.

Além disso, mesmo em subleitos com solos finos e grau de saturação de 100%, mencionam os autores que o mínimo valor obtido para o módulo de reação do subleito foi de aproximadamente 7 MPa/m, o que parece ser indicativo de que valores inferiores a 10 MPa/m não devam ser considerados em projetos.

3.4 Esforços de retração no concreto

A retração por secagem e a retração térmica impõem estados de contração na massa de concreto lançado em pista para a placa do pavimento, a primeira durante a fase inicial de cura, após o final da pega, e a segunda durante a vida de serviço do pavimento, como visto no Cap. 2. O deslocamento horizontal da massa fresca é parcialmente contido pelo atrito entre esta e o topo da base do pavimento, sendo geradas forças horizontais na massa de concreto (Fig. 3.20).

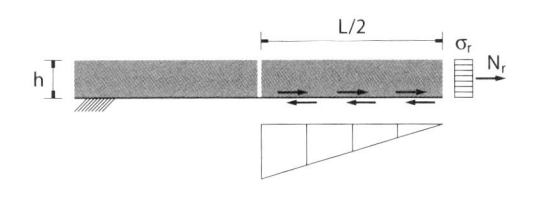

Fig. 3.20 *Forças de retração na placa de concreto (adaptado de Losberg, 1978)*

Chamando de L o comprimento da placa; h sua espessura; γ o peso específico do concreto; e c o coeficiente de atrito entre a placa de concreto (fundo) e a superfície da base de apoio (em geral admitido como 1,0 para papel betumado ou lençol de polietileno, 1,5 para bases granulares e cimentadas e 2,5 para superfície asfáltica), a força horizontal (por unidade de comprimento de seção transversal) induzida pela retração é calculada pela expressão:

$$N_r = \gamma \cdot h \cdot c \cdot \frac{L}{2} = \sigma_s \cdot A_s \qquad (3.52)$$

onde σ_s é a tensão no aço (tomada economicamente como sua resistência (f_s) e A_s é a área de aço na seção transversal considerada para o combate aos esforços de retração (por unidade de largura).

O *Wire Reinforcing Institute* (WRI, 2006) recomenda o emprego da Eq. 3.52, designada "fórmula ou equação de arrasto", fazendo mais referência à fricção entre o fundo da placa e o sistema de suporte que reage contra os efeitos térmicos, em especial a retração. Porém, tal recomendação limita-se a placas de até aproximadamente 9 m de comprimento, pois, segundo relatos mais recentes, fissuras de retração hidráulica não são incomuns para placas longas, mesmo que armadas.

Ainda de acordo com o WRI, as armaduras de retração assim determinadas são eficientes para cargas leves em espessuras de placa de até aproximadamente 130 mm. Aconselha-se o emprego de outras teorias para esse dimensionamento, no caso de placas mais espessas, mais longas e sujeitas a veículos mais pesados, e por fim, sugere-se o uso da Eq. 3.52 na zona intermediária, designada pelos limites das duas linhas na Fig. 3.21,

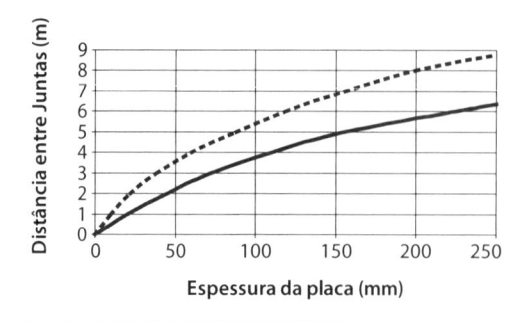

Fig. 3.21 *Limite de emprego da Eq. 3.52 sugerido pelo WRI (2006)*

reconhecendo-se que tal procedimento não adiciona, obrigatoriamente, uma capacidade estrutural ao pavimento.

Em termos mais rigorosos, pode-se ainda considerar a presença de armadura para restrição da abertura de fissuras de retração, mantendo-se as faces fissuradas do concreto solidárias, em circunstâncias nas quais efetivamente se requeira absoluta ausência de fissuras, seja por razões de ordem estética ou de outra natureza. Nesse caso, dever-se-á estimar a retração que o concreto em uso poderá apresentar, que é dada pela relação entre a abertura da fissura (ΔL) e o comprimento considerado (L). A determinação da área de aço na seção transversal, nesse caso, é dada pela fórmula:

$$\frac{\Delta L}{L} = \frac{\sigma_c}{E_c} = \frac{F_c}{A_c \cdot E_c} = \frac{A_s \cdot f_s}{A_c \cdot E_c} \qquad (3.53)$$

Deve-se notar que, na Eq. 3.53, E_c é o módulo de fluência do concreto em tração ($\cong$ 10.560 MPa); A_c é a área da seção transversal do concreto; A_s é a área de armadura na seção transversal; e f_s é a resistência do aço, de tal maneira que, por unidade de comprimento, a área de aço é assim determinada:

$$A_s = \frac{\Delta L \cdot h \cdot E_c}{f_s \cdot L} \qquad (3.54)$$

A área de aço, no caso de exigência desse último critério, evidentemente resulta maior do que aquelas calculadas por outros critérios.

3.5 Esforços resultantes de variações térmicas

A placa de concreto, ao sofrer variações térmicas ao longo de uma jornada diária e das estações climáticas, sofrerá expansão em função da variação de temperatura média em sua espessura, e essa expansão (ou contração) é proporcional à diferença entre a temperatura presente e aquela de cura e secagem do concreto. A deformação específica (ε_T) sofrida pelo concreto é dada pela expressão:

$$\varepsilon_T = \frac{\Delta L}{L} = \alpha \cdot \Delta T \qquad (3.55)$$

onde α é o coeficiente de expansão térmica do concreto.

Se estiverem presentes as barras de aço para combate às deformações resultantes das variações de temperatura (ΔT), as deformações no aço devem ser solidárias às verificadas na massa de concreto, de tal maneira que a área de armadura em uma seção unitária transversal, considerado meio comprimento da placa de concreto, deverá ser determinada pela fórmula:

$$A_s = \frac{f_{ct} \cdot h}{2 \cdot (f_s - \alpha \cdot \Delta T \cdot E_s)} \qquad (3.56)$$

onde f_s é a resistência à tração do aço e E_s é o módulo de elasticidade do aço.

A aplicação desse conceito como padrão para o cálculo da área de armadura de combate à expansão térmica deve ser considerada em paralelo, como critério adicional de verificação, e sua importância relativa é dada em função de mais rigorosas variações climáticas no local. Ambientes fechados, com temperaturas muito elevadas ou muito baixas, também devem ser objeto de consideração do fenômeno de expansão ou contração térmica no pavimento de concreto.

3.6 Modelos analíticos de Westergaard – Placa sobre fundação de Winkler

Ainda durante o século XIX, condições de contorno para a resolução da equação diferencial de quarta ordem de Lagrange (3.38) foram relativamente bem encaminhadas para os casos de placas apoiadas ou engastadas em suas bordas, empregando-se métodos diretos para o equacionamento do problema.

Em uma atitude um tanto quanto diletante, em 1884 o físico Hertz encaminhou a solução da equação por séries de Fourier para a situação de uma placa de dimensões muito grandes que pudesse ser considerada "infinita". Objetivando curiosamente verificar qual o peso sobre a superfície de um lago congelado (placas flutuantes) que causaria a ruptura da "placa" de gelo superficial, Hertz fez uma hipótese inusitada:

de que a água em temperatura muito baixa, imediatamente abaixo da placa de gelo, responderia como um líquido muito denso, isto é, sem que um esforço vertical aplicado sobre um ponto desse líquido causasse perturbações nas regiões imediatamente vizinhas; apenas naquele ponto ocorreria deformação (sem transmissão de esforços de cisalhamento para os pontos circunvizinhos).

Hertz empregara a hipótese formulada alguns anos antes por Winkler, o qual, admitindo que um solo de fundação respondia como um líquido muito denso, simplesmente o assimilou a um conjunto de molas idênticas que respondiam de acordo com a lei de Hooke. Cerca de 40 anos mais tarde, Westergaard retomou a análise pioneira de Hertz e buscou soluções analíticas para a Teoria Clássica de Placas Isótropas para placas de dimensões semi-infinitas, o que viria a revolucionar a maneira de se analisar um PCS. A solução encontrada por Hertz (1884) para a deflexão (ω) causada por uma carga (P) concentrada, aplicada sobre o centro da placa de gelo flutuante, foi:

$$\omega(r/\ell) = \frac{P \cdot \ell^2}{k \cdot D} kei(r/\ell) \qquad (3.57)$$

onde D é a rigidez da placa; k é o módulo de Winkler; e ℓ é o raio de rigidez relativa, que será definido mais adiante.

O modelo de Hertz apresentava um inconveniente importante para sua aplicação prática: embora fosse capaz de prever deslocamentos verticais finitos no domínio da placa, resultava em tensões extremamente elevadas sob a carga, mesmo para pequenas cargas (Khazanovich; Tompkins, 2005). Passadas cerca de quatro décadas, essa limitação seria vencida por Westergaard (1926), quando restabeleceria a modelagem para uma carga distribuída sobre uma área com um raio de contato circular real ou equivalente.

Westergaard, professor da Universidade de Illinois e, posteriormente, de Harvard, a partir de 1925 inicia uma série de publicações, em língua inglesa, dedicadas à análise estrutural de placas de concreto para pavimentação de vias, encontradas nos anais dos encontros do *Highway Reserch Board, da American Society for Civil Engineers*, e em revistas do *Bureau of Public Roads*.

Os modelos analíticos de Westergaard passaram por modificações, feitas pelo próprio autor, levando em consideração modelos estruturais mais adequados e complexos, e até mesmo visando a ajustes de natureza empírica diante, especialmente, dos experimentos realizados durante a *Arlington Experimental Farm*. O último desses artigos foi publicado em 1948, três anos antes do falecimento de Westergaard, e que alguns dos modelos apresentados naquele ano, ajustando análises anteriores, foram empregados por Pickett e Ray para a confecção dos famosos ábacos (casos para subleito como líquido muito denso).

Atualmente, com os recursos computacionais e numéricos disponíveis para a análise de placas de concreto, os modelos de Westergaard têm mais uma conotação histórica, sendo, na prática, não aplicáveis por diversas razões, entre as quais suas limitações teóricas. No entanto, diversos trabalhos mais "românticos" sempre fazem alusões a tais modelos, comparações de resultados etc., dada a sua importância histórica, em especial para projetos. Eles culminaram com o método de dimensionamento de PCS proposto pela *Portland Cement Association* em 1966, sendo posteriormente abandonados para finalidades práticas.

No presente texto, não se fará uma apresentação formal dedutiva, conforme realizada por Westergaard, uma vez que os seus trabalhos, disponíveis até hoje em bibliotecas, permitem o entendimento detalhado de suas deduções. O objetivo maior aqui é o entendimento das hipóteses e dos conceitos implícitos em sua modelagem analítica, às vezes com ajustes empíricos, procurando encarar as limitações de forma crítica. Aliás, muitos desconhecem, por não ter lido com profundidade seus artigos, que o maior crítico de Westergaard foi o próprio Westergaard, que aponta explicitamente as diversas limitações de suas formulações para a análise de placas de concreto.

3.6.1 Modelos de Westergaard de 1926, 1939 e 1948 – Cargas de veículos

Para Westergaard (1952), as estruturas planas são divididas em quatro categorias: as placas espessas, as placas medianamente espessas, as placas finas com grandes deflexões e as membranas, de acordo com suas respostas estruturais aos esforços externos. A placa é dita *espessa* quando a energia das tensões transversais cisalhantes for suficientemente grande para prevenir distribuições lineares ou aproximadamente lineares das tensões de flexão normais ao longo da espessura da placa, em todos os pontos. A placa é dita *medianamente espessa* se a única energia de tensão a ser considerada for a de flexão e torção, por tensões que são proporcionais à distância de seu meio plano, ignorando-se o cisalhamento. Nesses casos, estados de não linearidade entre cargas, deformações e tensões são uma particularidade.

Para a análise analítica ou numérica de placas espessas, há a necessidade do emprego de complexos sistemas tridimensionais (3D). As placas medianamente espessas são as que satisfazem as equações da Teoria das Placas. Evidentemente, existem limites na faixa de emprego de espessuras, pois a distinção entre o que seja uma placa espessa ou medianamente espessa ou fina não é nítida, e o uso de uma teoria ou outra nessas zonas limítrofes dependerá mais da acurácia do cálculo desejado. Um exemplo disso é que uma placa pode ser considerada espessa em seu volume total, porém a necessidade de tratá-la como uma placa medianamente espessa poderá ocorrer quando se tem uma carga elevada e muito concentrada.

Não existe muita uniformidade na nomenclatura anteriormente apresentada, pois Love (1934) chama de placa fina o que Westergaard entende por placa medianamente espessa; contudo, há coerência no tratamento estrutural da questão. As placas finas são aquelas em que as grandes deflexões produzem tensões apreciáveis na superfície média, exigindo a consideração de ambas as energias, de flexão e de tração, sendo inevitável, nesse caso, a consideração do cisalhamento. Numa membrana, apenas a energia de tração é tomada, pois a de flexão torna-se desprezível.

Westergaard (1926), a partir de hipótese da Teoria Clássica de Placas Isótropas, chega à dedução de modelos simplificados para o cálculo de deflexões e momentos fletores em placas de concreto. Não se tratou, porém, da primeira formulação analítica do problema, que desde finais do século XIX já era motivo de especulações por outros teóricos famosos (Hertz, Maxwell, Nadai), embora muitos ainda se refiram aos "trabalhos pioneiros de Westergaard".

A formulação de Westergaard vai empregar conceitos de cálculo estrutural relacionados à energia de deformação, empregando o método de aproximações sucessivas de Ritz, com diversas simplificações de cálculo que fogem da realidade geométrica da estrutura. O teorema das deformações recíprocas de Maxwell é empregado como fundamento de análise, e pode ser enunciado assim: "A deformação sofrida em um ponto B na superfície de uma placa quando uma carga age sobre um ponto A desta mesma superfície é idêntica à deformação sofrida pelo ponto A quando a mesma carga é aplicada sobre o ponto B".

Conforme a Teoria das Placas, o sistema (placa) é homogêneo, isotrópico, e o sólido elástico está em equilíbrio estático. Westergaard, como havia suposto Hertz, admitiu que o subleito, sistema de apoio para a placa, é homogêneo e responde às ações verticais, e apenas verticais, externas, seguindo a hipótese de Winkler. Admitiu, assim, que a resposta da fundação de suporte para a placa é p = k . ω, onde k é o módulo de reação da fundação de apoio da placa e ω é o deslocamento verificado sobre o subleito ou a fundação que, dada a rigidez da placa, seria o mesmo deslocamento sofrido pela superfície da placa (teorema das deformações recíprocas de Maxwell). A equação de partida para o trabalho analítico de Westergaard foi:

$$\frac{\partial^4 \omega}{\partial x^4} + 2 \cdot \frac{\partial^4 \omega}{\partial x^2 \cdot \partial y^2} + \frac{\partial^4 \omega}{\partial y^4} = \frac{q' - k \cdot \omega}{D} \qquad (3.58)$$

O subleito é, portanto, conforme tal hipótese, tido como um conjunto de molas absolutamente idênticas e dispostas verticalmente, que respondem às ações externas sem que ocorra a transmissão de esforços de cisalhamento entre elas. Trata-se de uma hipótese simplificadora muito empregada (Fig. 3.22), porém distante da realidade de comportamento de um solo de fundação ou de bases granulares e cimentadas, o que revela, de partida, suspeitas teóricas, ao tratar-se as bases de pavimentos de concreto em placas como elementos representáveis por incrementos no valor de k do subleito abaixo delas.

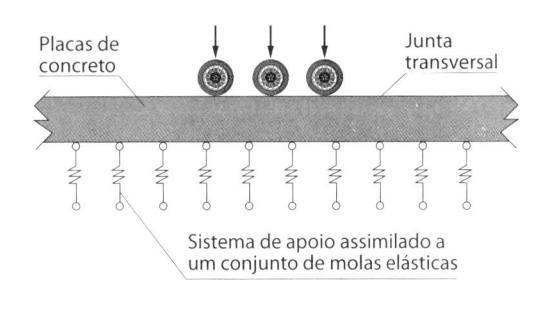

Fig. 3.22 Modelo de Winkler aplicado a placas de concreto

As molas, respondendo de acordo com a lei de Hooke, apresentariam uma reação por unidade de área no entorno de um ponto, conforme a equação:

$$p = k \cdot \omega \qquad (3.59)$$

Westergaard definiu k com a expressão "módulo de reação do subleito", que é universalmente utilizada, embora possam existir outras denominações não tão precisas quanto esta (Childs, 1947, por exemplo, emprega a expressão "módulo de rigidez do subleito"). É possível que Westergaard a tenha utilizado em analogia ao "módulo de reação de via" ou "módulo de Talbot", expressão já empregada na época. A expressão "coeficiente de recalque", muitas vezes empregada no Brasil, não é motivada por tradução do termo *settlement coefficient*, uma vez que se refere de fato a recalque, ou seja, deformação plástica, bastante conhecida na Mecânica dos Solos. Esse termo é errôneo, uma vez que o termo original é *subgrade reaction modulus*, amplamente designado no meio internacional por *k-value*. Aqui, por rigor, uma vez que o termo original diz respeito, conceitualmente, à deformação elástica, recusamos o emprego da referida expressão brasileira.

O valor de k é uma medida da rigidez do subleito, ou seja, sua oposição à sua própria deformação, que, portanto, é expressa em unidade de pressão (força dividida por área) dividida por deformação (deflexão). Com base na teoria, pode-se afirmar com relação ao valor de k:

- k depende da deformação sofrida; como a placa apresenta variação na deformação e o subleito, por hipótese de comportamento monolítico, apresenta idêntica deformada, k naturalmente responderia diferentemente em pontos distintos da placa;
- a deformação do subleito, em termos de sua superfície deformada, está muito condicionada pela deformação da placa trabalhando em estado plano de tensões; é provável, portanto, que k seja menos significante para a linha de deformação do subleito do que a própria deformação da placa.

Westergaard reconhece a limitação de k não ser valor constante, a partir de estudos realizados por Goldbeck (1919). Outro aspecto que norteia as deduções de Westergaard é o conceito de "raio de rigidez relativa" do sistema estrutural, ou seja, placa + mais sistema de apoio (bases e subleitos), que surge a partir de uma conveniência analítica. Retomando-se a Eq. 3.23, ela é assim reescrita:

$$M_y = -\frac{E \cdot h^3}{12 \cdot (1-\mu^2)} \cdot \left(\frac{\partial^2 \omega}{\partial y^2} + \mu \cdot \frac{\partial^2 \omega}{\partial x^2}\right) \quad (3.60)$$

Eliminando-se o efeito da curvatura (deformação) que ocorre na direção x, o que reduz o problema a uma dimensão principal, e desconsiderando-se efeitos de deformações causadas por diferenciais térmicos ao longo da profundidade do elemento estrutural, a Eq. 3.60 pode ser rescrita na forma:

$$M_y = -\frac{E \cdot h^3}{12 \cdot (1-\mu^2)} \cdot \left(\frac{\partial^2 \omega}{\partial y^2}\right) \quad (3.61)$$

A reação do subleito (k . ω) é a única força externa atuante quando o deslocamento é negativo, sendo mantido o contato entre a placa e o subleito (Westergaard, 1926). De acordo com a Teoria das Placas, o equilíbrio no elemento de placa requer a condição:

$$\frac{\partial^2 M_y}{\partial y^2} = -k \cdot \omega \quad (3.62)$$

Pela Eq. 3.45, a segunda derivada do momento fletor com relação à direção de interesse (y) resulta em:

$$\frac{\partial^2 M_y}{\partial y^2} = -\frac{E \cdot h^3}{12 \cdot (1-\mu^2)} \cdot \left(\frac{\partial^4 \omega}{\partial y^4}\right) \quad (3.63)$$

Substituindo-se a Eq. 3.63 na Eq. 3.62, obtém-se:

$$k \cdot \omega - \frac{E \cdot h^3}{12 \cdot (1-\mu^2)} \cdot \left(\frac{\partial^4 \omega}{\partial y^4}\right) = 0 \quad (3.64)$$

Dividindo-se todos os termos da Eq. 3.64 por k, tem-se:

$$\omega - \frac{E \cdot h^3}{12 \cdot (1-\mu^2) \cdot k} \cdot \left(\frac{\partial^4 \omega}{\partial y^4}\right) = 0 \qquad (3.65)$$

A solução da equação diferencial 3.65, para determinação do deslocamento ω, na realidade ocorre para a condição na qual o momento fletor na direção considerada se anula. Note que o valor da rigidez da placa (D) encontra-se dividido pela rigidez do apoio (k), o que é chamado de "rigidez relativa", expressa pela quarta potência de unidade de comprimento (E é dado em MPa, h em m e k em MPa/m, por exemplo). Westergaard definiu o "raio de rigidez relativa" como a raiz quarta da relação entre a rigidez da placa e a rigidez do subleito, conforme a expressão (que já aparecera anteriormente no modelo de Hertz):

$$\ell = \sqrt[4]{\frac{D}{k}} = \sqrt[4]{\frac{E \cdot h^3}{12 \cdot (1-\mu^2) \cdot k}} \qquad (3.66)$$

O motivo de ocorrência da raiz quarta na relação era apenas para simplificação das deduções a partir da equação diferencial de quarta ordem para as placas em flexão. Dessa definição infere-se que, quanto maior a rigidez da placa e menor o módulo de reação do subleito, maior será o raio de rigidez relativa da placa e, portanto, mais distante da carga encontrar-se-á o ponto de inflexão da deformada (inversão do momento fletor). Observe que, nos procedimentos dedutivos empregados por Westergaard, a noção de uma placa semi-infinita sempre prevaleceu.

O raio de rigidez relativo da placa é um indicador estrutural em que se relacionam comprimento e espessura de uma placa, sendo possível, por meio desse parâmetro, verificar quais relações entre comprimento e espessura conduzem a incrementos apreciáveis nas deflexões, aproximando-se de placas finas. Esse limite foi tomado, em termos teóricos (Ioannides; Thompson; Barenberg, 1985), como a relação entre o comprimento da placa e seu raio de rigidez relativo (um adimensional), e para um valor de tal relação inferior a 5, a magnitude das tensões de tração na flexão decairia, com acréscimo nas deflexões. Em situações dessa natureza, as tensões de cisalhamento também deveriam ser verificadas, como no caso de placas longas e delgadas.

Na prática de engenharia e na oratória ouviu-se que a relação entre comprimento e espessura da placa deve estar próxima de 25, sem se apresentar para essa assertiva, porém, justificativas teóricas ou baseadas na análise de desempenho em pista, a não ser o fato de que a prática comum de comprimento de 5 m e espessuras de 0,18 m a 0,22 m conduz a relações entre 22 e 27. Isso, todavia, não é uma justificativa, pois para pavimentos de pistas de aeroportos e mesmo pavimentos rodoviários mais espessos encontrados na prática estrangeira, essa relação cai para 15. Portanto, os 25 soam como um valor a ser buscado dentro de bases econômicas, e não técnicas.

O raio de rigidez relativa ou comprimento característico do pavimento é um parâmetro familiar para os conhecedores de análise estrutural, e, segundo Ioannides (2006), Westergaard adotou tal denominação para esse parâmetro por se tratar de uma variável de dimensão linear, bem como por recordar-se do raio de giração empregado em análises de pilares e colunas.

Westergaard (1926) analisa três situações possíveis de carregamento sobre uma placa, com cargas aplicadas sobre uma área circular (cargas distribuídas) e pressões uniformes sob a roda: carga no centro da placa, carga em uma borda da placa e carga no canto da placa (Fig. 3.23). Para cargas no centro ou na borda da placa, estas estariam localizadas a uma distância razoável do canto da placa. Para as deduções analíticas foi necessário estabelecer a hipótese de que a placa teria dimensões semi-infinitas.

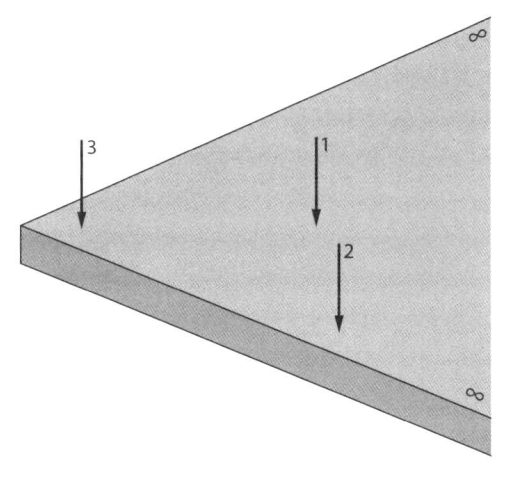

Fig. 3.23 *Posições de cargas na placa para as análises de Westergaard: (1) no centro; (2) em uma borda; (3) no canto*

Carga de Canto
Na situação de carga de canto (Fig. 3.24), Goldbeck (1919) e Older (1924) já haviam estabelecido, em uma primeira aproximação, uma expressão

para o cálculo da tensão de tração na flexão que estaria ocorrendo no topo da placa, formulando as seguintes hipóteses:

i. que a carga estaria concentrada sobre o canto da placa, o que implicaria $a = a_1 = 0$ (Fig. 3.24);
ii. que a distância entre o canto e a zona crítica de tração seria muito pequena, a tal ponto que o esforço de tração na flexão seria muito influenciado pela carga e muito pouco influenciado pela reação do subleito;
iii. que o canto funcionaria como um balanço de resistência uniforme.

Tal solução de Goldbeck (1919), para carga concentrada e aplicada no canto da placa, resultara em:

$$\sigma = -\frac{3 \cdot P}{h^2} \qquad (3.67)$$

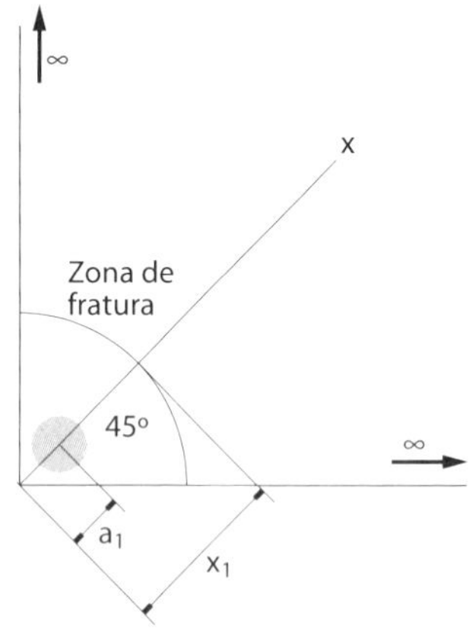

Assim, o momento na direção x (Fig. 3.24) a partir do canto seria $M = -P \cdot x$, tracionando em cima. Como a direção x é a bissetriz no canto da placa, uma seção transversal da placa nessa direção apresentaria espessura h (constante) e base 2x. Então, o momento de inércia da seção – para linha neutra (LN) a meia espessura da placa – será:

Fig. 3.24 *Zona de carga de canto*

$$I = \frac{b \cdot h^3}{12} = \frac{2 \cdot x \cdot h^3}{12} = \frac{x \cdot h^3}{6} \qquad (3.68)$$

A tensão de tração na flexão na fibra superior será dada por:

$$\sigma = \frac{M}{I} \cdot \frac{h}{2} = -\frac{P \cdot x}{\frac{x \cdot h^3}{6}} \cdot \frac{h}{2} = -\frac{3P}{h^2} \qquad (3.69)$$

No entanto, no caso real, a carga encontra-se distribuída e, portanto, a e a_1 não podem ser nulos. A tensão máxima ocorrerá a certa distância da carga, e essa distância será suficientemente longa para que as reações fora da seção crítica possam reduzir o momento fletor. Westergaard, aplicando o método de Ritz, chega à seguinte expressão para o cálculo de deflexões na vizinhança do canto:

$$\omega = \frac{P}{k \cdot \ell^2} \cdot \left[1,1 \cdot e^{\frac{-x}{\ell}} - \frac{a_1}{\ell} \cdot 0,88 \cdot e^{\frac{-2x}{\ell}} \right] \quad (3.70)$$

Para x = 0, a deflexão no canto resultaria, então:

$$\omega = \frac{P}{k \cdot \ell^2} \cdot \left[1,1 - 0,88 \cdot \frac{a_1}{\ell} \right] \quad (3.71)$$

O momento fletor total M' para x = x_1 é resolvido pela influência da carga P e do módulo de reação do subleito k. Quando x_1 é pequeno, M' estará uniformemente distribuído na seção $2x_1$, conforme a hipótese de Westergaard. Assim, o momento por unidade de comprimento (M) na seção crítica ($2x_1$) seria:

$$M = \frac{M'}{2 \cdot x_1} \quad (3.72)$$

O momento máximo ocorrerá aproximadamente à distância:

$$x_1 = 2\sqrt{a_1 \cdot \ell} \quad (3.73)$$

e será dado por:

$$M = -\frac{P}{2} \cdot \left[1 - \left(\frac{a_1}{\ell} \right)^{0,6} \right] \quad (3.74)$$

Como o momento de inércia por unidade de comprimento na seção transversal – para LN no centro – é $h^2/6$, a tensão de tração na flexão máxima, no topo da placa e no centro da área de aplicação da carga, resulta, com base no cálculo do momento fletor na Eq. 3.74:

$$\sigma = -\frac{3 \cdot P}{h^2} \cdot \left[1 - \left(\frac{a_1}{\ell} \right)^{0,6} \right] \quad (3.75)$$

Quando $a_1 = 0$, a Eq. 3.75 fica idêntica à equação de Goldbeck (1919) e Older (1924). Spangler (1935) reanalisou as equações de Westergaard à luz de experimentos que permitiam a medição das deflexões sofridas por placas de concreto quando as cargas (circulares e distribuídas) atuavam em um canto. A equação deduzida por Spangler, para tensão no topo da placa, foi:

(3.76)

$$\sigma = \frac{3 \cdot P}{h^2} \left\{ 1 - \frac{a_1}{x_1} - 2,2 \left[1 - e^{\frac{-x_1}{\ell}} \cdot \left(\frac{x_1}{\ell} + 1 \right) \right] + 4,4 \cdot \frac{1}{x_1} \left[1 - e^{\frac{-x_1}{\ell}} \left(\frac{x_1^2}{2\ell^2} + \frac{x_1}{\ell} + 1 \right) \right] \right\}$$

com a distância conforme definida na Eq. 3.73.

Iaonnides, Thompson e Barenberg (1985) apresentam a equação de Spangler (1935) na forma:

$$\sigma = -\frac{3,2 \cdot P}{h^2} \cdot \left[1 - \left(\frac{a_1}{\ell} \right) \right]$$

(3.77)

Os autores consideram que o ajuste realizado foi de natureza empírica, o que pode ser dito por meio de um critério experimental, já que o trabalho consistiu na medição de deflexões em placas carregadas no canto e na verificação da real condição de ruptura ocorrida em laboratório. Tratou-se, portanto, de uma calibração. Spangler também concluiu, apoiado em seus estudos, que a magnitude do módulo de reação do subleito tinha pouca influência no resultado das tensões aferidas.

Das análises realizadas por Westergaard, Ioannides et al. (1985) consideram a solução de canto a mais discutível e obscura, argumentando ser fraca a fundamentação apresentada, e nessa discussão ainda apresentam algumas equações resultantes de ajustes empíricos da equação de Westergaard. A Tab. 3.4 apresenta um resumo das equações para cálculo de tensões e de deflexões críticas em placas de concreto para cargas aplicadas sobre cantos. Kelley (1939) esclarece que as equações de Bradbury (1938) e de Teller e Sutherland (1935) são ajustes meramente empíricos da equação de Westergaard, e que tais ajustes algébricos, sem justificativas teóricas, foram realizados no intuito de aproximar a equação original de valores aferidos em testes.

TAB. 3.4 EXPRESSÕES PARA CÁLCULO DE EFEITOS DE CARGAS EM CANTOS DE PLACAS APOIADAS (Ioannides et al., 1985)

Efeito desejado	Expressão	Autor
Deflexão	$\omega = \dfrac{P}{k \cdot \ell^2} \cdot \left[1,1 \cdot e^{\frac{-x}{\ell}} - \dfrac{a_1}{\ell} \cdot 0,88 \cdot e^{\frac{-2x}{\ell}} \right]$	Westergaard (1926)
Tensão de tração na flexão	$\sigma = -\dfrac{3 \cdot P}{h^2}$	Goldbeck (1919), Older (1924)
	$\sigma = -\dfrac{3 \cdot P}{h^2} \cdot \left[1 - \left(\dfrac{a_1}{\ell} \right)^{0,6} \right]$	Westergaard (1926)
	$\sigma = -\dfrac{3 \cdot P}{h^2} \cdot \left\{ 1 - \dfrac{a_1}{x_1} - 2,2 \left[1 - e^{\frac{-x_1}{\ell}} \cdot \left(\dfrac{x_1}{\ell} + 1 \right) \right] + 4,4 \cdot \dfrac{1}{x_1} \left[1 - e^{\frac{-x_1}{\ell}} \left(\dfrac{x_1^2}{2\ell^2} + \dfrac{x_1}{\ell} + 1 \right) \right] \right\}$	Spangler (1935)
	$\sigma = -\dfrac{3 \cdot P}{h^2} \cdot \left[1 - \left(\dfrac{a}{\ell} \right)^{0,6} \right]$	Bradbury (1938), retomando Westergaard
	$\sigma = -\dfrac{3 \cdot P}{h^2} \cdot \left[1 - \left(\dfrac{a_1}{\ell} \right)^{1,2} \right]$	Teller e Sutherland (1935)
	$\sigma = -\dfrac{4,2 \cdot P}{h^2} \cdot \left[1 - \dfrac{\left(\dfrac{a}{\ell} \right)^{0,5}}{0,925 + 0,22 \cdot \left(\dfrac{a}{\ell} \right)} \right]$	Pickett e Ray (1951)

Em trabalho posterior, Spangler e Lightburn (1937) concluíram também, apoiados em medidas em placas, em verdadeira grandeza, que a reação do subleito variava em função da distância a partir do canto da placa, embora tais variações no parâmetro não parecessem afetar as tensões calculadas com base nas equações então disponíveis.

Carga no interior da placa

Ainda na década de 1920, Westergaard (1926) apresentava as equações para cálculo de tensões em placas semi-infinitas sujeitas a cargas em seu interior e em sua borda. Para os casos de carga no centro da placa, Westergaard (1939) considerou a possibilidade de aplicação de uma teoria suplementar para o cálculo de tensões, pela possibilidade de ocorrência de tensões nas vizinhanças da área e da aplicação de carga de magnitude superior à tensão de tração na flexão no fundo da placa (p.ex. áreas de contato de pneus maiores, como no caso de aeronaves).

Como a Teoria Clássica de Placas Isótropas não tratava desse problema, Westergaard tomou por analogia as análises de Nadai (de 1909) para situações desse tipo sobre vigas e chegou a uma solução simplificada: correção do raio da área circular carregada para quando o raio da roda (a) fosse inferior a 1,724 vezes a espessura da placa. O raio corrigido (b) para tais situações deve ser calculado pela expressão:

$$b = \sqrt{1{,}6 \cdot a^2 + h^2} - 0{,}675 \cdot h \quad (3.78)$$

Para uma carga uniformemente distribuída sobre uma pequena área de raio a, a deflexão no centro da placa resultou:

$$\omega = \frac{P}{8 \cdot k \cdot \ell^2} \cdot \left\{ 1 + \left(\frac{1}{2\pi}\right)\left[\ln\left(\frac{a}{2\ell}\right) + \gamma - \frac{5}{4}\right] \cdot \left(\frac{a}{\ell^2}\right)\right\} \quad (3.79)$$

A tensão de tração na flexão na fibra inferior da placa (para carga interior) encontrada por Westergaard, teoricamente rigorosa segundo Ioannides et al. (1985), é dada pela expressão:

$$\sigma = \frac{3 \cdot P \cdot (1+\mu)}{2 \cdot \pi \cdot h^2} \cdot \left[\ln\left(\frac{2\ell}{a}\right) + \frac{1}{2} - \gamma \right] \quad (3.80)$$

onde $\gamma = 0{,}5772156449$ (constante de Euler).

Quando $a < 1{,}724\,h$, substitui-se simplesmente a por b na Eq. 3.80, o que compensaria a negligência da Teoria de Placas com relação às tensões de cisalhamento (ver hipóteses básicas da teoria). Ainda, quando a carga for quadrada, sendo c o lado do quadrilátero, substitui-se o valor do raio a na Eq. 3.80 pelo raio corrigido c', dado pela expressão:

$$c' = \frac{e^{\frac{\pi}{4}-1}}{\sqrt{2}} \cdot c \qquad (3.81)$$

Westergaard, com diversos exemplos numéricos, mostrava que o valor do raio da roda exerce maior influência no resultado da tensão do que o valor do módulo de reação do subleito. Esse fato tem uma significância bastante grande em avaliações de tensões por extrapolação, como se verá adiante. Com base nos resultados de Westergaard, conclui-se que um acréscimo de 4 vezes no valor do módulo de reação do subleito é capaz de uma redução nas tensões da ordem de 10%, enquanto um acréscimo de 50% no raio da carga seria capaz de uma redução dessa mesma ordem – mantida a mesma carga, logicamente. Como a carga total não se altera, apenas a carga distribuída, mantida a pressão constante para a alteração do raio, conclui-se que:

- a dimensão da roda afeta a tensão resultante na placa;
- o valor de k pouco afeta, proporcionalmente, a tensão na placa;
- a resposta tensão em função da carga não é linear, pois depende de a (raio da roda);
- à medida que o raio da carga aumenta, diminui a tensão de tração na flexão.

O raciocínio apresentado, baseado na própria formulação de Westergaard, é suficiente para informar que o resultado de tensões, do ponto de vista da geometria do problema, não é linear. Assim, embora a teoria de fundo seja linear, não é possível assumir como absolutamente realista a hipótese de que as tensões aumentam na mesma proporção em que cargas são incrementadas, o que resulta em superestimativa das tensões calculadas.

Em Westergaard (1939), o professor de Harvard, a pedido da PCA, leva em consideração uma reanálise da Eq. 3.80 para valores superiores do raio de aplicação de carga (a), mantida a hipótese de que seu valor não fosse superior ao de ℓ. Nesse trabalho, onde a equação de placa em flexão é satisfeita, em suas condições de contorno, por uma função de Bessel de ordem zero (Hankel), a tensão suplementar a ser adicionada à Eq. 3.80 é:

$$\sigma = \frac{3 \cdot P \cdot (1+\mu)}{2 \cdot \pi \cdot h^2} \cdot \left(\frac{a}{\ell}\right)^2 \cdot \frac{\pi}{32} \qquad (3.82)$$

No resumo do referido artigo, o autor já relatava que essa reanálise não traria fatos novos, uma vez que tal tensão suplementar, na maioria dos casos, poderia ser simplesmente negligenciada, por ser muito pequena. Por sua vez, a deflexão no centro da placa deveria, nessa instância, ser calculada pela função:

$$\omega = \frac{P}{8 \cdot k \cdot \ell^2} \cdot \left\{ 1 + \left[0{,}3665 \cdot \log_{10}\left(\frac{a}{\ell}\right) - 0{,}2174 \right] \cdot \left(\frac{a}{\ell}\right)^2 \right\} \qquad (3.83)$$

Carga na borda da placa
Para as cargas de borda, Westergaard (1926) analisou a situação da carga posicionada com seu centro sobre a junta, resultando em uma área de um semicírculo, suficientemente afastado do canto da placa. As equações para a deflexão máxima e a tensão de tração na flexão máxima na face inferior da placa sob a área carregada são, respectivamente:

$$\omega = \frac{P}{k \cdot \ell^2} \cdot (1+0{,}4 \cdot \mu) \cdot \frac{1}{\sqrt{6}} \qquad (3.84)$$

$$\sigma = \frac{0{,}529 \cdot P \cdot (1+0{,}54\mu)}{h^2} \cdot \left[\log_{10}\left(\frac{E \cdot h^3}{k \cdot a^4}\right) - 0{,}71 \right] \qquad (3.85)$$

As seguintes condições e restrições aplicam-se às Eqs. 3.84 e 3.85: (i) na equação da deflexão ignorou-se a distribuição de carga; (ii) para o caso de a < 1,724 · h (ocorrência de cisalhamento vertical), o valor do raio a deve ser substituído pelo raio corrigido b. Para Ioannides et al. (1985), a equação original de cálculo de tensão por carga de borda teve fundamentação teórica errônea, o que, inclusive, levou Westergaard (1939) a considerar a necessidade de um estudo teórico mais aprofundado sobre a questão, apresentado posteriormente em Westergaard (1948) com rigorosa dedução teórica, conforme as Eqs. 3.86 e 3.87, aplicáveis para tensões resultantes de cargas circulares e semicirculares, respectivamente:

$$\sigma = \frac{3 \cdot P \cdot (1+\mu)}{\pi \cdot (3+\mu) \cdot h^2} \cdot \left[\ln\frac{Eh^3}{100 \cdot k \cdot a^4} + 1,84 - \frac{4\mu}{3} + \frac{(1-\mu)}{2} + 1,18 \cdot (1+2\mu) \cdot \left(\frac{a}{\ell}\right) \right] \quad (3.86)$$

$$\sigma = \frac{3 \cdot P \cdot (1+\mu)}{\pi \cdot (3+\mu) \cdot h^2} \cdot \left[\ln\frac{Eh^3}{100 \cdot k \cdot a^4} + 3,84 - \frac{4\mu}{3} + \frac{1}{2} \cdot (1+2\mu) \cdot \left(\frac{a}{\ell}\right) \right] \quad (3.87)$$

Na Fig. 3.25 apresentam-se curvas de variação da tensão máxima para cargas circulares de borda em função da espessura da placa de concreto (E = 30.000 MPa; μ = 0,15; p = 0,65 MPa). De fato, observa-se pouca influência do módulo de reação do subleito nos resultados (note-se que um valor é o dobro do outro), e essa diferença, inclusive, tende a ser negligenciável para placas de grande espessura (acima de 300 mm).

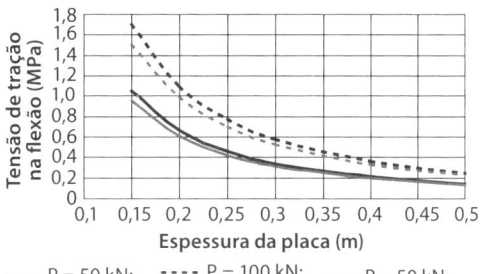

——— P = 50 kN; k = 25 MPa/m
---- P = 100 kN; k = 25 MPa/m
——— P = 50 kN; k = 50 MPa/m
---- P = 100 kN; k = 50 MPa/m

Fig. 3.25 Influência de k nas tensões segundo modelo de Westergaard (1948)

As correspondentes equações para o cômputo das deflexões para carga de borda propostas por Westergaard (1948) para carga circular e semicircular são, respectivamente:

$$\omega = \frac{P\sqrt{2+1,2\mu}}{\sqrt{E \cdot h^3 \cdot k}} \cdot \left[1 - (0,76 + 0,4\mu) \cdot \left(\frac{a}{\ell}\right) \right] \quad (3.88)$$

$$\omega = \frac{P\sqrt{2+1,2\mu}}{\sqrt{E \cdot h^3 \cdot k}} \cdot \left[1 - (0,323 + 0,17\mu) \cdot \left(\frac{a}{\ell}\right) \right] \quad (3.89)$$

Em 1926, Westergaard já propunha o emprego do princípio de superposição de efeitos para o cômputo de tensões resultantes de várias cargas sobre uma mesma placa (o que viria a ser considerado 25 anos depois), com superposição de deflexões, o que exige, no mínimo, a hipótese de linearidade física do material. Logicamente essa questão fica fora de controle no que diz respeito às respostas não lineares dos solos de fundação. Esse conceito foi amplamente empregado por Pickett e Ray (1951) para a criação das "cartas de influência" para a determinação de momentos fletores máximos por aplicação de cargas múltiplas, cuja montagem pautou-se nas equações de Westergaard de 1948. Observe que, para a formulação de curvas de cálculo de tensões, o método de dimensionamento da PCA (1966) empregou as cartas de influência para cargas de borda em placa apoiada sobre líquido denso (hipótese de Winkler).

Para concluir o tema, é fundamental ressaltar que o próprio autor das formulações analíticas reconhecia explicitamente as seguintes limitações para o emprego dos modelos que propunha:
- não permitiam a consideração dos efeitos de variações de temperatura nas placas;
- não permitiam a consideração de espessura variável na placa, já que, na época, era comum o emprego de bordas espessadas de placas de concreto para pavimentação;
- não se aplicavam a subleitos moles, com vazios ou com descontinuidades;
- não permitiam considerar reações horizontais no subleito;
- não permitiam considerar os efeitos dinâmicos nos pavimentos, expressos em termos de inércia das placas ou dos subleitos diante dos carregamentos aplicados; no caso de variações de pressões de contato resultantes de efeitos dinâmicos, o autor sugeria a possível consideração indireta, por meio de acréscimo no valor do módulo de reação do subleito.

A Fig. 3.26 apresenta algumas simulações de tensões obtidas pelos modelos para cálculo de tensões de Westergaard (1926), para uma mesma carga posicionada sobre o interior, a borda e o canto da placa, de onde se infere que a carga de borda seria o caso mais crítico e a carga interior à placa, o caso menos crítico. Além disso, nota-se a pouca interferência do valor do módulo de reação do subleito (k) nas tensões na faixa entre 55 e 138 MPa/m; em outras palavras, entre um solo pouco deformável elasticamente e bases do tipo cimentada. Mais recentemente, inclusive, Ioannides, Khazanovich e Becque (1992) encorajam que seja proscrito o conceito empírico e teoricamente questionável de um "módulo de reação do sistema de apoio corrigido (melhorado)" pela presença de sub-bases granulares ou cimentadas.

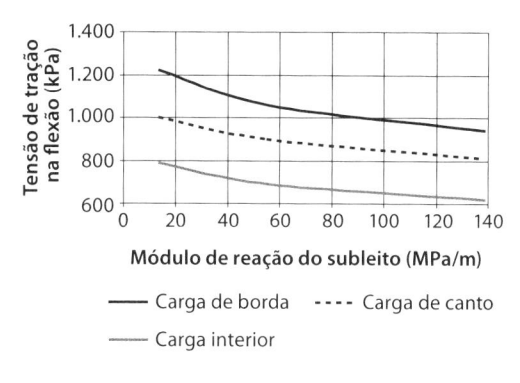

Fig. 3.26 *Variação de tensões em função da posição da carga nas equações de Westergaard (1926)*

Deve-se levar em conta dois aspectos importantes na limitação da aplicabilidade dos modelos de Westergaard: a não consideração da placa com dimensões finitas e barras de transferência de carga (BT) em juntas (o que altera muito as condições de contorno) e a não consideração dos esforços oriundos do empenamento térmico das placas. Com relação ao segundo aspecto, porém, as soluções foram propostas de forma pioneira por Westergaard ainda na década de 1920.

Westergaard reconhecia também que sua análise era puramente estática e que, portanto, o valor do módulo de reação do subleito deveria ser aumentado, no caso de cargas rápidas. Esse fato deve estar associado ao comportamento dos solos quando cargas rápidas não permitem dissipação da pressão neutra.

3.7 Modelos analíticos de Westergaard
para tensões resultantes de temperaturas

O clima exerce notáveis efeitos em todos os tipos de pavimentos. Nas misturas asfálticas e nos solos, por exemplo, a temperatura atua como modeladora das propriedades viscoelásticas dos materiais, promovendo alterações em sua microestrutura: nos asfaltos, por serem altamente suscetíveis a alterações de temperatura e nos solos, notavelmente, pelo congelamento das partículas de água em sua estrutura interna. É extremamente importante considerar tais modificações, tendo em vista as respostas estruturais e o desempenho do pavimento. Na Fig. 3.27 podem ser observados registros de temperatura em solos de subleito na cidade de Albertville, próxima a Minneapolis, Minnesota (EUA). Os meses de março e abril são um período crítico quanto à ação de cargas rodoviárias repetitivas nos pavimentos em clima temperado, pois o descongelamento causa a saturação dessas camadas inferiores, com queda expressiva de resistência e aumento da deformabilidade, propiciando fenômenos de degradação, sobretudo bombeamento de finos e excessivas pressões sobre camadas granulares e de solos, além de deformações excessivas e misturas asfálticas e cimentadas.

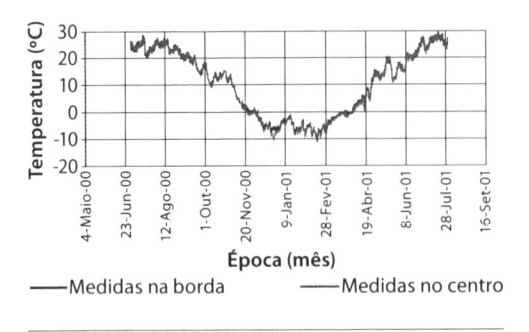

Fig. 3.27 *Variações de temperatura em subleitos de pavimentos em Minnesota, EUA (período 2000-2001)*

A Fig. 3.28, referente à mesma localidade, apresenta exemplos das variações anuais de temperaturas máximas e mínimas diárias em placa de concreto com 200 mm de espessura, em que se observa o congelamento do concreto, se assim podemos dizer (abaixo de 0°C), durante os meses de inverno. A diferença entre as linhas de variação das temperaturas, de topo e de fundo, permite visualizar os diferenciais térmicos, maiores nos meses quentes do que nos meses frios. Tal diferença de temperatura impõe importantes variações não idênticas de volumes ao longo da espessura de placas de concreto, o que, embora não imponha alterações microestruturais importantes nos concretos, condiciona o comportamento macroestrutural do pavimento. Tais efeitos são conhecidos, na prática, há cem anos, embora se deva destacar que efeitos dessa natureza em elementos estruturais são estudados na resistência dos materiais há mais de 200 anos.

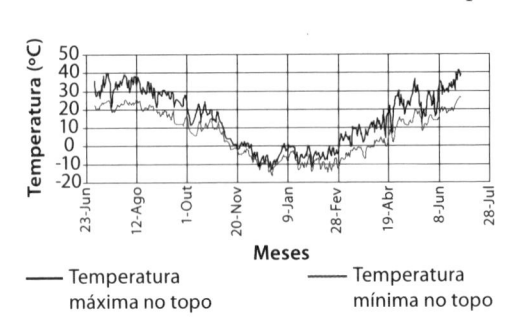

Fig. 3.28 *Variações de temperatura de topo e de fundo em placas de concreto de pavimentos em Minnesota, EUA (período 2000-2001)*

3.7.1 Empenamento, diferencial térmico e gradiente térmico

As alterações de volume em placas de concreto de cimento Portland (CCP) são motivadas por deformações relacionadas a alterações de temperaturas no concreto. Durante o dia, a partir de um dado momento, geralmente pela manhã, a temperatura da superfície (topo) da placa é superior à temperatura do fundo da placa, ocasionando a expansão do topo da placa em relação à sua superfície média, em relação a uma temperatura de referência original. Esse fato causaria uma tendência de deslocamento da superfície da placa para cima, em forma de um arqueamento, tracionando as fibras superiores da placa, enquanto o fundo da placa ficaria sujeito a compressão (Fig. 3.29).

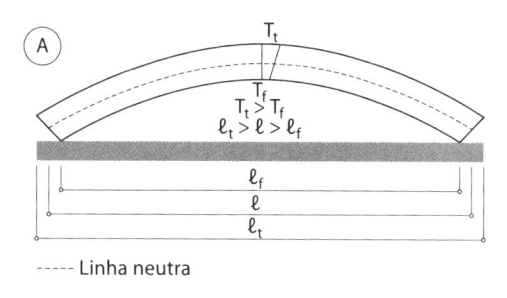

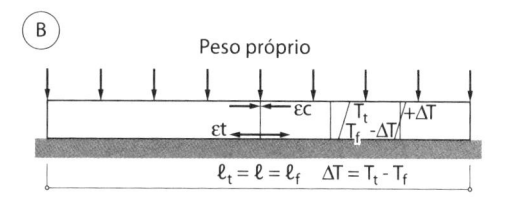

Fig. 3.29 Empenamento da placa de CCP e efeito da restrição do peso (Rodolfo; Balbo, 2002)

Todavia, o peso próprio da placa e, eventualmente, de uma base cimentada aderida, trabalha para impedir tal arqueamento convexo, fazendo que ocorram, contrariamente, esforços de compressão no topo da placa e de tração no seu fundo. Este é o caso mais simples, quando não há BT nas juntas entre placas. A partir de determinado horário, no final da tarde e durante o período noturno, ou ainda mais cedo (eventualmente mesmo durante o dia), poderia ocorrer de a superfície da placa estar com temperatura inferior àquela em seu fundo. Nessa situação, o arqueamento tenderia a ser côncavo, com alçamento das bordas, o que é novamente impedido (restringido) pelo peso próprio da placa, gerando esforços de tração no topo da placa de CCP e compressão no seu fundo.

Essa tendência de arqueamento motivado por diferenciais térmicos entre o topo e o fundo da placa é denominada empenamento. O *diferencial térmico* (ΔT) responsável pelo empenamento é, de modo simplificado, a diferença entre a temperatura de topo e a temperatura de fundo da placa; portanto, tal diferença poderá ser positiva ou negativa, respeitada a definição apresentada. A relação entre o diferencial térmico e a espessura (h) da placa é denominada *gradiente térmico*, que também poderá ser positivo ou negativo.

3.7.2 Modelagem analítica de efeitos de temperatura

Suponha-se que a temperatura na placa para a qual não ocorrem deformações térmicas seja T_0 e que tal temperatura ocorra em dado instante em toda a profundidade da placa. Iniciado o aumento de temperatura no topo da placa, que está em franco contato com a temperatura atmosférica e recebendo radiação solar diretamente sobre sua superfície, inicia-se a ocorrência de diferencial térmico entre o topo e o fundo da placa, em razão de o CCP ser mau condutor de calor (com baixo coeficiente de transmissão térmica). Caso fosse o contrário, ou seja, a placa alterasse de temperatura de maneira idêntica em um mesmo momento, do topo ao fundo, evidentemente haveria deformações, com ou sem ocorrência de tensões (quando seu movimento horizontal estivesse liberado, não restringido), mas sem empenamento da placa: não ocorreria diferencial térmico.

É o empenamento que gera um momento fletor na seção transversal da placa que irá associar-se aos momentos fletores resultantes de esforços oriundos do tráfego. A temperatura no topo, após o aquecimento da superfície do CCP, passaria a ser T_t', enquanto no fundo a mesma temperatura seria T_f', esta última um pouco inferior (a princípio) à temperatura do topo. Ao longo da profundidade, o acréscimo médio de temperatura seria a média entre tais temperaturas de topo e de fundo.

Esse acréscimo médio tenderia a alongar a placa por igual, sem causar empenamento. Contudo, no topo, a temperatura estará acima da média da placa em $\Delta T/2$, e no fundo, abaixo da média da placa em $\Delta T/2$. Então, no topo, haveria um alongamento da placa devido a $\Delta T/2$, e no fundo, um encurtamento da placa devido a $\Delta T/2$. Isso geraria a curvatura na placa e sua flexão, induzindo momentos fletores resultantes do diferencial térmico. Portanto, as deformações nas direções x e y poderiam ser assim escritas:

$$\varepsilon_x = \alpha_x \cdot \frac{\Delta T}{2} \tag{3.90}$$

$$\varepsilon_y = \alpha_y \cdot \frac{\Delta T}{2} \qquad (3.91)$$

Como se admite que o material é isotrópico e homogêneo, o coeficiente de expansão térmica (α) seria idêntico em qualquer direção, o que implica:

$$\varepsilon_x = \varepsilon_y = \alpha \cdot \frac{\Delta T}{2} \qquad (3.92)$$

Essas deformações naturalmente são válidas para a região da placa onde ocorrem momentos fletores, pois nas bordas em x, a tensão na direção y seria nula, e nas bordas em y, a tensão na direção x seria nula. O momento fletor na direção x, com base na Teoria Clássica de Placas Isótropas, é dado por:

$$M_x = \frac{E \cdot h^3}{12 \cdot (1-\mu^2)} \cdot \left(\frac{1}{r_x} + \mu \cdot \frac{1}{r_y} \right) \qquad (3.93)$$

A deformação específica no plano em x, em função da distância z entre o ponto considerado na seção transversal da placa em flexão e a LN, é:

$$\varepsilon_x = \frac{z}{r_x} \qquad (3.94)$$

Assim, o momento fletor pode ser reescrito como função da deformação:

$$M_x = \frac{E \cdot h^3}{12 \cdot (1-\mu^2)} \cdot \left(\frac{\varepsilon_x}{z} + \mu \cdot \frac{\varepsilon_y}{z} \right) \qquad (3.95)$$

A deformação causada pela temperatura, como descrito pela Eq. 3.92, substituída na Eq. 3.95, resultará:

$$(3.96)$$

$$M_x = \frac{E \cdot h^3}{12 \cdot (1-\mu^2)} \cdot \left(\frac{\alpha \cdot \Delta T}{2 \cdot z} + \mu \cdot \frac{\alpha \cdot \Delta T}{2 \cdot z} \right) = \frac{E \cdot h^3 \cdot \alpha \cdot \Delta T}{24 \cdot (1-\mu^2) \cdot z} \cdot (1+\mu) = \frac{E \cdot h^3 \cdot \alpha \cdot \Delta T}{24 \cdot (1-\mu) \cdot z}$$

Como a deformação máxima (no topo ou no fundo) corresponde à posição z = h/2, tem-se então:

$$M_x = \frac{E \cdot h^3 \cdot \alpha \cdot \Delta T}{24 \cdot (1-\mu) \cdot \dfrac{h}{2}} = \frac{E \cdot h^2 \cdot \alpha \cdot \Delta T}{12 \cdot (1-\mu)} \qquad (3.97)$$

A tensão em x (σ_x) é dada por:

$$\sigma_x = \frac{M_x}{I_x} \cdot z \qquad (3.98)$$

onde $I_x = h^3/12$ é o momento de inércia da seção transversal da placa na direção perpendicular a x por unidade de largura.

Por substituição da Eq. 3.97 na Eq. 3.98 chega-se a:

$$\sigma_x = \frac{\dfrac{E \cdot h^2 \cdot \alpha \cdot \Delta T}{12 \cdot (1-\mu)}}{\dfrac{h^3}{12}} \cdot \frac{h}{2} = \frac{E \cdot \alpha \cdot \Delta T}{2 \cdot (1-\mu)} \qquad (3.99)$$

A modelagem apresentada refere-se a uma placa com dimensões infinitas, conforme proposta por Westergaard (1926). As condições de validade para as deduções apresentadas são cerceadas pela hipótese de que a placa esteja apoiada e o gradiente térmico tenha distribuição linear ao longo da profundidade, sendo nulo na superfície média da placa. A Eq. 3.99 refere-se a uma placa infinita e a tensão calculada, à parte central dessa mesma placa. De modo análogo, na direção y a tensão de tração na flexão resultaria idêntica.

Westergaard (1927) ainda expandiu para placas infinitas a sua modelagem para o cálculo de tensões em proximidades das bordas de placas sujeitas a empenamento térmico, conforme o modelo:

$$\sigma_x = \frac{E \cdot \alpha \cdot \Delta T}{2(1-\mu)} \cdot \left[1 - \sqrt{2} \cdot sen\left(\frac{x}{\ell\sqrt{2}} + \frac{\pi}{4}\right) \cdot e^{-\frac{x}{\ell\sqrt{2}}} \right] \qquad (3.100)$$

onde x é a distância a partir da borda e ℓ é o raio de rigidez relativa do pavimento. Nesse caso, para x igual a zero, a tensão na borda resultaria:

$$\sigma_x = \frac{E \cdot \alpha \cdot \Delta T}{2(1-\mu)} \cdot \left[1 - \sqrt{2} \cdot sen\left(\frac{\pi}{4}\right)\right] = \frac{E \cdot \alpha \cdot \Delta T}{2(1-\mu)} \cdot \left[1 - \sqrt{2} \cdot \frac{\sqrt{2}}{2}\right] = 0 \qquad \textbf{(3.101)}$$

O modelo analítico de Westergaard para o cálculo de tensões no centro de uma fatia infinita da placa (na direção x, por exemplo, tomando-se x a partir do centro da fatia da placa), com uma dada largura (b) da base dessa fatia, resultou:

$$\sigma_x = \frac{E \cdot \alpha \cdot \Delta T}{2(1-\mu)} \cdot \{1 - \frac{2 \cdot cos\lambda \cdot cosh\lambda}{sen2\lambda + senh2\lambda}[(tan\lambda + tanh\lambda)cos\frac{x}{\ell\sqrt{2}} \cdot$$
$$\cdot cosh\frac{x}{\ell\sqrt{2}} + (tan\lambda - tanh\lambda)sen\frac{x}{\ell\sqrt{2}} \cdot senh\frac{x}{\ell\sqrt{2}}]\} \qquad \textbf{(3.102)}$$

onde:
$$\lambda = \frac{b}{\ell\sqrt{8}} \qquad \textbf{(3.103)}$$

O cálculo de tensões na direção y é realizado, a partir das tensões na direção x, levando-se em conta o estado plano de deformações imposto pelas condições de empenamento térmico na placa. Westergaard (1927) também considerou a possibilidade real de cálculo para uma placa de dimensões finitas (B na direção x e b na direção y). Para tanto, valendo-se de uma função de deslocamentos verticais (Teoria Clássica de Placas Isótropas) e admitindo não ocorrer influência na tensão em uma direção, dada a ocorrência de tensão em direção perpendicular (coeficiente de Poisson nulo e, portanto, um modelo aproximativo, com erro estimado de cerca de 20%), apresentou soluções para placas de dimensões finitas. A função de deslocamentos verticais assumida em tal análise foi:

$$\omega = f(x) + F(y) \qquad \textbf{(3.104)}$$

onde f(x) é uma função idêntica à Eq. 3.102, admitindo-se B = + ∞; e F(y) é uma função idêntica à Eq. 3.102, porém na direção y, admitindo-se, nesse caso, b = + ∞.

Westergaard apresentou solução gráfica para sua formulação de tensões em placas finitas, por meio de duas variáveis adimensionais (Fig. 3.30). Nas ordenadas tem-se a relação entre a tensão no centro da placa e a tensão em uma placa infinita de espessura idêntica; nas

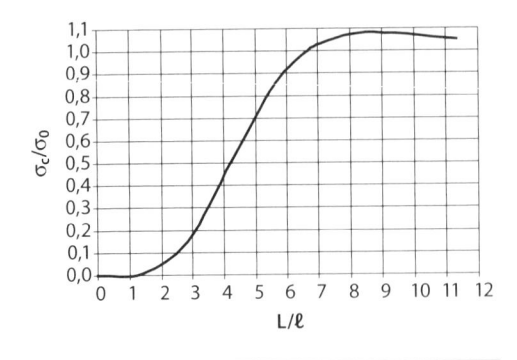

Fig. 3.30 *Relação entre tensão fatia finita de placa e tensão em placa infinita (Westergaard, 1926, adaptado por Rodolfo, 2001)*

abscissas, a relação entre o comprimento da placa (L) e seu raio de rigidez relativa (ℓ).

Embora a modelagem de tensões motivadas por empenamento seja comumente atribuída a Bradbury (1938), convém ressalvar que esse autor simplesmente reescreveu a Eq. 3.102 proposta por Westergaard, empregando coeficientes ("de Bradbury") para a solução do modelo de Westergaard de forma gráfica (Bradbury simulou diversas larguras de fatias de placa, espessuras e módulos de reação do subleito). Assim, com base em Bradbury (1938), a Eq. 3.102 pode ser apresentada na forma:

$$\sigma_x = \frac{E \cdot \alpha \cdot \Delta T}{2} \left(\frac{C_1 + \mu \cdot C_2}{1 - \mu^2} \right) \quad (3.105)$$

onde C_1 e C_2 são coeficientes adimensionais graficamente representados (Fig. 3.31) e definidos em função da razão L/ℓ, para qualquer uma das duas direções da placa.

Resta observar ainda que esses modelos, pioneiros na época, não consideraram a presença de BT, nem mesmo de intertravamento entre faces fissuradas (juntas) do concreto, que certamente impõe restrições ao empenamento do concreto, alterando o campo de deformações e de tensões na estrutura.

Vale a pena uma digressão sobre como os parâmetros estudados afetam a tensão oriunda do empenamento. Para tanto, não é necessário grande especulação matemática. Observe-se, na Fig. 3.31, que os valores dos coeficientes de Bradbury, C_x e C_y, são crescentes com o aumento da relação L/ℓ até 9 unidades, mantendo-se quase constantes além desse ponto. Quando o módulo de reação do subleito (k) aumenta de valor, diminui o valor do raio de rigidez relativa (ℓ) da placa. Em cascata, aumenta o valor da relação L/ℓ, o valor de C_x e de C_y e, por conseguinte, o valor da tensão resultante exclusivamente do empenamento.

Essa dedução conduz à retomada do conceito de módulo de reação do subleito, para uma revisão crítica do que esse parâmetro causa, ou seja, de suas responsabilidades no comportamento da placa sobre o sistema de apoio representado por k, qualquer que seja esse sistema. Conforme visto, para cargas aplicadas perpendicularmente sobre a placa, Westergaard já demonstrara sua pouca sensibilidade ou responsabilidade pelas tensões normais na placa de concreto. Porém, o incremento no valor de k diminuía o valor da tensão causada pela carga aplicada. O que notamos aqui é uma situação oposta: com o aumento de k, aumenta a tensão de empenamento.

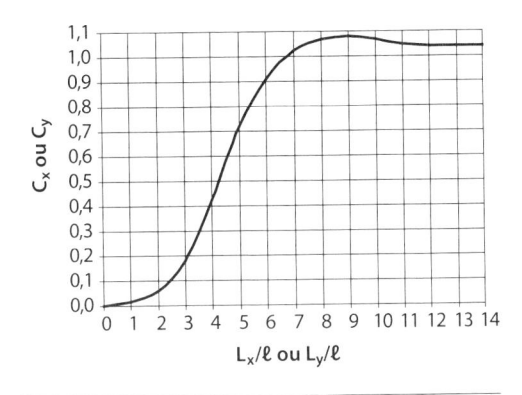

Fig. 3.31 *Valores do coeficiente de tensão C (Bradbury, 1938, adaptado por Rodolfo, 2001)*

Em primeiro lugar, a teoria de empenamento de Westergaard não foi questionada; ao contrário, é confirmada por modernas técnicas de análise numérica por elementos finitos. Muitos países (como Holanda, Suécia, Bélgica, Itália, Alemanha e Japão) empregam, em suas diretrizes normativas para projetos de pavimentos de concreto, as tensões de empenamento resultantes de cargas ambientais, calculadas em complemento às tensões resultantes de cargas de veículos, usando exatamente a teoria de Westergaard.

Em segundo lugar, se é necessário o argumento especulativo com base em modelos físicos (reais), em artigo publicado por Darter, Hall, Kuo e Covarrubias (Darter et al., 1994) – todos engenheiros de sólida formação acadêmica e o último, então diretor do Instituto Chileno do Concreto (em termos relativos, na América do Sul, o Chile é o país que retém a maior tradição construtiva em pavimentos de concreto) –, há evidências práticas e esclarecimentos exatos. Os autores admitem que o emprego de bases cimentadas sob placas de concreto aumenta a capacidade portante dos pavimentos, no que diz respeito às cargas dos veículos, e, em razão disso, devem ser tratadas como camadas estruturais que afetam o desempenho do pavimento como um todo.

Todavia, os referidos autores explicitam, com grande clareza, que o aumento da rigidez do apoio da placa de concreto, quando da ação conjunta de cargas e empenamento, pode reduzir o desempenho esperado para o pavimento. Para compensar tal fato e reduzir a tensão de empenamento causada pelo aumento da rigidez do sistema de apoio (base + subleito), é necessário reduzir o espaçamento entre juntas transversais. Além disso, ressaltam que essa definição, quanto ao espaçamento, é também função do clima da região, o que não permite regras universais e exige pesquisa.

A razão física para a ocorrência desse incremento da tensão de empenamento pela presença de uma base cimentada é esclarecida em outro artigo de Hall e Darter (1994): quanto mais rígido o apoio da placa, menos a placa empenada se assenta sobre esse apoio e maior é a área com perda de suporte, o que não só causa maiores tensões de empenamento, mas também maiores tensões combinadas resultantes das cargas transientes de veículos. Há um desagravo na questão técnica em jogo, em geral pouco conhecido no Brasil: até finais dos anos de 1980, o empenamento não era assunto das normas oficiais ou não oficiais de projeto nos EUA, as quais geralmente foram copiadas aqui.

O QUE A ARLINGTON *Experimental Farm Test* AFIRMOU, NA DÉCADA DE 1930, SOBRE ESSA QUESTÃO?

Há cerca de 70 anos, E. F. Kelley (Kelley, 1939), chefe da Divisão de Testes do *U.S. Bureau of Public Roads*, publicava no *Journal of the American Concrete Institute* uma série de resultados de pesquisas que haviam sistematicamente influenciado e desenvolvido o emprego da técnica de pavimentação em concreto. Sobre os efeitos dos diferenciais térmicos nas placas de pavimentos, afirmava (p. 449):

> Variações no valor do módulo de reação do subleito não possuem influência significativa nas tensões em placas longas. Todavia, para placas curtas, os aumentos no valor do módulo de reação do subleito resultam em consideráveis aumentos nas tensões calculadas. [...] O efeito do módulo do subleito nas tensões resultantes da temperatura é inverso ao seu efeito nas tensões resultantes das cargas de rodas, quando valores baixos de módulo (do subleito) fornecem tensões maiores do que no caso de valores (de k) altos.

Embora artigos de Kelley sejam muitas vezes mencionados em trabalhos sobre pavimentos de concreto, por vezes falta recordar conclusões como a descrita acima, do próprio pesquisador, parecendo que se trata de assunto polêmico e não discutido suficientemente para ser levado a sério.

3.8 Modelos analíticos de Hogg-Losberg – Placa sobre fundação elástica

Hogg (1938), professor na *Iowa State University*, apresentou uma solução para carga aplicada no centro de uma placa quando esta estivesse apoiada sobre uma fundação elástica, com módulo de elasticidade E_s e coeficiente de Poisson μ_s. Segundo Ioannides (2006), por ausência de meios computacionais na época, Hogg deixou as equações sob a forma de integrais múltiplas infinitas, as quais vieram a ser solucionadas apenas em 1960, pelo professor Anders Losberg, da *Chalmers University of Technology*, na Suécia. Em sua teoria, Losberg (1960) redefiniu o conceito de raio de rigidez relativa para placa sobre subleito tipo sólido elástico, que foi expresso pela função:

$$\ell_e = \sqrt[3]{\frac{E \cdot h^3 \cdot (1-\mu_s^2)}{6 \cdot (1-\mu^2) \cdot E_s}} \quad (3.106)$$

Do artigo original de Losberg podem ser extraídas as seguintes equações para o cálculo de deflexão máxima (ω_0) no centro da placa, para a reação do subleito (q_0) e para a tensão máxima ($\sigma_{máx}$) correspondente à deflexão máxima:

$$\omega_0 = \frac{P \cdot \ell_e^2}{3\sqrt{3} \cdot D} \cdot \left[1 - \left(\frac{a}{\ell_e}\right)^2 \cdot \left(0{,}1413 - 0{,}1034 \cdot \ln\left(\frac{a}{\ell_e}\right) \right) \right] \quad (3.107)$$

$$q_0 = \frac{P}{3\sqrt{3} \cdot \ell_e^2} \cdot \left[1 - 0{,}5513 \cdot \left(\frac{a}{\ell_e}\right) + 0{,}126 \cdot \left(\frac{a}{\ell_e}\right)^2 \right] \quad (3.108)$$

$$\sigma_{máx} = -\frac{6 \cdot P \cdot (1+\mu)}{t^2} \cdot \left[0{,}1833 \cdot \log_{10}\left(\frac{a}{\ell_e}\right) - 0{,}012 \cdot \left(\frac{a}{\ell_e}\right)^2 - 0{,}049 \right] \quad (3.109)$$

Note que essas equações são análogas àquelas propostas por Westergaard (1926). As soluções para cargas de canto e de borda viriam a aparecer apenas em 1984, com o trabalho de doutorado de Anastasios Ioannides na Universidade de Illinois (EUA). Contrariamente ao conceito de reação de Winkler, os modelos analíticos com o emprego do critério de meio elástico para o sistema de apoio permitem a estimativa da tensão sobre o subleito, o que traria luzes para práticas de projetos.

3.9 Teoria das Charneiras Plásticas

"Teoria das Charneiras Plásticas" é a designação brasileira para a teoria do dinamarquês K. W. Johansen, formulada na década de 1940 e designada originalmente *Brudlinieteorier* (*Yield Line Theory*, na versão inglesa). Trata-se de uma teoria para cálculo e dimensionamento estrutural do concreto armado baseada no princípio de que o trabalho produzido na rotação das fissuras na peça estrutural (lajes) é igual ao trabalho das cargas acidentais que atuam sobre o elemento estrutural em questão.

Uma tradução menos literal para *yield line* seria "fissura no concreto armado", pois é ao longo das fissuras no elemento estrutural que as armaduras sofrem escoamento e que ocorrem as rotações plásticas. Nessa forma de análise, desprezam-se as deformações elásticas. Por hipótese, admite-se que os deslocamentos se concentram nas linhas de fissuras e, por conveniência, que a deformação máxima é um valor unitário (Kennedy; Goodchild, 2003). Trata-se, portanto, de teoria de dimensionamento de esforços em regime plástico.

Assim, a teoria em questão verifica estados críticos de ruptura, e a plastificação é o estado limite. Para tanto, deve-se admitir que existe suficiente ductilidade no material para que o mecanismo de ruptura se desenvolva na curvatura e o momento resistente seja preservado no comprimento da placa. Segundo Kennedy e Goodchild (2003), o mecanismo de ruptura obedece ao seguinte processo:

i. o colapso ocorre quando as charneiras surgem;
ii. o mecanismo divide a placa em regiões rígidas (admitidas planas, pois as deformações elásticas são desprezadas);
iii. as áreas isoladas sofrem rotação nos eixos de rotação, que são exatamente seus suportes;
iv. todas as deformações se concentram nas fissuras, que atuam como dobraduras ou rótulas plásticas.

O cálculo de momentos fletores fundamenta-se então no princípio dos trabalhos virtuais, e admite-se que a energia externa (aplicada pelas cargas acidentais) é idêntica à energia interna (dissipada nas charneiras ou rótulas plásticas). Deve-se estabelecer a seguinte equação de equilíbrio de energia para todo o domínio da placa:

$$\sum(N \cdot \delta) = \sum(m \cdot l \cdot \theta) \tag{3.110}$$

onde N é a carga atuante dentro de uma região qualquer; δ é o deslocamento vertical causado pela carga N nessa região, expresso como uma fração da unidade; m é o momento resistente da placa por metro linear de fissura; l é o comprimento da fissura ou seu comprimento projetado até o eixo de rotação da região considerada; e θ é a rotação sofrida no eixo de rotação.

O estabelecimento das linhas de fissura possíveis (charneiras) obedece a algumas regras, entre as quais: (a) os eixos de rotação encontram-se nas extremidades de suporte das regiões; (b) as fissuras devem ser linhas retas; (c) as fissuras acabam nos contornos da placa. Analisa-se caso a caso, para diversos tipos e formas de placas, e utiliza-se a Eq. 3.110 para a determinação do momento fletor crítico nas charneiras, o que exige, dependendo da geometria do problema (lajes de edifícios não retangulares), certa dose de intuição do engenheiro quanto ao posicionamento das fissuras. Contudo, diversos autores apresentaram diferentes modelos fechados para o cálculo de momentos fletores críticos em placas apoiadas sobre fundação elástica, conforme descritos a seguir.

3.9.1 Modelos de Losberg

Losberg (1978) publicou ábacos para a solução de suas fórmulas para cálculo de momentos fletores requeridos nas armaduras de aço, e tais ábacos foram montados, com o auxílio da Teoria da Elasticidade, para o cálculo de distribuições de pressões no solo de fundação. Os ábacos aqui apresentados referem-se a cargas de interior, compostas por rodas simples ou duplas, e também a carga de roda simples de borda. A formulação geral seguida por Losberg foi o método do equilíbrio da Teoria das Charneiras Plásticas.

Cargas no interior da placa
O momento total requerido (m + m') – ou a soma dos momentos negativo e positivo – na seção de ruptura é aquele faltante para o equilíbrio na seção

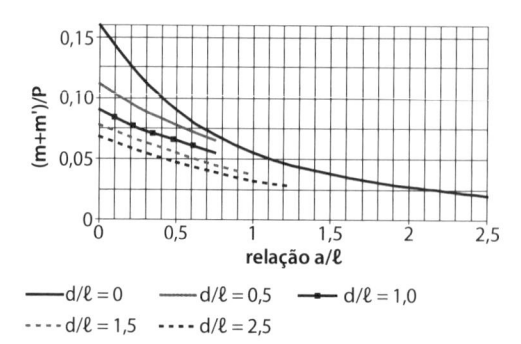

Fig. 3.32 *Ábaco para determinação de momentos para carga interior (adaptado de Losberg, 1978)*

transversal, que será disponibilizado pela presença da armadura. Determina-se esse valor com uma função descrita graficamente (Fig. 3.32) que depende do raio da roda, da distância entre os centros de duas rodas e do valor do raio de rigidez relativa (ℓ) do sistema placa apoiada sobre a fundação:

$$\frac{(m+m')^{req}}{P} = f\left(\frac{a}{\ell}; \frac{d}{\ell}\right) \tag{3.111}$$

Com base no método das charneiras plásticas, Losberg (1978) estabelece os seguintes passos para a determinação do momento total de plastificação:

i. Determinação do momento de ruptura disponível no concreto (m'_c) em função de sua resistência à tração na flexão, dado por:

$$m'_c = f_{ct,f} \cdot \frac{h^2}{6} \tag{3.112}$$

onde h é a espessura da placa;

ii. Determinação da força normal que atua numa seção da placa por efeito da retração térmica, que é calculada pela fórmula (já vista):

$$N_r = \gamma \cdot h \cdot c \cdot \frac{L}{2} = \sigma_s \cdot A_s \tag{3.113}$$

iii. Admite-se que essa força de tração consome parte da resistência, ou seja, do momento fletor disponível, de tal maneira que, convertida essa força de tração direta por um fator multiplicativo de 1,8 para obter-se uma força de tração na flexão equivalente (resistência a ser consumida), a parcela do momento fletor resistente empenhada por tais esforços será:

$$\Delta m'_c = \frac{N_f}{1,8} \times \frac{h^2}{6} \tag{3.114}$$

iv. O momento fletor resistente disponível no concreto é dado, então, por:

$$m^c_{disp} = m'_c - \Delta m'_c \qquad (3.115)$$

v. Calculado o valor do momento total requerido pela Eq. 3.111 (para tanto, a carga de projeto poderá ou não ser ponderada por um fator de segurança, a critério do projetista), o momento fletor requerido à armadura transversal será:

$$m^s_{req} = (m+m')^{req} - m^c_{disp} \qquad (3.116)$$

Cargas na borda da placa

O ábaco para determinação de momentos de ruptura para carga de roda simples posicionada tangencialmente à borda da placa (Fig. 3.33) prevê a determinação do momento fletor total requerido na borda, conforme a formulação:

$$\frac{(m+m')^{req,borda}}{P} = f\left(\frac{a}{\ell}; \frac{m'}{P}\right) \qquad (3.117)$$

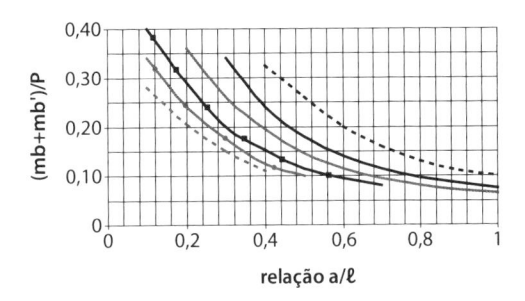

onde m' é o momento disponível no concreto e P é a carga de ruptura (carga máxima com possível uso de coeficiente de majoração).

Fig. 3.33 *Ábaco para determinação de momentos para carga de borda (adaptado de Losberg, 1978)*

Na borda, a força normal resultante da retração é nula, e não deve ser considerada. Tomado o valor de m', portanto, e conhecidos os valores do raio da roda (a), do raio de rigidez relativa (ℓ) e da carga de ruptura, determina-se o momento total requerido para a carga de borda.

Em seguida, descontados os esforços relacionados à retração, o momento resistente a ser disponibilizado pela armadura (m^s_{borda}) na seção é calculado para uma seção próxima à borda onde o efeito não é nulo; para isso, emprega-se a expressão:

$$m^s_{borda} = (m+m')^{req,borda} - m^c_{disp} = (m+m')^{req,borda} - m'_c + \Delta m'_c \qquad (3.118)$$

Losberg realizou uma série de testes com placas em verdadeira grandeza, e as equações desenvolvidas apresentaram boa aproximação com os resultados experimentais.

3.9.2 Modelos de Meyerhof

Meyerhof (1962), usando os princípios de Johansen (1962), determinou fórmulas fechadas para o cálculo de momentos fletores em placas de concreto para cargas interiores, de borda e de canto, além de determinar esforços de cisalhamento (punção) na região sob a carga. O autor estudou soluções para cargas concentradas e distribuídas – neste último caso, circulares ou elípticas. O método dedutivo empregado por Meyerhof foi a análise de colapso em placas semi-infinitas, da Teoria da Plasticidade, e algumas de suas equações são apresentadas na Tab. 3.5. O autor testou a validade dos modelos em experimentos em escala real, que mostraram resultados satisfatórios.

TAB. 3.5 FÓRMULAS DE MEYERHOF PARA DETERMINAÇÃO DE ESFORÇOS RESISTENTES EM CONCRETO ARMADO

Carga	Posição	Forma de ação	Fórmula
Única	Interna	Pontual	$P_0 = 2 \cdot \pi \cdot M_0$
Única	interna	Distribuída-circular	$P_0 = \left[\dfrac{4 \cdot \pi}{1 - \dfrac{a}{3 \cdot \ell}} \right] \cdot M_0$
Duas rodas	Interna	Distribuída-elíptica	$P_0 = \left[\dfrac{4 \cdot \pi \cdot M_0}{1 - \dfrac{a}{3 \cdot \ell}} + \dfrac{1{,}8 \cdot (m+n)}{\ell - \dfrac{a}{2}} \right] \cdot M_0$
Quatro rodas (duas em tandem)	Interna	Distribuída-elíptica	$P_0 = \left[\dfrac{4 \cdot \pi \cdot M_0}{1 - \dfrac{a}{3 \cdot \ell}} + \dfrac{1{,}8 \cdot (m+n+t)}{\ell - \dfrac{a}{2}} \right] \cdot M_0$
Única	Borda livre	Pontual	$P_0 = \dfrac{\pi \cdot M_0}{2} + 2 \cdot M_n$

TAB. 3.5 FÓRMULAS DE MEYERHOF PARA DETERMINAÇÃO DE ESFORÇOS RESISTENTES EM CONCRETO ARMADO (Continuação)

Carga	Posição	Forma de ação	Fórmula
Única	Borda livre	Distribuída-circular	$P_o = \dfrac{\pi \cdot M_o + 4 \cdot M_n}{1 - \dfrac{2 \cdot a}{3 \cdot \ell}}$
Única	Borda livre	Distribuída-circular	$P_o = \dfrac{\pi \cdot M_o + 4 \cdot M_n}{1 - \dfrac{2 \cdot a}{3 \cdot \ell}} + \dfrac{\dfrac{4 \cdot n \cdot M_n}{3}}{\ell - \dfrac{4 \cdot a}{3 \cdot \ell}}$
Única	Canto livre	Pontual	$P_o = 2 \cdot M_o$
Única	Canto livre	Distribuída-circular	$P_o = \left[\dfrac{4}{1 - \dfrac{a}{\ell}} \right] \cdot M_o$
Única	Central	Circular	$P_u = (2 \cdot a + h) \cdot \pi \cdot h \cdot f_{ct}$
Única	Borda livre	Circular	$P_u \cong \dfrac{(2 \cdot a + h) \cdot \pi \cdot h \cdot f_{ct}}{2}$
Única	Canto livre	Circular	$P_u \cong \dfrac{(2 \cdot a + h) \cdot \pi \cdot h \cdot f_{ct}}{4}$

Observações:
a – raio da roda; ℓ – raio de rigidez relativa; $a/\ell > 0,2$; m – distância entre centros de roda; n – comprimento do retângulo central da falsa elipse de uma roda; t – afastamento entre centros de dois pares de rodas; M_o – momento resistente total, ou seja, a soma dos momentos resistentes positivos e negativos em uma dada seção da placa de concreto (= m + m'); M_n – momento resistente negativo (= m'); M_p – momento resistente positivo (= m); f_{ct} – resistência à tração do concreto; h – espessura da placa

3.9.3 Modelos de Baumann e Weisgerber

Baumann e Weisgerber (1983) estudaram condições de colapso da Teoria das Charneiras Plásticas para placas apoiadas sobre subleitos, para os casos de carga na região central, na borda livre e no canto livre de placas. Na Tab. 3.6 apresentam-se os modelos de cálculo de momentos fletores resistentes (M_0) para as situações analisadas pelos autores. Os resultados surgem um pouco mais conservadores por estimarem menores cargas de ruptura em relação aos modelos de Losberg e Meyerhof.

Tab. 3.6 Fórmulas de Baumann e Weisgerber para determinação de esforços resistentes em concreto armado

Carga	Posição	Forma de ação	Fórmula
Única	Interna	Distribuída-circular	$P_o = \left[\dfrac{2 \cdot \pi}{1 - \dfrac{a}{3 \cdot \ell}} \right] \cdot \left[1 + \dfrac{16 \cdot \gamma \cdot \pi}{3 \cdot \left(1 - \dfrac{a}{3 \cdot \ell}\right)} \right] M_o$
Única	Borda livre	Pontual	$P_o = \left[\dfrac{\pi}{1 - \dfrac{4 \cdot \sqrt[2]{2 \cdot a}}{9 \cdot \ell}} \right] \cdot \left[1 + \dfrac{0{,}844 \cdot \gamma \cdot \pi}{1 - \dfrac{4 \cdot \sqrt[2]{2 \cdot a}}{9 \cdot \ell}} \right] M_o$
Única	Canto livre	Distribuída-circular	$P_o = \left[\dfrac{2}{1 - \dfrac{\sqrt[2]{\dfrac{a}{\ell}}}{1{,}8}} \right] \cdot \left[1 + \dfrac{11 \cdot \gamma \cdot \left(\dfrac{a}{\ell}\right)^2}{1 - \dfrac{\sqrt[2]{\dfrac{a}{\ell}}}{1{,}8}} \right] M_n$

Observações:

a – raio da roda; ℓ – raio de rigidez relativa; $\gamma = 1/(64\pi)$ para $a/r = 1$;
r – distância da rótula até a linha de ruptura; m – distância entre centros de roda;
n – comprimento do retângulo central da falsa elipse de uma roda;
t – afastamento entre centros de dois pares de rodas; M_0 – momento resistente total ($= m + m'$); M_n – momento resistente negativo ($= m'$)

3.10 Sistemas de placas equivalentes

Um dos interessantes problemas relacionados a pavimentos de concreto é a contribuição estrutural de placas e bases tratadas com cimento (já apontada anteriormente como meta a ser explorada em bons métodos de projeto) ou mesmo concretos sobre concretos, como no caso dos reforços de pavimentos de concreto existentes com camadas superpostas de um novo concreto. A formulação geral, embora possa ser pensada em termos da Teoria de Sistemas de Camadas Elásticas, é relativamente simples de modelar, com algumas simplificações bastante aceitáveis, conforme expõem, por exemplo, Ioannides, Khazanovich e Becque (1992).

Com base na Teoria Clássica de Placas Isótropas, como já visto, os momentos atuantes em qualquer ponto de uma placa sujeita exclusivamente a carregamento de superfície (de gravidade) podem ser assim descritos:

$$M_x = \frac{E \cdot h^3}{12 \cdot (1-\mu^2)} \cdot \left(\frac{\partial^2 \omega}{\partial x^2} + \mu \cdot \frac{\partial^2 \omega}{\partial y^2} \right) = -D \cdot \left(\frac{\partial^2 \omega}{\partial x^2} + \mu \cdot \frac{\partial^2 \omega}{\partial y^2} \right) \quad (3.119)$$

$$M_y = \frac{E \cdot h^3}{12 \cdot (1-\mu^2)} \cdot \left(\frac{\partial^2 \omega}{\partial y^2} + \mu \cdot \frac{\partial^2 \omega}{\partial x^2} \right) = -D \cdot \left(\frac{\partial^2 \omega}{\partial y^2} + \mu \cdot \frac{\partial^2 \omega}{\partial x^2} \right) \quad (3.120)$$

$$M_{xy} = -M_{yx} = \frac{E \cdot h^3}{12 \cdot (1-\mu^2)} \cdot (1-\mu) \cdot \frac{\partial^2 \omega}{\partial x \cdot \partial y} = -D \cdot (1-\mu) \cdot \frac{\partial^2 \omega}{\partial x \cdot \partial y} \quad (3.121)$$

Pode-se representar matricialmente o conjunto de equações de cálculo dos momentos atuantes pela função:

$$\{M\} = -D \cdot \left[w(x,y) \right] \cdot \{\Gamma(\mu)\} \quad (3.122)$$

onde {M} é o vetor dos momentos atuantes; D é a rigidez da placa em flexão; [ω(x,y)] é a matriz de deslocamentos; e Γ(μ) é um vetor operador dependente do coeficiente de Poisson, os quais podem ser representados na forma expandida:

$$\{M\} = \begin{Bmatrix} M_x \\ M_y \\ M_{xy} \end{Bmatrix} = -D \cdot \begin{bmatrix} \dfrac{\partial^2 \omega}{\partial x^2} & \dfrac{\partial^2 \omega}{\partial y^2} & 0 \\ \dfrac{\partial^2 \omega}{\partial y^2} & \dfrac{\partial^2 \omega}{\partial x^2} & 0 \\ 0 & 0 & \dfrac{\partial^2 \omega}{\partial x \cdot \partial y} \end{bmatrix} \cdot \begin{Bmatrix} 1 \\ \mu \\ (1-\mu) \end{Bmatrix} \quad (3.123)$$

Agora, imagine que o sistema real seja transformado em um sistema equivalente (Fig. 3.34), ou seja, que um sistema de placa, com base cimentada (ou em CCR) e subleito seja transformado em um sistema estruturalmente equivalente, composto por apenas uma placa e o mesmo subleito – isto é, o módulo de reação do subleito é o mesmo. Em termos de equivalência estrutural entre os sistemas, adota-se a deflexão sofrida no topo de cada sistema, que devem ser iguais. O sistema real é representado por suas espessuras de placas (h_1 e h_2), seus módulos de elasticidade (E_1 e E_2) e seus coeficientes de Poisson (μ_1 e μ_2). A igualdade de deflexões no topo impõe a mesma curvatura na superfície de cada sistema.

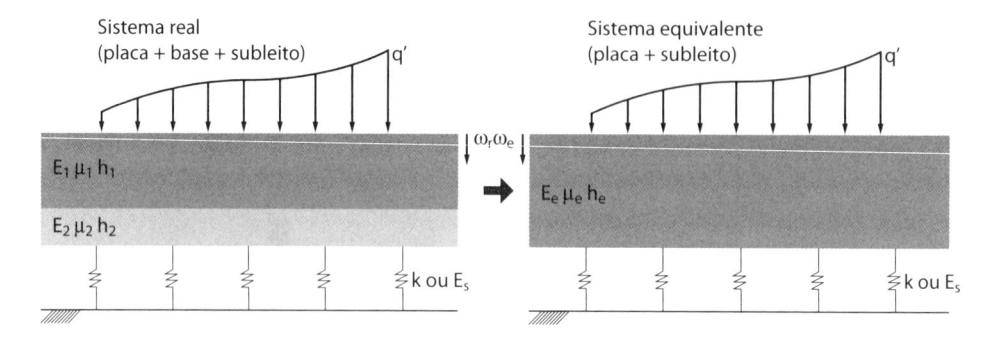

Fig. 3.34 *Sistemas de placas de concreto real e equivalente*

3.10.1 Placas sobrepostas não aderidas

Deve-se ainda tomar como hipótese que as placas no sistema real (revestimento e base) atuam de maneira independente, ou seja, não há aderência na interface de contato entre ambas, o que causaria liberdade de deformações no fundo do revestimento e no topo da base. Em outras palavras, tais faces podem escorregar, não existindo tensões de cisalhamento comuns. Além dessa condição, é necessário impor a circunstância de trabalho monolítico, a saber: embora não aderidas, as faces não apresentam perda de contato. A carga que atua sobre o sistema real é a mesma que atua sobre o sistema equivalente. Mantidas tais condições, a Eq. 3.122 pode ser aplicada a cada camada de ambos os sistemas, o que resulta:

$$\{M_1\} = -D_1 \cdot \left[w_1(x,y) \right] \cdot \{\Gamma(\mu_1)\} \quad \textbf{(3.124)}$$

$$\{M_2\} = -D_2 \cdot \left[w_2(x,y) \right] \cdot \{\Gamma(\mu_2)\} \quad \textbf{(3.125)}$$

$$\{M_e\} = -D_e \cdot \left[w_e(x,y) \right] \cdot \{\Gamma(\mu_e)\} \quad \textbf{(3.126)}$$

Outra hipótese a ser mantida é que os módulos de elasticidade das placas, sejam de revestimento ou de base, no sistema real ou equivalente, são muito superiores ao módulo de elasticidade do subleito. Além disso, pode-se considerar que os coeficientes de Poisson são iguais, por não se tratar de aproximação grosseira, o que permite escrever:

$$\mu_1 = \mu_2 = \mu_e \qquad (3.127)$$

No sistema real, os momentos totais na estrutura serão:

$$\{M_T\} = \{M_1\} + \{M_2\} = \{M_e\} \qquad (3.128)$$

A substituição das Eqs. 3.124 e 3.125 na Eq. 3.128 resulta em:

$$\{M_e\} = -D_1 \cdot [w_1(x,y)] \cdot \{\Gamma(\mu_1)\} - D_2 \cdot [w_2(x,y)] \cdot \{\Gamma(\mu_2)\} \qquad (3.129)$$

A hipótese de igualdade de deformações verticais nos sistemas garante:

$$\omega_1(x,y) = \omega_2(x,y) = \omega_e(x,y) \qquad (3.130)$$

Por substituição das igualdades expressas nas Eqs. 3.127 e 3.130 na Eq. 3.129, tem-se:

$$\{M_e\} = -(D_1 + D_2) \cdot [w_e(x,y)] \cdot \{\Gamma(\mu_e)\} \qquad (3.131)$$

Por comparação entre as Eqs. 3.126 e 3.131, deduz-se que:

$$D_e = (D_1 + D_2) \qquad (3.132)$$

ou

$$\frac{E_e \cdot h_e^3}{12 \cdot (1-\mu_e^2)} = \frac{E_1 \cdot h_1^3}{12 \cdot (1-\mu_1^2)} + \frac{E_2 \cdot h_2^3}{12 \cdot (1-\mu_2^2)} \qquad (3.133)$$

Porém, tendo em vista novamente a hipótese da igualdade expressa na Eq. 3.127, a Eq. 3.133 é reduzida a:

$$E_e \cdot h_e{}^3 = E_1 \cdot h_1{}^3 + E_2 \cdot h_2{}^3 \qquad (3.134)$$

Portanto, se for mantido no sistema equivalente o mesmo concreto empregado para o revestimento no sistema real, a espessura estruturalmente equivalente será:

$$h_e = \sqrt[3]{h_1{}^3 + \frac{E_2}{E_1} \cdot h_2{}^3} \qquad (3.135)$$

A Eq. 3.135 já dá uma grande pista ao indicar que a espessura total de concreto no sistema equivalente cresce proporcionalmente à relação entre o módulo de elasticidade da base e o módulo de elasticidade da placa do revestimento. À medida que o módulo de elasticidade da base diminui (solo-cimento e misturas cimentadas menos nobres que a BGTC ou o CCR), há menos a se incrementar na espessura do sistema equivalente, pois a contribuição estrutural da base é pequena no sistema real.

Resta ainda o cálculo de esforços no sistema equivalente. Com base na igualdade expressa na Eq. 3.130, a Eq. 3.124 pode ser reescrita na forma:

$$-\frac{\{M_1\}}{D_1} = \left[w_e(x,y)\right] \cdot \{\Gamma(\mu_e)\} \qquad (3.136)$$

A substituição da Eq. 3.136 na Eq. 3.131 resulta em:

$$-\frac{\{M_1\}}{D_1} \cdot \left[-(D_1+D_2)\right] = \{M_e\} \qquad (3.137)$$

ou

$$\{M_e\} = \left(1 + \frac{D_2}{D_1}\right) \cdot \{M_1\} \qquad (3.138)$$

Como já sabemos a partir da teoria de flexão simples (Eq. 3.40):

$$\sigma = 6 \cdot \frac{M}{h^2} \qquad (3.139)$$

A Eq. 3.138 pode então, por analogia, ser reescrita na forma:

$$\{\sigma_e\} \cdot \frac{h_e^2}{6} = \left(1 + \frac{D_2}{D_1}\right) \cdot \{\sigma_1\} \cdot \frac{h_1^2}{6} \qquad (3.140)$$

ou
$$\{\sigma_e\} = \left(1 + \frac{D_2}{D_1}\right) \cdot \frac{h_1^2}{h_e^2} \cdot \{\sigma_1\} \qquad (3.141)$$

ou
$$\{\sigma_e\} = \left(\frac{E_1 \cdot h_1^3 + E_2 \cdot h_2^3}{E_1 \cdot h_1^3}\right) \cdot \frac{h_1^2}{h_e^2} \cdot \{\sigma_1\} \qquad (3.142)$$

Por força da Eq. 3.134, a Eq. 3.142 torna-se:

$$\{\sigma_e\} = \left(\frac{E_e \cdot h_e^3}{E_1 \cdot h_1^3}\right) \cdot \frac{h_1^2}{h_e^2} \cdot \{\sigma_1\} = \left(\frac{E_e}{E_1}\right) \cdot \left(\frac{h_e}{h_1}\right) \cdot \{\sigma_1\} \qquad (3.143)$$

Caso o módulo de elasticidade da placa equivalente seja tomado como o módulo de elasticidade da placa do revestimento no sistema de duas placas (real), a Eq. 3.143 resultará:

$$\{\sigma_e\} = \left(\frac{h_e}{h_1}\right) \cdot \{\sigma_1\} \qquad (3.144)$$

Portanto, uma tensão no fundo da placa equivalente poderá ser determinada em função da tensão de tração na flexão no fundo da placa, no sistema de duas placas, e a espessura equivalente é determinada pela Eq. 3.135.

Esses resultados, formulados analiticamente, poderão ser empregados em sentido contrário, ou seja, conhecido um sistema de duas camadas (placa + subleito), em termos de carga aplicada, espessura da placa e tensão de tração na flexão resultante, pode-se determinar, para um mesmo subleito, a tensão de tração na flexão na fibra inferior da placa de concreto. Isso é possível desde que escolhido o material e sua espessura para a base cimentada (E_2, h_2) a ser substituída, simultaneamente com uma espessura h_1 de placa de revestimento, pelo sistema simples de uma placa apenas.

Se forem então conhecidas a tensão no sistema de uma placa sobre o subleito, a espessura dessa placa e a espessura da placa no sistema com base, ao inverter-se a Eq. 3.144 e empregar-se a Eq. 3.134 para determinação de h_2 (suposta a espessura h_1), obtém-se a tensão de tração na flexão no fundo da placa de revestimento, no sistema com duas placas sobre o subleito:

$$\{\sigma_1\} = \left(\frac{h_1}{h_e}\right) \cdot \{\sigma_e\} \qquad (3.145)$$

Esse cálculo depende de E_1 (supostamente idêntico a E_e) e de h_2. Para a determinação analítica da tensão no fundo da base cimentada sob a placa, por analogia à formulação apresentada, a Eq. 3.125 pode ser reescrita na forma:

$$-\frac{\{M_2\}}{D_2} = \left[w_e(x,y)\right] \cdot \{\Gamma(\mu_e)\} \qquad (3.146)$$

A substituição da Eq. 3.146 na Eq. 3.131 resulta em:

$$-\frac{\{M_2\}}{D_2} \cdot \left[-(D_1 + D_2)\right] = \{M_e\} \qquad (3.147)$$

ou

$$\{M_e\} = \left(\frac{D_1}{D_2} + 1\right) \cdot \{M_2\} \qquad (3.148)$$

Por força da Eq. 3.139, a Eq. 3.148 torna-se:

$$\{\sigma_2\} = \left[\frac{1}{\left(\frac{D_1}{D_2}+1\right)}\right] \cdot \frac{h_e^2}{h_2^2} \cdot \{\sigma_e\} = \left(\frac{E_2}{E_e}\right) \cdot \left(\frac{h_2}{h_e}\right) \cdot \{\sigma_e\} = \left(\frac{E_2}{E_1}\right) \cdot \left(\frac{h_2}{h_e}\right) \cdot \{\sigma_e\} \qquad (3.149)$$

Assim, para o sistema de uma placa sobre o subleito ser transformado em um sistema de placa sobre base cimentada sobre subleito, basta conhecer a espessura h_e do subleito da placa do sistema de uma camada, admitindo-se a espessura h_1 da placa no sistema de duas camadas, de modo interativo, até que as condições de tensão de tração na flexão nas camadas de placa e de base sejam satisfeitas do ponto de vista da fadiga. Tal simplificação analítica possibilita grande economia de simulações numéricas, razão pela qual pode ser facilmente implantada em planilhas de cálculo eletrônicas.

Em termos práticos, a exposição desses conceitos é útil para cristalizar a ideia de que a presença de uma base rígida sob a placa de concreto deve ser analisada, sob o ponto de vista da contribuição estrutural, em termos de redução de esforços na placa superior. A base rígida deve ser encarada dessa maneira, e não como se fez no passado, quando se atribuía a ela um incremento significativo no valor do módulo de reação do sistema de apoio à placa de concreto. Felizmente, com a disponibilização de programas abertos de elementos finitos, de domínio público, na internet, como é o caso do programa EVERFE, os engenheiros são levados ao uso correto do conceito de sistemas de duas placas sobre a fundação (elástica ou de Winkler): trabalha-se, nesse tipo de método de análise (numérico), com o módulo de reação do subleito, e não com um hipotético valor de k para o sistema de apoio (subleito + base) da placa de concreto.

3.10.2 Placas sobrepostas aderidas

Quando as placas se encontram aderidas (as duas primeiras camadas, revestimento e base cimentada ou concreto), a LN estará abaixo de meia altura da camada superior, conforme diferenças apontadas na Fig. 3.34. No caso de revestimento (placa) aderido à base cimentada, com os mesmos valores de módulo de elasticidade, isso implicaria o problema simples de uma placa apenas com LN na interface aderida. Com $E_1 \cong E_2$, há aumento da rigidez à tração na placa superior pelo rebaixamento da posição da LN, o que resulta nas seguintes rigidezes totais para cada camada no sistema composto:

$$D_1 = \frac{E_1 \cdot h_1^3}{12} + E_1 \cdot h_1 \cdot (x - \frac{h_1}{2})^2 \tag{3.150}$$

$$D_2 = \frac{E_2 \cdot h_2^3}{12} + E_2 \cdot h_2 \cdot (h_1 - x - \frac{h_2}{2})^2 \tag{3.151}$$

Ao se considerar novamente que $E_e = E_1$ (mesmo concreto) e que os coeficientes de Poisson são idênticos para todas as camadas dos sistemas considerados, a rigidez total do sistema equivalente obedecerá à igualdade:

$$\frac{E_e \cdot h_e^3}{12} = \frac{E_1 \cdot h_1^3}{12} + E_1 \cdot h_1 \cdot (x - \frac{h_1}{2})^2 + \frac{E_2 \cdot h_2^3}{12} + E_2 \cdot h_2 \cdot (h_1 - x - \frac{h_2}{2})^2 \tag{3.152}$$

A espessura efetiva será então definida pela expressão:

$$h_e = \sqrt[3]{h_1^3 + \frac{E_2}{E_1} \cdot h_2^3 + 12 \cdot \left[h_1 \cdot (x - \frac{h_1}{2})^2 + \frac{E_2}{E_1} \cdot h_2 \cdot (h_1 - x - \frac{h_2}{2})^2 \right]} \quad (3.153)$$

Demonstra-se também, facilmente, que a posição da LN a partir do topo do sistema (x) original de duas placas será:

$$x = \left[\frac{E_1 \cdot h_1 \cdot \frac{h_1}{2} + E_2 \cdot h_2 \cdot \left(h_1 + \frac{h_2}{2} \right)}{E_1 \cdot h_1 + E_2 \cdot h_2} \right] \quad (3.154)$$

Da Fig. 3.34 extrai-se, para o sistema equivalente, a relação:

$$\sigma_e = \sigma_1 \cdot \frac{h_e}{2y} \quad (3.155)$$

onde:

$$y = (h_1 - x) \quad (3.156)$$

Conhecido um de ambos os sistemas, original ou equivalente, as equações apresentadas são intercambiáveis para se determinar as espessuras e tensões pertinentes ao outro sistema.

Um aspecto deve ser retomado nesse ponto: a questão do módulo de reação do subleito (k). Observe que, nessas análises de placas sobrepostas, aderidas ou não, o valor de k está implícito. Ocorre que, se a placa inferior estiver aderida à superior, com uma dada espessura equivalente e um módulo equivalente implícito, o valor do raio de rigidez relativa aumentará, pelo aumento de espessura. Isso atuará combatendo as tensões de empenamento, já que a placa de base apresenta a mesma curvatura da placa superior. Tal resultado faz refletir sobre a questão da aderência, pois, quando a placa de base não está aderida, com curvaturas diferentes devido ao empenamento da placa superior e à rigidez da placa inferior, vimos que os resultados tendem a piorar (Hall; Darter, 1994).

A necessidade de análise estrutural completa dos elementos do pavimento (placa, base cimentada e reação do subleito), de modo independente, é aconselhada fortemente por Hall e Darter (1994, p. 459). Dizem os autores:

> Com base na revisão histórica conjuntamente a análises numéricas [...] os valores de k *sejam selecionados para os solos*

naturais e que as bases sejam consideradas em projetos de pavimentos de concreto, em termos de seus efeitos nas respostas das placas, preferencialmente em lugar de seus efeitos no valor de k. (itálicos nossos)

Acrescente-se à sentença dos autores que as bases cimentadas sejam encaradas como elementos estruturais sujeitos a deformações e tensões, que requerem, portanto, considerações especiais no tocante a seu comportamento à fadiga.

3.11 Transferência de cargas em juntas

Bradbury (1938) e Friberg (1940), ambos com base em trabalho anterior de Timoshenko, apresentaram soluções analíticas para o estudo e o dimensionamento de BT em juntas de PCS. Note que tais juntas com transferência de cargas ocorrem, em rodovias, em posições transversais às faixas de rolamento, devido à disposição do tráfego, o que não se repete obrigatoriamente em portos e aeroportos, nos pátios de paradas de veículos.

A deflexão (w) resultante da ação da carga sobre a extremidade da barra de transferência (não inserida no concreto) é dada por (Yoder; Witczak, 1975):

$$w = \frac{e^{-\beta x}}{2\beta^2 EI} \cdot [P \cdot \cos\beta x - \beta \cdot M_0 \cdot (\cos\beta x - \sin\beta x)] \quad (3.157)$$

onde *e* é a base do logaritmo natural; x é a distância da barra a partir da face vertical do concreto na junta (Fig. 3.35); M_0 é o momento fletor na barra de transferência junto à face do concreto na junta; P é a carga transferida pela barra na seção da junta (ver seção 3.11.1); E é o módulo de elasticidade do material

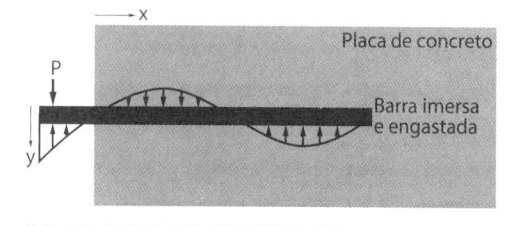

Fig. 3.35 Hipótese de distribuição de pressões na barra engastada segundo Timoshenko (Yoder; Witczak, 1975)

que constitui a barra de transferência (em geral, aços); I é o momento de inércia da seção transversal da BT; e β é a rigidez relativa dessa barra engastada no concreto, dada por:

$$\beta = \sqrt[4]{\frac{K \cdot b}{4EI}} \quad (3.158)$$

onde b é o diâmetro da barra circular e K é o módulo de suporte da barra, em geral tomado como 415.000 MPa.

Dado que a abertura na junta transversal entre placas (z) de concreto é a extensão não engastada da barra, o momento na barra, no ponto de engastamento com o concreto, é calculado por:

$$M_0 = -\frac{P \cdot z}{2} \qquad (3.159)$$

Para o cálculo da deflexão no engastamento (w_0), quando $x = 0$ e M_0 é dado pela Eq. 3.159, substituindo-se na Eq. 3.157, chega-se a:

(3.160)

$$w_0 = \frac{e^{-\beta(0)}}{2\beta^2 EI} \cdot \{P \cdot cos(0) - \beta \cdot M_0 \cdot [cos(0) - sen(0)]\} = \frac{1}{2\beta^2 EI} \cdot \{P - \beta \cdot M_0\} =$$

$$= \frac{1}{2\beta^2 EI} \cdot \left\{P - \beta \cdot \left(-\frac{P \cdot z}{2}\right)\cdot\right\} = \frac{P}{4\beta^2 EI} \cdot (2 + \beta \cdot z)$$

Como a pressão é proporcional ao deslocamento (deflexão) sofrido no ponto, pode-se escrever que:

$$\sigma_0 = K \cdot w_0 = \frac{K \cdot P}{4\beta^2 EI} \cdot (2 + \beta \cdot z) \qquad (3.161)$$

Essa tensão é tomada como fundamento de cálculo para a definição do diâmetro da BT na seção transversal, muito embora seja comum o emprego de tabelas que definem a bitola em função da espessura da placa de concreto e do tipo de carga de veículo. Um método tradicional de determinação da pressão vertical na barra, na face de engastamento com o concreto, é o emprego de linhas de influência de carga retilíneas, impondo-se na seção transversal o posicionamento escolhido para as BT e para cada carga, individualmente, trabalhando-se com superposição de efeitos.

Nesse processo tradicional, considera-se que uma carga isolada, atuando sobre uma barra escolhida, impõe sobre ela uma deflexão unitária (os cálculos devem posicionar as cargas nas posições críticas esperadas), e que há efeitos dessa carga até uma distância de 1,8 vezes o raio de rigidez relativa da placa de concreto. A linha de influência retilínea une a deflexão unitária sob a carga até esse ponto onde a deflexão é supostamente nula (extremidades da seção transversal). Assim, determina-se, para cada posição de barra na linha de influência, a parcela da deflexão unitária. A soma dessas deflexões parciais indica o número de barras que efetivamente trabalham para responder à carga imposta. A carga atuante é, então, dividida entre esse número de barras efetivas. Assim, com base nessa carga efetiva, calcula-se a deflexão na face de contato barra/concreto e, subsequentemente, a tensão na barra, que é comparada à tensão disponível de suporte no engastamento (f_b), que, de acordo com o *American Concrete Institute* (Comitê 325), é dada por:

$$f_b = \left(\frac{4-b}{3}\right) \cdot f_{ck} \qquad (3.162)$$

onde b é o diâmetro da barra em polegadas e f_{ck} é a resistência característica à compressão do concreto em libras por polegada quadrada (1 lb/pol² = 0,00703 MPa). É necessário que $f_b > \sigma_{efetiva}$, e o cálculo é repetido, alterando-se o diâmetro da BT e o espaçamento entre elas na seção transversal, até que se verifique a desigualdade indicada.

As hipóteses que permeiam esses cálculos atualmente apresentam pesadas restrições. Considerar 1,8 vezes o raio de rigidez relativa da placa como a distância na qual a ação da carga se anula (medida a partir do ponto de aplicação da carga) é uma simplificação grosseira; além disso, a distribuição retilínea da linha de influência de cargas não é real (a distribuição de deflexões se faz em uma curva chamada de "bacia de deflexões"). Contudo, com o advento dos programas computacionais de cálculo com emprego do Método dos Elementos Finitos, essas simplificações foram superadas, e recomendam-se análises numéricas precisas, com aplicação simultânea de várias cargas, para o cálculo dos efeitos de cisalhamento no concreto.

3.11.1 Eficiência da transferência de carga em juntas

As questões relacionadas ao projeto e à execução das juntas de contração induzidas em placas de concreto moldadas *in loco*, conforme ensina Ioannides (1999), constituem o "segredo" para o sucesso do empreendimento: o comportamento e o desempenho das juntas estão entre os fatores mais críticos para a análise e o projeto de estruturas de pavimentos de concreto.

Segundo a AASHTO (1993), o montante de carga transferida pela junta transversal, de uma placa para outra, "impacta diretamente as tensões de tração na flexão nas placas nas juntas ou próximo a elas". A eficiência de transferência de cargas em juntas transversais é medida em termos de deflexões ou de tensões avaliadas em ambos os lados da junta. A transferência de carga (LTE, do inglês *load transfer efficiency*) em juntas é dada por:

(3.163)

$$LTE = 100 \times \frac{\delta_{não\,carregado}}{\delta_{carregado}}(\%) = 100 \times \left[1 - \frac{\delta_{carregado} - \delta_{não\,carregado}}{\delta_{carregado}}\right](\%)$$

onde δ representa valores de deflexões medidas nas proximidades da junta, ao lado do carregamento e na placa não carregada.

Segundo Buch (1999), a transferência de cargas que ocorre através das juntas nos pavimentos de concreto (placas) é um mecanismo positivo, por reduzir o movimento vertical entre placas contíguas, o que evita ou minimiza problemas como escalonamentos, esborcinamentos e bombeamento de finos. Esse autor estudou o mecanismo primário de transferência de cargas, que é o intertravamento de agregados nas faces de fissuras de retração induzidas por serragem nas juntas, o que se dá por atrito e cisalhamento entre as faces. A textura dessas faces dispostas lado a lado nessas fissuras induzidas – que, portanto, não são perfeitamente dispostas na vertical – e o seu afastamento interferem sobremaneira nessa transferência de cargas.

Para a modelagem do mecanismo de transferência de carga por intertravamento de agregados nas juntas – portanto, sem o uso de barras de aço para essa função –, o pesquisador, por meio de uma investigação experimental e com o auxílio de modelo numérico (elementos finitos), definiu a seguinte expressão para o cálculo da eficiência de transferência de carga:

$$LTE(\%) = \frac{1}{0,011 + 0,0733 \cdot e^{\left(-0,862 \cdot \frac{AGG}{k \cdot \ell}\right)}}$$

(3.164)

onde AGG representa a rigidez da junta; k é o módulo de reação do subleito e ℓ é o raio de rigidez relativa do sistema placa e subleito. Assim, esse modelo indica que a rigidez do sistema de apoio e a espessura da placa interferem na transferência de carga: aumentando seus valores, a tendência seria a melhoria do parâmetro LTE. Uma das conclusões de Buch (1999), todavia, é que a ausência de BT torna esse mecanismo muito ineficiente.

Colim e Balbo (2007) estudaram a questão da transferência de cargas, por meio de testes em verdadeira grandeza com emprego de FWD, na pista experimental da Universidade de São Paulo (USP). As variáveis analisadas na pesquisa envolveram espessuras, comprimento de placas, presença de base granular (BGS) ou em CCR, existência de BT em juntas, bem como temperaturas das placas de concreto e a estação climática. Os pavimentos em questão não foram submetidos ao tráfego, apenas ao clima, durante sete anos antes dos testes realizados.

Os trabalhos de pesquisa permitiram mostrar, com muita clareza, que as placas de pavimento de concreto simples com BT apresentavam LTE entre 90% e 100%. Já para o caso de PCS sem BT, a eficiência de transferência de cargas era sensivelmente dependente da temperatura: LTE de cerca de 60% para temperaturas baixas (entre o final do dia e o início da manhã seguinte) e cerca de 75% para os horários mais quentes, quando, por expansão do concreto, a abertura da fissura de retração nas juntas transversais seria menor, garantindo melhor interfaceamento entre os agregados.

Como as juntas em placas de concreto, sabidamente, são os elementos mais críticos desse sistema estrutural, sobretudo no que tange ao desempenho – estrutural e funcional – do pavimento, aconselha-se sempre o emprego de BT nas juntas serradas, devendo-se refletir, caso a caso, sobre a necessidade desses elementos inclusive em juntas longitudinais. São conhecidos alguns exemplos de desempenho medíocre de pavimentos de concreto, em termos de durabilidade inclusive, pela ausência de BT em juntas.

3.12 Ligação lateral entre placas

Bradbury (1938) assinala que, sob a indução de ações físicas ou climáticas sobre as placas de pavimento, há uma tendência de abertura das juntas longitudinais entre as placas. Isso pode ser agravado em trechos viários compostos por curvas de pequeno raio e com acentuado caimento lateral. Essa tendência ao movimento é controlada por forças de fricção entre a placa e o sistema de apoio. Uma vez que essa força lateralmente atuante estaria concentrada junto à borda longitudinal da placa, é conveniente a amarração das placas de faixas de rolamento entre si e de acostamento, o que é realizado pela inserção das chamadas *barras de ligação* (BL) nas juntas longitudinais, que também existem para a indução da fissura de retração nessas zonas.

Portanto, as BL devem estar bem aderidas ao concreto, de ambos os lados da junta, em cada placa, impedindo a abertura dessa junta pelas referidas forças tangenciais. Para isso, usam-se barras de aço nervuradas, que devem assim resistir aos esforços tangenciais na borda longitudinal de placas lateralmente dispostas. A resistência desse conjunto lateral de barras por placa é dada pelo produto $A_s \cdot f_s$, onde A_s é a área de aço por unidade de comprimento na seção transversal da borda longitudinal de uma placa de concreto, e f_s é a tensão admissível à tração do aço. O equilíbrio de forças na seção é descrito pela equação:

$$\gamma_c \cdot h \cdot f_a \cdot L' = f_s \cdot A_s \tag{3.165}$$

onde γ_c é o peso específico do concreto; L' é a largura da placa; e f_a é o coeficiente de atrito (1,5 a 2) entre a placa e o topo do sistema de apoio. O espaçamento entre as barras (e) é dado pela relação entre a área de uma barra (A_b, seção transversal escolhida *a priori*) e a área de aço por comprimento unitário da seção, ou seja:

$$e = \frac{A_b}{A_s} \tag{3.166}$$

O comprimento de ancoragem dentro de cada placa que faceia a junta longitudinal é geralmente fixado em 40 diâmetros da barra corrugada empregada.

3.13 Solicitações normais em seções armadas retangulares de concreto

3.13.1 Estados limites

Esta seção apresenta os passos didáticos para o entendimento das rotinas de cálculo de armaduras em pavimentos de concreto armado (PCA), de concreto pré-moldado (PCPM) e de concreto protendido (PCPRO), com base na magistral obra do professor Péricles Brasiliense Fusco (Fusco, 1981), até anos recentes muito utilizada em cursos de graduação de Engenharia Civil.

Entende-se por *solicitações normais* os "esforços solicitantes que produzem tensões normais nas seções transversais de peças estruturais", englobando "o momento fletor e a força normal" (Fusco, 1981). No caso de placas de concreto, conforme as teorias já expostas, foi possível verificar que, entre os esforços possíveis, os realmente importantes e causados pela ação de cargas são os momentos de flexão ou fletores.

Recorde-se que os esforços solicitantes nas peças de concreto estrutural (armado) são calculados tendo-se como núcleo de sua redução "o centro de gravidade da seção geométrica da peça sem consideração da armadura" (Fusco, 1981). Tais esforços – que, no caso de pavimentos, serão os momentos fletores nas faces perpendiculares, longitudinais e transversais à superfície das placas – podem levar à ruptura da peça de concreto armado, que se caracteriza pelo alongamento excessivo das armaduras, gerando a fissuração da zona tracionada sem que, necessariamente, já esteja vencida a resistência à compressão do concreto em seu banzo comprimido (oposto à zona tracionada).

Assim, o dimensionamento da peça estrutural de concreto armado se faz pela consideração de verificações de segurança que englobam, simultaneamente, a análise da ruptura do banzo comprimido e a deformação excessiva da armadura no banzo tracionado (Fig. 3.36). Esse critério é conhecido como *estado limite último* de ruptura ou de deformação plástica excessiva, que é medido:

i. pelo encurtamento da fibra mais comprimida ($\varepsilon_{cc,u}$); ou
ii. quando a barra de aço tracionada atinge seu valor de deformação último convencional ($\varepsilon_{su} = 10‰$).

No estado limite último, deve-se considerar as seguintes hipóteses de comportamento mecânico (Fusco, 1981):

i. manutenção da seção plana após a flexão;
ii. pela hipótese (i), as deformações específicas normais na seção plana serão proporcionais à sua distância à LN até o estado limite último;

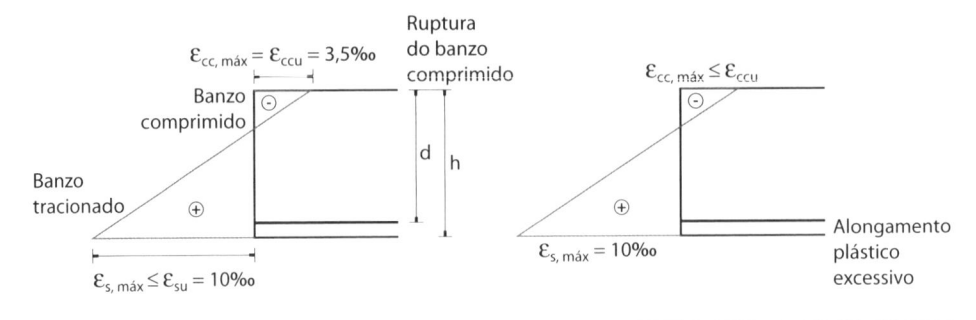

Fig. 3.36 *Estados limites últimos na seção transversal do concreto armado*

iii. existe aderência plena entre o concreto e o aço (armaduras), de tal sorte que as deformações específicas resultam idênticas na superfície de contato entre ambos;
iv. o encurtamento último do concreto em compressão, durante a flexão pura, será $\varepsilon_{cc,u} = 3{,}5‰$;
v. o alongamento último da armadura será $\varepsilon_{su} = 10‰$;
vi. no estado limite último, as tensões de compressão no banzo comprimido da peça seguem o diagrama de distribuição do tipo parábola-retângulo (Fig. 3.37). Esta última hipótese poderá ser simplificada, para peças dimensionadas no domínio 2, com diferenças insignificantes, por diagrama de distribuição de tensões retangular, o que se admite aqui.

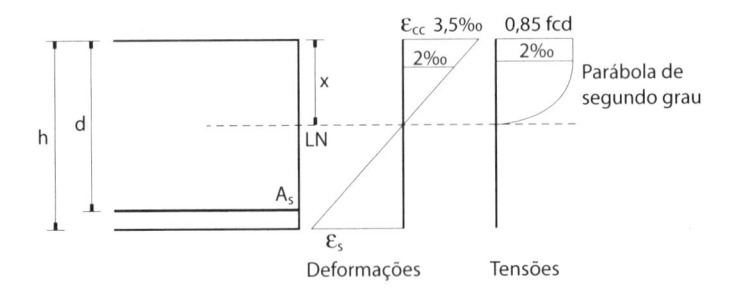

Fig. 3.37 *Distribuições de tensões no banzo comprimido da seção transversal*

O valor de deformação última do concreto é arbitrado em $\varepsilon_{su} = 10‰$, o que equivale a uma fissuração de 1 mm no comprimento de 100 mm, quando então se esgota a capacidade resistente da peça estrutural.

A resistência do concreto à compressão para finalidades de dimensionamento é chamada de resistência à compressão de cálculo ou dimensionamento (f_{cd}), devendo ser tomada como a resistência característica do concreto (f_{ck}) dividida por um coeficiente redutor (γ_c), também conhecido por coeficiente de segurança da resistência à compressão (em situações normais, assume-se $\gamma_c = 1{,}4$). No caso do aço, sua resistência característica é reduzida, da mesma maneira, pelo coeficiente redutor $\gamma_s = 1{,}15$.

3.13.2 Domínios de solicitações

Os domínios de solicitação da seção transversal da peça, em termos de solicitações normais, são condições específicas que abrangem desde a situação de uma seção transversal totalmente tracionada (domínio 1) até uma situação de compressão total (domínio 5). Entre ambas ocorrem aquelas em que uma parte da seção transversal encontra-se tracionada (banzo tracionado) e a outra parte, comprimida (banzo comprimido), e o limite entre elas é a imaginária LN, conforme representado na Fig. 3.38. Esses domínios intermediários são chamados de domínios 2, 3 e 4.

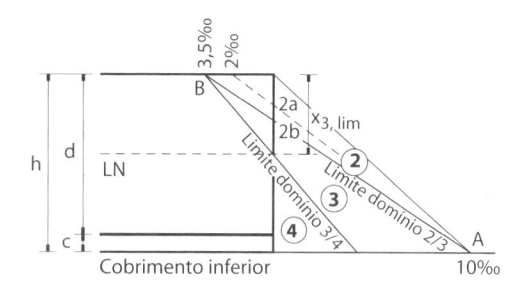

Fig. 3.38 *Domínios de solicitação na seção transversal do concreto armado*

Nos limites entre os domínios 2 e 3, tem-se uma situação de início do escoamento da armadura (aço), e o encurtamento na fibra limítrofe do banzo comprimido atinge 3,5‰, ou seja, o estado limite último ocorre nos dois banzos, simultaneamente. Nessa zona, o dimensionamento leva à plena utilização dos materiais. As deformações específicas de cálculo nos banzos comprimido e tracionado são designadas, respectivamente, por ε_{cd} (compressão no concreto) e ε_{yd} (tração no aço).

Na representação gráfica (Fig. 3.38), a altura (espessura) da peça é dada por h, e d é a distância entre a fibra mais comprimida e a posição da armadura, ou seja, a diferença entre a espessura da peça e o cobrimento existente no banzo tracionado. A posição da LN é medida a partir da fibra mais comprimida (x), sendo também definida pelo adimensional:

$$\xi = \frac{x}{d} \tag{3.167}$$

Conforme a Fig. 3.38, no domínio 3, o limite da LN é garantido pela relação:

$$\frac{0{,}0035}{x_{3,lim}} = \frac{\varepsilon_{yd}}{d - x_{3,lim}} \tag{3.168}$$

da qual se obtém:

$$x_{3,lim} = \frac{0{,}0035 \cdot d}{0{,}0035 + \varepsilon_{yd}} \tag{3.169}$$

que, em função da posição relativa da LN, permite escrever:

$$\xi_{3,lim} = \frac{0{,}0035}{0{,}0035 + \varepsilon_{yd}} \tag{3.170}$$

Assim, no domínio 3, a posição da LN depende da deformação do início de escoamento do aço (ε_{yd}), que varia conforme a categoria do aço utilizado. No diagrama simplificado do comportamento em tração dos aços de construção civil para concreto armado (ABNT, 2003), não se considera o incremento de tensões após o início do escoamento, e admite-se o módulo de elasticidade do aço (E_s) constante até o patamar de escoamento. Na Tab. 3.7 apresentam-se os valores relativos para a posição da LN em função da deformação de escoamento dos aços comuns no Brasil, dos quais se depreende que quanto mais resistente o aço, maior a altura do banzo tracionado.

Tab. 3.7 Posição relativa da LN conforme o tipo de aço

Aço	f_y (MPa)	f_{yd} (MPa)	ε_{yd}	$\xi_{3,lim}$
CA-25	250	217	1,03	0,7726
CA-50	500	435	2,07	0,6284
CA-60	600	522	2,48	0,5853

Para o domínio 2 (subdividido em subdomínios 2a e 2b), o estado limite último caracteriza-se pela deformação $\varepsilon_{sd} = 10\text{\textperthousand}$. Nessa condição, pode-se escrever geometricamente:

$$\frac{0{,}0035}{x_{2,lim}} = \frac{0{,}01}{d - x_{2,lim}} \tag{3.171}$$

A posição relativa da LN fica então determinada, independentemente do tipo de aço, em $\xi_{2,lim} = 0{,}2593$. No limite entre os subdomínios 2a e 2b, pode-se novamente escrever:

$$\frac{0{,}002}{x_{2a,lim}} = \frac{0{,}01}{d - x_{2a,lim}} \tag{3.172}$$

de onde se conclui que $\xi_{2a,lim} = 0{,}1667$.

Segundo Fusco (1981), as armaduras posicionadas em zonas de compressão são eficientes apenas a partir do subdomínio 2b, pois, no subdomínio 2a, o encurtamento do concreto ainda é pequeno (2‰). No subdomínio 2b ocorre uma pseudoplastificação do concreto.

3.13.3 Condições de equilíbrio de esforços na seção transversal

Ao se admitir a peça estrutural trabalhando em regime de flexão simples (nas placas de concreto, resultantes da ação de cargas do tráfego e ambientais), sem emprego de armadura de compressão no banzo comprimido (portanto, no subdomínio 2a), o equilíbrio dos esforços na seção transversal pode ser tomado em relação ao ponto A (Fig. 3.39), tendo-se por hipótese, nesse caso, o diagrama retangular simplificado de distribuição de tensões no banzo comprimido da seção transversal do concreto.

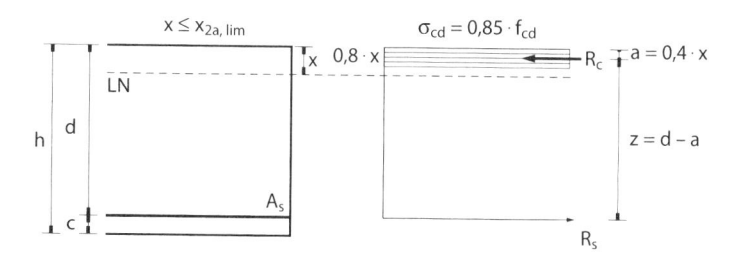

Fig. 3.39 *Diagrama retangular de distribuição de esforços no banzo comprimido*

O equilíbrio de forças normais na seção leva a:

$$R_c = R_s \tag{3.173}$$

Conhecido o momento fletor de cálculo (M_d) atuante na seção transversal – que pode ser determinado no regime elástico ou plástico, conforme hipótese de cálculo, com teoria adequada para o caso das placas de concreto –, da Fig. 3.39 depreende-se o seguinte equilíbrio de momentos:

$$M_d = R_c \cdot (d-a) = 0{,}85 \cdot f_{cd} \cdot 0{,}8 \cdot x \cdot b \cdot (d - 0{,}4 \cdot x) \tag{3.174}$$

Considerando-se a posição relativa da LN em função de d e de x, por substituição chega-se à expressão:

$$M_d = 0{,}68 \cdot f_{cd} \cdot b \cdot d^2 \cdot \xi \cdot (1 - 0{,}4 \cdot \xi) \tag{3.175}$$

ou

$$\frac{M_d}{b \cdot d^2} = 0{,}68 \cdot f_{cd} \cdot \xi \cdot (1 - 0{,}4 \cdot \xi) \tag{3.176}$$

Denomina-se o dimensional k_c segundo:

$$\frac{M_d}{b \cdot d^2} = k_c = 0{,}68 \cdot f_{cd} \cdot \xi \cdot (1 - 0{,}4 \cdot \xi) \tag{3.177}$$

Então, k_c é conhecido exclusivamente em função do momento fletor atuante e da geometria transversal da seção de concreto armado. Porém, da igualdade verifica-se que k_c depende da resistência à compressão do concreto e da posição da LN. Dessa forma, determinado o valor de k_c e de f_{cd} (resistência à compressão de cálculo), deve-se calcular o valor de ξ, que, no caso de emprego de armadura simples (apenas no banzo tracionado), deverá respeitar o valor limite para essa condição. Isso exige, portanto, a seguinte verificação:

$$\xi \leq \xi_{2a,lim} = 0{,}1667 \tag{3.178}$$

Caso, durante o cálculo, não se obtenha a condição da inequação 3.178, será necessário aumentar a espessura do concreto ou sua resistência, por tentativas, até o ajuste exigido. Observe que se chega ao valor de x de cálculo, conforme a Eq. 3.177, por meio da solução de uma simples equação de segundo grau (apenas uma de suas raízes). Tal procedimento presta-se, portanto, à verificação do concreto para o subdomínio 2a.

Uma vez obtida a condição da inequação 3.178, faz-se o cálculo da armadura de tração com o emprego da Eq. 3.174 do equilíbrio de forças de tração e de compressão, que permite escrever:

$$R_c = \frac{M_d}{(d-a)} = A_s \cdot f_{yd} = R_s \qquad (3.179)$$

Portanto, uma vez confirmado o valor de d (espessura menos cobrimento da armadura) e o valor de ξ, tendo-se em conta que a = 0,4 . x e que x = ξ . d, a área de aço na seção transversal (por unidade de comprimento) será:

$$A_s = \frac{M_d}{(d - 0,4 \cdot \xi \cdot d) \cdot f_{yd}} \qquad (3.180)$$

Recorde-se que a flexão simples é aquela na qual não concorre força normal, excêntrica ou não, e, para o caso de ações de retração térmica ou de secagem (restrição de abertura de fissuras), é necessário o cálculo de armadura complementar, que geralmente é posicionada na zona comprimida da seção transversal, com cobrimento maior (cerca de 40 mm ao menos).

É importante reconhecer que o momento fletor de cálculo (M_d) resulta da majoração do momento fletor calculado (analítica ou numericamente), realizada pela aplicação de um fator multiplicativo maior ou igual à unidade, ou seja, por um fator de segurança de ações, a ser definido criteriosamente pelo projetista no caso de pavimentos de concreto. Caso se tenha absoluta convicção de que tenham sido consideradas todas as cargas externas possíveis, resultantes de forças de gravidade ou de ações climáticas, pode-se dispensar o emprego de fatores de segurança. Inclusive, ações dinâmicas não devem motivar o uso de fatores de segurança, pois não há evidências científicas contundentes para tanto, ao menos no caso de placas convencionais. Trens de pouso de aeronaves, por exemplo, amortecem o choque reduzindo a força aplicada.

Reconhece-se que a decisão de verificação do concreto e de determinação de armadura de tração nos subdomínios 2a ou 2b recai sobre o projetista, inclusive de levar-se ao limite com o domínio 3, onde estaria ocorrendo o esmagamento do concreto. Tal decisão passa, necessariamente, pela utilização que se pretende dar ao pavimento; portanto, eventualmente é necessário o dimensionamento de armadura de compressão.

3.13.4 Condições para o concreto protendido

A protensão de placas de concreto, geralmente realizada *in loco*, permite tanto placas mais esbeltas (Fig. 3.40) como placas de grandes dimensões (mais de 100 m). Se, por um lado, elimina apreciavelmente a quantidade de juntas serradas, em comparação com placas de concreto simples, exige cuidados especiais nessas juntas construtivas, onde se encontram as ancoragens. Os cabos de protensão normalmente são dispostos de modo retilíneo no interior de bainhas plásticas ou metálicas, e posicionados na zona tracionada inferior das placas de pavimentos.

No dimensionamento dos PCPRO, há especial interesse nas tensões resultantes do empenamento térmico e do atrito entre a placa de concreto e a base de apoio; isto porque, nesse sistema, as dimensões de placas são de dez a vinte vezes maiores do que em placas de concreto simples, o que torna muito importantes os efeitos de temperatura e de atrito com a base. Evidentemente, as tensões relacionadas às cargas de veículos devem ser determinadas, de preferência, por modelagem numérica, dada a complexidade, por exemplo, de arranjos de eixos de aeronaves sobre as placas de concreto. Há que se considerar também as tensões de protensão (que podem ocorrer com ou sem aderência; no segundo caso, o único alongamento no aço resulta da força de protensão), tanto as iniciais, aplicadas pelos macacos hidráulicos, como as finais, após perdas.

Para a estimativa da força de protensão requerida, deve-se determinar o conjunto das forças ou tensões externas atuantes (cargas de veículos, cargas ambientais e atrito com base). Segundo Schmidt (2002), o equilíbrio de forças na seção da placa protendida deve ser conduzido na faixa entre a condição

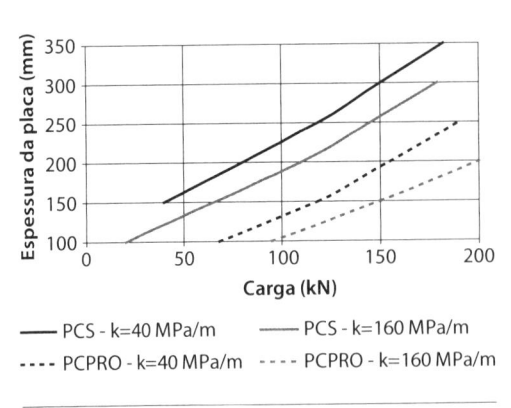

Fig. 3.40 *Comparação entre espessuras para cargas idênticas em PCS e PCPRO (adaptado de Schmidt, 2002)*

de protensão completa (Estádio Ia) e de protensão parcial (Estádio Ib), devendo-se ainda verificar a condição de estado limite último (Estádio IIb). No caso dessa verificação, quando o pavimento apresentaria ambos os componentes, aço e concreto, em regime plástico e, portanto, nos limites dos domínios 2 e 3, há que se comparar o momento fletor disponível nas armaduras ativas (e passivas) com o momento característico induzido pelo carregamento externo (geralmente multiplicado por coeficiente de segurança).

No Estádio IIb, o aço de protensão tem seu alongamento definido em duas partes, a saber: o pré-alongamento (ε_p^0) resultante da força de protensão (antes do carregamento) e o alongamento que ocorre após o carregamento externo (ε_p^x), considerado em seu estado limite último. Neste último caso, como já demonstrado anteriormente, a deformação plástica depende da posição da LN na seção transversal. A deformação total (ε_{pyd}) no aço será, portanto:

$$\varepsilon_{pyd} = \varepsilon_p^0 + \varepsilon_p^x \quad (3.181)$$

Para a consecução dos cálculos, o valor de ε_{pyd} é arbitrado (pelo desconhecimento de ε_p^x) e então

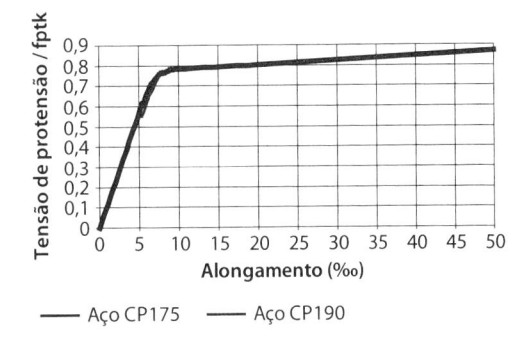

Fig. 3.41 *Diagrama tensão-deformação para aços de protensão (Arcelor Mittal, 2009)*

determina-se o valor de f_{pyd} de modo interativo, por sucessivas aproximações, e a relação entre f_{pyd} e ε_{pyd} pode ser tomada com base nas funções descritas no diagrama tensão-deformação apresentado na Fig. 3.41.

3.14 Valores característicos e de cálculo

3.14.1 Resistências

A *resistência característica* do concreto ou do aço utilizados em pavimentação é definida estatisticamente, por meio dos estudos de formulação dos materiais, embora se trate de um parâmetro muitas vezes fixado *a priori* pelo projetista. Define-se, assim, uma resistência a ser empregada como base de cálculo no projeto estrutural. Sobre esse valor aplica-se um determinado coeficiente de ponderação, normalmente minorando a resistência característica, pela necessidade de cobrir todas as incertezas que não podem ser tratadas por meio de cálculos estatísticos (Fusco, 1976).

Entre os fatores imponderáveis podem estar reduções de resistência ou alterações, ainda que pequenas, das características do concreto ou do aço, que não podem ser detectadas durante o controle tecnológico sobre corpos de prova, bem como imperfeições intrínsecas ao material, em especial no concreto, durante seu processo de adensamento em pista. No caso do cálculo estrutural, os coeficientes de ponderação normalmente são $\gamma_s = 1{,}15$ para os aços e $\gamma_c = 1{,}4$ para os concretos.

Na análise estrutural de pavimentos de concreto, o coeficiente de ponderação do concreto deve ser devidamente considerado, uma vez que sua definição, historicamente, atrelou-se a critérios de rigor na fabricação de peças, como pré-moldados, ou ao tipo de equipamento de mistura, geralmente pela questão da homogeneidade e da resistência à compressão do concreto. Cabe lembrar que, nos dias de hoje, em grandes obras, a concretagem é realizada com pavimentadoras de fôrmas deslizantes que exigem elevadíssima produção horária de concreto e, para tanto, empregam-se usinas dosadoras-misturadoras de alta eficiência.

Dessa forma, há a questão do transporte do material até o local de concretagem, que, em função das características das obras, emprega caminhões basculantes, podendo inclusive ocorrer segregação durante o transporte e durante o adensamento muito energético executado pelas pavimentadoras. Infelizmente, não há estudos amplos e universais sobre concretos de pavimentação que nos permitam pautar esses aspectos em critérios semiprobabilísticos.

Por resistência de dosagem entende-se o valor de resistência, em especial do concreto, que, para uma dada estatística e margem de segurança, permite que a quase totalidade do concreto produzido (95%, 99% etc.) apresente valor de resistência no mínimo idêntico à resistência característica, considerada uma distribuição normal.

3.14.2 Ações externas

Segundo Fusco (1976, p. 217), valores característicos de ações atuantes são os que apresentam "certa probabilidade, fixada *a priori*, de não serem ultrapassados por valores mais desfavoráveis". As ações externas características devem ser majoradas por um coeficiente que, em caso excepcional, quando várias hipóteses forem verificadas, poderia ser assumido com o valor de 1,35. Na prática, o valor desse coeficiente varia em função de riscos relacionados aos critérios de cálculo estrutural, à qualidade de execução das estruturas e a danos resultantes de acidentes com as estruturas. A NBR 6118 (ABNT, 2003) assume 1,4 como o valor básico para tal coeficiente de majoração de esforços, de tal forma que:

Esforço de dimensionamento estrutural = 1,4 x [Esforço característico]

No caso de pavimentação em concreto, no que tange às placas de concreto, o aspecto mais difícil de ponderar no cálculo do fator de majoração talvez seja a questão construtiva, uma vez que os riscos materiais são baixos para esse tipo de estrutura. Além disso, atualmente, quando se dimensiona, o cálculo de esforços com métodos numéricos permite amplas possibilidades de estudos criteriosos sobre posicionamento e feitos com diversos tipos de carga.

3.15 Linearidade entre carga e tensão em placas de concreto

3.15.1 Pavimentos de concreto simples

Um dos aspectos que permeiam alguns critérios de projeto, durante sua concepção, por simplicidade, é a hipótese de linearidade entre tensão e carga de roda aplicada, que geralmente foi assumida na montagem de equações estatísticas, ábacos e gráficos para a estimativa de tensões de tração na flexão. Esse aspecto pode ser explorado diretamente a partir de soluções fechadas para placas sobre fundação elástica, fundamentadas na Teoria de Placas, como os modelos de Westergaard e Pickett e Ray (1951), já apresentados. Com base na equação para carga de borda de Westergaard (1948), a Fig. 3.42 apresenta resultados elucidativos sobre essa questão.

Esses resultados foram formulados para concreto com módulo de elasticidade de 30.000 MPa, coeficiente de Poisson de 0,15 e pressão de roda simples de 0,65 MPa. As linhas indicam valores obtidos pela equação para carga de borda livre de Westergaard, e os pontos representam valores de tensões calculados a partir da tensão de referência para a carga de 50 kN, por meio da expressão:

$$\sigma_i = \sigma_{ref} \cdot \frac{Q_i}{Q_r} \quad (3.182)$$

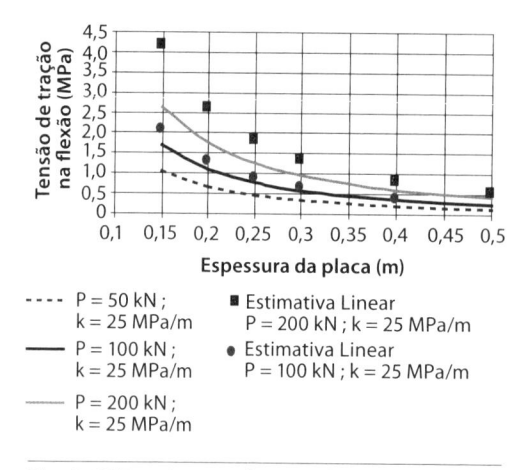

Fig. 3.42 *Tensões em função de cargas e espessuras*

- - - - P = 50 kN ; k = 25 MPa/m
——— P = 100 kN ; k = 25 MPa/m
——— P = 200 kN ; k = 25 MPa/m
■ Estimativa Linear P = 200 kN ; k = 25 MPa/m
● Estimativa Linear P = 100 kN ; k = 25 MPa/m

Nota-se que, à medida que a carga aumenta (no caso, de 100 kN para 200 kN), a estimativa feita, representada pelos pontos, mostra-se com maior valor em relação à tensão resultante da equação de Westergaard. No caso da carga de 100 kN, as tensões foram estimadas na faixa estudada de 13% a 19% acima das tensões analiticamente calculadas; para a carga de 200 kN, a variação percentual atingiu entre 26% e 38%. Ora, então o procedimento acima (Eq. 3.182), embora não representando riscos, constituiria uma inferência de um coeficiente de majoração nas tensões, fato consumado implicitamente nos critérios da *Portland Cement Association* para projeto de pavimentos de concreto simples (PCA, 1966, 1984) e projeto de *whitetopping* ultradelgado (PCA, 1997). Para o caso estudado aqui, a melhor relação entre tensões e cargas seria:

$$\sigma_i = \sigma_{ref} \cdot \left[\frac{Q_i}{Q_r}\right]^{0,75} \quad (3.183)$$

3.15.2 *Whitetopping* Ultradelgado (WTUD)

Mack et al. (1997) sugeriram, no "guia interino" da PCA para projetos de WTUD, que se empregasse a hipótese de linearidade entre tensão e carga (Eq. 3.182) para as placas de pequena espessura e dimensão plana. Essa decisão naturalmente estaria atrelada ao fato de que, em tal método de projeto, haviam sido desenvolvidas equações fechadas para o cálculo de tensões causadas exclusivamente por eixos simples de rodas duplas (ESRD) e eixos tandem duplos (ETD), com 80 e 160 kN, respectivamente.

Balbo, Tia e Pitta (2002) avaliam com mais detalhes essa hipótese, também com o emprego do método dos elementos finitos, porém simulando carga por carga entre 50 e 160 kN de ESRD ou ETD, cuja garantia de contato isolado para um par de rodas para placas de até 1,20 m de largura já havia sido explorada detalhadamente por Balbo e Rodolfo (1998). Verificou-se então que a relação entre tensão e carga, admitido um cálculo proporcional entre uma carga de referência (80 kN) e as demais, resultou no modelo:

$$\sigma_i = \sigma_{ref} \cdot \sqrt{\frac{Q_i}{Q_r}} \qquad (3.184)$$

Observa-se que esse modelo é ainda menos conservador do que para placas de concreto convencionais, ao contrário das hipóteses normalmente sugeridas pela PCA, notoriamente conservadoras. No caso de WTUD, isso ocorre de maneira mais marcante, pelo fato de responderem parcialmente como blocos, e não totalmente em flexão, sendo então as camadas inferiores de base e subleito existentes responsáveis por suportar a carga de modo mais expressivo do que no caso de placas de PCS. Realizou-se essa análise para placas entre 0,6 e 1,2 m, e os resultados podem ser extraídos a partir dos valores de tensões apresentados na Fig. 3.43.

Tais resultados podem ser entendidos por meio da teoria analítica de Westergaard, segundo a qual o aumento da área de contato sobre a placa (mantida uma mesma pressão) causa uma redução nas tensões de modo muito mais intenso do que ao se elevar o valor do módulo de reação do subleito. A análise de Balbo, Tia e Pitta (2002) conservou fixa a pressão nos pneus, alterando a área de contato com o aumento de cargas para fixação das malhas de elementos finitos nas simulações.

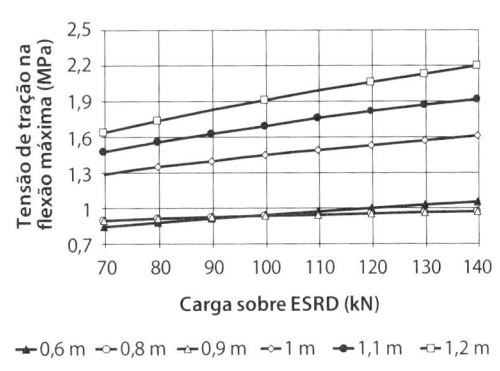

Fig. 3.43 *Relações entre tensões e cargas*

3.16 Equivalência entre cargas nos pavimentos de concreto

3.16.1 Estudo da *AASHO Road Test* – "Lei" da Quarta Potência

Um dos principais objetivos da *AASHO Road Test*, em finais da década de 1950, era exatamente a definição dos danos relativos causados por eixos rodoviários de diferentes pesos, o que foi estabelecido de modo empírico após o experimento, com base no critério de ruptura de perda de serventia observado. O guia da AASHTO (1993) apresenta os *fatores de equivalência entre cargas* (FEC) para os eixos rodoviários mais comuns, tendo sido observada uma dependência, ainda que pequena, de tais FEC na espessura das placas de concreto dos pavimentos. Na Fig. 3.44 apresentam-se exemplos desses valores de FEC para ESRD e serventia final de 2,5.

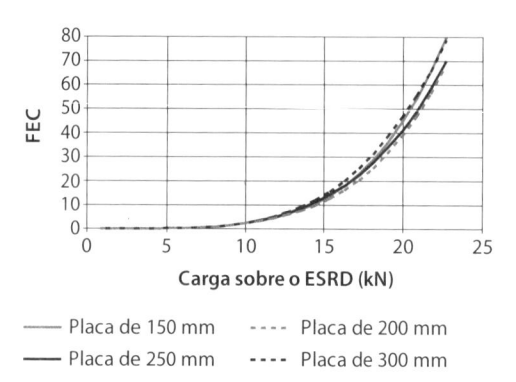

Fig. 3.44 *Exemplos de fatores de equivalência entre cargas da AASHTO (1993)*

Observe que o eixo padrão adotado como referência pela *AASHO Road Test* foi o ESRD com 80 kN (18.000 libras-força). Com base nas curvas de variação do FEC em função da carga sobre o ESRD, é possível a determinação da relação entre os parâmetros na forma:

$$FEC_{ESRD} = \left[\frac{Q_{ESRD}}{80}\right]^{\gamma} \quad (3.185)$$

Nos casos apresentados, o valor do expoente γ seria de 4,07, 4,1, 4,22 e 4,3 para as espessuras de 150, 200, 250 e 300 mm, respectivamente. Esse resultado para $\gamma \cong 4$, que aconteceu, assumido o critério de ruptura por perda de serventia, de maneira praticamente indistinta para pavimentos asfálticos flexíveis e PCS, passou a ser denominado, nos anos 1960, "lei da quarta potência".

Contudo, existem diversos estudos posteriores que contestaram o emprego dessa "lei" para pavimentos de concreto ou pavimentos de comportamento mais rígido devido à presença de base rígida sob revestimentos asfálticos. Em razão disso, não se aconselha, de modo algum, o emprego de tais FEC de natureza empírica, especialmente em condições diferentes de clima em relação ao local dos experimentos de quatro décadas atrás. Um desses estudos, com maior rigor teórico, é o de Lemlin, Van Cawelaert e Jasienski (1998), que chega a fatores de equivalência entre cargas da ordem de até milhares para os pavimentos de concreto.

3.16.2 O Conceito de raio de roda simples equivalente (RRSE)

Ioannides e Khazanovich (1993), com base na citação de diversos estudos de fadiga de materiais, também contestaram o emprego da "lei da quarta potência" para o caso de pavimentos de concreto. Diante da necessidade pragmática de projetos na redução de diversas configurações de eixos para uma roda equivalente, somada à inabilidade da "lei da quarta potência" em esclarecer efeitos e respostas mecânicas no caso de pavimentos de concreto, Tayabji e Halpenny (1987) desenvolveram o conceito de raio de roda simples equivalente, que, segundo Ioannides e Khazanovich (1993), é definido por raio de roda simples equivalente que conduz a idêntica resposta (primária, como tensão) do pavimento, tal qual aquela resultante de uma mesma carga aplicada sobre duas rodas. Isso permitiria, progressivamente, o tratamento de várias configurações de eixos como rodas que atuam isoladamente sobre o pavimento de concreto (Fig. 3.45), permitindo o emprego de equações e modelos fechados para uma roda no dimensionamento de pavimentos, bem como a simplificação do uso de programas de elementos finitos.

Enquanto Tayabji e Halpenny (1987) desenvolveram o conceito por meio de regressões estatísticas de efeitos determinados numericamente, Ioannides e Khazanovich (1993) confirmaram a aplicabilidade do conceito por meio analítico, como se pode verificar na Tab. 3.8,

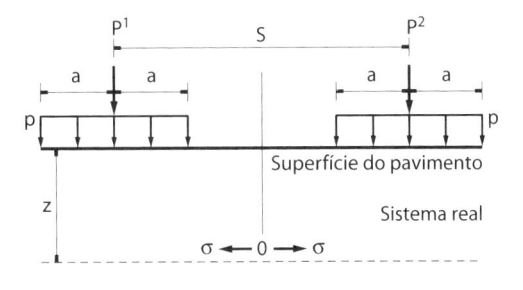

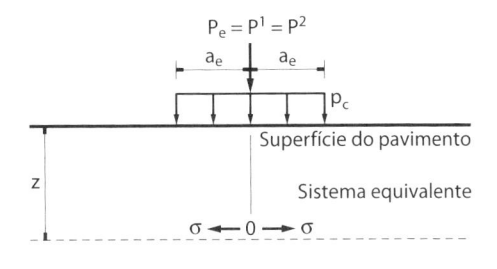

Fig. 3.45 Roda simples equivalente em termos de raio da roda

que apresenta os coeficientes estatísticos ou analiticamente derivados para a função:

$$\frac{a_e}{a} = A + B\frac{S}{a} \qquad (3.186)$$

onde a_e e a são os raios da roda equivalente e da roda no sistema real, e S é o espaçamento entre as rodas no sistema real.

TAB. 3.8 CONSTANTES PARA OS MODELOS DE CARGA DE RODA SIMPLES EQUIVALENTE

Método de dedução	Constante A	Constante B	Referências e observações
Numérico	1,00	0,241683	Tayabji e Halpenny (1987)
Analítico (fundação de líquido denso – Winkler)	1,046	0,2316	Ioannides e Khazanovich (1993)
Analítico (sólido elástico)	1,066	0,2218	Ioannides e Khazanovich (1993)
Carga de borda	1,00	0, 773779	(Ioannides, 1999)

3.17 COMPORTAMENTO DE PLACAS SOBREPOSTAS COM BASE EM FLEXÃO DE VIGAS

Segundo Kohn e Rollings (1988), do USACE, a Teoria de Flexão de Vigas, embora não totalmente acurada para a análise do problema de placas sobrepostas, foi amplamente empregada, por sua simplicidade, em análises de restauração de pavimentos de concreto com o emprego de camadas de reforço de concreto, e serviu de fundamento mecanicista para diversas abordagens encontradas na literatura, razão pela qual é exposta aqui, a começar pela formulação básica da linha elástica em viga em flexão. Posteriormente, a abordagem de sistemas sobrepostos seguiu a proposta de Kohn e Rollings (1988).

Como apresentado em detalhes por Balbo (2007), a relação entre a deformação específica de tração (na flexão) em um dado ponto da profundidade z da viga, contada a partir da LN (admitida como posicionada no meio da seção transversal), com o raio de curvatura da viga após a flexão, é dada por:

$$\varepsilon_x = \frac{z}{r} \qquad (3.187)$$

Para pequenos deslocamentos ou flechas, a curvatura (1/r) da viga, da Geometria Analítica, será a segunda derivada do deslocamento em z na direção x, se tomado o sistema de coordenadas representado na Fig. 3.46:

$$\frac{1}{r} = \frac{\partial^2 \omega}{\partial x^2} \qquad (3.188)$$

Tem-se, a partir da relação entre tensão e deformação, que:

$$\varepsilon_x = \frac{\sigma_x}{E} \qquad (3.189)$$

Então, pode ser escrito:

$$\frac{\sigma_z}{E} = \frac{x}{r} \quad ou \quad \sigma_z = \frac{E \cdot x}{r} \qquad (3.190)$$

onde σ_z é a tensão de tração na flexão na direção z; x é a distância a partir do centro da seção transversal; e dA é a área elementar indicada na Fig. 3.46.

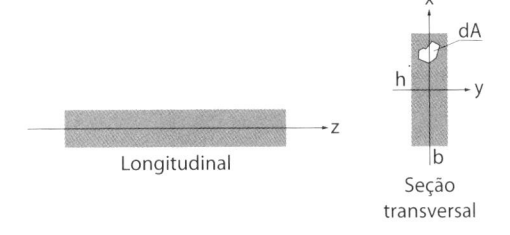

Fig. 3.46 *Sistema de coordenadas para viga em flexão*

O momento fletor na direção x será, então:

$$M = \int_0^x \sigma_z \cdot x \cdot dA \qquad (3.191)$$

Por substituição da Eq. 3.190 na Eq. 3.191, tem-se:

$$M = \int_0^x \frac{E \cdot x}{r} \cdot x \cdot dA = \frac{E}{r} \int_0^x x^2 \cdot dA = \frac{E \cdot I}{r} \qquad (3.192)$$

onde I é o momento de inércia da seção da viga em relação à LN.

A substituição da Eq. 3.188 na Eq. 3.192 resulta na equação da linha elástica:

$$\frac{\partial^2 \omega}{\partial x^2} = \frac{M}{E \cdot I} \qquad (3.193)$$

Supondo-se então duas vigas sobrepostas, com espessuras h_1 e h_2, e admitindo-se que ambas apresentam a mesma curvatura na interface, sem existir perda de contato entre essas faces, é possível escrever:

$$\frac{M_1}{E_1 \cdot I_1} = \frac{M_2}{E_2 \cdot I_2} \qquad (3.194)$$

Admita-se agora uma viga estruturalmente equivalente ao referido sistema de duas vigas sobrepostas, representadas por suas curvaturas. O critério de equivalência de resposta estrutural impõe considerar que:

$$M_e = M_1 + M_2 \qquad (3.195)$$

3.17.1 Critério de sistemas de igual rigidez, módulos de elasticidade idênticos

Se a rigidez (E.I) do sistema de duas vigas sobrepostas deve ser a mesma da viga estruturalmente equivalente, considerando que o módulo de elasticidade do concreto é idêntico em ambos os casos, tem-se, a partir das Eqs. 3.192 e 3.195:

$$\frac{E \cdot I_e}{r} = \frac{E \cdot I_1}{r} + \frac{E \cdot I_2}{r} \therefore I_e = I_1 + I_2 \qquad (3.196)$$

O momento de inércia na seção transversal retangular, para LN no meio da mesma, é:

$$I = \frac{b \cdot h^3}{12} \qquad (3.197)$$

Assim, a Eq. 3.196 poderá ser reescrita na forma:

$$\frac{b \cdot h_e^3}{12} = \frac{b \cdot h_1^3}{12} + \frac{b \cdot h_2^3}{12} \therefore h_e^3 = h_1^3 + h_2^3 \qquad (3.198)$$

3.17.2 Critério de sistemas de igual rigidez, módulos de elasticidade diferentes

Quando o módulo de elasticidade da base (E_2) é diferente do módulo de elasticidade do revestimento (E_1), e o sistema equivalente também possui E_1, tem-se, a partir da Eq. 3.196, que:

$$\frac{E_1 \cdot I_e}{r} = \frac{E_1 \cdot I_1}{r} + \frac{E_2 \cdot I_2}{r} \therefore E_1 \cdot I_e = E_1 \cdot I_1 + E_2 \cdot I_2 \qquad (3.199)$$

Portanto:

$$\frac{E_1 \cdot b \cdot h_e^3}{12} = \frac{E_1 \cdot b \cdot h_1^3}{12} + \frac{E_2 \cdot b \cdot h_2^3}{12} \qquad (3.200)$$

De onde se extrai que:

$$h_e^3 = h_1^3 + \frac{E_2}{E_1} h_2^3 \qquad (3.201)$$

No caso em que o módulo de elasticidade da base (E_2) é diferente do módulo de elasticidade do revestimento (E_1), e o sistema equivalente possui E_2, tem-se, a partir da Eq. 3.196, que:

$$\frac{E_2 \cdot I_e}{r} = \frac{E_1 \cdot I_1}{r} + \frac{E_2 \cdot I_2}{r} \therefore E_2 \cdot I_e = E_1 \cdot I_1 + E_2 \cdot I_2 \qquad (3.202)$$

Portanto:

$$\frac{E_2 \cdot b \cdot h_e^3}{12} = \frac{E_1 \cdot b \cdot h_1^3}{12} + \frac{E_2 \cdot b \cdot h_2^3}{12} \qquad (3.203)$$

De onde se extrai que:

$$h_e^3 = \frac{E_1}{E_2} h_1^3 + h_2^3 \qquad (3.204)$$

Dimensionamento e análise estrutural dos pavimentos de concreto

4.1 Evolução dos métodos analíticos para critérios de projeto de pavimentos de concreto

4.1.1 Pavimentos de concreto simples – Critérios mecanicistas

Os procedimentos de projeto de pavimentos de concreto simples (PCS) foram resultados de esforços, tanto teóricos como experimentais, sobretudo no desenvolvimento rodoviário dos EUA, desde as primeiras décadas do século XX. Tais evoluções passaram por determinação de fatos em pista, como a necessidade de juntas longitudinais para controle de fissuração errática nos PCS (PCA, 1991).

Na década de 1920, tornou-se comum o emprego da equação de Older e de Goldbeck, que relacionava a espessura da placa e a tensão atuante em um elemento estrutural em balanço. No início da década de 1930, a PCA fazia uso da equação de Older, e o limite de tensão adotado no dimensionamento (que influenciaria posteriormente alguns conceitos ainda obscuros sobre fadiga) era de metade do valor da resistência à tração na flexão do concreto.

O uso de equações aproximadas, baseadas em correções da fórmula de Older e de Westergaard, empiricamente consideradas a partir das medidas de deflexões realizadas em pista experimental (*Arlington Experimental Farm*, Virgínia, EUA), reconhecia a presença de barras de transferência de carga (BT) e restringia-se às cargas de canto, conforme os modelos abaixo, respectivamente para canto protegido com BT e desprotegido:

$$\sigma = \frac{1,92 \cdot P}{h^2} \quad \text{(4.1)}$$

$$\sigma = \frac{2,4 \cdot P}{h^2} \quad \text{(4.2)}$$

onde P é a carga de uma roda e h é a espessura da placa, para rodas de borracha. Para rodas rígidas, as tensões sofriam acréscimo de 25% (PCA, 1991). Repare que o valor do módulo de reação do subleito não aparece nessas fórmulas, que geralmente eram consideradas para subleitos pouco resistentes.

A introdução do critério de fadiga, ou seja, de resistência ao carregamento repetido, ocorreu também na década de 1930, quando a PCA publicou o documento *Concrete Road Design - Simplified and Correlated with Traffic*, cujo modelo de fadiga foi pautado nos experimentos da Bates Road Test, que vinham do início da década de 1920 – portanto, estabelecendo-se um critério empírico-mecanicista, como modernamente se prefere referir.

A partir da década de 1950, a PCA passou a empregar a equação de Pickett para carga de canto, ainda se valendo do modelo de fadiga anterior, o que coincidiu com a exploração experimental do conceito de módulo de reação do subleito utilizado por Westergaard. Note que a equação de Pickett e os ábacos de Pickett e Ray (1951), geralmente utilizados para o cômputo de tensões resultantes de várias cargas centrais ou de borda, são uma extensão da teoria de Westergaard, considerando-se o princípio de superposição de efeitos (para finalidades práticas, Pickett e Ray sistematizaram as equações de Westergaard graficamente, valendo-se de cartas de influência, muito comuns no meio profissional antes da era digital). Assim, passou-se a dimensionar a espessura requerida para a placa tendo em vista sua solicitação por eixos múltiplos (várias rodas), e não apenas por uma roda crítica, como se fazia antes, isoladamente, com uma equação.

Na década de 1960, a PCA (1966) apresentou uma versão de um método para projeto de placas de PCS que se tornou bastante conhecida no Brasil. A questão básica em torno da necessidade de um critério melhorado era a consideração de eixos simples de rodas duplas (4 rodas) e eixos tandem duplos (8 rodas) do tráfego tipicamente rodoviário, bem como a incorporação de um novo critério de fadiga, dessa vez de natureza experimental, estabelecido em laboratório naquela época. A PCA abandonou então os chamados "fatores de impacto", reconhecendo que cargas estáticas tinham maior poder de dano do que as cargas dinâmicas. Observe que, no método da PCA de 1966, com o uso das cartas de

Pickett e Ray (1951) para a determinação de tensões geradas pelos eixos cotejados, admitia-se implicitamente a não existência de BT no modelo analítico, o que não condizia, de modo algum, com a prática construtiva já disseminada mundialmente: projetava-se a tensão crítica para a borda transversal, sendo que, com BT, ela ocorreria próximo ao centro da borda longitudinal. Essa falha viria a ser corrigida com o lançamento de um novo critério de projeto nos anos 1980, com a consideração implícita das BT e tensões de borda.

Em 1984, a PCA ofereceu um critério de projeto de PCS (placa) no qual considerava explicitamente alguns aspectos importantes no cômputo de tensões nesses pavimentos, embora omitisse por completo outros aspectos também relevantes, como o empenamento térmico. A simulação de tensões para o estabelecimento de valores tabulados passou a ser realizada por meio do Método dos Elementos Finitos (MEF), abandonando-se completamente o viés analítico, ou seja, as teorias de Westergaard ou o uso de cartas e ábacos de uma época em que as ferramentas de cálculo eram mais rudimentares.

O novo método introduzia elementos estruturais como as BT e a transferência de carga por intertravamento de agregados na borda longitudinal da pista com acostamento, no caso de acostamentos formados por placas de concreto, o que reduz esforços nas placas. Considerava também a possibilidade de dimensionamento de pavimentos ditos "compostos", com placa aderida à base cimentada (em geral de concreto compactado com rolo – CCR), embora sem fornecer meios diretos de calcular o estado tensional dessas bases. Além disso, introduzia o critério de degradação por erosão, isto é, de escalonamento e quebra de cantos relacionados à contaminação de bases granulares, conforme observações realizadas principalmente na *AASHO Road Test*. Por tratar-se de um critério altamente empírico e baseado em situações de descongelamento dos solos e camadas inferiores dos pavimentos, não será abordado nesta obra, dada sua inconsistência para situações de projeto no Brasil.

No caso de pavimentos de aeroportos, o *U.S. Army Corps of Engineers* (USACE) proporcionou enormes contribuições para a consolidação de critérios de projeto. A partir de 1941 realizaram-se vários testes com placas instrumentadas, em verdadeira grandeza, medindo-se as deformações e as deflexões, os quais permitiram comparações com as equações de Westergaard. A equação para carga central de Westergaard provou ser de boa acurácia para a determinação da tensão de tração na flexão em placas de concreto, embora se tenha verificado experimentalmente que as cargas de borda e de canto são mais críticas do que a carga de centro ou interior. Os experimentos também evidenciaram que as cargas dinâmicas não causam maiores danos em relação às cargas estáticas, como se poderia supor a princípio.

As pistas de teste em pavimentos de concreto em Lockbourne (Ohio, EUA), nos primórdios dos anos 1940, permitiram a confirmação da equação de borda de Westergaard, ainda que esta se referisse a uma roda apenas, e os trens de pouso de aeronaves poderiam ter um conjunto de rodas. Além disso, até então, cinco mil coberturas eram representativas de um tráfego de dez anos nos principais aeroportos. Segundo Ahlvin (1991), data daquela época a definição de um fator multiplicativo de 1,3 para se considerar, indiretamente, efeitos relacionados à temperatura e à repetição de cargas sobre os concretos.

Nos experimentos do USACE, observou-se também que a transferência de carga em juntas era essencial para o bom desempenho dos pavimentos, e que a eficiência de transferência de carga (LTE – *load transfer efficiency*) deveria ser de 25%, no mínimo. As melhores juntas de pavimentos de concreto seriam aquelas, de contração ou de construção, com BT adequadamente dispostas na seção. Quanto ao emprego de armaduras no concreto, as pesquisas estavam mais dirigidas para a armadura de controle de retração. Os estudos para calibração de métodos de dimensionamento teriam melhor impulso após a possibilidade de consideração dos efeitos de rodas múltiplas, o que somente foi possível depois da publicação das cartas de influência de Pickett e Ray (1951).

4.1.2 As cartas de influência de Pickett e Ray

Foi a expansão da malha rodoviária e aeroportuária, nos anos após a Segunda Guerra Mundial – com o paralelo incremento de carga em veículos, os quais passaram a comportar eixos com múltiplas rodas –, que acabou por exigir a consolidação de métodos de cálculo de momentos fletores (e tensões de tração na flexão) resultantes da aplicação de várias cargas sobre uma mesma placa de concreto. Pickett e Ray (1951) assumiram tal tarefa, construindo uma série de figuras conhecidas por "cartas de influência", destinadas à obtenção de deflexões e momentos fletores em placas de concreto sob a ação de cargas posicionadas sobre cantos, bordas ou no centro (ponto remoto das bordas) das placas. Entre as oito cartas confeccionadas pelos engenheiros, a de número 6 empregou a equação para cálculo de deflexões (ω) quando uma carga distribuída sobre uma área qualquer (porém não muito grande) está próxima da borda (junta) de uma placa, em uma modificação da teoria original proposta por Westergaard (1948):

$$\omega = \frac{2P}{\pi k \ell} \int_0^\infty \frac{\gamma \cdot \cos\frac{\alpha x}{\ell} \left[\cos\frac{\beta y}{\ell} + (1-\mu)\cdot\alpha^2 \cdot sen\frac{\beta y}{\ell} \right] \cdot e^{\frac{-\gamma y}{\ell}} \cdot d\alpha}{1 + 4(1-\mu)\cdot\alpha^2\cdot\gamma^2 - (1-\mu)^2\cdot\alpha^4} \quad (4.3)$$

onde os valores de β e γ serão números reais positivos tais que α² + β² = γ² e 2 . β . γ = 1.

Em termos explícitos, a Eq. 4.3 é deduzida para quando não existe capacidade alguma de transferência de cargas naquela junta (borda) da placa (Westergaard, 1948). Na integração numérica dessa equação, Pickett e Ray assumiram que o valor do coeficiente de Poisson do concreto seria constante e igual a 0,15. Por recorrência à curvatura da placa em flexão, uma vez conhecida a equação da linha elástica conforme deduzida por Westergaard, a tensão de tração na flexão na face inferior da placa, na direção x (sentido do tráfego), é dada por:

$$\sigma = -\frac{E \cdot h}{2} \cdot \frac{\partial^2 \omega}{\partial x^2} \quad (4.4)$$

Na construção das "cartas de influência", Pickett e Ray (1951) utilizaram o princípio de superposição de efeitos, admitindo, assim, que a estrutura teria comportamento elástico-linear. Vale observar que o uso dos ábacos de Pickett e Ray depende, além da consideração das rodas de veículos em escala sobre o desenho, do cálculo preliminar do valor do raio de rigidez relativa (ℓ), o qual, por sua vez, depende do conhecimento do módulo de elasticidade (E) do concreto, da espessura (h) da placa de concreto (assumida *a priori* para verificação posterior da tensão), do coeficiente de Poisson do concreto (μ) e do módulo de reação do subleito (k). Portanto, nesse método de cômputo de tensões – na forma gráfica, muito conveniente para uma época distante da microinformática –, são passíveis de serem consideradas variações no módulo de elasticidade do concreto. Ou seja, para uma placa construída com concreto com E muito diferente do convencional, calcula-se seu ℓ em função do módulo de elasticidade do concreto.

O uso das cartas de influência, engenhosamente elaboradas para cargas sobre centro e sobre bordas de placas de concreto, foi bastante popular nos meios técnicos na década de 1950, pela ausência de outros métodos ou instrumentos para o cálculo de tensões nos pavimentos de concreto. Derivadas da extensão dos modelos analíticos de Westergaard, elas permitiam a superposição de efeitos para o cálculo de momentos fletores causados por eixos complexos de aeronaves. A técnica de seu emprego consistia em posicionar o eixo sobre a carta em escala conveniente, definida com a extensão preestabelecida na carta (Fig. 4.1, p.ex.) para o valor do raio de rigidez relativa da placa de concreto, fazendo-se uma contagem dos blocos posicionados sob as rodas, bem como sua soma final (com o valor de blocos negativos e positivos). O momento fletor máximo (M) na placa era então calculado pela fórmula:

$$M = \frac{q \cdot \ell^2 \cdot N}{10000} \quad (4.5)$$

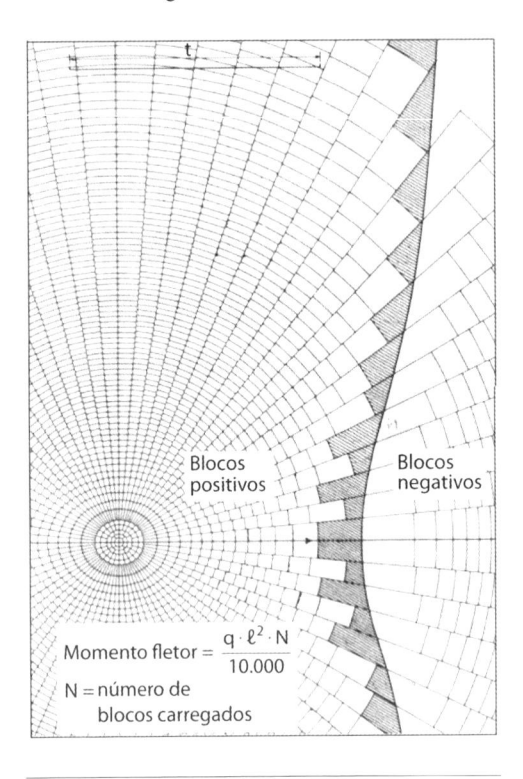

Fig. 4.1 *Ábaco de Pickett e Ray para o cálculo do momento para carga no centro da placa sobre fundação de Winkler – líquido denso (adaptado de Yang, 1972)*

onde q é a pressão na roda e M é determinado por unidade de comprimento da placa. A tensão de tração na flexão ficaria, assim, imediatamente determinada a partir de M.

As cartas de influência fundamentam-se na divisão da área de contado da carga (roda) aplicada em N pequenas áreas, e essa divisão é feita radialmente ao ponto central da aplicação de carga. Essas pequenas subdivisões de cada área de contato das rodas (todas as rodas devem ser idênticas) são denominadas blocos de influência, e cada um desses blocos produz uma deflexão de 1/N do valor da deflexão na origem ou ponto central.

4.1.3 O método da PCA de 1966

O método de projeto proposto pela PCA em 1966 é uma forma singular de calcular tensões, pois remonta ao emprego da equação de Westergaard (1948) para cargas sobre a borda de placas. Já em uma época com acesso aos computadores, a PCA (1966) propõe ábacos para o cálculo de tensões que foram desenvolvidos após manipulação computacional das cartas de influência de Pickett e Ray (1951). Na época, dois tipos de eixos rodoviários foram considerados: os eixos simples (de rodagem dupla) e os eixos tandem duplos (compostos por dois eixos simples de rodagem dupla) afastados entre si (de seus centros) cerca de 1,3 m. A montagem dos ábacos empregou a carta de influência número 6 de Pickett e Ray, com o valor de 28.000 MPa para o módulo de elasticidade do concreto. Ou seja, o método da PCA está prévia e irremediavelmente fixado para um concreto que apresente esse módulo de elasticidade. Concretos especiais fugiriam do escopo desse método, uma vez que módulos de elasticidade diferentes alteram a tensão de cálculo.

Admitida uma espessura para a placa de concreto e conhecidos os valores de k e o tipo de eixo, bem como a carga sobre o eixo, obtém-se a tensão máxima na face interior da placa, quando a carga está próxima à junta (borda transversal) da placa. Dos ábacos anteriormente empregados pode-se extrair as seguintes equações, respectivamente para o cálculo das tensões causadas por eixos simples de rodas duplas (ESRD), eixos tandem duplos (ETD) e eixos tandem triplos (ETT), próximos à borda transversal das placas, as quais são facilmente aplicáveis em planilhas eletrônicas modernas (Balbo, 2003), com σ em MPa, Q em kN, h em mm e k em MPa/m:

$$\sigma_{esrd} = 219,915 \times \frac{Q_{esrd}^{0,7381}}{h^{1,3767} \cdot k^{0,2126}} \quad (4.6)$$

$$\sigma_{etd} = 104{,}596 \times \frac{Q_{etd}^{0,7512}}{h^{1,2835} \cdot k^{0,2588}}$$ (4.7)

$$\sigma_{ett} = 31{,}295 \times \frac{Q_{ett}^{0,8067}}{h^{1,1653} \cdot k^{0,2841}}$$ (4.8)

Dos denominadores dessas equações depreende-se que a espessura da placa de concreto exerce influência maior na redução de tensões para o caso de ESRD e menor para ETT. O aumento do módulo de reação do subleito exerce maior efeito de redução na tensão (embora pequeno) para o caso de eixos múltiplos em comparação aos eixos simples.

O método da PCA de 1966 introduziu o conceito de consumo de resistência à fadiga (originário de Palmgren-Miner) do concreto para o dimensionamento da espessura da placa. Isso decorreu dos estudos experimentais em laboratório conduzidos por Hilsdorf e Kesler (1966), que, empregando corpos de prova prismáticos de concreto, estabeleceram um modelo experimental de fadiga por meio de ensaios dinâmicos, relacionando o número de ciclos à fadiga (N) para um dado nível de tensão atuante no concreto. O dimensionamento é realizado admitindo-se, intrinsecamente, que o fenômeno de fadiga é linear (teoria de dano cumulativo linear), sendo calculado o consumo de resistência à fadiga (CRF) de cada carga por tipo de eixo, ditado pela relação entre o número de repetições de cargas previstas em projeto para aquele tipo de eixo e carga, e o número de repetições de cargas admissíveis à fadiga. A verificação se uma dada espessura da placa de concreto atende ao tráfego de projeto segue o procedimento prescrito na "regra de Palmgren-Miner", admitindo-se o dano contínuo à fadiga de natureza linear e cumulativa, sendo o CRF dado por:

$$CRF = \sum_{i=1}^{n} \frac{N_{P,i}}{N_{f,i}} \leq 1$$ (4.9)

Nesse procedimento de cálculo, todo o tráfego solicitante entra no cômputo de tensões e de fadiga no concreto, e a espessura deve ser tal que todos os veículos previstos no horizonte de projeto sejam acolhidos sem que o CRF supere 100% ou outro valor mais restritivo prescrito *a priori*. Na maioria dos casos, a prática corrente de projeto tem transigido com o dimensionamento de pavimentos, sem detalhar o perfil do tráfego futuro (o que é sempre temerário), adotando os valores máximos legais de cargas sobre eixos, o que só faz sentido se a rodovia tiver rigoroso controle de cargas de veículos comerciais.

Se, por um lado, a consideração de todo o perfil do tráfego é uma melhoria substancial na técnica de projeto (note que o método não emprega conceitos de equivalência entre cargas, mas o dano específico de cada carga, abstratamente, como sendo o CRF), por outro, o método também limita o emprego dos ábacos para concretos com módulo de elasticidade próximo a 28.000 MPa. É importante ressaltar que, dada a formulação desse método, que calcula tensões resolvendo de modo indireto a equação de Westergaard (1948) para carga na borda da placa, implicitamente se admite que não há transferência alguma de carga na borda e que a tensão crítica ocorre na face superior da placa, junto à borda transversal.

A partir de uma simples análise de sensibilidade apresentada na Fig. 4.2, depreende-se desse método de projeto que, quanto maior for a espessura da base granular sob a placa, menor será a interferência do módulo de reação do subleito nas tensões no concreto e, por conseguinte, na espessura da placa. Isso indica que bases granulares, desde que espessas (200 mm), são de fato elementos de homogeneização da condição de suporte para as placas, independentemente de variações expressivas em k. O incremento de k causado pela presença de bases granulares representa, em termos práticos, reduções de até 10% na espessura da placa de concreto, para a pior hipótese de projeto (bases delgadas de 100 mm). Essa redução seria de apenas 3% para bases espessas, de onde nasce a obrigação de uma análise econômica, em fase de projetos, para uma justificativa do emprego de uma base mais espessa ou de um incremento de 10% na espessura da placa.

A Fig. 4.3 apresenta os efeitos de variação no valor de k quando

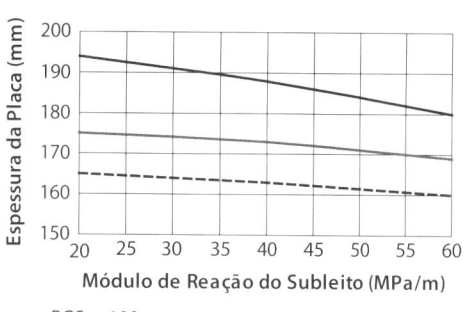

Fig. 4.2 *Efeitos de variações de espessuras de bases granulares sobre a espessura da placa (Balbo, 2003)*

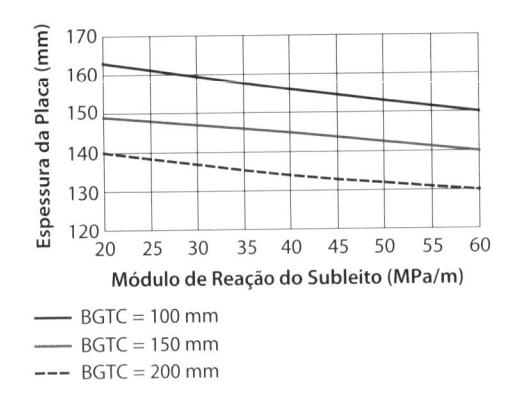

Fig. 4.3 *Efeitos de variações de espessuras de bases tratadas com cimento sobre a espessura da placa (Balbo, 2003)*

se empregam diferentes espessuras de bases cimentadas. Verifica-se que, independentemente das espessuras de tais bases, o incremento no valor de k acarreta de 6% a 8% de redução na espessura da placa de concreto, apontando novamente pouca influência do valor de k no resultado final, tendo-se em conta as variações típicas de espessura encontradas durante a execução das placas em pista. Em corte vertical das curvas apresentadas, constata-se também um efeito de cerca de 15% na redução da espessura da placa, independentemente do valor de k, ao se optar por uma espessura de base cimentada de 150 mm, em vez de 100 mm. A solução de projeto encaminha-se também, nessas circunstâncias, para a análise econômica das alternativas. Vale recordar que utilizar o termo base ou sub-base é indiferente na literatura internacional, apesar de uma base não excluir obrigatoriamente a presença de uma camada de sub-base. Todavia, por rigor de nomenclatura, a placa de concreto não pode ser chamada de base (Balbo, 2007).

4.1.4 Critério da Prefeitura do Município de São Paulo de 1967

Dutra, Gouvêa e Brandão (1967) consolidaram um método oficial de projeto de PCS (único oficial no Brasil até 2004, quando caducou) baseado no método da PCA (1966), em que o dimensionamento apresentava-se bastante restrito, com carga máxima legal de 100 kN sobre ESRD e tráfego limitado a quatro categorias: (a) leve, com 50 ônibus ou caminhões na faixa, diariamente; (b) médio, com 50 a 400 ônibus ou caminhões, diariamente; (c) pesado, com 400 a 2.000 ônibus ou caminhões, diariamente; (d) muito pesado, superando 2.000 ônibus ou caminhões, diariamente.

Esse método fixava o emprego de apenas dois tipos de base, o macadame hidráulico e o concreto magro (CCR), com 100 mm de espessura, sendo o CCR obrigatório para tráfegos pesado e muito pesado.

Além disso, fixava obrigatoriamente a resistência à tração na flexão do concreto em 4,5 MPa aos 28 dias. Tais limitações constituem barreiras importantes à concepção estrutural de PCS nos dias de hoje. De modo igualmente problemático, fixava o emprego de barras de transferência e de ligação com aços tipo CA-32 e CA-24, respectivamente, que já não eram fabricados há longo tempo. Em suma, o dimensionamento era realizado conforme apresentado na Tab. 4.1, sem quaisquer considerações de natureza geotécnica sobre os subleitos na cidade de São Paulo. De qualquer maneira, o tráfego pesado requereria 240 mm de placa de concreto, algo que faz pensar um pouco em relação aos projetos na década de 2000.

TAB. 4.1 DIMENSIONAMENTO DE PLACAS (ESPESSURAS EM MM) SEGUNDO A MD-2 (Dutra; Gouvêa; Brandão, 1967)

Tipo de tráfego	Base em CCR com 100 mm	Base e macadame hidráulico com 100 mm
Leve	160	180
Médio	200	220
Pesado	220	–
Muito pesado	240	–

4.1.5 Critério da *Federal Aviation Administration*

A *Federal Aviation Administration* (FAA) emprega, até o momento, um critério oficial pautado pelas cartas de Pickett e Ray (1951) e, portanto, baseado na teoria de Westergaard para cargas de borda (Circular AC 150/5320-6D). O parâmetro de projeto mais importante é o peso das rodas ou dos trens de pouso das aeronaves, que são assumidos com base no peso máximo de decolagem desses veículos. A FAA (2002) reconhece que seria impraticável o desenvolvimento de curvas de projeto para todos os tipos de aeronaves, razão pela qual apresenta algumas hipóteses simplificadoras relacionadas às pressões aplicadas pelas rodas, às distâncias entre as rodas de um trem de pouso etc. O critério de projeto foi adaptado, a partir dos critérios do USACE, para comportar 25 mil decolagens nas pistas de pouso e decolagem.

A determinação do número de decolagens requer um critério de equivalência entre operações de aeronaves diversas. A princípio, determinam-se as espessuras requeridas por cada tipo de aeronave, com base no valor do módulo de reação do subleito (k), do peso máximo de decolagem, da resistência do concreto (dividida por um fator de segurança de 1,3 para incluir outros efeitos não consideradas diretamente) e do número de decolagens anuais de cada aeronave. Por aeronave de projeto subentende-se aquela aeronave que, nesse processo de determinação, exigiu a maior espessura de placa de concreto, empregando-se ábacos como o apresentado na Fig. 4.4.

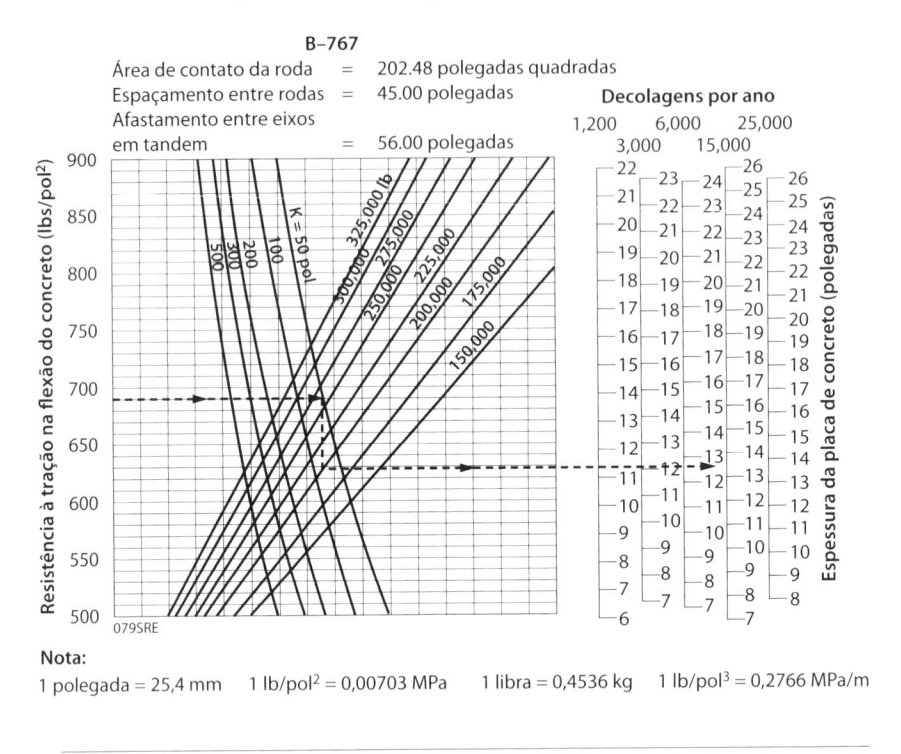

Fig. 4.4 *Exemplo de ábaco para determinação de espessura de placa de concreto para o Boeing 767 (FAA, 2002)*

Após esse procedimento, todo o tráfego anual deverá ser convertido em decolagens de aeronave de projeto equivalentes. Primeiramente, todos os trens de pouso das aeronaves que fazem parte do tráfego composto devem ser convertidos para trem de pouso da aeronave de projeto. Para os casos de aeronaves de grande porte (de cabine larga), em se constatando que seja aquela de projeto pelo procedimento descrito, serão tomadas como aeronave com duplo tandem de 300.000 lb para o cálculo do número equivalente de decolagens anuais. Essa conversão se faz pelos fatores de conversão indicados na Tab. 4.2.

Tab. 4.2 Fatores de conversão (multiplicativos) para eixos (perna de trem de pouso) de aeronaves (FAA, 2002)

Para a conversão de:	Em:	Multiplicar pelo fator de conversão:
Roda simples	Roda dupla	0,8
Roda simples	Duplo tandem	0,5
Roda dupla	Duplo tandem	0,6
Duplo duplo tandem	Duplo tandem	1,0
Duplo tandem	Roda simples	2,0
Duplo tandem	Roda dupla	1,7
Roda dupla	Roda simples	1,3
Duplo duplo tandem	Roda dupla	1,7

As aeronaves devem então ser convertidas em aeronaves de projeto, em termos de número equivalente anual de decolagens, pela fórmula:

$$log_{10} R_1 = log_{10} R_2 \times \sqrt[2]{\frac{P_2}{P_1}} \qquad (4.10)$$

onde R_1 é o número equivalente de decolagens anuais da aeronave de projeto; R_2 é o número de decolagens anuais da aeronave expressa em termos de trem de pouso da aeronave de projeto; P_1 é o peso máximo de decolagem sobre uma roda da aeronave de projeto; e P_2 é o peso máximo de decolagem sobre uma roda qualquer da aeronave.

A soma de todos os valores R_1 equivalentes de todas as aeronaves com o número de decolagens da aeronave de projeto fornecerá o número equivalente de decolagens anuais da aeronave de projeto. De posse desse valor, determina-se para a aeronave de projeto, em ábaco semelhante ao da Fig. 4.4, a espessura requerida para a placa de concreto. O procedimento apresentado deve ainda ser complementado para o caso de número anual de decolagens anual superior a 25 mil, conforme os incrementos de espessura indicados na Tab. 4.3.

Tab. 4.3 Acréscimos de espessura para níveis de decolagem superiores a 25 mil anuais (FAA, 2008)

Nível anual de tráfego (decolagens)	Acréscimo de espessura (%)
50 mil	4
100 mil	8
150 mil	10
200 mil	12

Além disso, a espessura mínima do pavimento deverá ser, pelo menos, idêntica à espessura necessária para a placa de concreto sobre um subleito com CBR (*California Bearing Ratio*, ou Índice de Suporte Califórnia) de 20% na curva de projeto adequada para a aeronave de projeto. O método ainda apresenta condições para determinação de espessuras de bases e o emprego de coeficientes de equivalência estrutural para conversão de bases granulares em outros tipos de bases.

O programa COMFAA da FAA (2003) apresenta alguma modificação em relação aos procedimentos aqui descritos, indicando que a tensão crítica de borda deverá ser alterada por um multiplicador de 0,75 – isso para levar em consideração a transferência de carga verificada pelo USACE ainda nos anos 1940, de 25% quando da presença de barras de transferência. Para se ter em conta a repetição de cargas (fadiga), faz-se o ajuste da espessura por meio de um fator multiplicativo α sobre a espessura encontrada para, respectivamente, um número de coberturas (C) igual ou superior a 5.000, ou um número inferior a esse:

$$\alpha = 1 + 0,15603 \cdot \log_{10}\left[\frac{C}{5000}\right] \quad \text{(4.11)}$$

$$\alpha = 1 + 0,07058 \cdot \log_{10}\left[\frac{C}{5000}\right] \quad \text{(4.12)}$$

4.1.6 Pavimentos de concreto armado e protendido

O uso de concreto armado (CAr) em placas de pavimento é bastante antigo, e existem inclusive relatos sobre testes comparativos com PCS realizados na Califórnia, no início da década de 1920. A consideração mais ampla do tema ocorre com a publicação de Bradbury (1938), que o abordou apenas do ponto de vista do emprego de armaduras de retração nas placas de concreto, sugerindo o uso da fórmula de tensão por atrito entre a placa de concreto e o subleito.

As melhores evidências experimentais quanto à questão surgem a partir dos trabalhos de Losberg (1960), quando formula modelos (ver Cap. 3) para o cálculo de momentos fletores de ruptura nas placas de concreto, a partir da Teoria de Charneiras Plásticas, empregando tal solução na construção de pistas para aeronaves no aeroporto de

Gottemburg, Suécia. Na realidade, não se pode dizer que exista um método normalizado ou mesmo formalizado para o dimensionamento dos pavimentos de concreto armado. Embora sempre exista um certo "romantismo" em torno do nome de Losberg, na prática brasileira, desde que esse tipo de pavimento começou a ser seriamente considerado em obras, especialmente industriais, o que se faz é determinar os momentos fletores com base em modelos de cálculo em regime elástico, ou pelas fórmulas de Westergaard para cargas de borda ou pelas cartas de Pickett e Ray, algumas vezes de modo já graficamente convencionado para determinados tipos de equipamentos (empilhadeiras). No caso de pavimentos de concreto armado, também se utilizam modelos numéricos para a determinação dos momentos fletores.

Na determinação das armaduras resistentes aos momentos em uma seção transversal unitária de placa, empregam-se critérios de solicitação normal sem excentricidade em seções retangulares, ou seja, o cálculo da seção transversal da placa de CAr é feito conforme a metodologia convencional para as demais estruturas congêneres em CAr (conforme descrito no Cap. 3), aprendida nos cursos de graduação em Engenharia Civil e Arquitetura. As mesmas considerações são válidas para os pavimentos de concreto protendido, e é preciso ressaltar que no Brasil, nos trabalhos mais aprofundados, tem-se o cuidado de levar em consideração os efeitos térmicos relacionados ao empenamento dessas longas placas de concreto.

Ao se fazer o dimensionamento de um pavimento de concreto armado, recomenda-se, à luz da teoria de solicitações normais apresentada no Cap. 3, que seja utilizado como referência o artigo técnico de Rodrigues e Pitta (1997), para esclarecimentos sobre as técnicas de projeto e detalhamento de armaduras resistentes, por tratar-se de um sólido trabalho de referência no Brasil.

4.1.7 Diferenciais térmicos (DT) – Considerações complementares

De maneira simplista, Bradbury (1938) estabelecia números figurativos e indicativos de valores médios para gradientes térmicos diurnos e noturnos, a saber, 0,067°C/mm e 0,0022°C/mm, respectivamente. Kelley (1939) fez uma análise crítica desses valores com base em resultados da *Arlington Experimental Farm Test*, e concluiu que se trata apenas de dados médios ilustrativos, muito distantes dos valores que podiam ocorrer em pavimentos – por exemplo, valores isolados de 0,088°C/mm foram observados no verão. No Brasil, nessa estação, Balbo e Severi (2002) observaram valores de 0,104°C/mm.

Mais importante, porém, do que as críticas a números ilustrativos, foi a clara posição de Kelley (1939) sobre a indispensável necessidade de consideração explícita do fator temperatura na determinação de esforços solicitantes nas placas de pavimentos. A Fig. 4.5 reproduz alguns resultados apresentados por Kelley com base em observação de pavimentos experimentais segundo a teoria de Westergaard, extensivamente testada durante os experimentos em campo na década de 1930. Kelley (1939) justificou, com base nesses resultados, por que placas de concreto de pavimentos apresentavam fissuras transversais: a ausência da consideração dessas tensões (de empenamento) em projeto seria um fator preponderante para rupturas prematuras observadas em rodovias americanas.

Observa-se que, ultrapassado o comprimento de 7 a 8 m nas placas, não há mais alteração importante na tensão de empenamento, muito embora ela permaneça. Isso significa dizer que placas longas também exigem a consideração do empenamento, embora, na prática, as tensões mantenham-se invariáveis para placas acima de 10 m, fator a ser ponderado nos pavimentos de concreto armado e de concreto protendido. Também se observa que, para placas com comprimentos típicos de 5 m em PCS, ainda há tensões de empenamento apreciáveis, que só serão reduzidas ou mesmo desprezadas para comprimentos pequenos, inferiores a 3 m, como no caso dos *whitetoppings* ultradelgados (WTUD).

De certa forma, é necessário reconhecer que, durante os anos 1960 e 1970, quando o guia de projetos da AASHTO teve grande repercussão nos Departamentos Estaduais de Rodovias dos EUA, houve, no calor do emprego do novo método de projeto empírico, certo

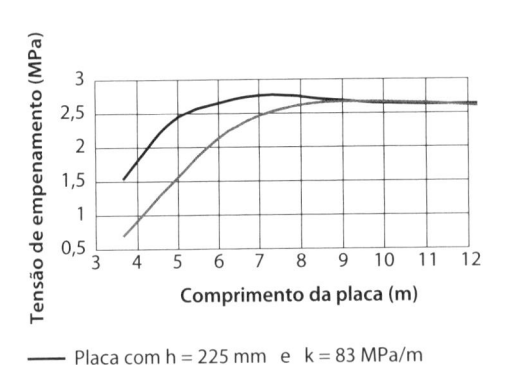

Fig. 4.5 *Tensões de empenamento em placas de concreto segundo Kelley (1939)*

abandono no tratamento cotidiano da questão dos diferenciais térmicos, uma vez que os efeitos térmicos estariam, de alguma maneira, embutidos no novo critério de projeto (uma das razões para aquele critério empírico indicar maiores espessuras do que os critérios meramente analíticos). O guia suplementar da AASHTO (1998) e o guia empírico-mecanístico da AASHTO (2002) retomam a questão dos diferenciais térmicos de maneira definitiva e com teorias adequadas.

Na Europa, desde a década de 1960, havia o desenvolvimento de pesquisas – mais teóricas, no caso – sobre a questão do empenamento. Os trabalhos do professor Joseph Eisenmann na Universidade de Munique influenciaram sobremaneira diversos métodos e técnicas de projeto de pavimentos de concreto, em especial nos países do norte da Europa, com destaque para Alemanha, Holanda, Bélgica e Suécia. O Japão também tem suas diretrizes de projetos de pavimentos de concreto amparadas por modelos de temperatura de Westergaard e por modelagem por elementos finitos.

No Brasil, o trabalho de referência sobre modelagem de tensões em pavimentos de concreto, considerando simultaneamente cargas de veículos e condições ambientais, é o que foi apresentado por Cervo et al. (2005) na 8ª Conferência sobre Pavimentos de Concreto da *International Society for Concrete Pavements* (ISCP). Nesse trabalho encontram-se os fundamentos do método de projeto de pavimentos de concreto da Prefeitura do Município de São Paulo (PMSP, 2004). Balbo (2007, p. 294), com uma mediação lúdica, posiciona bem a questão do empenamento térmico em placas de concreto como uma resposta macroestrutural do pavimento:

> O efeito da baixa difusibilidade térmica do concreto, o que torna o material um mau condutor de calor, expande mais as fibras superiores da camada durante as horas quentes do dia, causando um empenamento para cima ou positivo. Embora por si mesmo esse empenamento não altere as propriedades dos concretos, gera, por outro lado, estados de tensões difíceis de não serem levados em consideração em fases de projeto. Aqui, vale recordar as aulas de resistência dos materiais quando vigas com restrições de movimento horizontal submetidas a variações térmicas apresentavam alterações no equilíbrio de tensões internas. Negar esse fato significa: (1) "Não tive tal conceito"; ou (2) "Fugi dessa aula"; ou (3) "Creio firmemente que Edwin Aldrin, Michael Collins e

Neil Armstrong participaram de um embuste bem montado em algum estúdio em Hollywood"; ou ainda (4) "Desconheço o tal sistema de Copérnico", entre outras possibilidades.

4.2 Métodos fechados para projeto de pavimentos de concreto apoiados no MEF – Análise numérica

A implantação das equações analíticas ou numérico-estatísticas em planilhas de microcomputadores é bastante útil para situações de análise expedita, anteprojetos e estimativas iniciais em campo, quando nem todos os recursos quanto à definição de variáveis de projeto podem estar disponíveis, ou quando se deseja uma resposta imediata para finalidades de análise econômica ou de alternativas. Além disso, como ocorria no passado, ainda hoje há desconhecimento sobre programas que utilizam o MEF para a análise de placas apoiadas sobre fundações elásticas. Modelos fechados gerados com o MEF facilitam uma avaliação de tensões no concreto, embora se trate de um uso indireto, baseado em equações estatísticas, mas normalmente com vantagens sobre os demais métodos analíticos tradicionais. É necessário, contudo, que o engenheiro entenda perfeitamente o campo de aplicações e as limitações dos modelos fechados disponíveis, evitando uma interpretação incorreta dos parâmetros utilizados e dos resultados obtidos. Todavia, apesar de os modelos consagrados aqui descritos poderem ser usados inclusive para projetos de execução, recomenda-se sempre o uso de programas de modelagem por elementos finitos para a avaliação de situações extremas ou não previstas nos modelos fechados, entre as quais são comuns alterações nos módulos de elasticidade de camadas, mudanças de posicionamento de cargas devido à concepção geométrica das juntas e, ainda que em menor escala, ocorrência de padrões de carregamento diferentes dos prescritos. A seguir, discutem-se alguns critérios de projeto relevantes pautados pelo MEF.

4.2.1 Modelo de tensões da PCA (1984) para pavimentos de concreto simples com BT

O método de dimensionamento da *Portland Cement Association* (PCA, 1984), cujo modelo de cálculo de tensões, baseado no programa de elementos finitos J-SLAB, surge com o reconhecimento de algumas deficiências nos procedimentos anteriores de projeto por ela mesma estabelecidos, a saber: a prática de uso de BT em juntas não era estruturalmente considerada no método anterior (de 1966); o emprego de acostamentos pavimentados em concreto contribuía muito para um melhor desempenho dos pavimentos, conforme se observara em muitos casos em pista; existia outro modo de ruptura que implicava dano funcional para os pavimentos, além daquele por fadiga: a contaminação e a erosão do subleito, conforme verificado na *AASHO Road Test*.

A PCA passou então a realizar estudos – relativamente bem documentados por Packard e Tayabji (1984) – com o emprego de um programa de modelagem de tensões, pautado pelo MEF, para o cômputo dos efeitos de cargas sobre placas de concreto, considerando suas dimensões finitas, a presença de BT (modeladas, ainda que de forma limitada na época, dado o emprego de molas rígidas sob as juntas transversais), e a existência ou não de acostamentos pavimentados em concreto. Com isso, suprimiram-se diversas limitações dos modelos anteriormente propostos pela própria PCA, que deu um verdadeiro salto de qualidade quanto ao cálculo de tensões, em comparação com seu método de projeto de 1966, descrito na seção 4.1.3. No desenvolvimento desses modelos baseados no MEF, o módulo de elasticidade do concreto ficou restrito a 28.000 MPa.

Para a geração de equações para o cálculo de tensões de tração na flexão críticas nas placas de concreto de cimento Portland (CCP), a análise de cargas foi feita com o programa J-SLAB, que possibilitou visualizar que as tensões críticas, quando presentes as BT, ocorriam para o caso de eixo posicionado no centro da placa e uma extremidade tangenciando a borda longitudinal. Acostamentos em concreto reduziam substancialmente tais tensões, por haver transferência de carga (barras de ligação e intertravamento de agregados na junta longitudinal), além de reduzir as deflexões na placa, conforme se verificava nas simulações do MEF.

A modelagem de tensões para as cargas críticas de borda longitudinal foi realizada conforme as considerações anteriores, tabulando-se os valores de tensões para vários tipos de carga. Ressalte-se que a PCA optou, no início da década de 1980, por ainda fornecer tabelas e ábacos para os engenheiros práticos, sem formular – não se sabe por quê – modelos de regressão, como é bastante comum. A tensão (equivalente) fornecida nessas tabelas do método da PCA (1984) ainda merecem uma consideração esclarecedora.

Pesquisas de tráfego mencionadas por Packard e Tayabji (1984) indicaram que apenas 6% dos eixos, nas avaliações mais pessimistas, estariam posicionados sobre a borda longitudinal das placas, gerando consumos de resistência à fadiga diferenciados em relação aos 94% restantes dos eixos, mais centralizados sobre as placas. O método foi ajustado com base em tais considerações. A simulação de situações de projeto levou à conclusão, após análises numéricas, de que as tensões tabuladas para cargas de borda a partir do MEF deveriam ser multiplicadas por um fator de 0,89, a fim de garantir igual consumo de fadiga simulado para uma situação real de distribuição transversal do tráfego nas pistas de rolamento, resultando nas chamadas "tensões equivalentes". Das tabelas desenvolvidas pela PCA (1984) pode-se extrair, por regressão múltipla, modelos para o cálculo das tensões equivalentes na seguinte forma (Balbo, 2003):

$$\sigma = C_1 \cdot h^{C_2} \cdot k^{C_3} \qquad (4.13)$$

As constantes de regressão C_1, C_2 e C_3 são indicadas na Tab. 4.4, caso a caso (os valores da tensão de tração na flexão equivalente, resultantes do emprego da Eq. 4.13, são em MPa; h é a espessura da placa (mm); e k é o módulo de reação do subleito (MPa/m). Vale lembrar que tais equações foram geradas para um módulo de elasticidade do concreto fixado em 28.000 MPa.

Tab. 4.4 Constantes de regressão para a equação de cálculo da tensão equivalente

Tipo de eixo	Acostamento em CCP	n	R^2	C_1	C_2	C_3
ESRD	Não	120	0,999	5984	-1,40297	-0,18299
	Sim	120	0,999	3206	-1,33898	-0,16202
ETD	Não	120	0,999	2274	-1,18982	-0,25884
	Sim	120	0,999	1755	-1,21894	-0,20711
ETT	Não	120	0,997	1915	-1,21596	-0,25005
	Sim	120	0,996	2443	-1,35987	-0,16302

Constantes estabelecidas a partir de valores individuais indicados pela PCA (1984); n indica o número de elementos no universo para a estatística aqui apresentada.

Resta ainda considerar que, para a simulação numérica das tensões equivalentes, adotou-se como referência o eixo de rodas duplas de 80 kN e, supostamente (dada a falta de completeza dos esclarecimentos no método original), os valores de referência de 150 kN e 215 kN, aproximadamente, para eixos tandem duplos e triplos, respectivamente, a partir de informações da *AASHO Road Test*. Por fim, cabe esclarecer que, contrariamente ao critério de 1966, a PCA (1984) admitiu a hipótese de linearidade entre tensões e cargas (de modo conservador) para a montagem do ábaco de resolução do método, muito provavelmente porque hoje já não se justifica o elevado tempo computacional que antes era gasto para a simulação eixo por eixo e carga por carga.

Verifica-se, em uma breve análise das constantes de regressão encontradas, que a espessura é uma variável mais sensível às tensões causadas por ESRD do que às demais; além disso, que o módulo de reação do subleito é mais importante na redução de tensões para eixos tandem do que para eixos simples. Essas conclusões estão em estrito acordo com o método da PCA (1966) e, portanto, refletem coerência entre a teoria de Westergaard e a modelagem numérica (MEF).

Na Fig. 4.6 representam-se graficamente as tensões resultantes dos modelos de projeto da PCA de 1966 e 1984, para o caso dos ESRD com 80 kN. No método da PCA (1984), observam-se quedas nos valores de tensão da ordem de 0,3 MPa (placas de 200 mm), quando se empregam acostamentos de concreto, em comparação à sua ausência. Quando a espessura da placa aumenta, sua sensibilidade à presença de acostamento em CCP diminui gradativamente. Os resultados dos métodos da PCA de 1966 e 1984 são bastante próximos, embora ligeiramente superiores para os modelos da PCA (1984), em que não

—— PCA (1966) – ESRD 80 kN - k = 50 MPa/m

—— PCA (1984) – ESRD 80 kN - k = 50 MPa/m – sem acostamento

--- PCA (1984) – ESRD 80 kN - k = 50 MPa/m – com acostamento

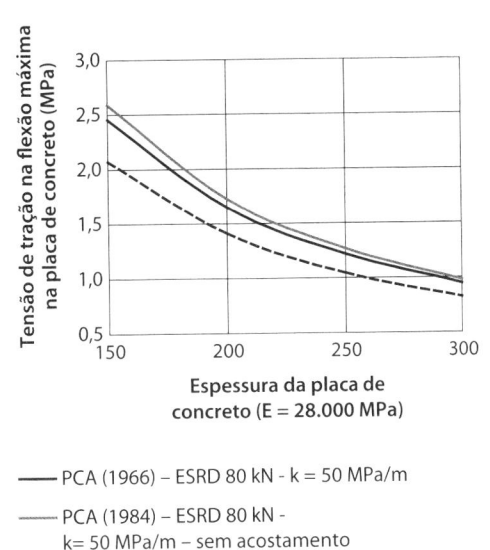

Fig. 4.6 *Tensões em placas de concreto para eixo de 80 kN, de acordo com modelos da PCA*

há previsão de emprego de acostamento em CCP, embora a alteração do paradigma se justifique pelo fato de as equações da PCA (1984) estarem ajustadas para a condição mais próxima da realidade: placas finitas e BT em juntas. Nesse caso, comparações diretas ficam prejudicadas.

Embora não seja objeto deste livro discorrer sobre métodos, vale recordar que no método da PCA (1984) o dimensionamento é realizado com base em "fatores de fadiga", que nada mais são do que, para cada tipo de carga, as correspondentes relações entre tensões (RT), já abordadas anteriormente. Vale também ressaltar que o modelo de fadiga da PCA (1966) foi modificado (são um pouco obscuros os detalhes de como o fizeram) pelo acréscimo de uma função parabólica para valores de RT entre 0,55 e 0,45, mantendo-se o modelo anterior para RT > 0,55 (modelo logarítmico) e RT < 0,45 (ilimitadas repetições de carga). O novo modelo é descrito por:

$$N_f = \left(\frac{4,2577}{RT - 0,4325} \right)^{3,268} \quad \text{(4.14)}$$

Aliás, um problema dessa equação de fadiga modificada é que não tem comprovação experimental, resultando de um simples arredondamento para evitar alteração brusca de comportamento à fadiga quando se adota um critério de "número ilimitado de repetições de carga", o qual, por si só, não pode ser comprovado *experimentalmente.*

O método da PCA (1984) ainda assinala que no ábaco de projeto, de forma implícita, a resistência de projeto especificada para o concreto é minorada em termos de um coeficiente de variação de 15%, o que tornaria o modelo de fadiga mais conservador. Também afirma, embora de maneira muito vaga, que o ganho de resistência do CCP além dos 28 dias é incorporado ao ábaco de projeto, sem esclarecer como isso é feito. Evidentemente, essas considerações perdem fôlego quando se necessita utilizar concretos de liberação rápida ao tráfego.

A PCA (1984) apresenta um discurso retórico sobre a questão do empenamento das placas de concreto resultante de gradientes térmicos, alegando que (pelo menos à época de elaboração do método) as informações disponíveis sobre medidas de tensões provocadas por empenamento não seriam confiáveis para serem incorporadas ao critério apresentado. É preciso lembrar, porém, que esse método foi desenvolvido no início da década de 1980, e que entre 1986 e 1987, experimentos conduzidos nos Estados de Illinois e da Flórida, nos EUA, permitiram caracterizar tais efeitos com precisão. Ademais, em 1984 já existiam programas de computador com o MEF que avaliavam bem os efeitos térmicos em placas de concreto para pavimentação.

Cabe ainda considerar que o critério da PCA (1984) indica que, aparentemente, existiria um modo de danificação importante em pavimentos de concreto, além do modo por fadiga: a erosão do material abaixo da placa (base e subleito) motivada pelo bombeamento de finos do subleito, especialmente em pavimentos sem BT. Em razão disso, a PCA assume as conclusões oriundas da *AASHO Road Test* sobre processos de danificação das estruturas de pavimento.

Segundo indica a PCA (1984), esse efeito foi correlacionado com as deflexões que ocorrem em pavimentos, e a taxa de trabalho com a qual um eixo (especialmente aqueles em tandem) deforma a placa de concreto foi adotada como sendo a razão entre o produto da pressão aplicada pela deflexão percebida pelo raio de rigidez relativa da placa (ℓ). Assim, dada a definição de ℓ, quanto menor o valor de k, maior o potencial de erosão; quanto maior o valor de ℓ, menor o potencial de erosão; e quanto maior o módulo de elasticidade do concreto e sua espessura (rigidez), menor o potencial de erosão.

Por certo, há um elevado grau de empirismo na formulação de tais "fatores de erosão" para verificação desse potencial de danificação por erosão, uma vez que a PCA (1984) claramente sugere seu emprego como "linha geral", uma vez que sua formulação depende de calibração em função de condições climáticas, o que, no caso desse método, realizou-se com base em vários experimentos de campo, incluindo os da *AASHO Road Test*, conduzidos em *climas francamente temperados*, onde há saturação e congelamento de subleitos durante o inverno.

A Fig. 4.7 deixa evidente, a partir dos dados fornecidos no método de projeto, que de fato tais fatores de erosão apresentam significância para valores de k inferiores a cerca de 60 MPa/m, ou seja, para pavimentos de CCP aplicados diretamente sobre solos de fundação ou sobre bases granulares. Assim, em princípio, dispensa-se a verificação desses fatores para bases cimentadas, e isso somado ao empirismo que permeia esse tipo de verificação de danificação, *limitada às condições de clima tempe-*

rado. Aliás, no "Apêndice B" da PCA (1984) se reconhece, explicitamente, que bases em CCR não são erodíveis. *Portanto, não se pode transpor tais considerações para o clima tropical do Brasil, por exemplo, de tal maneira que se julga incorreto o emprego de tais modelos de degradação em projetos nacionais.*

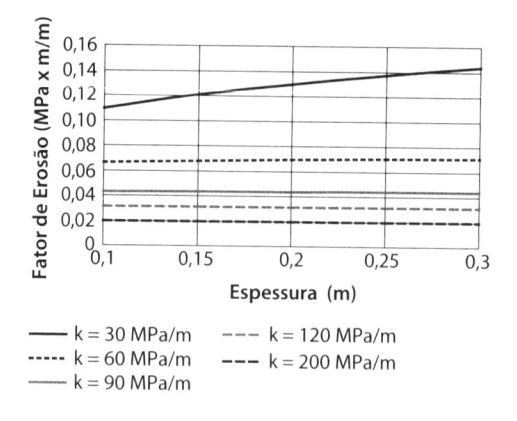

Fig. 4.7 *Variação dos fatores de erosão em função de k e da espessura da placa*

Pela Fig. 4.8 pode-se inferir pequena significância do valor do módulo de reação do subleito nas tensões sofridas na placa de concreto, também com base no MEF (PCA, 1984), o que já se havia verificado por modelos analíticos (p.ex. PCA, 1966). No caso de espessura comum de 250 mm de placa de concreto para rodovias de alto volume de tráfego, nota-se que variar a condição do sistema de apoio de 60 MPa/m (plenamente atingível para bases granulares) até 150 MPa/m (típico, na concepção da PCA, para bases rígidas sobre subleitos) implica reduzir as tensões em valores inferiores a 0,1 MPa, o que é insignificante, na maioria das vezes.

4.2.2 Modelos de Iaonnides para fundações de Winkler e como sólidos elásticos

Iaonnides (1984) reavaliou as soluções analíticas de Westergaard e complementou o trabalho de Losberg para fundações em sólido elástico, empregando o MEF por meio do programa ILLI-SLAB. No lugar de uma carga circular, Iaonnides empregou uma carga quadrada, por facilidade de

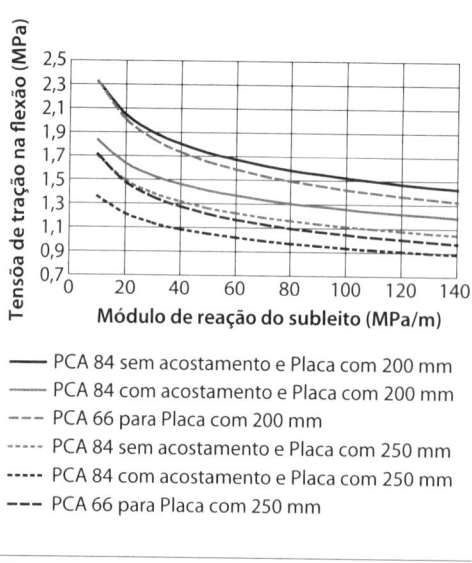

Fig. 4.8 *Variação das tensões em função do módulo de reação do subleito no critério da PCA (1984)*

construção das malhas quadradas de elementos finitos, sendo essa área quadrada de contato pneu-pavimento tomada com lado c. O interesse do pesquisador era uma reavaliação da equação para carga de canto de Westergaard, que havia empregado uma carga circular com raio a, sendo a_1 a distância entre o canto e o centro da carga passando pela bissetriz ao canto da placa (ver Cap. 3). A relação entre as áreas de contato de ambos os casos é dada por:

$$c^2 = \pi \cdot a^2 \qquad (4.15)$$

$$c = 1{,}77 \cdot a \qquad (4.16)$$

$$a_1 = a \cdot \sqrt{2} \qquad (4.17)$$

$$c = a_1 \cdot \frac{1{,}77}{\sqrt{2}} \qquad (4.18)$$

Os modelos de Ioannides para carga de canto, no que se refere à deflexão de canto (ω), à tensão de tração na flexão (σ) no canto (topo) e à distância onde essa tensão é máxima ao longo da bissetriz, a partir do canto da placa, são, respectivamente:

$$\omega = \frac{P}{k \cdot \ell^2} \cdot \left[1{,}205 - 0{,}69 \cdot \frac{c}{\ell}\right] = \frac{P}{k \cdot \ell^2} \cdot \left[1{,}205 - 0{,}88 \cdot \frac{a_1}{\ell}\right] \qquad (4.19)$$

$$\sigma = -\frac{3 \cdot P}{h^2} \cdot \left[1 - \left(\frac{c}{\ell}\right)^{0{,}72}\right] = -\frac{3 \cdot P}{h^2} \cdot \left[1 - \left(\frac{a_1}{\ell}\right)^{0{,}64}\right] \qquad (4.20)$$

$$x_1 = 1{,}8 \cdot c^{0{,}32} \cdot \ell^{0{,}59} = 1{,}94 \cdot a_1^{0{,}32} \cdot \ell^{0{,}59} \qquad (4.21)$$

Por simples comparação com as equações de canto analiticamente deduzidas por Westergaard, conclui-se que o MEF conduz a soluções bastante semelhantes, o que já auxilia os mais tradicionalistas a compreender o grande potencial do método numérico.

Além disso, Ioannides apresentou soluções genéricas, expressas em forma adimensional e baseadas no MEF, para cargas de borda e de canto, quando a fundação é analisada como um sólido elástico. As referidas soluções, respectivamente para as deflexões, as tensões no subleito e as tensões de tração na flexão máximas, são:

$$R^* = \frac{\delta \cdot D}{P \cdot \ell_e^2} \quad (4.22)$$

$$R^* = \frac{q \cdot \ell_e^2}{P} \quad (4.23)$$

$$R^* = \frac{\sigma \cdot h^2}{P} \quad (4.24)$$

Como na solução de Losberg, a partir da formulação de Hogg é possível o cálculo da tensão no subleito, quando o modelo de fundação é um sólido elástico contínuo ou uma camada contínua. A equação geral para determinação das respostas esperadas é dada por:

$$R^* = A \cdot \log_{10}\left(\frac{c}{\ell_e}\right) + B \quad (4.25)$$

Para as deflexões e tensões, a distância a partir do canto onde ocorre a tensão máxima (momento fletor máximo) – no topo, evidentemente –, é dada na forma:

$$x_1 = A \cdot \sqrt{\frac{c}{\ell_e}} + B \quad (4.26)$$

As constantes A e B das fórmulas determinadas por Ioannides (1984) sob modelagem numérica têm seus valores indicados na Tab. 4.5.

TAB. 4.5 VALORES DAS CONSTANTES A E B NAS FÓRMULAS DE IOANNIDES (1984)

Posição da carga	Modelo R*	A	B
Borda	Deflexão	-0,185	0,251
	Tensão no subleito	-2,040	1,587
	Tensão de tração na placa	-2,148	1,042
Canto	Deflexão	-0,593	0,495
	Tensão no subleito	-43,973	26,087
	Tensão de tração na placa	-2,044	0,879
	Distância ao momento máximo	1,961	-0,412

4.2.3 Modelo de Nishizawa e Fukuda para PCS com empenamento de borda

Com o emprego do MEF, Nishizawa e Fukuda (1994), do Japão, analisaram uma série de situações de carregamento de placa de concreto para determinação das tensões em bordas transversais ocasionadas por ações do empenamento térmico. Este estudo teve como motivação a busca de melhorias nos critérios de dimensionamento estrutural de pavimentos empregados naquele país, que até então utilizava um método analítico que combinava cargas do tráfego com cargas ambientais com os modelos de Westergaard.

O estudo contemplou a ocorrência de transferência de cargas nas bordas transversais, algo que o modelo convencional de Westergaard não permitia considerar, pois não havia transferência de cargas em juntas no modelo analítico. O estudo fatorial estatístico dos autores pautou-se pelos seguintes limites de aplicação do MEF: comprimento da placa de 5 a 10 m; largura de 4,5 m; espessura de 230 a 300 mm (no Japão, eram as espessuras típicas de PCS); módulo de elasticidade do concreto entre 28 e 32 GPa; coeficiente de Poisson do concreto de 0,17; coeficiente de expansão térmica do concreto de 10^{-5} mm/mm $\cdot$ °C; diferencial térmico entre o topo e o fundo da placa entre 4 e 16°C; e módulo de reação do subleito, conforme a hipótese de Winkler e de Westergaard, entre 30 e 100 MPa/m.

A simulação do MEF foi levada a termo para 192 combinações de parâmetros, com a determinação das tensões críticas em borda transversal para cada caso. Posteriormente, por regressão linear múltipla, os investigadores estabeleceram um modelo simplificado para o cálculo dessa tensão por empenamento, dado pela equação:

$$\sigma = \frac{\Delta T^{0,65} \cdot B^3 \cdot \sqrt[2]{k}}{2 \cdot h^2} \quad (4.27)$$

onde ΔT é o diferencial térmico entre o topo e o fundo da placa; B é o comprimento da placa de concreto; k é o módulo de reação do subleito; e h é a espessura da placa.

Note que, quanto maior a espessura da placa, menor a tensão de empenamento, cuja redução é inversamente proporcional ao quadrado da espessura. Por outro lado, quanto maior a espessura da placa, maior o diferencial térmico, conforme se extrai dos modelos apresentados no Cap. 2.

Além de o comprimento da placa afetar as tensões em questão, motivo para o controle estrito desse parâmetro para o caso específico dos PCS, observa-se que o aumento no valor do módulo de reação do subleito causa incrementos diretamente proporcionais nas tensões de empenamento. Esse fato, confirmado pelo MEF, já havia sido esclarecido anteriormente pelo próprio modelo analítico de Westergaard – portanto, não se trata de novidade, apenas de confirmação.

4.2.4 Modelos de tensões para *whitetopping* ultradelgado da ACPA

A tecnologia dos WTUD remonta há menos de duas décadas, com destaque especial para os EUA, tendo ocorrido em 1997 a primeira sistematização do cálculo de tensões no concreto empregado como camada de reforço. O primeiro critério de projeto de WTUD foi proposto por Mack et al. (1997) em artigo apresentado na 6th *International Purdue Conference on Concrete Pavement Design and Materials for High Performance*, realizada em Indianápolis (EUA). Em comunicação pessoal feita durante a conferência, o autor principal do artigo assinalou que a *American Concrete Pavement Association* (ACPA) investiu cerca de 250 mil dólares em uma pesquisa para estabelecimento de modelos para o cômputo de tensões em estruturas de pavimento com WTUD. No Brasil, em 1998, o desenvolvimento de modelo bem mais detalhado não consumiu recursos superiores a 30 mil reais.

O trabalho desenvolvido considerou a necessidade do uso de um programa de elementos finitos com elementos de três dimensões (3D), em especial porque os programas tipo 2D supostamente apresentariam limitações para as análises, entre as quais a de não possibilitarem a verificação de uma condição de aderência parcial e a consideração de uma posição de fissura no concreto asfáltico (CA) que não fosse exatamente coincidente com a junta das placas (comentários extraídos do artigo e referentes aos programas ILLI-SLAB, J-SLAB e FEACONS). Os autores utilizaram então um programa genérico de elementos finitos (NISA STATIC) para a simulação de elementos 3D, com 8 nós, sendo todas as camadas discretizadas com malhas de 10 por 10 linhas. A análise considerou as condições aderida e semiaderida, além da eventual transferência de carga entre juntas, que, segundo indicaram claramente os resultados, torna-se importante, em termos de análise numérica, no caso de placas não aderidas.

No entanto, ao longo do referido artigo, os autores justificam o abandono do programa computacional de elementos finitos em 3D para a geração de modelos, assinalando que o tempo de máquina despendido pelo processamento seria muito grande, o que inviabilizaria (de alguma maneira) a conclusão dos trabalhos. Assim, o esquema básico do procedimento adotado naquelas análises foi:

i. analisar uma parcela de casos com emprego de modelo 3D;
ii. analisar os mesmos casos com modelo 2D (ILLI-SLAB); portanto, simulando fissuras até o fundo da camada de CA, acompanhando as juntas do WTUD;
iii. estabelecer um fator de conversão entre os modelos 3D e 2D para os casos analisados (paritariamente);
iv. desenvolver toda a modelagem numérica para a definição de tensões por meio do programa 2D, admitindo condição de aderência plena e simulando fissuras até o fundo da camada de CA, acompanhando as juntas do WTUD;
v. converter todos os resultados de tensões geradas em 2D para 3D, empregando-se o fator de conversão estabelecido anteriormente e, então, dar prosseguimento à geração de modelos teórico-estatísticos derivados dos valores de tensões já convertidos.

A definição de um fator médio de conversão para as tensões foi realizada por meio de uma análise estatística com nível de confiança fixado em 75%, que resultou nos seguintes valores: (a) relação média entre tensões 3D e 2D igual a 19%; (b) desvio padrão da estatística igual a 17% (para mais ou para menos em relação à média). Assim, os autores, em um procedimento de segurança, somam média e desvio padrão, o que remonta a um fator de correção empregado em suas equações, de 36% de acréscimo para tensões 3D em relação a tensões 2D. Esse tipo de procedimento, embora muito ampliador dos limites da variável, é comumente empregado na engenharia. No entanto, o desvio padrão obtido revela que tensões 2D podem, em muitos casos, resultar semelhantes a tensões 3D, com pequena margem de acurácia (no caso, uma variação bruta de 2%).

Os modelos propostos por Mack et al. (1997) para o cálculo de tensões de tração na flexão críticas para WTUD são aplicáveis a ESRD com 80 kN de carga total e a ETD com 160 kN, aplicados em cantos de placas como condição crítica, e tais modelos são representados, respectivamente, pelas funções:

$$\log \sigma = 5{,}025 - 0{,}465 \cdot \log k + 0{,}686 \cdot \log\left(\frac{L}{\ell_e}\right) - 1{,}291 \cdot \log \ell_e \quad (4.28)$$

e (4.29)

$$\log \sigma = 4{,}898 - 0{,}559 \cdot \log k - 0{,}963 \cdot \log \ell_e + 1{,}395 \cdot \log\left(\frac{L}{\ell_e}\right) - 0{,}088 \cdot \left(\frac{L}{\ell_e}\right)$$

onde k é o módulo de reação do sistema de apoio ao conjunto WTUD-CA (em libras por polegadas cúbicas); L é o espaçamento entre juntas ou a dimensão da placa (em polegadas); e ℓ_e é o raio de rigidez relativa do pavimento composto (WTUD-CA), definido pela Eq. 4.30. Os modelos foram gerados com base em 80 simulações e resultaram em coeficientes de determinação superiores a 0,95.

$$\ell_e = \left[\frac{\left(\frac{E \cdot h^3}{12}\right)_{eq}}{\frac{1-\mu^2}{k}}\right]^{0{,}25} \quad (4.30)$$

O valor do coeficiente de Poisson (μ) foi fixado em 0,15 e o numerador da Eq. 4.30, calculado por meio da equação derivada da Teoria de Placas:

$$\left(\frac{E \cdot h^3}{12}\right)_{eq} = \frac{E_1 \cdot h_1^3}{12} + E_1 \cdot h_1 \cdot \left(\frac{LN - h_1}{2}\right)^2 + \quad (4.31)$$

$$+ \frac{E_2 \cdot h_2^3}{12} + E_2 \cdot h_2 \cdot \left(\frac{h_1 - LN + h_2}{2}\right)^2$$

onde E_1 e E_2 são, respectivamente, o módulo de elasticidade do concreto e o módulo resiliente do CA; h_1 e h_2 são suas respectivas espessuras; e LN é a posição da linha neutra, a partir da superfície do WTUD, calculada (em polegadas) pela expressão:

$$LN = \frac{E_1 \cdot h_1 \cdot \frac{h_1}{2} + E_2 \cdot h_2 \cdot \frac{h_1 + h_2}{2}}{E_1 \cdot h_1 + E_2 \cdot h_2} \qquad (4.32)$$

Os modelos propostos por Mack et al. (1997) apresentam a vantagem explícita de permitir o emprego de uma ampla faixa de variação do módulo resiliente do CA, fixada no intervalo entre 345 e 13.790 MPa; no estudo paramétrico, o módulo de elasticidade do concreto foi fixado em 27.580 MPa. Os demais parâmetros mais significativos assumiram os seguintes valores para as simulações numéricas: espessura de WTUD de 51, 76 e 102 mm; espaçamento entre juntas de 0,61 m e 1,27 m (placas quadradas); espessura da camada de CA variando entre 76 e 229 mm; módulo de reação do sistema de apoio ao pavimento composto variando de 20 a 217 MPa/m.

Sugerem os autores, como "linhas gerais de dimensionamento", que o modelo de fadiga da PCA (1984) seja empregado para o concreto do WTUD. Sugerem ainda a verificação da vida de fadiga da camada de CA por meio do emprego de um modelo de fadiga proposto pelo *Asphalt Institute*, fato que mereceria muita atenção, pois o comportamento à fadiga de misturas asfálticas novas, estudadas em laboratório, afasta-se muito da realidade, por não serem simuladas inúmeras condições reais, como a condição de oxidação do cimento asfáltico que, exposto às condições climáticas por muitos anos, resultaria em um material de natureza frágil e não dúctil (Balbo, 2007).

Com base em sua experiência de campo em termos de desempenho de pavimentos com WTUD, os autores concluem que não seriam recomendáveis espaçamentos entre juntas superiores a 1,20 m. Eles recordam que o desempenho da interface aderida ainda não é conhecido, razão pela qual não pode ser avaliado com precisão para o fornecimento de linhas gerais de projeto, embora, novamente com base na sua experiência prática, acreditem que a fresagem do CA fornecerá boas condições de aderência.

Por fim, quanto ao desenvolvimento dos modelos numéricos, os autores acreditam que a modelagem pode descrever o comportamento do WTUD de modo adequado, fato que é explorado melhor na seção a seguir. Cole, Mack e Packard (1997) afirmam que inúmeras aplicações numéricas dos modelos desenvolvidos por Mack et al. (1997) mostraram resultados razoáveis e aceitáveis para esses modelos, com base nos quais, inclusive, a ACPA estaria desenvolvendo uma série de "quadros" de dimensionamento, intitulados "capacidade de cargas de WTUD". Um exemplo desses quadros é reproduzido na Tab. 4.6.

Alguns aspectos importantes devem ser mencionados sobre tais catálogos de projeto em desenvolvimento para uso pelos profissionais de pavimentação, em especial os engenheiros de empresas de consultoria de projetos. Observe-se inicialmente que a Tab. 4.6 fornece o número de caminhões por faixa de tráfego, certamente reflexo dos conhecimentos práticos adquiridos pela ACPA em um grande número de construções com WTUD nos EUA. Não é dado maior esclarecimento sobre como o número de caminhões foi convertido em um dado número de ESRD de 80 kN e de ETD de 160 kN. Teriam sido aplicados fatores de veículo baseados em fatores de equivalência entre cargas, diante das distribuições de eixos por caminhões nos casos analisados? Em caso positivo, qual critério de equivalência entre cargas teria balizado os cálculos apresentados?

Tab. 4.6 Número de repetições (em milhares) de caminhões por faixa (Cole et al., 1998)

$f_{ct,f}$ do concreto (MPa)	Espessura de CA (mm)	Espessura de WTUD (mm)					
		50		75		100	
		Espaçamento entre juntas (m)					
		0,9	0,6	1,2	0,9	1,8	1,2
4,8	75	0	75	6	102	56	298
4,8	100	55	216	110	284	230	578
4,8	125	197	497	331	620	553	1.076
4,8	≥150	511	1.053	771	1.221	1.148	1.915
5,5	75	9	111	79	197	266	551
5,5	100	101	261	221	398	502	875
5,5	125	277	622	495	778	922	1.460
5,5	≥150	639	1.183	1.002	1.493	1.582	2.438

O exemplo ilustra o fato de que, quanto menos espesso o WTUD e maior a dimensão do painel, o número aceitável de veículos seria drasticamente reduzido, revelando, portanto, que nesses casos as tensões de tração na flexão atuantes no WTUD seriam de maior magnitude, induzindo mais rapidamente o concreto ao processo de fadiga. Também se extrai que, quanto maior a espessura de CA remanescente após a fresagem, maior o número de repetições de carga tolerável para uma estrutura; para se atingir a casa do "milhão de caminhões", seria indispensável ao menos 125 mm de espessura de CA para concretos pouco mais resistentes do que os concretos convencionais para pavimentação.

As propostas de critérios de projeto apresentadas revelam ainda as seguintes dificuldades:

i. os modelos não permitem considerar (exceto por meio de extrapolações lineares duvidosas), isoladamente e caso a caso, os efeitos de diversos tipos de carga sobre um mesmo tipo de eixo;
ii. não terem sido elaborados modelos de fadiga, experimentais ou semiempíricos, com base nos experimentos já realizados e que pudessem retratar melhor o comportamento dos concretos utilizados nesses experimentos, em especial os de elevada resistência;
iii. as tabelas prendem-se ao cômputo de um número de caminhões que não é facilmente relacionável com um outro número de caminhões em outro país, com diferentes padrões de configuração de eixos, de pressão por pneumático etc.

O modelo desenvolvido por Balbo (1999) no âmbito da USP trouxe luzes para melhor detalhamento estrutural dos WTUD, como se mostra na sequência.

4.2.5 Modelo de tensões para *whitetopping* ultradelgado da USP-ABCP

Balbo (1999) simulou placas de WTUD com o programa FEACONS 4.1 SI; posteriormente, verificou as análises numéricas com o programa ILSL2; por fim, revelaram-se semelhantes. Inicialmente desenvolvidos para placas quadradas de 1,2 m de lado, os modelos estatísticos foram expandidos para largura de placas entre 0,6 m e 1,2 m, com a meta de se agrupar duas variáveis (espessura de WTUD e carga total sobre o eixo isolado), de maneira que o conjunto de 42 cartas para cálculo de tensões pudesse ser reduzido a um número ainda menor. Isso permitiria agrupar funções para um conjunto de espessuras de CA, resultando em cartas por valor de módulo de reação do sistema de apoio, ou vice-versa. Após extensivas análises, a função de ajuste foi dada por:

$$log_{10}\, \sigma_{tf,w} = I + X_1 \cdot e + X_2 \cdot log_{10}\, Q \qquad (4.33)$$

onde e é a espessura do WTUD e Q é a carga do eixo considerado (ônibus ou caminhão). A Eq. 4.33 apresentou os menores desvios possíveis em relação aos valores de tensões obtidos pelo MEF (FEACONS 4.1 SI), e foi, portanto, a mais precisa naquele estudo para o cálculo de tensões de tração na flexão em WTUD. O Laboratório de Mecânica de Pavimentos (LMP) da Escola Politécnica da Universidade de São Paulo (Epusp) desenvolveu o programa *Whitetopping Ultradelgado*, cuja versão 1.0 está disponível em <www.ptr.poli.usp.br/lmp/downloads>; alternativamente, pode-se obtê-lo na Associação Brasileira de Cimento Portland (ABCP) em CD-ROM.

Embora o modelo de elementos finitos utilizado (FEACONS 4.1 SI) o permita, no desenvolvimento das equações simplificadas não se consideram eventuais e possíveis efeitos de transmissão de cargas em juntas. Admitiu-se na época essa hipótese de ausência de transferência de cargas em juntas, uma vez que, tratando-se de tecnologia essencialmente inovadora, não havia no Brasil nenhuma análise mais profunda de pista, com o emprego de prova de carga, que pudesse trazer à luz e quantificar tal efeito. Sabe-se atualmente que, para um bom desempenho do WTUD, é necessária a transferência de carga, realizada pela camada asfáltica subjacente em condições estruturais de integridade (Pereira et al., 2006), o que resulta em tensões ligeiramente inferiores às calculadas nos padrões originais.

O modelo computacional adotado considera fissuras que ocorrem ao longo das juntas do WTUD, incluindo toda a profundidade do pavimento composto (WTUD + CA). Embora essa limitação prática seja real, tal hipótese é conservadora, uma vez que a camada de CA, não sendo semi-infinita, não poderia responder mais eficazmente às pressões verticais impostas pelas cargas. Por outro lado, é evidente que as condições ideais para a camada de CA sejam as mais íntegras possíveis, em termos de não existirem fissuras. No entanto, a presença de fissuras, em um estágio preliminar, poderá não ser detectada na superfície, uma vez que a tendência vigente considera o processo de fadiga de baixo para cima na camada de CA. Fissuras em fibras inferiores de CA redundariam na consideração empírica de uma espessura efetiva de revestimento, ainda capaz de resistir a esforços flexionais. Esse tratamento, ainda que com bases empíricas, tenderia a resultar em maiores tensões no WTUD.

Quanto aos efeitos térmicos (diferenciais térmicos nas placas ultra-delgadas de concreto), após monitoração de 365 dias em pista experimental na USP, verificaram-se as distribuições de frequência apresentadas na Tab. 4.7 (placas de 95 mm). Outro aspecto interessante é que, como o concreto é mau condutor de calor, as temperaturas na mistura asfáltica subjacente ficam mais baixas, contribuindo para um melhor desempenho dessas camadas asfálticas, como se depreende da Tab. 4.8. Existem diversas razões para acreditar que os efeitos térmicos, nesse caso, são bastante inferiores aos efeitos de cargas de veículos, a ponto de serem desprezados nos cálculos.

4.2.6 Modelo de Balbo e Rodolfo (1998) para PCS sem barras de transferência e com base cimentada

No estudo fatorial de Balbo e Rodolfo (1998), a escolha de placas de concreto simples sem BT em juntas (nem mesmo intertravamento de agregados) foi justificada como uma alternativa ao modelo analítico da PCA (1966), que simplesmente admitia que as bases cimentadas

TAB. 4.7 TEMPERATURAS EM WTUD NO EXPERIMENTO USP-FAPESP
(Pereira; Balbo, 2002)

Faixa de DT	Outono	Inverno	Primavera	Verão	Total
< –6°C	0,0	0,0	0,2	0,0	0,1
–6 a –3°C	1,1	0,8	4,1	1,0	1,9
–3 a 0°C	49,2	49,7	58,9	59,5	53,1
0 a 3°C	40,0	37,7	18,9	18,7	30,6
3 a 6°C	7,3	6,0	9,4	10,8	7,7
6 a 9°C	2,4	4,6	5,9	7,8	5,1
> 9°C	0,0	1,2	2,6	2,2	1,5

TAB. 4.8 TEMPERATURAS MÁXIMAS NA MISTURA ASFÁLTICA SUBJACENTE AO WTUD NO EXPERIMENTO USP-FAPESP (Pereira; Balbo, 2002)

Estação	Dia (°C)	Noite (°C)
Outono	20,6	14,5
Inverno	16,8	12,9
Primavera	27,2	20,7
Verão	33,5	24,0

melhoravam a condição de suporte, quando, na realidade, deveriam ser encaradas como elementos estruturais que aliviam as tensões na placa de concreto. Os autores trabalharam com a versão modificada (no Brasil) do programa desenvolvido por Tia et al. (1986), o FEACONS 4.1 SI.

Um largo espectro de possibilidades de bases cimentadas foi considerado no desenvolvimento dos modelos, para situações de agregados estabilizados com cimento, solo-brita-cimento, solo-cimento, brita graduada tratada com cimento (BGTC) e ampla faixa de CCR, todos os materiais em condições de integridade. Admitiu-se como eixo de referência o ESRD de 100 kN, com pressão constante nos pneumáticos de 0,64 MPa. A Tab. 4.9 apresenta as respectivas faixas de variações de parâmetros nesse experimento fatorial.

TAB. 4.9 FAIXA DE VARIAÇÃO DOS PARÂMETROS PARA BUSCA DE MODELOS FECHADOS (Balbo; Rodolfo, 1998)

Camada	Espessura (m)	E (MPa)	k (MPa/m)	ν
Placa de concreto	0,15	28.000	–	0,15
	0,18			
	0,21			
	0,24			
Base cimentada	0,15	10.000	–	0,15
	0,20	15.000		
	0,25	20.000		
	0,30	25.000		
Subleito	–	–	10	–
			50	
			90	

A posição do eixo foi considerada próxima à junta transversal, como no método da PCA (1966) com carga de borda, de modo simétrico à largura da placa (3,6 m), e a distância entre as juntas transversais foi fixada em 5 m (Fig. 4.9). As simulações envolveram 192 casos, tendo sido avaliadas, para cada um dos casos, as tensões máximas de tração na flexão na placa de concreto e na base rígida. Os valores de tensões foram correlacionados com as demais variáveis indicadas no estudo fatorial, por meio de regressão linear múltipla convencional, obtendo-se as seguintes equações para o cálculo das tensões críticas em função das variáveis mencionadas:

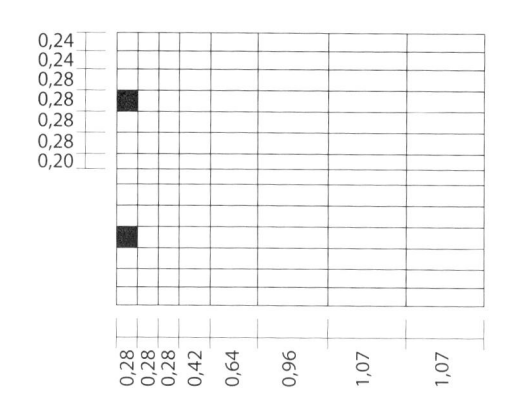

Fig.4.9 *Malha de elementos finitos empregada (sem escala)*

- Equação para o cálculo de tensão de tração na flexão máxima na placa de concreto ($r^2 = 0{,}91$):

$$\sigma_{placa} = \frac{5{,}01504}{t_{placa}^{0,4915} \cdot t_{base}^{1,2864} \cdot E_{base}^{0,4405} \cdot k_{subleito}^{0,0389}} \qquad (4.34)$$

- Equação para o cálculo de tensão de tração na flexão máxima na base cimentada ($r^2 = 0{,}89$):

$$\sigma_{base} = \frac{0{,}00018 \cdot E_{base}^{0,5597}}{t_{placa}^{1,4919} \cdot t_{base}^{0,2867} \cdot k_{subleito}^{0,0389}} \qquad (4.35)$$

onde σ_{placa} é a tensão de tração na flexão máxima na placa de concreto (MPa); σ_{base} é a tensão de tração na flexão máxima na base cimentada (MPa); t_{placa} e t_{base} são as espessuras (m) da placa e da base, respectivamente; E_{base} é o módulo de elasticidade da base (MPa); e k é o módulo de reação do subleito (MPa/m).

Das Eqs. 4.34 e 4.35 depreende-se que o valor do módulo de elasticidade da base cimentada resulta em efeitos diferentes nas tensões de placa e de base: a tensão na placa é inversamente proporcional ao módulo de elasticidade (diminui à medida que a base enrijece) e a tensão na base é diretamente proporcional ao módulo de elasticidade (aumenta quando a base enrijece). Observa-se também que, em termos relativos, o valor do módulo de reação do subleito é o que menos afeta as tensões – ambas as equações mostram que se trata de um parâmetro exclusivo do subleito, pois sua constante de regressão não se altera em nenhuma delas. Nota-se ainda que, nessas equações, o expoente da espessura de placa e de base cimentada reduz de uma unidade (os decimais são praticamente os mesmos) quando se calcula a tensão da camada oposta.

Na Fig. 4.10 estão representadas as tensões na placa em função da espessura e do módulo de elasticidade da base (para k = 50 MPa/m), com a conclusão de que o aumento da espessura da base é um fator mais proeminente na redução de tensões na placa do que o aumento do módulo de elasticidade da base cimentada. Observa-se também a expressiva redução de tensões (75%) proporcionada pela utilização de base em CCR de espessuras mais elevadas (150 a 200 mm). Portanto, é importan-

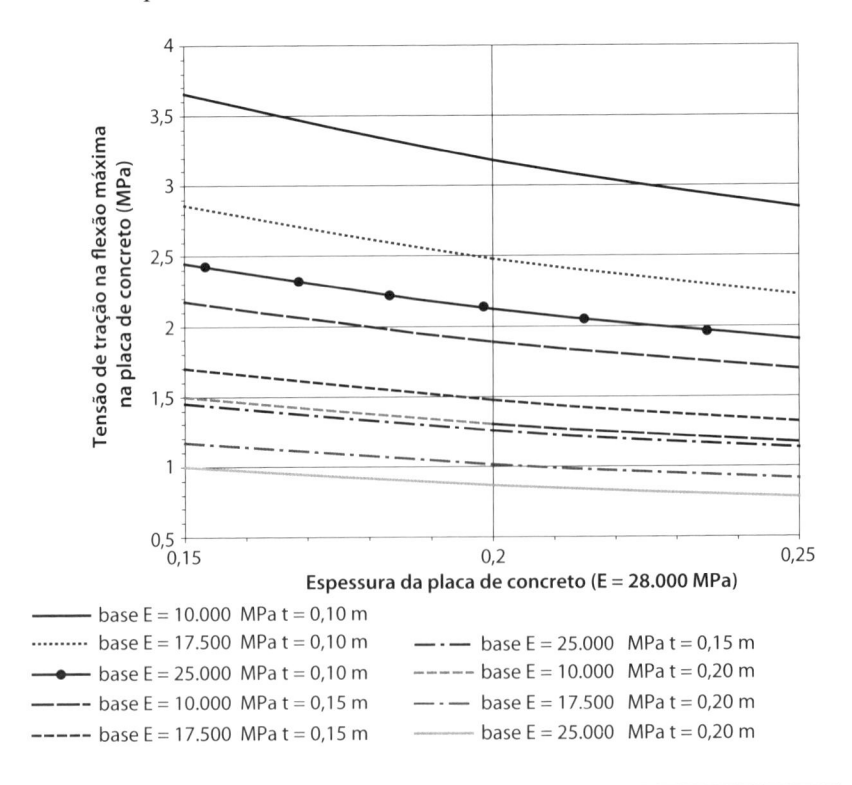

Fig. 4.10 *Tensões na placa de concreto de PCS sem BT (Balbo; Rodolfo, 1998)*

tíssimo o papel da base cimentada no comportamento do pavimento e na própria seleção do concreto da placa, em termos de sua dosagem.

A Fig. 4.11 apresenta graficamente as tensões de tração na flexão nas bases cimentadas. Observa-se que, com o aumento do módulo de elasticidade do material, aumentam as tensões na camada. Pela Teoria de Placas, seria de se esperar que uma base mais rígida absorvesse mais tensões, aliviando a placa de concreto sobre si. O aumento da espessura da base implica menores reduções nas tensões, o que demonstra a importância do módulo de elasticidade do material no dimensionamento. Aliás, admitindo-se a BGTC com $f_{ct,f}$ de 0,8 MPa e RT = 0,5 como seu limite de fadiga, esse material só teria segurança de comportamento à fadiga com seu módulo de elasticidade mantido em 10.000 MPa e espessuras de placa superiores a 230 ou 240 mm. Com solo-cimento não se espera melhor resultado, pois suas condições de trabalho como base de pavimento seriam ainda mais críticas, exigindo análises rigorosas de espessuras e faixas modulares convenientes. Assim, em geral, entre os cimentados, o CCR demonstra ser um material de base imbatível.

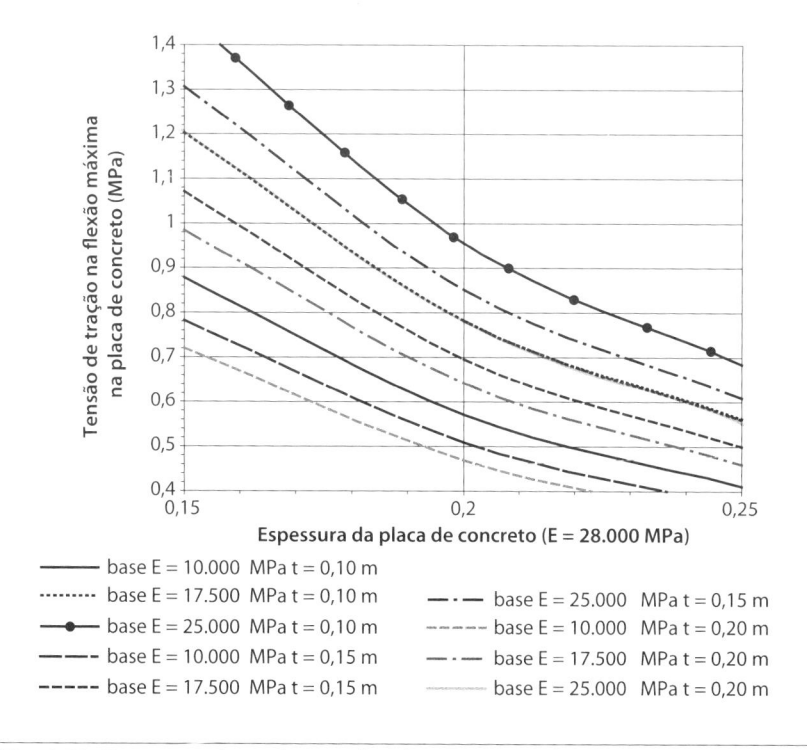

Fig. 4.11 *Tensões na base cimentada sob PCS sem BT (Balbo; Rodolfo, 1998)*

4.2.7 Modelo de Rodolfo e Balbo (2000) ou Método da PMSP (2004) para PCS com BT e empenamento térmico

O critério de projeto de PCS sobre base cimentada não aderida, da Prefeitura do Município de São Paulo (PMSP), foi totalmente definido com modelos numéricos, físicos e empíricos desenvolvidos no Brasil pelo LMP-Epusp, com apoio da Fundação de Amparo à Pesquisa do Estado de São Paulo (Fapesp). Os principais fundamentos dos trabalhos, desenvolvidos entre 1998 e 2004, encontram-se em Balbo et al. (2004) e Cervo et al.(2005). Trata-se de um caso interessante de transferência de tecnologia, na área de projetos estruturais, do setor de pesquisa para os setores públicos e privados, o que nos leva a descrever os respectivos procedimentos com mais detalhes.

Critério de cálculo de tensões

As equações para o cálculo de tensões na placa de concreto foram geradas a partir de estudos que envolveram 35 mil simulações do programa ILSL2 (Khazanovich, 1994). Determinaram-se as tensões para carga tangenciando a borda longitudinal de placas de concreto com 5,5 m de comprimento por 3,6 m de largura, com BT nas juntas transversais. O método de dimensionamento em questão está disponível em <www.ptr.poli.usp.br/lmp/downloads>.

As Tabs. 4.10 e 4.11 apresentam as constantes para os modelos a seguir descritos, respectivamente para o cálculo de tensões máximas de tração na flexão nas placas de concreto e em bases cimentadas, com o veículo posicionado na região central da placa de concreto, próximo à junta longitudinal. As equações são dadas pelos seguintes modelos genéricos:

- Tensão de tração na flexão máxima na placa de concreto:

$$\sigma = I + x_1 Q + x_2 e_1^2 + x_3 e_1 + x_4 e_2^2 + x_5 e_2 + x_6 E_2^2 + x_7 E_2 + x_8 DT \quad (4.36)$$

- Tensão de tração na flexão máxima na base cimentada com diferencial térmico positivo:

$$\sigma = I + x_1 Q^2 + x_2 Q + x_3 e_1^2 + x_4 e_1 + x_5 e_2^2 + x_6 e_2 + x_7 k + x_8 DT \quad (4.37)$$

TAB. 4.10 COEFICIENTES DE REGRESSÃO PARA O CÁLCULO DE TENSÃO NA PLACA DE CONCRETO

Coeficientes I e x_i	Espessura da Placa		
	$0{,}15\ m \leq e_1 \leq 0{,}19\ m$	$0{,}19\ m < e_1 \leq 0{,}25\ m$	$0{,}25\ m < e_1 \leq 0{,}35\ m$
Para k = 30 MPa/m			
I	4,10362621	3,80362684	3,85045145
x_1	0,02077157	0,01655751	0,01183868
x_2	7,27389717	17,09277691	15,64638342
x_3	-13,87550922	-17,53452816	-16,72887780
x_4	-9,97859979	-12,31086609	-4,99510587
x_5	-5,57482517	-0,12427686	0,42062064
x_6	4,867 E-10	1,546 E-10	2,675 E-11
x_7	-4,203 E-05	-1,707 E-05	-4,342 E-06
x_8	0,13261709	0,11824599	0,08909905
Para k = 80 MPa/m			
I	3,32392285	2,91231875	2,87354438
x_1	0,01702394	0,01364354	0,00990845
x_2	6,54530993	11,30316645	9,68042933
x_3	-10,88306827	-12,64297727	-11,78235280
x_4	-8,87459500	-11,02877833	-5,12969983
x_5	-4,50133709	0,02312292	0,57095931
x_6	3,972 E-10	1,289 E-10	2,360 E-11
x_7	-3,479 E-05	-1,461 E-05	-4,097 E-06
x_8	0,14026183	0,13434529	0,11441742
Para k = 130 MPa/m			
I	3,01795328	2,52896212	2,44587291
x_1	0,01538057	0,01238978	0,00912744
x_2	7,63316235	9,17847635	7,45401434
x_3	-10,08437876	-10,63791487	-9,74106648
x_4	-8,00564590	-10,06212380	-4,95133795
x_5	-4,07623291	0,00909903	0,59301764
x_6	3,540 E-10	1,154 E-10	2,166 E-11
x_7	-3,121 E-05	-1,325 E-05	-3,851 E-06
x_8	0,14165006	0,13910398	0,12359238

TAB. 4.11 COEFICIENTES DE REGRESSÃO PARA O CÁLCULO DE TENSÃO NA BASE DE CCR OU BGTC

Coeficientes I e x_i	Módulo de elasticidade da base cimentada (GPa)			
	E2 = 10	E2 = 15	E2 = 20	E2 = 25
Para DT maior que zero				
I	0,52236279	0,55356928	0,52769292	0,47258354
x_1	1,822E-05	2,540E-05	3,184E-05	3,773E-05
x_2	-0,00117014	-0,00160185	-0,00198638	-0,00234108
x_3	6,52470527	7,18126469	7,12112298	6,64935434
x_4	-4,95771966	-5,77252497	-6,09151638	-6,10532529
x_5	-7,65363544	-13,66400187	-19,84697807	-25,88454805
x_6	4,11867050	6,33360793	8,40526372	10,29017821
x_7	-0,00035270	-0,00048124	-0,00058975	-0,00068281
x_8	0,02285844	0,03265152	0,04168056	0,05008151
Para DT igual a zero				
I	1,30171225	1,64847191	1,90806300	2,11345977
x_1	-6,268E-06	-8,738E-06	-1,093E-05	-1,292E-05
x_2	0,00411338	0,00579956	0,00732677	0,00872901
x_3	15,61519329	19,51917593	22,20666434	24,09888454
x_4	-10,44463121	-13,30471424	-15,40020799	-16,98334988
x_5	-6,70228010	-11,50273826	-16,13197676	-20,38905825
x_6	3,36658494	5,06091464	6,55558488	7,83600559
x_7	-0,00077283	-0,00109245	-0,00138377	-0,00165285

- Tensão de tração na flexão máxima na base cimentada com diferencial nulo:

$$\sigma = I + x_1 Q^2 + x_2 Q + x_3 e_1^2 + x_4 e_1 + x_5 e_2^2 + x_6 e_2 + x_7 k \quad (4.38)$$

onde e_1 é a espessura da placa de concreto (m); e_2 é a espessura da base cimentada (m); Q é a carga no ESRD (kN); E_2 é o módulo de elasticidade da base cimentada (MPa); k é o módulo de reação do subleito (MPa/m); e DT é o diferencial térmico linear entre o topo e o fundo da placa (°C).

Quando DT é positivo, altera-se a posição de carga crítica para tensão na base cimentada, razão pela qual há duas equações diferentes para o cálculo de tensões na base cimentada. Como a base cimentada é supostamente inalterada, o empenamento positivo faz a placa de concreto perder contato com a região central da base cimentada, induzindo tensões críticas sob suas bordas em contato.

O uso do modelo desenvolvido exige a especificação dos materiais para placas de concreto e para base cimentada, bem como o emprego dos valores para os parâmetros caracterizadores dos materiais, de forma consistente com suas especificações. Com base nos estudos de pistas experimentais, aplicou-se um fator de 0,85 às constantes de regressão determinadas originalmente por Rodolfo (2001), para se obter a calibração necessária do modelo. Assim, as constantes numéricas (I, x_1, ... , x_8) foram deduzidas numérica e estatisticamente, e depois ajustadas experimentalmente, com base nas relações entre medidas físicas de tensões obtidas em pista por instrumentação e tensões calculadas por técnicas de elementos finitos.

Uma vez que o modelo prevê valores de tensões para ESRD, o cálculo de tensões para ETD ou ETT é realizado de modo conservador, com base nas equivalências de carga estabelecidas pela *AASHO Road Test*:
- O ETD de 135 kN e o ETT de 215 kN causam efeitos de tensão de tração na flexão semelhantes ao eixo padrão (ESRD) de 80 kN; as tensões causadas por tais eixos são denominadas "tensões de referência" (σ_{ref}).
- A tensão causada por um eixo qualquer (σ_q), não equivalente ao padrão (ou seja, diferente de 135 kN para o caso de ETD e de 215 kN para o caso de ETT), é calculada conforme o tipo de eixo, mantendo-se o critério de linearidade entre tensão e carga:

$$\sigma_q = \sigma_{ref} \cdot \left(\frac{Q_q}{Q_{ref}} \right) \qquad (4.39)$$

onde Q_q é a carga qualquer sobre o eixo (diferente da carga de referência) e Q_{ref} é a carga de referência (135 kN para ETD e 215 kN para ETT). Ainda, a determinação de valores de tensões para valores de k diferentes dos tabulados deve ser feita por interpolação entre os pontos conhecidos.

Critério de determinação e combinação de diferenciais térmicos com o tráfego

Os valores de diferenciais térmicos utilizados para o cálculo de tensões nos pavimentos de concreto foram determinados a partir das equações propostas por Balbo e Severi (2002), e, conforme verificado na cidade de São Paulo, os diferenciais eram positivos na maior parte do tempo (incluindo períodos noturnos); quando negativos, apresentavam pequeno valor médio, podendo ser desprezados nos cálculos. Balbo et al. (2004) obtiveram resultados semelhantes nas proximidades da cidade de Recife (PE).

No método da PMSP utilizam-se padrões simplificados para o cálculo de diferenciais térmicos positivos diurnos (Tab. 4.12), conforme as características de clima prevalecentes no município de São Paulo. As seguintes observações são válidas para o emprego da tabela: (a) entre zero hora e o horário da manhã de início de DT positivo admite-se DT = 0; (b) entre o horário indicado de fim de DT positivo e as 24 horas também se admite DT = 0; (c) o DT máximo deve ser considerado como constante entre 13h e 15h.

TAB. 4.12 DADOS REFERENCIAIS PARA O CÁLCULO DE DIFERENCIAIS TÉRMICOS POSITIVOS DIURNOS (PMSP, 2004)

Estação climática do ano	Horário de início de DT positivo	Horário de fim de DT positivo	Horário de DT máximo	DT positivo máximo (°C)
Primavera	8h	18h	13h-15h	12,5
Verão	8h	19h	13h-15h	11,5
Outono	9h	18h	13h-15h	8
Inverno	9h	17h	13h-15h	10

Para fins de cálculo das tensões de tração na flexão críticas causadas por cada eixo e carga, deverão sobrepor-se os valores horários de frequências de veículos e os valores horários de diferenciais térmicos, pois os consumos da resistência à fadiga em cada horário do dia diferenciam-se exatamente pelo número de eixos que atuam sob determinada condição de empenamento em cada horário, conforme esclarece a Fig. 4.12.

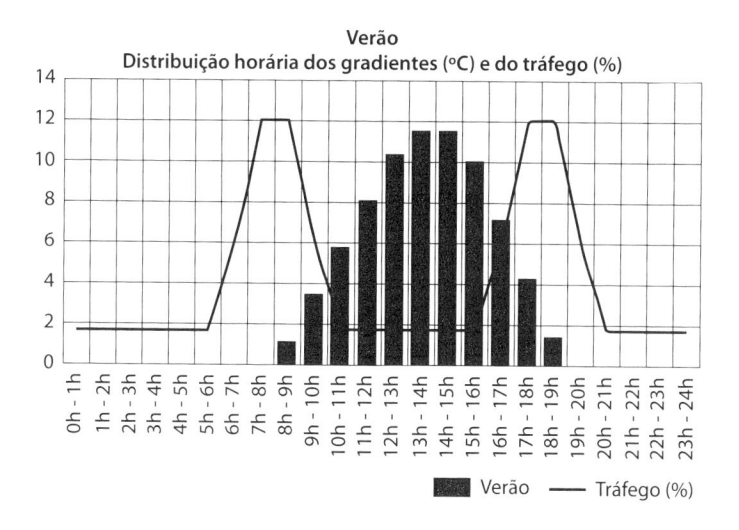

Verão
Distribuição horária dos gradientes (°C) e do tráfego (%)

Fig. 4.12 *Combinação da distribuição horária de frequência de veículos e diferenciais térmicos (PMSP, 2004)*

Critério de danificação por fadiga

Para concretos convencionais e concretos de alta resistência, o método da PMSP adota os modelos experimentais de fadiga desenvolvidos por Cervo (2004); para a BGTC, os modelos desenvolvidos por Balbo (1993) e para o CCR, os de Trichês (1993), todos apresentados no Cap. 2. Toleram-se equações alternativas, a critério do usuário, desde que exista comprovação científica do modelo e os materiais utilizados sejam típicos de obras realizadas na cidade. Além disso, os modelos de fadiga para concretos são corrigidos pelo fator de calibração laboratório-campo determinado por Cervo e Balbo (2005). A hipótese de Palmgren-Miner, para cálculo do consumo da resistência à fadiga do concreto, é empregada para a determinação da espessura da placa de concreto e da base cimentada.

Observadas essas considerações, é possível o emprego do método da PMSP para simular o resultado que se obteria com o critério da PCA (1984). Essa simulação, por meio da planilha DimPav 1.1, demanda os seguintes procedimentos: (a) adota-se a espessura de 0,01 m para a base de CCR, para desprezar seu efeito estrutural diretamente sobre a placa; (b) entra-se diretamente com o valor de k conforme os critérios da PCA (1984); (c) utiliza-se obrigatoriamente a equação de fadiga da PCA para

RT > 0,55. Quanto ao tráfego diário, pode ser concentrado apenas entre 23h e 24h, quando o DT é nulo, para não serem impostas cargas térmicas na estrutura de pavimento, como considera deficitariamente o critério da PCA (1984).

4.2.8 Modelo de Rodolfo e Balbo (2008) para PCS com BT, base de CCR não aderida e empenamento térmico

Rodolfo e Balbo (2008) reavaliaram os modelos desenvolvidos no método da PMSP (2004) para o cálculo de tensões em placas de concreto e bases cimentadas. Para tanto, a espessura da placa (h1) foi separada das demais variáveis. Ao se comparar as respostas do ILSL2 para estruturas cujas espessuras das placas eram constantes, observou-se que as tensões se comportavam como funções quadráticas (parábolas). Esse comportamento é regido por uma nova variável, o raio de rigidez da base em CCR (ℓ), que engloba as características da base em CCR e do subleito, e é dado em função das características da base:

$$\ell = \sqrt[4]{\frac{E_2 \cdot h_2^3}{12 \cdot (1-\mu^2) \cdot k}} \qquad (4.40)$$

Com essa transformação, desenvolveu-se a seguinte equação (em forma quadrática) para o cálculo de tensões, dependente do diferencial térmico:

(4.41)

$$\sigma = \begin{bmatrix} (C_1 \cdot \ell^4 + C_2 \cdot \ell^2 + C_3) \cdot h_1^2 + \\ +(C_4 \cdot \ell^4 + C_5 \cdot \ell^2 + C_6) \cdot h_1 + \\ +(C_7 \cdot \ell^4 + C_8 \cdot \ell^2 + C_9) \end{bmatrix} \times \begin{bmatrix} (C_{10} \cdot \ell^4 + C_{11} \cdot \ell^2 + C_{12}) \cdot \Delta T \cdot h_1^2 + \\ +(C_{13} \cdot \ell^4 + C_{14} \cdot \ell^2 + C_{15}) \cdot \Delta T \cdot h_1 + \\ +(C_{16} \cdot \ell^4 + C_{17} \cdot \ell^2 + C_{18}) \cdot \Delta T + 1 \end{bmatrix}$$

Os coeficientes de regressão C_i da Eq. 4.41 (C_1 a C_{18}) são funções do módulo de reação do subleito (k), calculadas pela equação (os coeficientes $C_{i,1}$, $C_{i,2}$ e $C_{i,3}$ são apresentados na Tab. 4.13):

$$C_i = C_{i,1} \cdot k^2 + C_{i,2} \cdot k + C_{i,3} \qquad (4.42)$$

Tab. 4.13 Coeficientes de regressão C_i e $C_{i,1}$, $C_{i,2}$ e $C_{i,3}$

Coeficiente	$C_{i,1}$	$C_{i,2}$	$C_{i,3}$	Coeficiente	$C_{i,1}$	$C_{i,2}$	$C_{i,3}$
C_1	-0,00250	2,2170	13,585	C_{10}	4,4E-05	0,03350	-0,16200
C_2	0,00542	-1,9210	-121,440	C_{11}	-7,0E-05	0,02850	0,60900
C_3	0,00111	-0,3560	89,900	C_{12}	3,8E-05	-0,00610	-1,28700
C_4	0,00151	-1,3210	-7,929	C_{13}	-3,0E-05	-0,02810	0,18730
C_5	-0,00340	1,2023	75,210	C_{14}	3,3E-05	-0,01570	-0,40560
C_6	-0,00080	0,2470	-61,860	C_{15}	-3,0E-05	0,00845	0,67520
C_7	-0,00020	0,1916	1,123	C_{16}	6,8E-06	0,00675	-0,04650
C_8	0,00053	-0,1886	-11,730	C_{17}	-3,0E-06	0,00222	0,06294
C_9	0,00016	-0,0492	12,010	C_{18}	2,8E-06	-0,00080	-0,04510

4.2.9 Modelo de Rodolfo e Balbo (2008) para PCS com BT, base granular e empenamento térmico

Para suplantar a deficiência da não disponibilidade de equações fechadas para o cálculo de tensões em placas de concreto rodoviárias sujeitas ao tráfego e ao empenamento térmico – melhorando assim o próprio critério de projeto da PMSP (2004), que não levava em consideração os diferenciais térmicos no caso de PCS sobre bases granulares –, Rodolfo e Balbo (2008) assumiram que a tensão principal total poderia ser calculada como uma função de uma tensão inicial multiplicada por um fator de correção. A tensão inicial é calculada a partir da espessura da placa (h_1) e do módulo de reação equivalente do sistema de apoio (k_{eq}). O fator de correção é calculado com base nas características do pavimento (h_1, k_{eq}) e do diferencial térmico (ΔT). O novo modelo, cujos coeficientes de regressão estão indicados na Tab.4.14, é dado por.

$$\sigma = 10^{C_1} \cdot h_1^{C_2} \cdot k_{eq}^{C_3} \cdot \begin{bmatrix} (C_4 \cdot k_{eq}^2 + C_5 \cdot k_{eq} + C_6) \cdot \Delta T \cdot h_1^2 + \\ + (C_7 \cdot k_{eq}^2 + C_8 \cdot k_{eq} + C_9) \cdot \Delta T \cdot h_1 + \\ + (C_{10} \cdot k_{eq}^2 + C_{11} \cdot k_{eq} + C_{12}) \cdot \Delta T + 1 \end{bmatrix} \quad (4.43)$$

Tab. 4.14 Coeficientes de regressão para pavimentos de concreto com base granular (Rodolfo; Balbo, 2008)

Coeficiente	Valor	Coeficiente	Valor
C_1	-0,384	C_7	-0,0000362
C_2	-1,482	C_8	0,00894
C_3	-0,174	C_9	0,472
C_4	0,000039	C_{10}	0,00000358
C_5	-0,007	C_{11}	-0,000875
C_6	-0,960	C_{12}	-0,0166

4.2.10 Modelo de Rodolfo e Balbo (2003) para bases cimentadas aderidas

Para a geração de modelos numérico-estatísticos que permitissem a determinação da tensão de tração na flexão máxima em placas de concreto com *bases cimentadas aderidas*, Balbo e Rodolfo (2003) conceberam o estudo fatorial descrito na Tab. 4.15, empregando o programa ILSL2 (Khazanovich, 1994). As espessuras de placa de CCP e de bases cimentadas objetivaram comportar casos em amplitude compatível com o emprego de CCR com baixo consumo de cimento (cerca de 80 kg/m³, semelhante a uma BGTC), até CCR de elevado consumo de cimento. A faixa de variação do módulo de elasticidade do concreto acomoda amplitude correspondente às obras recentemente conduzidas em rodovias no Brasil. O módulo de reação do subleito, que se presta numericamente à modelagem exclusivamente de camadas de sub-base granulares e subleitos, foi adotado em consonância com valores típicos de projeto prescritos no método da AASHTO (1998). Os critérios de discretização de malhas e de cargas de rodas seguiram as diretrizes já empregadas por Rodolfo e Balbo (2002).

Valores de diferenciais térmicos entre o topo e o fundo de placas de concreto comportaram magnitudes sempre positivas e pico próximo a valores extremos anteriormente determinados por Balbo e Severi (2002). As cargas sobre cada tipo de eixo rodoviário foram fixadas em termos da carga padrão de 80 kN (ESRD), 170 kN (ETD) e 210 kN (ETT). As placas, com barras de transferência típicas de obras rodoviárias em juntas trans-

TAB. 4.15 FAIXAS DE VARIAÇÃO DOS PARÂMETROS PARA SIMULAÇÕES NUMÉRICAS E GERAÇÃO DE MODELOS

Variável	Símbolo	Unidade	Valores tomados na geração de tensões pelo MEF	Casos
Espessura da placa	e_1	M	0,15 0,17 0,19 0,21 0,23 0,25 0,27 0,29 0,31 0,33 0,35	11
Espessura da base	e_2	M	0,10 0,15 0,20 0,25 0,30	5
Módulo de elasticidade da placa	E_1	GPa	28 30 32	3
Módulo de elasticidade da base	E_2	GPa	18 23 28	3
Módulo de reação do subleito	k	MPa/m	25 50	2
Diferencial térmico	DT	°C	0 5 10 15 20 25	6
Comprimento da placa		M	5,50	1
			TOTAL (estruturas)	5.940

Cargas rodoviárias		Valores
Eixo simples de rodas duplas	kN	80
Eixo tandem duplo	kN	170
Eixo tandem triplo	kN	210
	TOTAL (cargas)	3
	TOTAL (simulações)	17.820

versais, foram admitidas com comprimento de 5,5 m e largura de 3,5 m, e os modelos numérico-estatísticos, gerados segundo os critérios de seleção de modelos discutidos por Rodolfo e Balbo (2002).

Para todos os casos, determinou-se a posição crítica de leitura das tensões como próxima ao centro da borda longitudinal da placa. As posições das cargas para as simulações foram: ESRD com carregamento sobre o eixo de simetria transversal da placa (direção y), com a face de uma das rodas tangenciando a borda longitudinal (carregamento simétrico); ETD com um dos semieixos sobre o eixo de simetria transversal da placa (direção y) e o outro, distante de 1,81m, com a face de uma das rodas de cada semieixo tangenciando a borda longitudinal (carregamento não simétrico); e ETT com o semieixo central sobre o eixo de simetria transversal da placa (direção y), cada um dos demais semieixos distantes de 1,81 m do central, com uma das rodas de cada um dos semieixos tangenciando a borda longitudinal (carregamento simétrico).

O *gradiente térmico* aplicado na estrutura de pavimento (placa de concreto) foi *linear*, com parcelas na placa e na base proporcionais à espessura das camadas. Após tabulação das tensões, efetuaram-se regressões, de modo a gerar as equações para cada caso, buscando-se valores elevados de R^2 e minimizando-se o desvio padrão. A melhor equação obtida em diversas tentativas de regressão, tanto para o cálculo de tensão na placa de CCP quanto na base cimentada aderida, foi:

$$\sigma_{base} = I + C_1 e_1^3 + C_2 e_1^2 + C_3 e_1 + C_4 E_1 + C_5 E_2 + C_6 k + C_7 DT \quad \textbf{(4.44)}$$

onde e_1 é a espessura da placa (m); E_1 é o módulo de deformação do concreto (GPa); E_2 é o módulo de deformação da base cimentada (GPa); k é o módulo de reação do subleito (MPa/m); e DT é o diferencial térmico (°C) linear entre o topo da placa e o fundo da base em CCR.

Os valores das constantes para a Eq. 4.44 podem ser encontrados em Rodolfo e Balbo (2003). É importante ressaltar que, para melhor aderência dos modelos, houve a necessidade sistemática de segregação de faixas de variação da espessura de placas de concreto, bem como o emprego discreto de valores de espessuras de sub-base, principalmente em função do grande número de variáveis utilizadas para as simulações. Para o cálculo de tensões induzidas por cargas que não aquelas estritamente aqui prescritas, dentro das limitações do número de simulações realizadas, seria possível o emprego de relação linear entre tensão e carga – com a carga simulada no fatorial sendo a referência para um dado tipo de eixo –, o que, para placas com espessuras superiores a 150 mm, não apresenta restrição importante quanto a ser demasiadamente conservador.

> **PLACAS E BASES CIMENTADAS ADERIDAS: COMO DIMENSIONAR OS PAVIMENTOS?**
> Aqui é importante apresentar um contraponto quanto ao emprego de bases aderidas em fases de projeto. Sabe-se que, tradicionalmente, o emprego de lona plástica de polietileno sobre a base cimentada, antes do lançamento do concreto fresco, é um efetivo bloqueador de aderência. Contudo, essa técnica vinha sendo preservada apenas em poucos países, e na última década vem sendo paulatinamente abandonada no Brasil, dando ensejo ao emprego de emulsões de ruptura rápida sobre a superfície acabada da base (na maioria dos casos), ou mesmo de outros produtos com película protetora de cura (caso em que se deve esperar boa aderência entre placa e base cimentada). Com relação à película asfáltica, o tráfego de obras e mesmo chuvas podem arrancá-la, o que geraria o que pode ser chamado de aderência parcial ou variável.
> Estudos no exterior (Barenberg; Zollinger, 1990) mostraram que a aderência deixa de existir efetivamente após alguns anos de uso do pavimento pelo tráfego, o que torna a resposta do pavimento novamente mais próxima daquela de placas de concreto não aderidas sobre bases cimentadas. Sob esse aspecto, será sempre conveniente, devido às técnicas de construção atuais, dimensionar o pavimento para o caso não aderido. Todavia, caso haja aderência inicial, é imprescindível a verificação de estados tensionais críticos de bases cimentadas nessas circunstâncias, para que sejam evitadas rupturas precoces.

4.2.11 Modelo da *Federal Aviation Administration* para tensões e dimensionamento de PCS

A FAA (2008) disponibilizou um método de projeto de PCS para aeroportos com fundamentação de cálculo baseada no MEF, no qual, embora a tensão de tração na flexão no fundo da placa de concreto e seu consumo por dano à fadiga sejam devidamente considerados, a degradação de bases e sub-bases é negligenciada. Denominado FAARFIELD, esse método – disponível em <www.airtech.tc.faa.gov/pavement> – realiza a verificação da espessura da placa de concreto necessária com base nas tensões calculadas pelo MEF em três dimensões (programa FEAFAA 1.2). Nesse novo critério de projeto, o trem de pouso da aeronave solicita a borda de uma placa de concreto, gerando uma tensão crítica que é utilizada para o cálculo da vida de fadiga do concreto. Esse dimensionamento à fadiga emprega modelos atualizados por meio dos recentes experimentos (2004) na pista experimental da FAA, em *Atlantic City* (*National Airport Pavement Test Facility*), que levou em consideração inclusive efeitos de aeronaves como o A-380 e o B-787.

O programa de análise requer que o subleito seja tratado por meio de seu módulo de resiliência (em psi), valor determinado empiricamente por meio do conhecimento do módulo de reação do subleito (em psi/in), dado por:

$$E = 26 \times k^{1,284} \qquad (4.45)$$

A tensão de tração na flexão é calculada para o trem de pouso tangenciando a borda longitudinal da placa e também perpendicular a ela. Verifica-se a posição mais crítica (que gera maior tensão) e, finalmente, reduz-se essa tensão em 25% para se considerar, indiretamente, o efeito de transferência de carga em juntas. Nessas circunstâncias, seria recomendável BT em qualquer junta, transversal ou longitudinal. O programa FAARFIELD calcula a espessura necessária apenas para a placa de concreto, com base nos valores de k, de $f_{ct,f}$ do concreto (admite-se que esse valor possa crescer apenas 5% após 28 dias de idade), do tráfego de aeronaves previsto e dos parâmetros estruturais (módulos de elasticidade) de cada camada. A espessura mínima para o concreto é de 150 mm, a resistência do concreto recomendada é de 4 a 5 MPa, e o período mínimo de projeto é de 20 anos.

As Figs. 4.13 e 4.14 apresentam as telas de dimensionamento no programa FAARFIELD, e as recomendações da FAA para detalhamento de projetos de pavimentos simples são descritas nas Tabs. 4.16 e 4.17.

4.3 O método da PCA (1984) e outros derivados do MEF calculam as mesmas coisas?

É possível o surgimento de várias dúvidas, como: "Será que os programas de elementos finitos resultam em valores semelhantes? Caso contrário, em qual deles devo confiar?" Essas dúvidas podem inclusive surgir por uma dificuldade de mudança de atitude quanto a como calcular uma estrutura. Nesse caso, temos de levar em conta Mark Twain, quando afirma que "Um cientista jamais mostra afeição por uma teoria que ele não tenha apresentado". Isso de fato ocorre, como se afirma explicitamente entre cientistas, e é algo grave, pois mudanças de paradigmas muitas vezes implicam rompimentos com hipóteses que um pesquisador tomou como válidas e investiu anos de sua vida nelas, procurando e recorrendo a sucessivos ajustes necessários que, ainda assim, não tornam sua teoria plenamente aplicável (tome-se o exemplo das equações de Westergaard!).

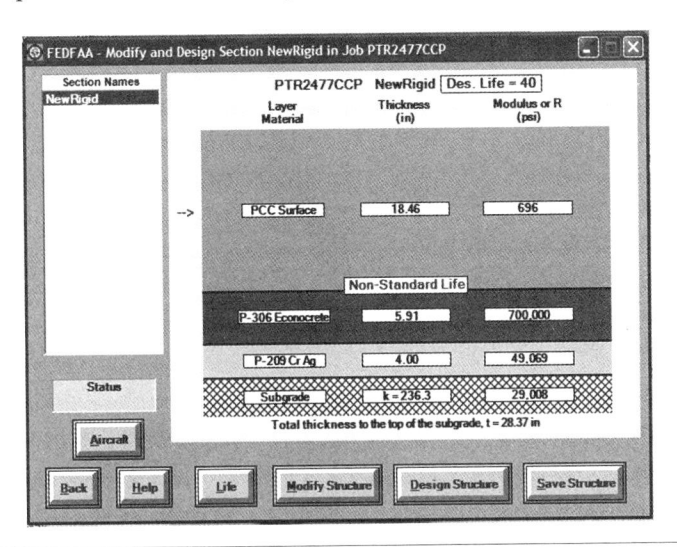

Fig. 4.13 *Tela de dados estruturais das camadas do pavimento*

Fig. 4.14 *Tela de entrada de dados relativos a operações de aeronaves*

TAB. 4.16 DIMENSÕES PLANAS DE PLACAS DE CONCRETO SIMPLES (FAA, 2008)

Tipo de base	Espessura da placa (mm)	Espaçamento entre juntas (m)
Granular	150	3,8
	160 - 230	4,6
	> 230	6,1
Cimentada	200 - 255	3,8
	260 - 330	4,6
	340 - 410	5,3
	> 410	6,1

Muitas vezes, uma hipótese ou teoria incompleta, defendida por alguém que tenha uma empatia com um público menos instruído e certo "poder de argumentação", mesmo que sem muita consistência técnica, "pega" e torna-se difícil mudar as coisas enquanto não passar (como tudo no mundo passa) duas ou três gerações que venham a romper com as teorias incompletas que já não explicam mais as observações experimentais. No futuro, porém, o risco de ser mal-recordado é grande para os casos de falta de consistência, quando não se sustenta uma teoria ou hipótese com base em argumentos sólidos e incontestáveis que respaldem uma determinada técnica de engenharia (veja-se o caso do empenamento térmico!). No Brasil, temos um ditado popular para essas situações, "cada macaco no seu galho...", evitando-se assim os equívocos. Existe também um vício na natureza humana que comporta uma parcela dos equívocos: a preguiça.

No caso dos modelos estudados, temos que verificar se procedem ou não, e podemos iniciar pela mais simples pergunta, que requer uma resposta: os modelos numéricos de fato representam a realidade tão bem quanto os modelos analíticos? A bem da verdade, quaisquer que sejam os modelos, trata-se de representações, em tentativas progressivas, da realidade física. O modelo atômico mais aceito atualmente, por exemplo, poderá vir a ser modificado no futuro, assumindo uma forma mais

TAB. 4.17 DIÂMETROS E ESPAÇAMENTOS ENTRE BT (FAA, 2008)

Espessura da placa (mm)	Diâmetro da barra de transferência (mm)	Comprimento da barra (mm)	Espaçamento entre barras (mm)
150 - 180	20	460	305
190 - 310	25	480	305
320 - 410	30	510	380
420 - 520	40	510	460
530 - 610	50	610	460

elaborada, concisa e representativa do mundo real. A verdade axiomática é uma apenas, e normalmente estamos distantes dela. Portanto, os modelos nada mais são do que representações do mundo real.

Westergaard empregou o método de Ritz para a solução das equações da Teoria de Placas de Kirchhoff, e o modelo de Ritz apoiava-se no fato da mínima energia de deformação ser uma verdade e um postulado amplamente aceito no meio científico. O MEF e outros métodos variacionais apresentam grandes afinidades com os métodos de cálculo do passado, baseados em hipóteses desenvolvidas sobre a matéria nos séculos XVIII e XIX. O que diferenciou as possibilidades foi a ampliação extraordinária de instrumentos e ferramentas de cálculo científico no século XX.

Na Fig. 4.8 viu-se que o método da PCA (1984), baseado em MEF e rompendo com a teoria (analítica) de Westergaard, indicou que, com BT e travamento lateral das placas, as tensões são menores novamente. Com isso, poder-se-ia fazer à PCA a seguinte pergunta: por que a indústria americana deveria partir para um modelo numérico, abandonando o modelo analítico? A resposta é simples: o mundo técnico exigia melhor representação da realidade, o que o método da PCA (1984) atingiu parcialmente.

Sabemos que pode haver pequenas diferenças entre os resultados de programas de cálculo por MEF, relacionadas a fatores como estabilidade numérica dos algoritmos de solução de sistemas lineares e, principalmente, aos padrões de discretização das placas, que, quanto mais finas, resultam em menores tensões para uma mesma análise de placas. A princípio, os tipos de funções de interpolação de deslocamentos utilizados em cada programa também explicam as pequenas diferenças.

Poderíamos ainda argumentar ou questionar: em termos de teoria de fundo, os métodos da PCA (1984) e da PMSP (2004) são incompatíveis para o cálculo de tensões (resultantes da carga apenas, já que o critério da PCA é omisso quanto aos efeitos estruturais de temperaturas)? Ora, para responder a essa pergunta, é necessário comparar a teoria de fundo de ambos os métodos, ou seja, as respectivas formulações teóricas dos programas J-SLAB e ILSL2, este último utilizado para a formulação das equações do método da PMSP (2004), que não descreveremos aqui. Todavia, um caminho mais ameno, indireto porém eficaz, é apresentado na Fig. 4.15, que compara tensões causadas por uma mesma carga e uma

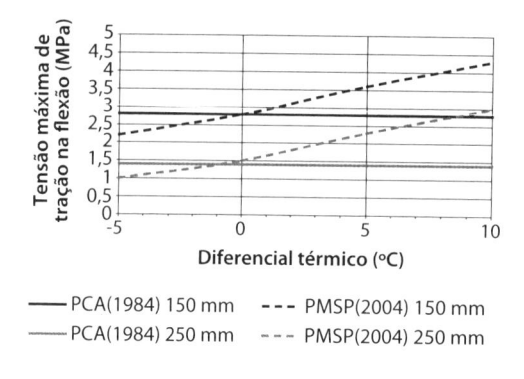

Fig. 4.15 *Comparação entre os modelos da PCA (1984) e da PMSP (2004) (Balbo; Rodolfo, 2003)*

mesma estrutura de pavimento, cotejadas pelas tensões definidas em cada um dos métodos.

Observe-se que, como o método da PMSP (2004) admite o diferencial térmico como nulo, as tensões calculadas por ambos os critérios são equivalentes ou idênticas. É evidente que, como representado graficamente, uma vez que o critério da PCA (1984) ignora as tensões causadas por variações de temperatura na profundidade das placas de concreto, as tensões seriam constantes para qualquer diferencial térmico presente. Isso dá uma ideia de quão próximas são as teorias que embasam os modelos de cálculo de tensões resultantes de cargas de ambos os métodos, embora a vantagem explícita do método da PMSP (2004) seja abordar o problema de modo muito mais próximo da realidade que o modelo da PCA (1984), pelo simples fato de considerar explicitamente os efeitos estruturais dos gradientes térmicos ao longo da espessura da placa de concreto. Ainda hoje (não nos países mais desenvolvidos) há resistências em se admitir os efeitos térmicos no estado tensional dos pavimentos (atitude não progressista cientificamente), e os motivos para isso devem ser investigados: se por "economia" na execução de obras ou por ignorância sobre o assunto.

A Fig. 4.16 apresenta várias curvas de respostas estruturais para as placas e camadas de base de pavimento de CCP, compiladas a partir dos modelos propostos por Balbo e Rodolfo (2003) e dos modelos para o caso de placas não aderidas (Rodolfo; Balbo, 2002). Esse gráfico ilustrativo do emprego dos modelos propostos (denominados modelos LMP-TT, ou LMP-Termo-Tenso) foi forjado com base nos seguintes valores para as variáveis de projeto: módulo de deformação do CCP de 30 GPa; carga no ESRD de 80 kN; espessura da placa de CCP de 230 mm; espessura da base de CCR de 150 mm; módulo de deformação do CCR de 20 GPa; módulo de reação do subleito com valor fixo de 30 MPa/m para o caso de pavimento aderido, e valor variável (de 30, 80 e 130 MPa/m) para pavimento não aderido. O diferencial térmico oscilou na faixa entre 0 e 25ºC (valor máximo registrado na cidade de São Paulo por Balbo e Severi, 2002).

Várias considerações são cabíveis com base nos resultados apresentados na Fig. 4.16. Primeiramente, ao compararmos os efeitos do módulo de reação do subleito para o pavimento de concreto, observa-se que, à medida que k aumenta, a tensão de tração na flexão na placa de CCP diminui, embora pouco, em termos relativos. Essa afirmação, porém, é cabível apenas para valores de diferenciais térmicos pequenos ou mesmo nulos, uma vez que, elevando-se a temperatura de topo na placa, o efeito do incremento de k passa, pouco a pouco, a não ter mais reflexos positivos. Além disso, para diferenciais térmicos entre 12 e 20ºC, aproximadamente, comuns no clima tropical (durante o dia), o incremento no valor de k passa a ser claramente desfavorável, pois as tensões tendem a aumentar, em plena coerência com os estudos teóricos e empíricos apresentados no Cap. 3.

Outro aspecto que se observa na análise de placas não aderidas (Fig. 4.16) é que as tensões para gradientes térmicos elevados podem atingir valores próximos da resistência à tração na flexão típica de concretos convencionais para pavimentação – em torno de 5 MPa. Isso resultaria, de acordo com a regra de Palmgren-Miner para consumo de resistência à fadiga, em vida de serviço mais curta para a estrutura do que aquela normalmente prevista em projetos abalizados pelo critério da PCA (1984).

No caso da base não aderida, verifica-se também que está sujeita a tensões de tração na flexão, e essas tensões são afetadas em cerca de

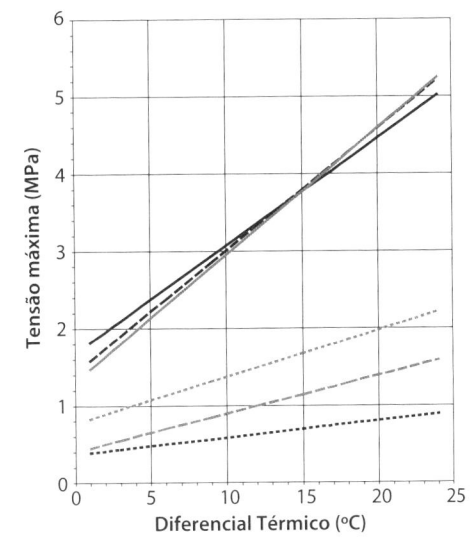

— k = 30 MPa/m (PLACA não aderida)
— k = 130 MPa/m (PLACA não aderida)
--- k = 30 MPa/m (BASE não aderida)
--- k = 80 MPa/m (PLACA não aderida)
...... k = 30 MPa/m (PLACA aderida)
...... k = 30 MPa/m (BASE aderida)

Fig. 4.16 *Análise de tensões em placas e bases cimentadas em função de k e de DT (Balbo; Rodolfo, 2003)*

100% para os diferenciais térmicos mais críticos. É evidente, a partir de tais resultados, observando-se os níveis de tensão aos quais uma BGTC ou um CCR estariam sujeitos, que essa camada deveria ser verificada também sob o ponto de vista de ruptura por resistência ou por consumo à fadiga. Aliás, no Brasil, na prática comum de projetos de pavimentos asfálticos, todas as camadas sujeitas a fadiga são verificadas quanto a esse fenômeno quando se emprega base cimentada. Contudo, os métodos tradicionais de dimensionamento normalmente empregados para os pavimentos de CCP não permitem tal avaliação estrutural para a base.

Uma comparação das respostas na placa de CCP, conjuntamente para os casos aderido e não aderido, revela uma expressiva contribuição da aderência entre as camadas para a redução drástica de tensões de tração na flexão na placa de CCP, mesmo em face aos diferenciais térmicos. Esse resultado é devido ao deslocamento da linha neutra na placa para uma posição mais próxima ao seu fundo, o que permitiria, em tese, sensíveis ganhos econômicos durante a construção, pois uma análise estrutural detalhada permitiria conjugar racionalmente uma menor espessura de placa de concreto e um CCP com menor consumo de cimento (menor resistência requerida).

O grande salto técnico refletido no parágrafo anterior (note-se que tudo muda tecnicamente) é acompanhado da necessidade de verificação estrutural da base cimentada, que, por sua vez, fica sujeita a maiores esforços de tração na flexão em comparação a quando não está aderida (a camada fica sujeita a tração em toda a sua espessura, por sinal). Assim, torna-se possível o emprego simultâneo de um CCP com menor consumo de cimento e uma menor espessura, com pequenos acréscimos em consumo e espessura para as bases cimentadas, evitando-se o uso de lona de polietileno ou emulsão asfáltica, com resultados econômicos positivos (menor custo por metro quadrado poderá representar um projeto mais arrojado, incluindo acostamentos em CCP, por exemplo).

É conveniente recordar mais uma vez, agora com base nos resultados apresentados na Fig. 4.14, que uma placa aderida à base – formando, portanto, uma placa única (embora com variabilidade em profundidade) – torna-se pouco sensível a variações dos diferenciais térmicos, mesmo porque, como já se mencionou, as tensões resultantes do empenamento são inversamente proporcionais ao quadrado da espessura da placa (em sistema único ou composto, nesse caso), transferindo esse problema para a base apenas parcialmente.

Longe de constituírem modelos completos, os modelos desenvolvidos recentemente no Brasil, embora imperfeitos e merecedores de maior aprofundamento, podem ser tomados como uma modesta contribuição aos agentes de projetos de engenharia e aos agentes decisórios em obras, que deverão ponderar as questões colocadas quanto à incapacidade de os métodos tradicionais de dimensionamento de PCS determinarem os esforços pela conjugação de cargas e temperaturas, além de relegarem as bases cimentadas, erroneamente, à mera condição de elementos de homogeneização do suporte para a placa. Nos EUA e na Europa já se pensa assim há mais de duas décadas.

Do ponto de vista prático, os modelos tradicionais serviram momentaneamente para a discussão de um novo paradigma de projeto e construção de pavimentos de CCP: a consideração da base aderida como provedora de inúmeras potencialidades de desempenho e de redução nos custos de construção. O que não podemos fazer no Brasil é esperar mais "15 anos" sem discutir as mudanças necessárias e simplesmente mais tarde recorrer a um "novo" e "melhorado" método (talvez da AASHTO, talvez da PCA), importando uma tecnologia que, a bem da verdade, não reflete as condições próprias do País, sob diversos aspectos bastante diferentes daquelas prevalecentes em rodovias americanas.

Os modelos apresentados não prescindem de análises estruturais específicas para cada projeto. Como quaisquer outras curvas para dimensionamento, são *ferramentas de pré-dimensionamento*, que possuem uma função simplificadora e com base uniforme para estudos comparativos entre alternativas, como é o caso do método da PCA (1984). Contudo, esses modelos apresentam vantagens sobre os modelos analíticos, em especial por permitirem a análise estrutural de bases cimentadas, aderidas ou não à placa, englobando em sua formulação a importante questão do empenamento térmico das placas de concreto também para situações de aderência ou não entre as camadas, e a transferência de cargas em juntas. Nesse contexto, são uma alternativa bastante recomendável.

4.4 Calibração de tensões em pistas experimentais

Entre muitas outras questões que poderiam emergir acerca dos modelos numéricos baseados no MEF, uma ainda nos parece fundamental: será que as tensões previstas pelos modelos, analíticos ou numéricos, aproximam-se da realidade, ou seja, são defensáveis para as condições de pista e operação dos pavimentos de concreto?

Em engenharia civil ou mecânica, quando se deseja estabelecer um método para a prática diária de dimensionamento e análise estrutural de estruturas padronizadas, como no caso dos pavimentos de concreto, vigas de pontes ou pilares de edifícios, há sempre, sem abandonar o bom senso, uma questão abissal a ser respondida: as equações de cálculo expressam, dentro de tolerâncias admissíveis, um modelo estrutural confiável, ou seja, estimam tensões reais ou próximas da realidade?

Para início de discussão, dois *experts* bastante conhecidos, Barenberg and Zollinger (1990), afirmaram que a calibração de modelos analíticos e numéricos permite a predição de tensões mais reais em fases de projeto e tem sido buscada nos anos recentes. Anos após os estudos de campo nos pavimentos de concreto experimentais na *Arlington Experimental Farm*, Teller e Sutherland (1935, p. 182), engenheiros do *Bureau of Public Roads* dos EUA, apresentaram a contundente conclusão: "Todas as deformações medidas nas placas de concreto, qualquer que fosse o tipo de carga, eram inferiores àquelas deformações previstas pela Teoria de Westergaard".

Poder-se-ia afirmar, inocentemente ou não, que naquela época os instrumentos de medida não eram precisos o suficiente para se fazer tal afirmação (jamais que os investigadores não possuíam competência!). Nesse caso, vamos recorrer aos estudos na Pista Experimental do Estado de Minnesota (*MnRoad*), que se iniciaram em 1994 e têm seu término previsto para 2014, envolvendo muitos tipos de pavimentos de concreto e asfálticos, para vários volumes de tráfego comercial.

Essas pistas foram instrumentadas com recursos eletrônicos de última geração (mais de 4 mil instrumentos), e Burnham (2005) indicou que as deformações medidas em campo com cargas estáticas eram, em média, 24% inferiores às deformações previstas por um programa de elementos finitos bem aceito: o JSLAB – portanto, o programa empregado pela PCA (1984). As medidas de deformações resultantes de cargas dinâmicas foram mais contundentes ainda: em média, 74% inferiores às previstas pelo MEF. Cita o autor que esses resultados causaram modificações que foram incorporadas ao método de projeto da AASHTO (2002). Portanto, não há o que temer ao sul do equador com relação à tal realidade, uma vez que ao menos nossos colegas norte-americanos se sentem bastante à vontade quanto a isso.

No Brasil, as pistas experimentais em concreto (financiadas pela Fapesp e construídas no *campus* da USP, na cidade de São Paulo, pelo LMP-Epusp) possibilitaram, por meio da instrumentação para medidas de deformações estáticas e dinâmicas, verificar que:

i. as deformações em placas de concreto convencionais de PCS equivaliam, em média, a cerca de 74% a 79% dos valores de deformações calculados com o programa ILSL2, quando se tomou extremo cuidado com a discretização da malha de elementos finitos para representar a exata posição de carregamentos e dos nós onde haviam instrumentos de medida de deformação instalados em ambas as direções planas (Balbo et al., 2004; Cervo et al., 2005);

ii. em testes conduzidos sobre a pista experimental com WTUD, verificaram-se valores de deformações cerca de 20% inferiores àqueles previstos com o programa ILSL2 (Pereira, 2003);

iii. os estudos estatísticos dessas variações indicaram deformações muito discrepantes em relação às determinadas numericamente, de cerca de -50% no caso das leituras dinâmicas (Balbo et al., 2004). Um cálculo para nível de confiança de 95% nas estatísticas indicou que a relação $\varepsilon_{pista}/\varepsilon_{numérica}$ seria, nos estudos conduzidos, de 85%.

Com base nesses resultados, publicados em congressos e jornais com rigorosos critérios de revisão científica, aplicando-se a lei de Hooke generalizada aos números encontrados para placas em estado plano de tensões, chega-se às seguintes relações:

$$\sigma_x^{pista} = \frac{E}{1-\mu^2} \cdot (\varepsilon_x^{pista} + \upsilon \cdot \varepsilon_y^{pista}) \quad (4.46)$$

$$\varepsilon^{pista} = 0{,}85 \times \varepsilon^{numérica} \quad (4.47)$$

$$\sigma^{pista} = 0{,}85 \times \sigma^{numérica} \qquad (4.48)$$

O método da PCA (1984) não passou por esse tipo de calibração, mesmo porque não refletia as angústias típicas dos dedicadíssimos engenheiros e pesquisadores dos departamentos de transportes e rodovias dos Estados norte-americanos e da AASHTO, bem como dos comitês do *Transportation Research Board*, compostos por engenheiros de agências estatais e federais, acadêmicos, indústria e consultores. No caso do método da PMSP (2004), essas angústias efetivamente existiam, e graças ao apoio concedido ao LMP-Epusp pela Fapesp, novas luzes se revelaram, e o conhecimento oriundo das referidas pistas experimentais foi transferido para o setor público (para a sociedade, portanto), como se espera de um país em desenvolvimento que sonha um dia, ainda que distante, ser desenvolvido. Pesquisas não podem ficar na prateleira, pois custam caro e existem poucos abnegados (preparados e credenciados) dispostos a enfrentar suas verdadeiras dificuldades, teóricas ou experimentais. Os casos de simples aplicação dos modelos alheios baseada em pesquisas bibliográficas, sem novas conjecturas e descobertas, ainda que na área de engenharia possam ser erroneamente considerados trabalhos acadêmicos, são, na realidade, paupérrimos em termos de construção do conhecimento.

4.5 Limitações dos modelos analíticos *versus* MEF

Dos conceitos expostos tanto no Cap. 3 como no presente capítulo, foi possível individualizar algumas das limitações dos modelos analíticos tradicionais para a análise estrutural de placas de concreto plenamente apoiadas, que se aplicam a pisos, pavimentos, calçamentos etc. O Quadro 4.1 apresenta algumas das principais limitações desses modelos e, consequentemente, de métodos de projetos deles derivados, quanto à representação das condições de contorno reais que ocorrem em pista.

Nas últimas três décadas, em especial nos EUA, vários investigadores desenvolveram modelos e programas computacionais baseados no MEF para a análise estrutural de pavimentos de concreto em placas, e tais programas foram sendo incrementados e sofisticados. Entre aqueles que tiveram maior impacto na comunidade acadêmica e profissional, alguns deles inclusive, ainda que de maneira pontual e tímida, empregados no Brasil em anos recentes, em especial no meio acadêmico, estão:

QUADRO 4.1 ALGUMAS LIMITAÇÕES DOS MODELOS ANALÍTICOS

Mundo Real	Modelos Analíticos	Modelos Numéricos
Placa finita	Placa infinita	Placa finita
Diferencial térmico	Linear	Linear e não linear
Barras de ligação	Não consideram	Sim
Barras de Transferência	Não consideram	Sim
Intertravamento de agregados em juntas	Não consideram	Sim
Cargas desiguais	Não	Várias possibilidades
Várias placas interagindo	Não	Sim
Base cimentada como placa em flexão	Não	Sim
Fundação de Winkler	Sim, com k constante	Sim, com k variável
Fundação de Pasternak ou de Kerr	Não	Sim
Ausência de contato entre camadas	Não	Sim
Deslizamento entre camadas	Não	Sim
Camadas de reforço	Não	Sim, aderidas ou não

i. ILLI-SLAB, na Universidade de Illinois, originalmente desenvolvido por Tabatabaie e Barenberg (1980), sucessivamente incrementado por Ioannides (1984), Korovesis (1990) e Khazanovich (1994), nesta última versão denominado ILSL2. Korovesis (1990) implantou no programa uma formulação do MEF empregando a teoria de placas de Mindlin, enquanto em versões anteriores empregava-se a teoria de Kirchhoff. Embora o código Fortran e uma versão compilada tenham sido distribuídos sob os cuidados do professor Ioannides, mais recentemente foi lançada a versão comercial do programa, com menus interativos em Windows, denominada ISLAB2000, com participação das Universidades de Illinois, de Minnesota, de Michigan, da *Michigan State University* e da *Michigan Technological University*, bem como dos Departamentos de Transportes dos Estados de Michigan e de Minnesota;

ii. WESLIQUID, desenvolvido por Chou (1981) sob direção do U.S. *Army Corps of Engineers*, na *Waterways Experiment Station*;

iii. J-SLAB, de Tayabji e Colley (1983), com modelos bastante melhorados para o tratamento de juntas, como BT e intertravamento de agregados, tendo sido o programa utilizado para a geração do modelo fechado de cálculo de tensões no método da PCA (1984);
iv. FEACONS IV, de Coubane e Tia (1992), originalmente desenvolvido para o Departamento de Transportes do Estado da Flórida, a partir de 1986, pelo professor Mang Tia, da Universidade da Flórida, que fundamentou seu método de projeto para pavimentos de concreto incorporando os efeitos de diferenciais térmicos nas placas. Em 1997, Tia foi recebido como professor visitante na USP, quando uma nova versão do programa (FEACONS 4.1 SI) foi desenvolvida, incorporando rotinas de cálculo para bases rígidas não aderidas às placas, conforme o programa brasileiro RIGIPAVE, que foi igualmente incrementado naquele período, embutindo a consideração dos efeitos térmicos e de BT em juntas, bem como variabilidade do valor de k em bordas de placas;
v. KENSLAB, desenvolvido por Huang (1993), operado em MS-DOS e distribuído com um livro desse autor sobre pavimentação;
vi. outros programas, como o KOLA, desenvolvido por Kok (1990) na Europa.

No Quadro 4.2 são sumariamente descritas as características relevantes de alguns programas de elementos finitos atualmente empregados para a análise estrutural de pavimentos de concreto (comportamento rígido e forma de placas), alguns deles restritos ao universo acadêmico e outros abertos ou disponíveis comercialmente.

Ao comparar o MEF com outras formas de cálculo de tensões em placas, Ioannides, Thompson e Barenberg (1985) esclarecem que o ponto de partida para a discretização da malha de elementos finitos em áreas carregadas deve partir da relação 2a/h = 0,8, onde a é o raio da carga circular, 2a é o lado do elemento e h é a espessura da placa. Essa abordagem pode garantir acurácia de 98% no MEF. Quanto às condições para que o MEF resultasse em tensões ou deflexões semelhantes às calculadas pelos modelos analíticos de Westergaard, os autores chegaram às seguintes restrições:

- para as deflexões, a razão L/ℓ deve ser de 8 vezes, sendo L o comprimento da placa;
- para tensões de tração na flexão, a razão L/ℓ deve ser de 3,5 vezes;
- para L/ℓ < 3, a deflexão torna-se mais sensível ao comprimento da placa.

Quadro 4.2 Características de alguns dos programas de elementos finitos para pavimentos de concreto

Nome	Autor	Disponibilidade	Tipo	Potencialidades
RIGIPAVE 2000	Balbo (1989) USP	Acadêmica	2D	Apenas para placas sem transferência de cargas; apenas uma placa; gradientes térmicos
FEACONS IV	Tia et al. (1986) Universidade da Flórida	Acadêmica	2D	Aderência total entre placa e base; gradientes térmicos lineares; análise de três placas consecutivas
FEACONS 4.1 SI	Tia e Balbo (1997) UFL - USP	Acadêmica	2D	Aderência total ou não aderência entre placa e base; versão SI
ILSL2	Khazanovich e Ioannides (1993)	Acadêmica	2D	Aderência total ou não aderência entre placa e base; gradientes térmicos lineares e não lineares; vários tipos de modelos para fundações
ISLAB 2000	ARA (2006) Outras universidades e departamentos de transportes e rodovias	Comercial	2D	Aderência parcial; *overlays*
KENSLAB	Huang (1993) Universidade de Kentucky	Comercial (fornecido com livro do autor)	2D	Aderência total entre placa e base; gradientes térmicos lineares
EVERFE	Mahoney, Davids e outros Universidade de Washington	Disponível gratuitamente em <www.civil.umaine.edu/EverFE/>	3D	Aderência parcial; gradientes não lineares

QUADRO 4.2 CARACTERÍSTICAS DE ALGUNS DOS PROGRAMAS DE ELEMENTOS FINITOS PARA PAVIMENTOS DE CONCRETO (Continuação)

Nome	Autor	Disponibilidade	Tipo	Potencialidades
SALT	Soriano e Lima Universidade Federal do Rio de Janeiro	Versão acadêmica e comercial <www.salt.poli.ufrj.br/>	3D	Problemas estáticos e dinâmicos
SAP 2000	Vários autores Universidade da Califórnia	Comercial	3D	Análises térmicas; placas com geometria complexa; análise de barras
ABAQCUS	Vários autores	Comercial	3D	Análises térmicas; placas com geometria complexa; análise de barras
ADINA	Vários autores	Comercial	3D	Análises térmicas; placas com geometria complexa; análise de barras

4.6 APLICAÇÃO DO MEF NA ANÁLISE ESTRUTURAL DE PLACAS DE CONCRETO (PISOS E PAVIMENTOS)

Descrevem-se aqui, de modo sucinto, alguns estudos de caso de aplicações do MEF para projetos de pavimentos de concreto. Para os dois primeiros casos (seções 4.6.1 e 4.6.2), utilizou-se o programa ISLAB2000 (Fig. 4.17; *download* para testes em <www.ara.com/products/ISLAB2000.htm>); para as retroanálises, também se utilizou o programa EVERFE 2.24 (disponível gratuitamente em <www.civil.umaine.edu/EverFE/>). Faz-se uma comparação esclarecedora sobre ambos os programas, que são os mais comuns mundialmente. Os concretos avaliados possuem módulo de elasticidade convencional (28.000 MPa).

4.6.1 Análise estrutural de pavimento de concreto simples em aeroporto

Como se sabe, em pavimentos de aeroportos, sejam pistas de pouso, pistas de taxiar ou pátios de parada de aeronaves, as cargas aplicadas pelos veículos são de magnitude superior ao caso dos veículos rodoviários, bem como as pressões, quando se fala em grandes aeronaves comerciais. Nesta seção, de maneira sucinta, abordam-se os efeitos de diferenciais térmicos, presença de BT nas juntas e posicionamento de um trem de pouso de uma aeronave B 747-400.

O trem de pouso é composto por quatro rodas (há quatro trens de pouso principais no B 747), posicionadas nos vértices de um retângulo projetado sobre o pavimento, com lados de 1,47 m e 1,22 m. Esse trem de pouso terá uma de suas rodas sobre o canto de uma placa (o que resulta em duas rodas tangenciando as bordas) ou duas rodas tangenciando uma borda sobre a sua região central (as outras duas rodas ficam sobre o centro da placa). As referidas situações de carregamento desse trem de pouso sobre placas de concreto de 500 mm de espessura e dimensões planas de 6,1 x 6,1 m são representadas nas Figs. 4.18 e 4.19. A base do pavimento é de CCR com 150 mm de espessura e o módulo de reação do subleito é de 45 MPa/m para o modelo de Winkler.

Fig. 4.17 Tela de apresentação do programa ISLAB

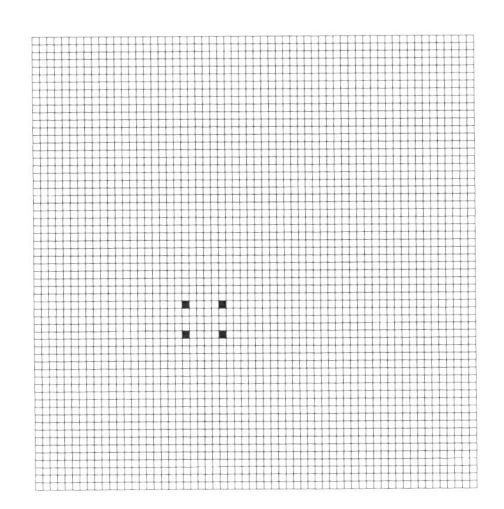

Fig. 4.18 Malha de elementos finitos em placas e trem de pouso de aeronave B 747-400R sobre o canto da placa

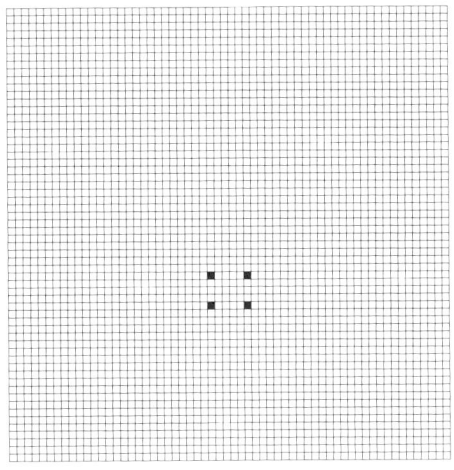

Fig. 4.19 Malha de elementos finitos em placas e trem de pouso de aeronave B 747-400R sobre a borda da placa

A carga máxima total do B 747 é de 613.500 lbf. Para projetos, considera-se 95% dessa carga de decolagem sobre os trens de pouso principais. Como há quatro trens de pouso idênticos, supõem-se 138.040 lbf sobre cada um deles. A pressão dos pneumáticos da aeronave é admitida em 1,06 MPa e idêntica nas 16 rodas. Analisaram-se os seguintes casos de simulação para se determinar a tensão de tração na flexão máxima nas placas de concreto:

Caso 1: sem BT nas juntas e com diferencial térmico entre o topo e o fundo da placa, com a carga na posição de canto.

Caso 2: sem BT nas juntas e com diferencial térmico entre o topo e o fundo da placa de 10°C, linear, com a carga na posição de canto.

Caso 3: com BT nas juntas permitindo uma eficiência de transferência de carga de 95% e com diferencial térmico entre o topo e o fundo da placa de 10°C, linear, com a carga na posição de canto.

Caso 4: com BT nas juntas permitindo uma eficiência de transferência de carga de 95% e sem empenamento térmico, com a carga na posição de borda.

Caso 5: com BT nas juntas permitindo uma eficiência de transferência de carga de 95% e com diferencial térmico entre o topo e o fundo da placa de 10°C, linear, com a carga na posição de borda.

Caso 6: sem BT nas juntas e com diferencial térmico entre o topo e o fundo da placa de 10°C, linear, com a carga na posição de borda.

As Figs. 4.20 a 4.25 apresentam as curvas de isovalores de tensões horizontais geradas pelo programa ISLAB2000 para os seis casos mencionados, com indicação da tensão máxima em escala gráfica. Os valores de tensões indicados estão na unidade libra-força por polegadas quadradas (1 MPa = 142,232 psi). Acerca dos resultados obtidos nas simulações, cabem os seguintes comentários:

Caso 1: quando não há BT nas juntas, a carga crítica é a de canto/borda, quando a placa fica tracionada em sua superfície superior.

Caso 2: quando não há BT e ocorre empenamento térmico, as bordas das placas isoladas tendem a abaixar (empenamento positivo), o que faz a carga do trem de pouso comprimir a superfície da placa; durante a atuação da carga do trem de pouso, há uma compensação entre compressão e tração, o que resulta em uma redução da tensão máxima de topo.

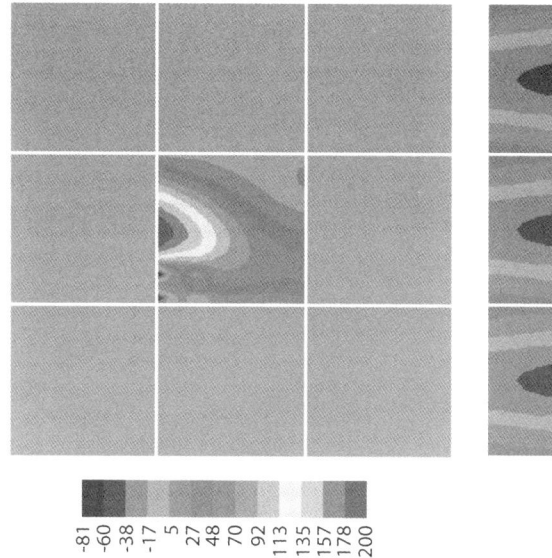

4 • Dimensionamento e análise estrutural dos pavimentos de concreto

Fig. 4.20 *Resultados para o caso 1 – topo da placa de concreto*

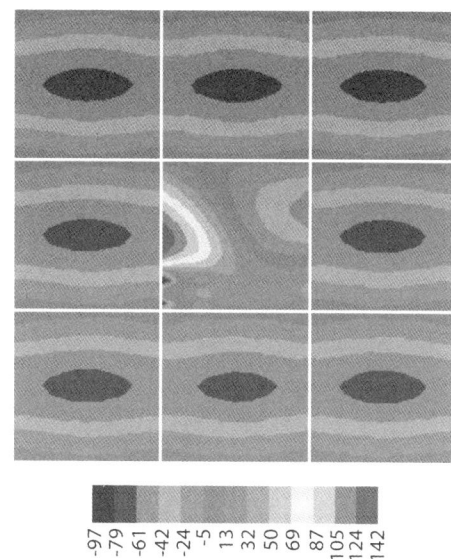

Fig. 4.21 *Resultados para o caso 2 – topo da placa de concreto*

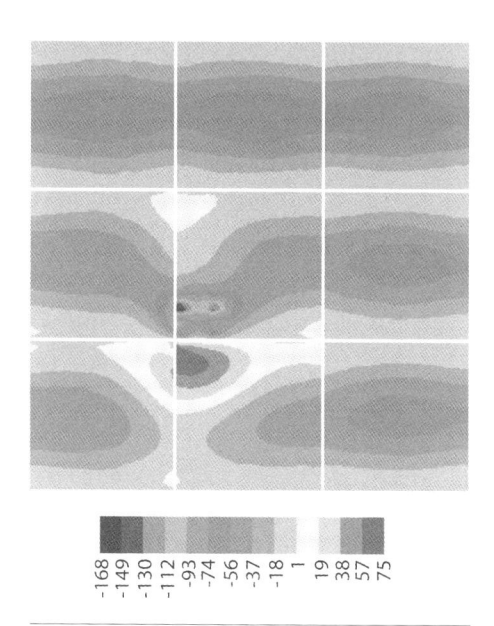

Fig. 4.22 *Resultados para o caso 3 – fundo da placa de concreto*

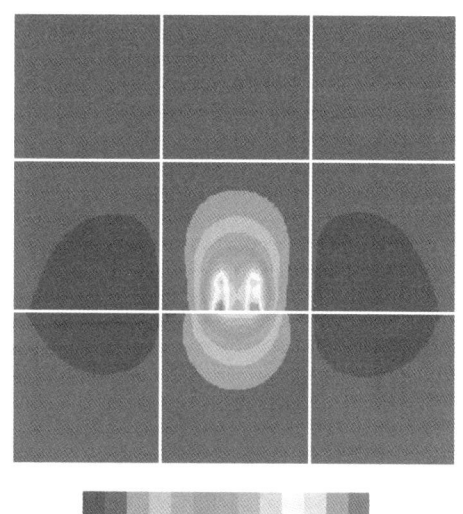

Fig. 4.23 *Resultados para o caso 4 – fundo da placa de concreto*

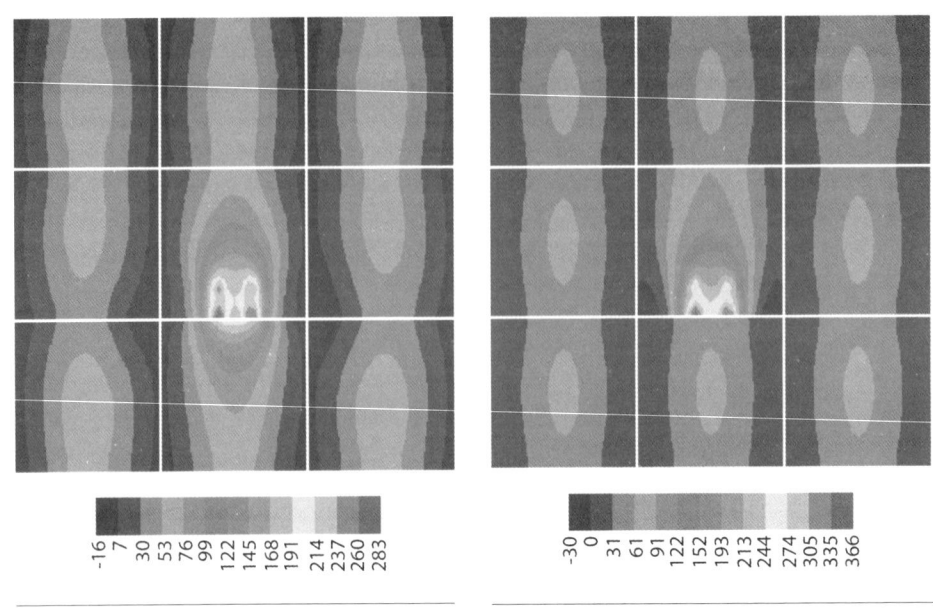

Fig. 4.24 *Resultados para o caso 5 – fundo da placa de concreto*

Fig. 4.25 *Resultados para o caso 6 – fundo da placa de concreto*

Caso 3: quando há BT e empenamento térmico, para a carga de canto, a tensão crítica já ocorre no fundo da placa de concreto, e é evidente, por comparação aos casos 1 e 2, que a presença de BT é elemento favorável ao controle de tensões críticas, reduzindo-as, fossem causadas pela carga ambiental ou do trem de pouso.

Caso 4: quando se tem a carga sobre a borda longitudinal e ausência de empenamento, com BT nas juntas, observa-se que, mesmo sem empenamento, a tensão no fundo da placa foi três vezes maior do que no caso 3, o que denota a importância da determinação de tensões críticas em bordas. Deve-se notar que quando existem BT nas simulações, elas estão em todas as juntas, transversais e longitudinais.

Caso 5: esse caso exemplifica uma situação de acréscimo em cerca de 25% da tensão crítica pela existência de empenamento térmico, além de condições idênticas ao caso 4. O empenamento térmico é, assim, demasiadamente importante para ser negligenciado.

Caso 6: com a carga sobre uma borda, sem BT e sem transferência de carga, gera-se uma borda livre, o que explica o incremento de 30% na tensão em relação ao caso 5. Qualquer borda livre de placas de pavimentos de aeroportos, portuários etc. deve ser cuidadosamente investigada, para se evitar a negligência de tensões críticas nessa posição de carregamento.

O empenamento térmico e a presença de BT são, ainda, responsáveis por alterações importantes nas respostas estruturais de bases cimentadas e de CCR. Sugere-se ao leitor que instale os programas computacionais indicados e faça várias simulações, sendo importantes as seguintes análises: (a) tensões na base cimentada quando há empenamento ou não; (b) tensões na base cimentada quando há BT ou não; (c) comparação entre tensões de empenamento para uma mesma placa apoiada sobre base cimentada ou granular.

4.6.2 Pavimentos industriais esbeltos com concreto armado

Como mencionado, mesmo para os pavimentos de concreto armado aplicam-se modelos em regime elástico para o cálculo de tensões e momentos fletores, muito embora existam alguns modelos, para poucos tipos de carregamento, baseados em rótulas plásticas. Apresenta-se nesta seção uma aplicação do programa ISLAB2000 para o caso de placas de CA com espessura de 150 mm, com BT, apoiadas sobre subleito com $k = 45$ MPa/m e bases em CCR com 10.000 MPa de módulo de elasticidade. As placas possuem dimensões planas de 15 m x 7,5 m, com bordas longitudinais livres. Sobre o conjunto são aplicadas as cargas de um caminhão tipo semirreboque, com eixo simples de roda simples (ESRS) dianteiro de 60 kN, ESRD no cavalo com 100 kN e ETT traseiro com 240 kN. Esse veículo trafega de modo proximamente centralizado em sua faixa de rolamento, pois a placa abrange duas faixas em sua largura (Fig. 4.26).

As simulações permitiram a obtenção das curvas de isovalores apresentadas nas Figs. 4.27 e 4.28, com os valores numéricos descritos em libras-força por polegadas quadradas. O empenamento térmico positivo de 10ºC, valor bastante corriqueiro no clima tropical úmido, resulta em acréscimo de cerca de 40% na tensão máxima. Observe-se também que o empenamento causa alteração completa no regime de tensões nas placas, pois, por tratar-se de situação de alçamento da região central da placa, as zonas de tensões críticas – que, sem empenamento, tendiam a situar-se sob o ESRD do cavalo – expandem-se para o conjunto de rodas internas do ETT traseiro que, nessa situação, gera mais tensões do que quando a placa está em pleno contato com a base. Assim, demonstra-se novamente a importância da consideração das cargas ambientais nos projetos de pavimentos de concreto (nesse caso, supostamente armado).

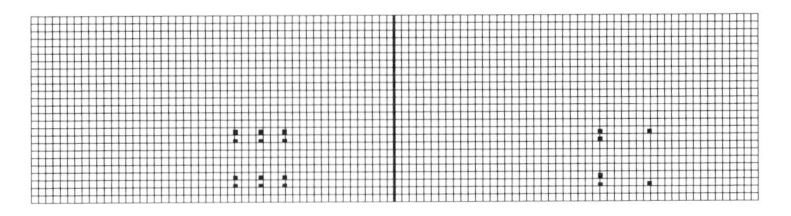

Fig. 4.26 *Malha de elementos finitos e cargas de caminhão semirreboque sobre placas armadas*

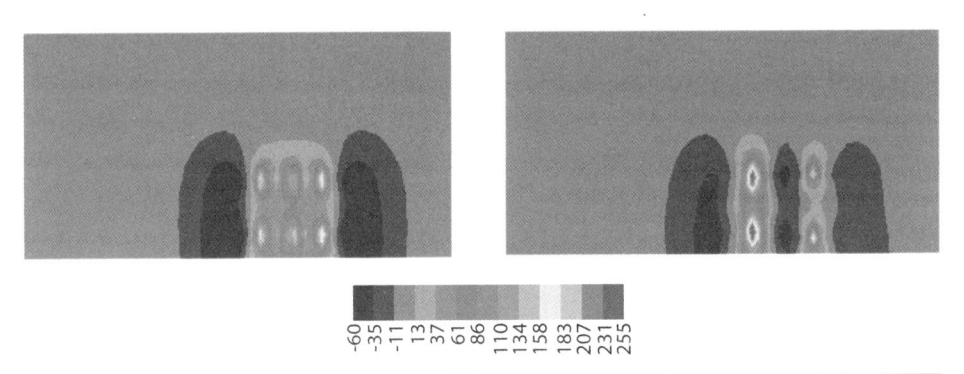

Fig. 4.27 *Resultados para o caso sem empenamento térmico – fundo da placa de concreto*

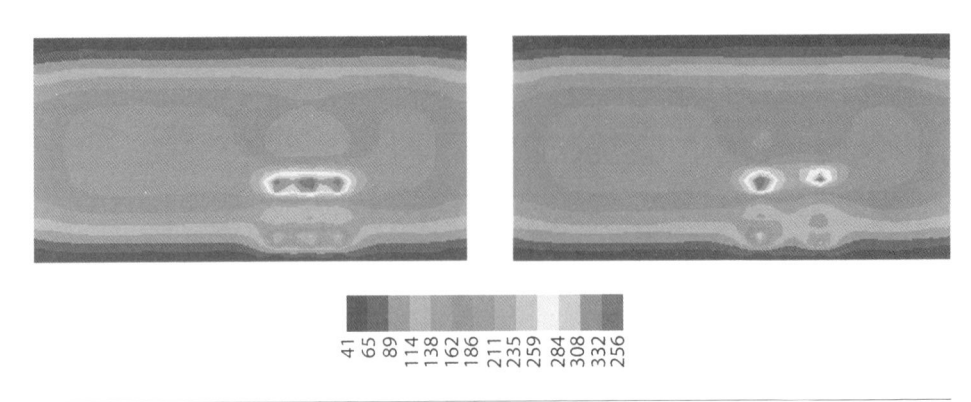

Fig. 4.28 *Resultados para o caso com empenamento térmico - fundo da placa de concreto*

4.6.3 Exemplo prático de retroanálise com exposição de método passo a passo

A retroanálise de pavimentos de concreto, seguindo a congênere análise mecanicista desse tipo de estrutura, é consideravelmente mais complexa que a retroanálise de pavimentos por meio da Teoria de Sistemas de Camadas Elásticas. Diferentemente dos pavimentos contínuos, os pavimentos em placas de concreto apresentam juntas; dimensões finitas; situações de carregamento muito distintas, em razão da geometria dos elementos estruturais; a possibilidade de aderência plena ou não entre as placas de concreto e as bases cimentadas; os efeitos do empenamento térmico, que tendem a desconectar placas sobre bases cimentadas não aderidas, entre outras possibilidades. Além disso, não existem programas dedicados para retroanálise automatizada de pavimentos de concreto, como o BAKFAA para pavimentos asfálticos, dadas as variabilidades de disposições geométricas das placas e das cargas.

O processo de retroanálise requer um método tentativo, e para a simulação no programa de elementos finitos são impostas as condições geométricas e as forças atuantes verificadas em pista, o que inclui cargas e diferenciais térmicos em placas de concreto. Deve-se ter em conta que o valor do módulo de elasticidade do concreto poderá aumentar significativamente nos primeiros meses e anos de vida do material, haja vista a continuidade de reações de hidratação dos ligantes hidráulicos empregados em sua confecção, dependendo do tipo de cimento e misturas de adições utilizados. Assim, na escolha de valores de partida de módulo de elasticidade para o concreto, em especial com relação a outras possíveis camadas cimentadas, valores aferidos em laboratório aos 28 dias podem estar longe de valores retroanalisados após meses ou anos. A própria degradação do concreto, em especial por fadiga, mas eventualmente pela ocorrência de reação álcalis-agregados, faz o material apresentar microfissurações e a consequente diminuição no valor do módulo de elasticidade.

No caso do valor de partida de um módulo de reação do subleito, dada a complexidade desse conceito (ver Cap. 3), é melhor não adotar valores muito rígidos e permitir uma ampla faixa de variação para esse parâmetro. É importante recordar que bases cimentadas devem ser consideradas como verdadeiras placas, e que, em geral, admite-se que as trincas de retração da base cimentada coincidem com as fissuras induzidas nas juntas da placa de concreto. Quando a base é granular sobre o subleito, considera-se o problema como uma simples camada apoiando a placa, o que resulta em um módulo de reação composto do sistema de apoio. É importante fugir de regras empíricas, muitas vezes de aplicação restrita a alguns solos e materiais de base, relacionando um parâmetro essencialmente elástico (k) com valores de resistência à deformação plástica dos materiais, o que não parece de bom senso.

A estimativa inicial dos valores de E e de k para o sistemas de PCS em análises pode ser obtida por meio de critérios que se apoiam na Teoria de Westergaard (como as Eqs. 5.1 a 5.4, no próximo capítulo). Com base nesse critério, é necessário realizar o teste de carga com FWD (*falling weight deflectometer*) com centro de aplicação de carga posicionado nas proximidades do centro da placa. Os valores estimados dos parâmetros E e k podem servir de ponto de partida para se ter uma ideia inicial de valores mais próximos da realidade e, com base nesses valores iniciais, proceder à retroanálise simulando-se faixas de valores próximas aos valores de partida. Para exemplificação, apresentam-se a seguir dois casos reais sobre o processo de retroanálise.

Os conceitos de PCS delgados foram expostos no Cap. 1. O primeiro experimento completamente instrumentado com esse tipo de solução com pavimentos de concreto simples sem BT e sem barras de ligação em juntas serradas foi realizado em 2008 na Pista Experimental ATREL, na Universidade de Illinois, em Urbana-Champaign (participei da pesquisa morando em Urbana aquele ano, a convite do professor Jeffrey Roesler). As seções de análise tiveram as seguintes características:

- placas de 1,8 m x 1,8 m, com juntas serradas *in loco*;
- ausência de qualquer tipo de elemento como acostamento;
- subleito maldrenado e de baixa resistência (CBR = 3%);
- uso de concreto convencional com $f_{fct,f}$ = 4 MPa;
- na seção 2a, placas com 150 mm de espessura sobre camada granular malgraduada compactada sobre uma manta geotêxtil aplicada sobre o subleito;
- na seção 2b, placas com 200 mm de espessura sobre camada granular malgraduada compactada sobre uma manta geotêxtil aplicada sobre o subleito.

As medidas de bacias de deflexões foram realizadas com FWD entre 13h e 15h durante o outono (novembro) de 2007, após a construção das seções experimentais. Durante essas medidas, a temperatura do ar encontrava-se entre 5°C e 10°C, a temperatura da superfície era de 10°C e o diferencial térmico, praticamente de 1°C. Os testes com FWD empregaram cargas dinâmicas de 28,9 kN no primeiro golpe e de 48,9 kN no segundo, sobre o centro e nas juntas transversais das placas de concreto. O FWD empregava nove geofones posicionados em: -305 mm, 0 mm (carga), 203 mm, 457 mm, 610 mm, 914 mm, 1.219 mm e 1.524 mm.

Com base nas deflexões medidas no centro das placas, foram preliminarmente determinados os valores estimativos de E (placa de concreto) e de k (base e subleito conjuntamente), conforme os modelos já indicados (Eqs. 5.1 a 5.4 do próximo capítulo). Os valores médios estimados de todas as bacias de deflexões medidas estão na Tab. 4.18. Tais resultados apontam para subleitos com pobres condições elásticas ou resilientes, além de os valores de módulo de elasticidade estarem próximos de valores estaticamente medidos em laboratório durante os testes de controle tecnológico da construção, e serem particularmente compatíveis com valores obtidos para concretos convencionais.

Tab. 4.18 Valores estimativos para E e k

Seção	k (MPa/m)	E (N/mm^2)
2a	27	31.864
2b	24	34.265

A técnica de retroanálise para o módulo de elasticidade do concreto (E) e para o módulo de reação de Westergaard (k) foi a seguinte:

i. análise do conjunto de bacias de deflexões medidas em campo com FWD na posição central da placa. Selecionavam-se as bacias de deflexões mais representativas (com maior repetição e mais próximas entre si) para a seção;
ii. as bacias empregadas foram aquelas obtidas para a maior carga aplicada, de maneira a evitar valores mais baixos de deflexão, que poderiam ser menos acurados;
iii. com base nas bacias homogêneas, selecionou-se uma bacia mais representativa desse conjunto.

A Fig. 4.29 apresenta todas as bacias de deflexões FWD obtidas em campo com a carga de 48,9 kN, das quais as séries 2, 6, 8, 11 e 12 foram excluídas por serem menos representativas do conjunto original, e a Fig. 4.30 apresenta o conjunto remanescente de bacias de deflexões. Na Fig. 4.31 ilustram-se as posições dos sensores do FWD (geofones) durante os testes com carga no centro das placas de concreto. Essas posições são necessárias para as simulações de deflexões por elementos finitos.

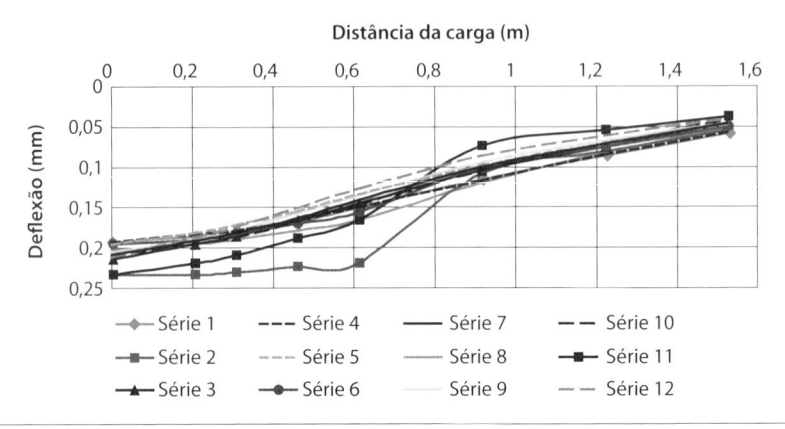

Fig. 4.29 *Bacias de deflexões FWD na seção 2a*

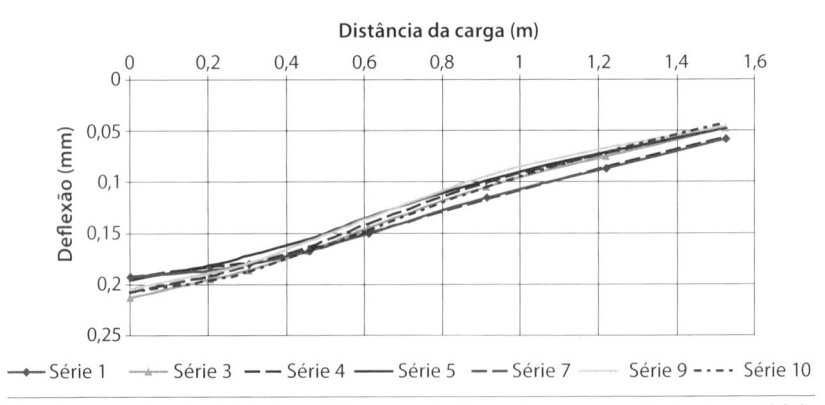

Fig. 4.30 *Bacias de deflexões FWD na seção 2a após expurgo de bacias maldelineadas*

Para as retroanálises, utilizou-se o programa EVERFE 2.24, com os seguintes passos básicos para a definição dos parâmetros:
- empregou-se uma sequência de três placas em duas faixas, conforme a Fig. 4.32;

- as malhas empregadas (Fig. 4.33) foram idênticas para ambas as direções, x e y; a malha dividiu as placas em dez pedaços, em ambas as direções; a placa de concreto foi analisada como um bloco de elemento finito apenas em profundidade (uma camada, sem subdivisões);
- admitiu-se o coeficiente de Poisson como 0,2;
- não existiam barras de transferência em juntas transversais (Fig. 4.34); contudo, algumas barras de ligação foram colocadas nas juntas longitudinais, uma vez que as extremidades externas das placas encontravam-se travadas por pinos metálicos cravados ao lado dessa borda, mantendo as placas laterais em contato (o programa EVERFE não menciona intertravamento nessas bordas longitudinais);
- utilizou-se apenas um conjunto de oito sensores, incluindo o central, desprezando-se o sensor solitário do lado oposto a esse conjunto.

Fig. 4.31 Posição do FWD e dos sensores na seção 2a

A Tab. 4.19 apresenta as sucessivas tentativas de aproximação, manualmente realizadas, entre a bacia de deflexões teórica e aquela

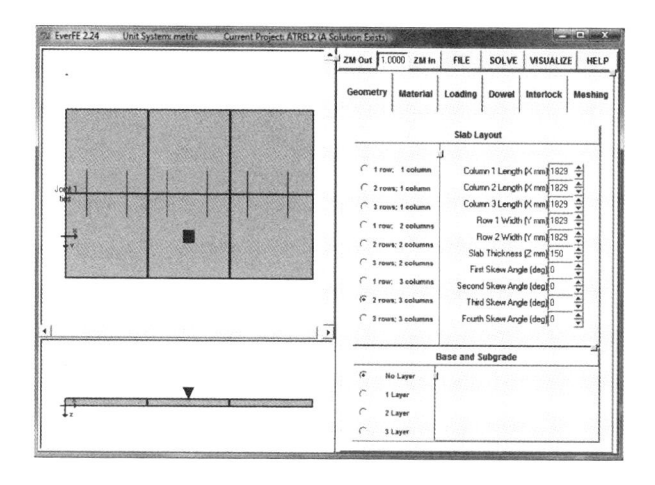

Fig. 4.32 Dados de entrada no programa EVERFE para a geometria da estrutura

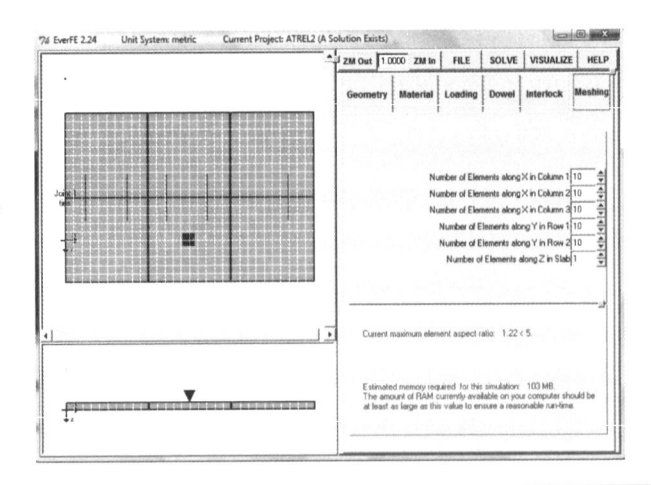

Fig.4.33 Preparação da malha para as rodadas

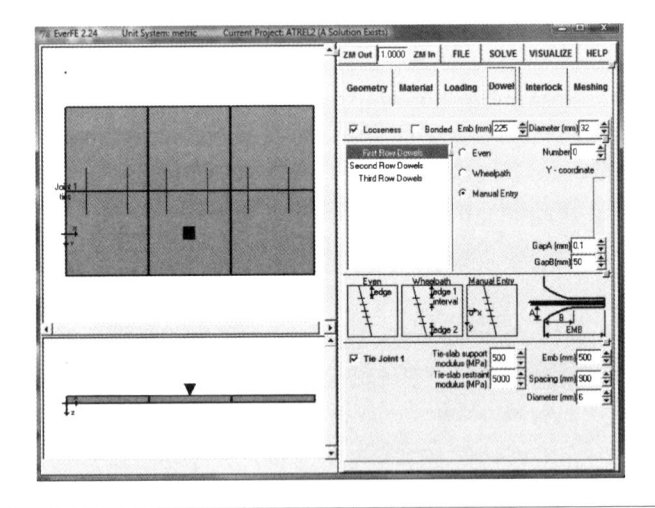

Fig. 4.34 Dados para parametrização de juntas transversais e longitudinais

medida em campo e tomada como representativa da seção. O erro quadrático foi calculado de acordo com a função 5.5 (ver Cap. 5). Como o FWD aplica carga dinâmica, o valor de k estimado anteriormente (estático) deve ser tomado pelo menos em duplicidade, conforme exposto no Cap. 3 (AASHTO, 1998).

De acordo com a Tab. 4.19, para a simulação de diferencial térmico nulo, a melhor aproximação foi a tentativa 1; contudo, essa solução apresentou distorção apreciável para o sensor D6, afastando os pontos real e teórico. Com a introdução da condição real de diferencial térmico, a melhor solução foi a tentativa 6, com melhor aproximação do sensor D6 e menor erro quadrático entre as deflexões. A Fig. 4.35 ilustra graficamente essa comparação. O melhor resultado, portanto, indicou módulo de elasticidade *in situ* do concreto de 42.000 N/mm² e módulo de reação dinâmico do subleito de 110 MPa/m. O módulo de elasticidade retroanalisado, nesse caso, resultou de uma carga instantânea e aplicada por impacto, o que implicou uma menor mobilização do sistema estrutural em termos de deslocamentos. Naturalmente, as respostas do sistema foram menores deflexões e maiores valores para E e k.

A Fig. 4.36 apresenta graficamente duas aproximações para a bacia de campo, para a seção 2b, cujo processo de determinação foi idêntico ao da seção 2a (Fig. 4.35). Obteve-se uma excelente aproximação, com erro quadrático de 0,000168 mm². Nesse caso, o módulo de elasticidade do concreto e o módulo de reação do subleito foram, respectivamente, 42.000 N/mm² e 120 MPa/m. Os valores coincidem muito bem com os obtidos para a seção 2a; ambas as seções foram construídas sobre o mesmo subleito e base granular, no mesmo dia de concretagem.

TAB. 4.19 Valores de E e k retroanalisados com o programa EVERFE

FWD sensores #			D1	D2	D3	D4	D5	D6	D7	D8	
FWD distância dos sensores à carga (m)			0	0,2032	0,3048	0,4572	0,6096	0,9144	1,2192	1,524	
FWD deflexões (mm)			0,205	0,189	0,179	0,158	0,135	0,095	0,067	0,046	
Tentativa	ΔT (°C)	Placa E (MPa)	Suporte k (MPa/m)	Deflexões estimadas com o EVERFE 2,24							Σ (erro)² (mm²)
1	0	42.000	120	0,209	0,195	0,181	0,158	0,133	0,082	0,062	0,048	0,0002581368
2	0	28.000	120	0,245	0,224	0,205	0,174	0,141	0,075	0,056	0,043	0,0043417648
3	0	42.500	115	0,214	0,200	0,185	0,163	0,137	0,086	0,066	0,050	0,0003694088
4	0	41.500	125	0,205	0,19	0,176	0,153	0,128	0,078	0,059	0,045	0,0004341408
5	1	42.000	120	0,192	0,178	0,166	0,146	0,126	0,09	0,057	0,034	0,0009393248
6	1	42.000	110	0,204	0,19	0,177	0,157	0,136	0,099	0,064	0,039	0,0000788568

Fig. 4.35 *Comparação entre bacias de campo e retroanalisadas – Seção 2a*

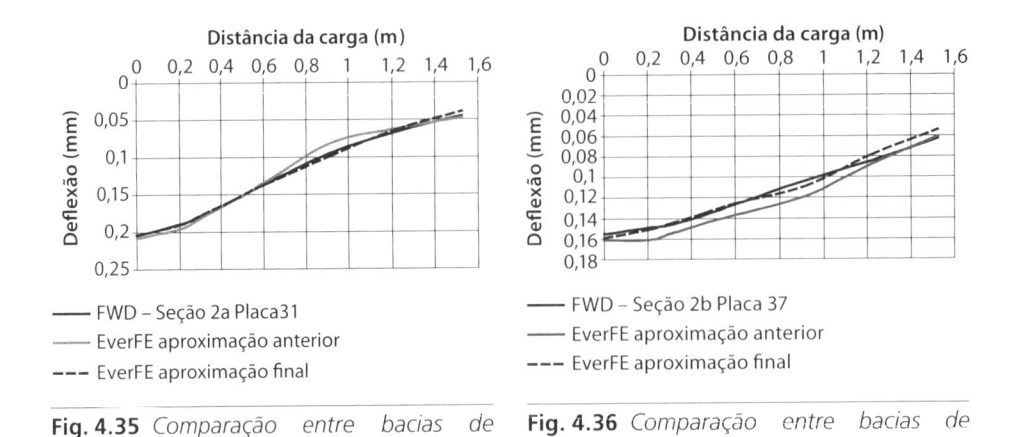

Fig. 4.36 *Comparação entre bacias de campo e retroanalisadas – Seção 2b*

Em 2007, no *International Workshop on Best Practice for Concrete Pavements*, realizado em Recife e organizado pelo Instituto Brasileiro do Concreto (Ibracon) e pela *International Society for Concrete Pavements* (ISCP), o professor Lev Khazanovich, autor do programa ISLAB2000, foi instigado (por mim) a esclarecer ao público se os programas de elementos finitos, EVERFE, ISLAB, FEACONS, entre outros, forneceriam resultados diferentes para o cálculo de deslocamentos, deformações e tensões, para entradas de um mesmo caso. Ele respondeu que, se todos os elementos de entrada são idênticos e as malhas de elementos utilizadas são equivalentes, os programas gerariam resultados semelhantes. Pequenas discrepâncias estariam associadas aos métodos numéricos de resolução pertinentes aos programas, mas seriam eventuais e de pouca importância.

A Fig. 4.37 apresenta uma comparação entre bacias de campo e retroanalisadas, para o caso da Seção 2a (Fig. 4.35), com utilização dos programas EVERFE 2.24 e ISLAB2000. Para a simulação do ISLAB2000 empregou-se transferência de carga em juntas de 95% (LTE), e os resultados da bacia teórica, com E = 42.000 N/mm^2 e k = 110 MPa/m, são quase idênticos aos do EVERFE 2.24. Isso ajuda de alguma forma? Sim, já que o ISLAB2000 é vendido e o EVERFE pode ser baixado gratuitamente pela internet, desde que não se trabalhe com menos de 2 Gb de memória RAM, para evitar lentidão e mesmo falha na execução do programa, no caso de sistemas com mais de uma placa e complexos em termos de carregamento.

4.6.4 Retroanálise do caso apresentado para cargas em movimento

A retroanálise pode também ser realizada para a análise de cargas em movimento, o que exige um pouco mais de detalhes, atenção e esforço de rodadas. Os pavimentos respondem diferentemente a cargas instantâneas, estáticas ou em movimento. No mesmo experimento realizado em 2008 na Universidade de Illinois, eram captados, com medidores do tipo LVDT (*linear variable differential transformer*), movimentos verticais e horizontais das placas em diversas posições durante os horários de simulação de carga, que era feita pelo equipamento ATLAS (*accelerated transportation loading assembly*).

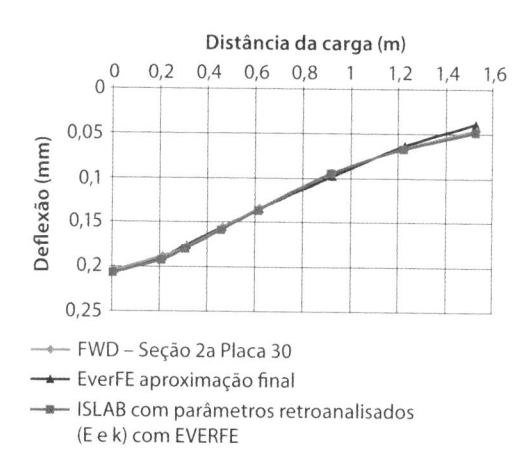

Fig. 4.37 *Comparação entre bacias de campo e retroanalisadas pelos programas EVERFE e ISLAB2000*

As bacias de deflexões observadas com o ATLAS foram montadas para leituras obtidas para cada décimo de segundo, para a carga de roda dinâmica, compreendendo 44 leituras de deslocamentos. Era possível medir deflexões nas bordas longitudinais, nas juntas (cantos) e no centro das bordas. Para a simulação do programa de elementos finitos, os valores de LTE foram determinados após 100 passagens da roda de 4.085 kgf, resultando em 93,5%. As temperaturas medidas durante as solicitações, em cinco profundidades, foram também convenientemente empregadas. Na Fig. 4.38 apresentam-se algumas bacias de deflexão verificadas durante os testes; em alguns casos, porém, há flutuações em registros, impedindo uma perfeita descrição das bacias.

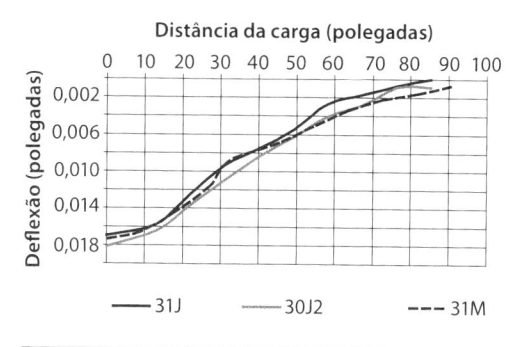

Fig. 4.38 *Bacias para LVDTs próximos a juntas (J) e à borda longitudinal (M) na seção 2a*

As Figs. 4.39 e 4.40 mostram, respectivamente, os resultados de retroanálises para a posição na junta entre as placas 30 e 31 e no meio da placa 31, sempre nas bordas longitudinais. Para a posição da junta, a retroanálise mostrou-se mais trabalhosa na reprodução das deflexões em pista, e os resultados podem ser melhorados ainda mais exaustivamente; os valores foram E = 40.000 MPa e k = 80 MPa/m (este último, menor do que o retroanalisado com FWD). Apesar disso, para as deflexões de borda na placa 31, foram descritos melhores resultados de bacias de pista, sem sobressaltos, chegando-se a E = 28.000 MPa e k = 85 MPa/m; tais resultados são mais confiáveis por tratar-se aqui de análises de cargas móveis. Observe que, nas Figs. 4.39 e 4.40, as tentativas 1 a 3 representam sucessivas aproximações entre as bacias (teóricas e de pista). A distribuição de temperaturas durante a passagem de carga de número 100 era: 15,69°C; 16,18°C; 15,51°C; 15,42°C e 15,60°C.

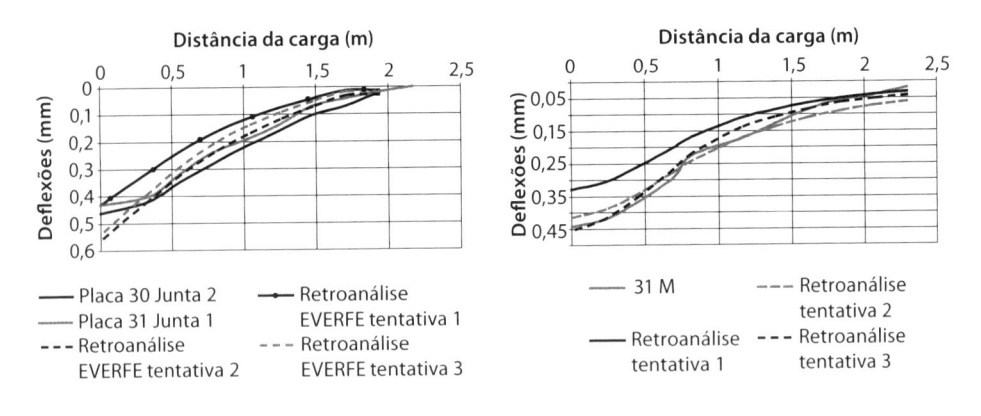

Fig. 4.39 *Retroanálise para bacias de deflexões na seção 2a, na junta entre as placas 30 e 31*

Fig. 4.40 *Retroanálise para bacias de deflexões na seção 2a, na borda da placa 31*

Por fim, foram retroanalisados os parâmetros elásticos da estrutura para uma condição de empenamento térmico de cura equivalente a um diferencial térmico de -5°C. Para isso, admitiu-se a distribuição de temperatura dentro da placa de concreto como a superposição das temperaturas real e do diferencial térmico de cura (Fig. 4.41). As retroanálises sucessivas partiram do melhor resultado das análises para o caso sem empenamento.

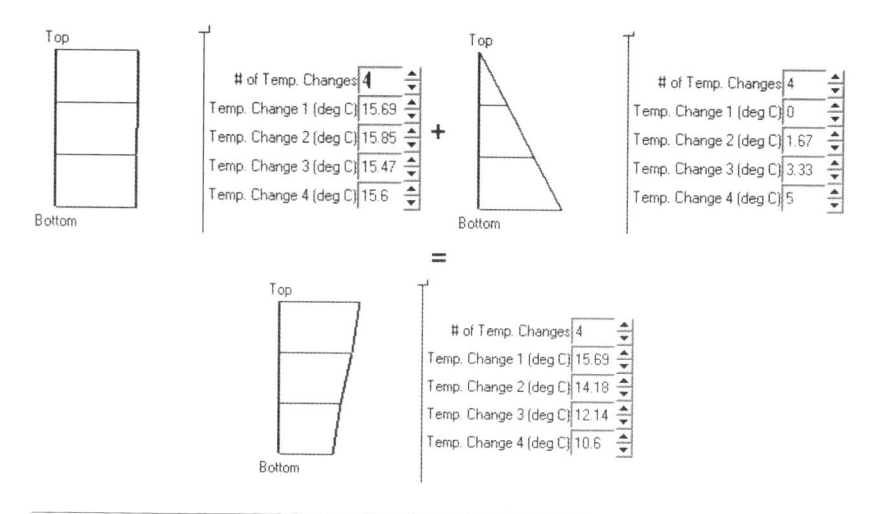

Fig. 4.41 Superposição das temperaturas real e de cura no programa EVERFE

A Fig. 4.42 mostra os resultados de retroanálises com incorporação do empenamento total. Deve-se considerar que é possível melhores aproximações (*ad nauseam*), refinando-se os parâmetros por tentativas. A melhor solução indicou E = 25.000 MPa e k = 90 MPa/m, ainda sutilmente diferentes da retroanálise sem incorporação do empenamento total. A Tab. 4.20 sumariza os resultados das retroanálises, e verifica-se que a tentativa 4 resultou no menor erro quadrático entre as deflexões teórica e de pista.

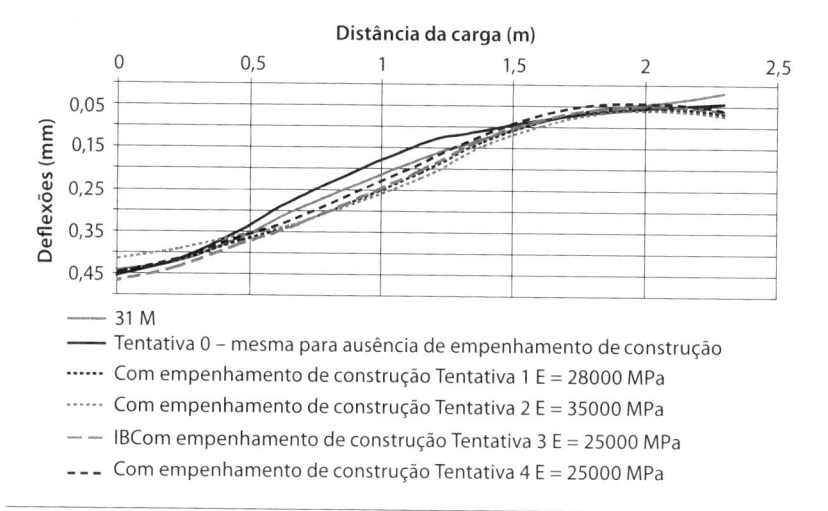

Fig. 4.42 Retroanálises para a junta na seção 2a, placa 31 na borda, com empenamento de construção de -5°C

Esse experimento, após retroanálise, ainda é um instrumento de aferição e calibração do programa de elementos finitos empregado. Ainda no caso da Pista Experimental ATREL, haviam sido instalados inúmeros *strain gages* para a medida de deformações. Como se sabe, as tensões nos programas são determinadas por meio da lei de Hooke generalizada, que permite conhecer as deformações específicas de tração (teóricas) nos pontos de interesse pelas equações:

$$\varepsilon_x = \frac{1}{E} \cdot (\sigma_x - \mu \cdot \sigma_y) \quad (4.49)$$

$$\varepsilon_y = \frac{1}{E} \cdot (\sigma_y - \mu \cdot \sigma_x) \quad (4.50)$$

A comparação entre os parâmetros medidos e as deformações é apresentada na Tab. 4.21 para as seções 2a e 2b da pista experimental. Verifica-se que as deformações previstas pelo programa ISLAB (placas com parâmetros retroanalisados) são próximas daquelas medidas em pista. Esse programa prevê deformações até 60% superiores àquelas de pista, resultado considerado seguro (embora não se trate de constatação nova, como já assinalamos anteriormente). As deflexões previstas e medidas em pista são muito próximas também. Não se verificou muita diferença ao se incorporar o empenamento de cura nas análises, resultado que parece fazer sentido, uma vez que nas retroanálises o empenamento de cura foi incorporado, o que implicou a redução em E no processo; houve, assim, uma compensação. Por fim, a Fig. 4.43 compara as simulações da passagem da carga por um ponto com LVDT com as deflexões reais verificadas, e nota-se que houve, para a segunda metade da curva, alguma diferença atribuída a diferente valor de LTE na junta sucessiva. Vê-se, então, que o programa ISLAB2000 foi capaz de prever de forma adequada as respostas mecânicas do pavimento, da mesma forma que o programa EVERFE. Portanto, o MEF pode ser um instrumento fundamental de análise estrutural, desde que sejam conhecidos, com grau de precisão adequado, os parâmetros estruturais dos pavimentos de concreto.

TAB. 4.20 RESUMO DAS RETROANÁLISES PARA A PLACA 31 M, SEÇÃO 2A, COM CARGA DE 9.000 LBS EM MOVIMENTO

Retroanálise com EVERFE (Carga móvel)

Deflexão (mm) Borda placa 31	Distância da carga (m)	\multicolumn{5}{c}{Tentativas para deflexões teóricas (mm)}				
		inicial	1	2	3	4
0,018288	2,296156	0,043	0,066	0,073	0,063	0,058
0,04064	2,068114	0,052	0,053	0,06	0,049	0,044
0,056134	1,836639	0,065	0,059	0,067	0,055	0,049
0,087376	1,607107	0,084	0,088	0,097	0,083	0,075
0,131064	1,378507	0,11	0,137	0,148	0,131	0,122
0,176022	1,14927	0,142	0,21	0,223	0,203	0,191
0,294386	0,689159	0,267	0,329	0,328	0,329	0,313
0,364998	0,460559	0,349	0,372	0,358	0,38	0,363
0,421386	0,230578	0,418	0,42	0,393	0,434	0,416
0,442468	0	0,454	0,448	0,415	0,466	0,447
Σ erros quadráticos		0,003581	0,004907	0,008812	0,004953	0,002499

Parâmetros de entrada para retroanálise

Tentativa	DT (C)	E (MPa)	K (MPa/m)
1	Fixado para 100 passagens (sem empenamento de construção)	28000	85
2	Fixado para 100 passagens (sem empenamento de construção)	35000	85
3	Fixado para 100 passagens (sem empenamento de construção)	25000	85
4	Fixado para 100 passagens (sem empenamento de construção)	25000	90

Tab. 4.21 Análise de deformações com o ISLAB 2000 na Pista Experimental ATREL/PCS delgado, seções 2a e 2b

Seção	Placa	Empenamento	Posição da carga	Deflexão prevista (pol)	Deflexão real (pol)	Tensão em x (lbs/pol²)	Tensão em y (lbs/pol²)	Deformação με prevista em x	Deformação με real em x	Deformação με prevista em y	Deformação με real em y
2a	30	real	Borda	0,0196	0,0185 - 0,0225	156,3	475,3	–	–	116,1	70-80
2a	37	real	Junta 2	0,01703	0,018 - 0,019	45,73	22,37	10,9	20-30	–	–
2b	30	real	Borda	0,01524	0,019 - 0,0225	90,6	298,7	–	–	73,2	40-50
2b	37	real	Junta 2	0,01703	0,0175 - 0,018	45,73	22,37	10,9	20-35	–	–
2a	30	Real + construção	Borda	0,01966	0,0185 - 0,0225	154,81	483,37	–	–	118,2	70-80
2b	37	Real + construção	Borda	0,015191	0,019 - 0,0225	74,58	289,09	–	–	71,4	40-50

4.7 O abismo inqualificável entre projeto e execução da obra

No que diz respeito à execução do pavimento de concreto, a elaboração de um bom projeto de engenharia exige que todas as atividades que garantam o perfeito funcionamento mecânico e operacional das estruturas estejam correta e explicitamente especificadas. Existem algumas falhas mais comuns a serem evitadas em projetos, que estão nitidamente relacionadas a detalhes de construção, sobretudo, e não à espessura do concreto ou sua resistência. São elas:

1. Detalhamento equivocado da posição de juntas de construção, transversais ou longitudinais.
2. Detalhamento equivocado de corte de juntas, em profundidade e largura.
3. Detalhamento equivocado do tipo e do posicionamento de barra de transferência ou de ligação.
4. A não consideração de ações do tráfego em juntas longitudinais e também sobre juntas transversais.
5. A crença infantil de que o intertravamento de agregados pode substituir as BT.
6. Especificação de concretos com resistência à tração na flexão muito elevada, acima de 4,5 MPa,

que implica sérios riscos, do ponto de vista da retração, em obras sem tecnologistas de concreto capazes de realizar serragem e cura perfeitas de concretos de elevada resistência.

7. A ausência de especificações para materiais, resultante da falta de estudos prévios sobre a possibilidade de ocorrer reação álcalis-agregados em médio e longo prazos. Isso não tem sido considerado com a devida seriedade em projetos de pavimentação, mesmo porque muitos desconhecem o problema, que efetivamente existe e é muito sério.

8. Acreditar que projetar é especificar apenas a espessura e a resistência do concreto.

9. Não considerar os efeitos estruturais de bases cimentadas e de CCR.

10. Tomar equivocadamente um modelo de fadiga desenvolvido nos anos 1960, com cimento tipo I (ASTM), agregados aluviais e calcários de Illinois (EUA), e pensar que ele funciona da mesma forma no Brasil, qualquer que seja o concreto. Até quando, nessa questão, seremos satélites tecnológicos de nações desenvolvidas?

11. Permitir ou especificar a relação entre resistência à tração na flexão e resistência à compressão do concreto com base em modelos empíricos de obras anteriores.

12. Confundir resistência de dosagem com resistência característica.

13. Não considerar os valores prováveis do módulo de elasticidade do concreto no projeto e em fases de obra, como justificativa para o *as-built*.

14. Crer que os problemas de drenagem serão sempre a explicação para as deficiências futuras.

15. Dimensionar para carga de borda transversal livre e colocar barras de transferência em juntas.

As principais falhas em obras, aqui bastante atreladas ao controle tecnológico, podem ser assim resumidas:

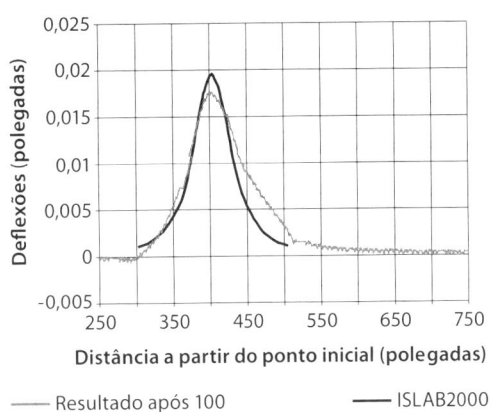

—— Resultado após 100 passagens – posição 31 M
—— ISLAB2000

Fig. 4.43 *Comparação entre as deflexões da carga móvel de 9.000 libras-força para a seção 2a*

1. Falhas em registros e controles de amostras e corpos de prova.
2. Não realização de ensaios nas datas adequadas.
3. Liberação do tráfego sobre bases imprimadas ou ainda não curadas adequadamente.
4. Corte insuficiente (espessura) das juntas.
5. Corte atrasado das juntas.
6. Corte fora da posição das barras instaladas no concreto.
7. Descontrole sobre o posicionamento (inclinação vertical e horizontal) das barras em juntas.
8. Não engraxar metade das BT.
9. Ocorrência de retração plástica na superfície do concreto.
10. Ocorrência de segregação e exsudação durante o adensamento e o desempenamento dos concretos plásticos.
11. Manta de cura ou produto de cura colocados em atraso, ou retirados precocemente da superfície.
12. Cura úmida inadequada.
13. Erro grosseiro na espessura do concreto (um erro de 5 mm para menos, por exemplo, tem efeitos deletérios importantes sobre o desempenho das placas de concreto).
14. Tratamento inadequado de juntas de construção (frias).
15. Descontrole e variabilidade de agregados ou ligantes hidráulicos empregados ao longo da obra.
16. Acreditar que sob diferentes climas se possa fazer a cura do concreto da mesma forma.

O uso de teorias adequadas para o dimensionamento dos pavimentos de concreto não é garantia de sucesso na obra. Os projetos são muito mais vivos, e não se resumem a frias equações e programas de computador. Especificações e detalhamentos adequados são indispensáveis, bem como o controle tecnológico. Ou será que sabemos tanto sobre concreto no Brasil, que é nula a nossa possibilidade de errar, mesmo sem projeto adequado, sem equipamentos precisos de execução, sem controle tecnológico objetivo? É certo que muitas das respostas para o desempenho pífio de diversos pavimentos de concreto – que deveriam durar ao menos duas décadas – estão associadas a alguns dos problemas aqui discutidos.

5
Avaliação, diagnóstico e manutenção dos pavimentos de concreto

> *Prevenir é melhor do que remediar. Contudo, se os reparos são, apesar de tudo, necessários, eles não serão realmente onerosos se comparados ao caso de não serem realizados ou, ainda, de serem mal feitos.*
> *(Prof. Willy Wilk)*

5.1 Avaliação e análise estrutural

5.1.1 Avaliação destrutiva e não destrutiva

Balbo (2007) relata processos de avaliação destrutiva em pavimentos asfálticos, dos quais a extração do corpo de prova por sondagem rotativa (Fig. 5.1) é o que se aplica aos pavimentos de concreto em placas. Esse tipo de extração de amostras é usado na coleta de materiais íntegros para testes em laboratório, mais especificamente os testes de resistência à compressão e de módulo de elasticidade, quando se deseja conhecer tais parâmetros, seja para controle tecnológico pós-cura ou para outras finalidades de pesquisa. Também permite o controle da espessura de placas de concreto e de bases de concreto ou estabilizadas com ligante hidráulico. Além disso, pode-se utilizar esse tipo de serviço para a avaliação de aspectos como: preparação de lâminas finas para análise de porosidade e interação da pasta com agregados, análises de porosidade ao ar sob pressão, análises químicas para verificação de presença de reação álcalis-agregados e reconstituição do traço do concreto.

Outras formas de avaliação destrutiva comuns em pavimentos asfálticos geralmente não são aplicáveis aos pavimentos de concreto (sondagens a trado, à pá e à picareta etc.). No que tange à avaliação não destrutiva, deve-se diferenciá-la em duas partes: (i) avaliação e identificação da composição de camadas nos pavimentos e (ii) avaliação da capacidade estrutural do pavimento por meio de provas de carga.

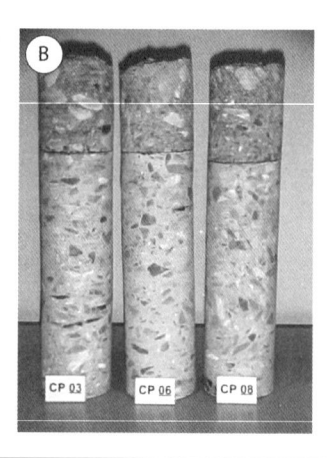

Fig. 5.1 *(A) Pavimento de concreto com orifício depois da retirada de amostra por sonda rotativa; (B) amostras extraídas de revestimento em CCP sobre base aderida em CCR*

A identificação de camadas presentes nos pavimentos de concreto de maneira não destrutiva é feita, como no caso dos pavimentos asfálticos, por meio de equipamento tipo *georradar* (Balbo, 2007), muito embora a questão da variabilidade de espessuras de camadas em pavimentos de concreto, no que diz respeito às placas e bases, seja fator menos crítico (engenheiros reconhecem, ainda que de modo intuitivo, que falha de espessura pode induzir ruptura precoce nos pavimentos de concreto, apesar de não haver consenso universal sobre isso). A mais importante avaliação dos pavimentos de concreto é a determinação de suas respostas estruturais, como o módulo de elasticidade de placas e bases cimentadas, os valores de eficiência de transferência de carga (*load transfer efficiency – LTE*) em juntas e o módulo de reação do subleito em centros de placas e em juntas, assunto que é tratado de forma mais pormenorizada nas seções que se seguem.

5.1.2 Provas de carga e medidas de deflexões

As medidas de deflexões sobre pavimentos em concreto são realizadas por meio do equipamento *falling weight deflectometer* (FWD), apresentado na Fig. 5.2, que foi "concebido a partir de conceitos anteriormente desenvolvidos para testes geofísicos, tratando-se de um ensaio no qual uma carga dinâmica, aplicada instantaneamente por impacto (pulso de carga), sobre uma placa de dimensões conhecidas, procura simular a aplicação de carga de um par de rodas do caminhão" (Balbo, 2007, p. 410).

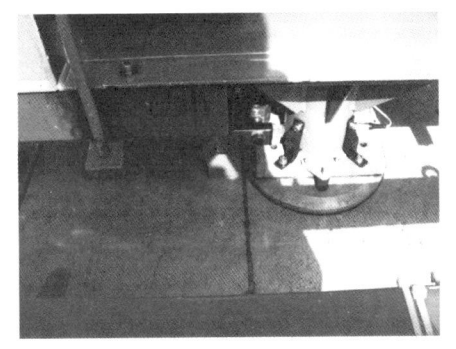

Fig. 5.2 *FWD tipo Dynatest em uso na pista experimental em CCP da USP*

Balbo (2007, p. 410-411) esclarece:

> A força de impulso contra a superfície do pavimento é aplicada sobre uma placa rígida de 300 mm de diâmetro, com onda senoidal de duração de 25 a 30 ms, sendo a massa do martelo variável (a ser definido na operação) de 50, 100, 200 e 300 kg; a altura de queda é regulada de 20 a 381 mm, conforme o padrão de medida desejável. O pico de força aplicada será de 7 a 107 kN (medido por célula de carga no equipamento). Após a aplicação de carga, sete (este número pode ser menor) transdutores de velocidade (ou geofones) dispostos longitudinalmente captam as ondas de resposta ao impacto, estando um desses geofones localizado no centro da placa de aplicação da carga.

No Brasil, é bastante comum o emprego de geofones do FWD com os afastamentos indicados na Fig. 5.3. O FWD apresenta grande precisão nas leituras de deformações sobre a superfície (± 0,5 centésimos de milímetros) e boa repetibilidade nas medidas, conforme demonstram os testes apresentados na Fig. 5.4.

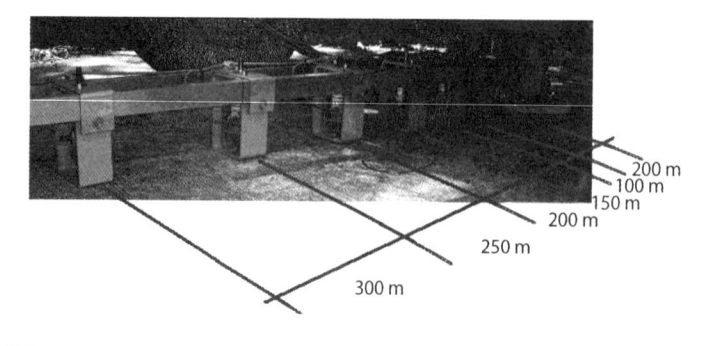

Fig. 5.3 *Afastamentos típicos entre geofones do FWD empregados no Brasil*

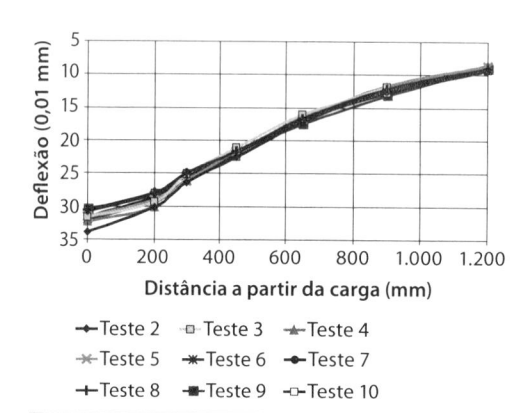

Fig. 5.4 *Testes de repetibilidade de medidas com o FWD na pista com WTUD da USP*

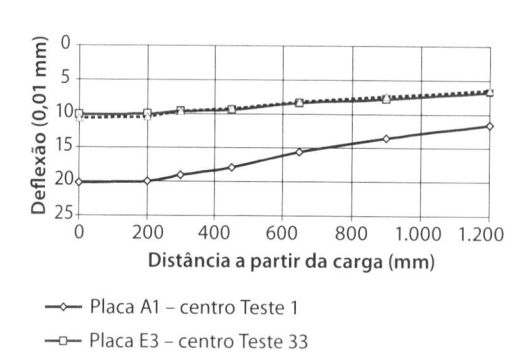

Fig. 5.5 *Bacias de deflexões em PCS na pista experimental da USP*

A Fig. 5.5 apresenta algumas bacias de deflexões em pavimentos de concreto simples (PCS) na pista experimental da Universidade de São Paulo (USP). A seção A1 retrata placa com 150 mm de espessura sobre base granular em brita graduada simples (BGS), com 100 mm de espessura e módulo de reação do subleito no terreno com aproximadamente 50 MPa/m. A seção B1 retrata placa de mesma espessura, mas sobre base em concreto compactado com rolo (CCR) com 100 mm; já no caso da seção E3, tem-se uma placa de 250 mm sobre base granular (BGS). Em todos os casos, a carga aplicada foi de 46 kN, com FWD com placa de 300 mm de diâmetro. Nota-se que as placas B1 e E3 apresentam bacias de deflexões praticamente idênticas, e que, em ambos os casos, a espessura total de concreto (placa e base, quando for o caso) é idêntica; portanto, não há conflitos entre diferentes medidas realizadas, indicando deformações totais semelhantes, mesmo para um sistema não aderido, como nesse caso. Em geral, as deflexões em PCS são baixas para espessuras acima de 200 mm, e para espessuras totais de concreto inferiores a esse valor, a bacia de deflexão (seção A1) tende mais a representar um pavimento semirrígido com base cimentada de espessura de 200 mm, por exemplo. Recorde-se que a rigidez do sistema não depende, no caso da Teoria de Placas, apenas do módulo de elasticidade do concreto, mas também do cubo de sua espessura. Os resultados, para concretos semelhantes, indicam claramente o importante efeito da espessura no sistema.

Por sua vez, a Fig. 5.6 apresenta bacias de deflexões sobre *whitetopping* ultradelgado (WTUD), de maneira comparada com o pavimento asfáltico flexível em seu entorno, na pista experimental da USP. O WTUD possui 95 mm de espessura sobre o pavimento flexível, com 45 mm de revestimento em concreto asfáltico e 100 mm de base em macadame hidráulico sobre solo de subleito argiloso. As bacias mostram duas zonas com diferentes interpretações: como o subleito é sempre o mesmo, longe da carga, quando as camadas superiores não contribuem para a deformação total, as linhas de influência praticamente coincidem, o que é coerente. Na zona próxima à carga aplicada pelo FWD – nesse caso, de 73 kN sobre placa de 300 mm de diâmetro –, os pavimentos asfálticos apresentam deflexões e feições de bacias típicas de pavimentos asfálticos: concentração de deformações próximas à carga, com inflexão brusca nas bacias. O WTUD apresenta uma bacia que, embora se afaste um pouco do comportamento de um pavimento rígido, é típica de um pavimento semirrígido. Pereira, Balbo e Khazanovich (2006), com base em resultados semelhantes, mas pautados sobre medidas com viga de Benkelman, discutem sobre o papel da mistura asfáltica como elemento de transferência de carga entre as pequenas placas de WTUD. Além disso, observa-se que a camada de concreto

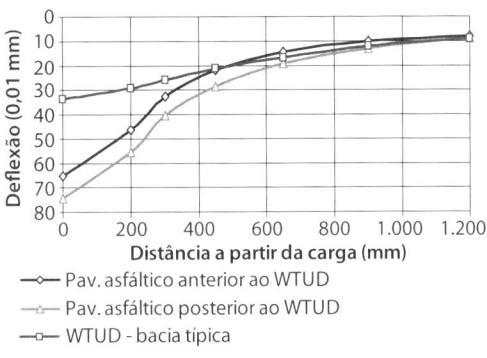

Fig. 5.6 *Bacias de deflexões (com FWD) em WTUD na pista experimental da USP*

causa reduções de mais de 50% nas deflexões máximas, restaurando a capacidade estrutural do sistema.

5.1.3 Retroanálise de parâmetros estruturais com o MEF

Conforme afirma Balbo (2007, p. 478), a retroanálise deve ser entendida como o:

> processo pelo qual, conhecendo-se as respostas em termos de deformações ou tensões da estrutura real, o que é medido por meio de algum instrumento, procura-se simular uma teoria condizente com o comportamento estrutural da estrutura em questão, verificando-se para quais parâmetros (em geral os parâmetros geométricos e de carregamento são conhecidos a priori) que o modelo teórico (analítico ou numérico) consegue representar, com a maior fidelidade possível, as medidas reais obtidas em campo.

Essa ideia reflete a necessidade do estabelecimento de algumas regras preliminares para a exequibilidade de um processo de retroanálise. A primeira delas é a necessidade do conhecimento de deformações ou tensões que ocorrem nos pavimentos de concreto em pista, o que sempre é realizado por meio de instrumento adequado: as deformações são medidas com o emprego de provas de carga (FWD) e o cálculo das tensões é feito com base nos conceitos da Teoria de Placas (ver Cap. 3), desde que conhecidas as deformações específicas que ocorrem em planos horizontais na placa de concreto, o que exige instrumentação por meio de *strain gages*.

Em segundo lugar, para a simulação do teste em campo, há necessidade do emprego de uma teoria condizente com a estrutura. Na prática moderna, essa simulação é certamente numérica, empregando-se modelos de elementos finitos que permitam simular o comportamento estrutural de placas de concreto, com suas peculiaridades (dimensões, barras de transferência, de ligação etc.). Isso somente é possível desde que se conheçam com precisão os elementos geométricos das camadas dos pavimentos.

A simulação em computador, uma vez fornecidos todos os elementos necessários, busca a representação das respostas teóricas do pavimento para a carga aplicada em pista. Por sucessivas aproximações, obtém-se uma resposta teórica com um nível de aproximação suficiente da resposta real. Isso, como já assinalado, faz-se com apoio nas medidas de deflexões ou de deformações em pista. No momento em que se aproxima a simulação dos resultados reais, admitido um critério de aproximação objetivo, determinam-se os valores do módulo de elasticidade e dos demais parâmetros, como o módulo de reação do subleito e o valor de LTE, por aproximação entre respostas de pista e respostas teóricas.

No Brasil, ainda não existem diretrizes normativas sobre o levantamento de medidas de deflexões em pavimentos de concreto, quais parâmetros determinar e com qual finalidade. Nos países mais evoluídos tecnologicamente, determinações de LTE, por exemplo, são importantes para a definição de necessidades de manutenção em juntas, e determinações do comportamento em fissuras, para posteriores procedimentos de manutenção (p.ex. FHWA, 1990). Além disso, os parâmetros retroanalisados são bastante utilizados em projetos de restauração de pavimentos de concreto quando se empregam reforços.

Uma forma bastante empregada como critério de decisão de proximidade entre bacias de deflexão teórica e de campo é a consideração dos desvios quadráticos obtidos entre as deflexões teoricamente calculadas (elementos finitos) e as deflexões medidas em pista pelo FWD. Para tanto, a simulação do programa de elementos finitos deve prever a determinação de deflexões nos pontos exatos onde elas foram medidas em pista, e o critério de seleção da bacia de deflexões é o que define a menor soma de erros quadráticos para todos os pontos em questão, representado por:

$$Objetivo = Min\left[\sum \left(d_i^{pista} - d_i^{teórico}\right)^2\right]$$

A Fig. 5.7 mostra os resultados de retroanálise de bacias de deformação obtidas com FWD, por meio do programa ISLAB2000 (Colim, 2009). O cabeçalho indica os valores do módulo de elasticidade do concreto e do módulo de reação do sistema de apoio (no caso, subleito e base granular em BGS). Estudos sistemáticos de retroanálise de bacias de deflexões com FWD sobre as seções da pista experimental da USP mostraram não ser trivial o tratamento da temperatura na placa (devido à curvatura teórica sofrida), bem como o perfeito ajuste das bacias de deflexões a certa distância do ponto de aplicação de cargas.

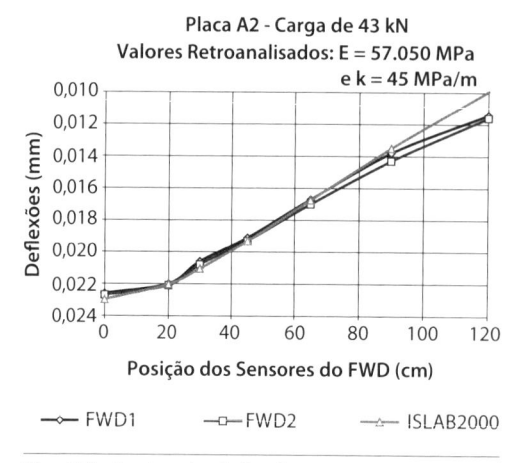

Fig. 5.7 Bacias de deflexões para carga central à placa

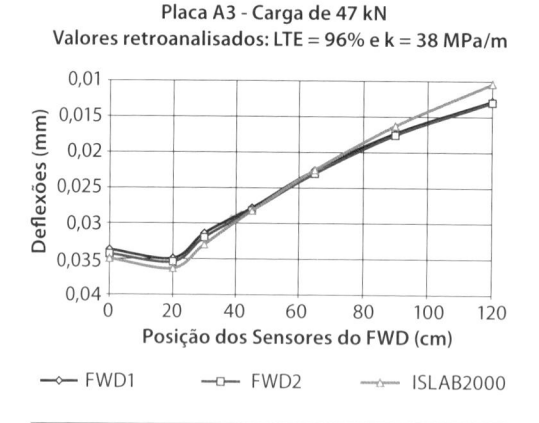

Fig. 5.8 Bacias de deflexões para carga próxima à junta transversal

O critério de aproximação descrito poderia, inclusive, limitar-se a uma parte da bacia de deflexões, como no caso de cargas próximas às juntas transversais (Fig. 5.8). Observe-se que há uma bacia de campo bastante próxima daquela gerada pelo programa ISLAB2000 em zonas mais distantes da carga; todavia, tal bacia afasta-se mais do que outra na zona próxima à junta. Com o objetivo de retroanalisar os valores de LTE e do módulo de reação do subleito na junta, poderá ser mais conveniente adotar critérios de aproximação entre bacias de deflexões medidas e teóricas diferentes do apontado aqui.

O programa EVERFE de elementos finitos para placas também foi testado nos experimentos da USP com pavimentos de concreto, mais especificamente na retroanálise do WTUD. A retroanálise, ainda que parcial e com pouco ajuste ao final da bacia (Fig. 5.9), permitiu definir os valores de 42.000 MPa para o concreto de alto desempenho (CAD) empregado no revestimento, 11.000 MPa para a mistura asfáltica subjacente e 180 MPa/m para o módulo de reação do sistema de apoio. Como o módulo de reação estático é aproximadamente a metade do valor do módulo de reação dinâmico (Hall et al.,1997), o valor de k sobre a base, para ensaios de prova de carga na placa realizados no local de estudos, estaria em torno de 90 MPa/m. Na Fig. 5.10 apresenta-se o resultado visual das deflexões durante a aplicação do FWD, simuladas pelo programa.

A despeito da existência de diversos programas para a retroanálise de pavimentos asfálticos com a Teoria de Sistemas de Camadas Elásticas (TSCE), de Donald Burmister, ainda não são disponíveis programas de retroanálise automatizada para testes sobre placas de concreto. Isso decorre da maior complexidade dos problemas de cargas e temperaturas sobre placas finitas com barras em juntas, que variam caso a caso, e cuja LTE altera-se em função de vários fatores ao longo da vida de serviço do pavimento. Além disso, como as cargas podem ser aplicadas em diversas posições, as condições de análise alteram-se conforme o caso, tornando difícil o estabelecimento de rotinas automatizadas, ao contrário das análises para pavimentos asfálticos que, em geral, são realizadas para camadas infinitas. Em função dessas considerações, a retroanálise de dados de campo sobre pavimentos de concreto em placas deve ser realizada de modo bem criterioso, o que requer tempo para inúmeras simulações de ajuste. Em outras palavras, ela depende de um "artesão experiente". Um exemplo completo de retroanálise foi oferecido no Cap. 4.

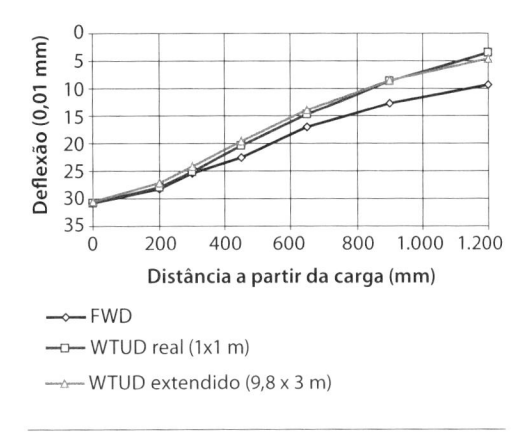

Fig. 5.9 *Carga próxima à junta transversal*

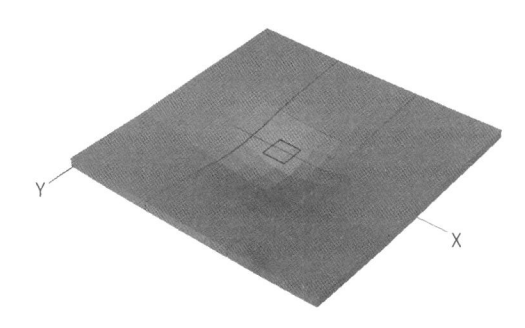

Fig.5.10 *Carga próxima à junta transversal*

5.1.4 Modelos fechados para retroanálise de parâmetros de pavimentos de concreto

Os modelos mais divulgados no meio técnico para retroanálise com o uso de modelos analíticos amplamente conhecidos são aqueles desenvolvidos por Katheleen Teresa Hall (Hall, 1991), ex-presidente do Comitê de Pavimentos Rígidos do *Transportation Research Board* e vice-presidente da *International Society for Concrete Pavements*, em sua tese de doutoramento. Ao analisar a resposta estrutural de inúmeras seções de pavimentos de concreto, a pesquisadora, com base no conceito de raio de rigidez relativa (ℓ) da placa de concreto definido por Westergaard (e bastante explorado nesta obra), determinou a seguinte relação entre o raio de rigidez relativa e o parâmetro AREA da bacia de deflexões (ver Cap. 3):

$$\ell = \left[\frac{\ln\left(\frac{36 - AREA}{1812,279133}\right)}{-2,55934} \right]^{4,387009} \quad (5.1)$$

onde

$$AREA = 6\left(1 + \frac{2d_{30}}{d_0} + \frac{2d_{60}}{d_0} + \frac{d_{90}}{d_0}\right) \quad (5.2)$$

Observe que o parâmetro AREA é a área da bacia de deflexões normalizada pela deflexão máxima sob uma carga de FWD aplicada na placa de diâmetro de 300 mm. O cálculo de AREA deve ser realizado em polegadas, e os índices dos valores de deflexões (d_i, sempre em polegadas) indicados na Eq. 5.2 correspondem a 0, 12, 24 e 36 polegadas (nessa equação, para melhor entendimento dos valores a serem empregados, os índices foram adaptados para cm). Note que os parâmetros empiricamente obtidos (deflexões e AREA) são correlacionados com um valor de ℓ; para tanto, empregam-se medidas de FWD em centro de placas de concreto e definem-se as propriedades pertinentes ao cálculo de ℓ, que são o módulo de elasticidade do concreto, a espessura da placa, o coeficiente de Poisson do concreto e o módulo de reação do subleito (ou do sistema de apoio, no caso de base granulares).

Crovetti (1994) sugere o emprego da equação para carga em centro de placa de Westergaard (ver Cap. 3) para a retroanálise do módulo de reação do subleito (que resulta em libras por polegada quadrada por polegada), conhecidos os valores de ℓ (calculados de acordo com a Eq. 5.1), do raio da carga circular aplicada (em polegadas), a carga aplicada (libras-força) e a máxima deflexão (em polegadas):

$$k = \frac{P}{8 \cdot d_0 \cdot \ell^2} \left\{ 1 + \left(\frac{1}{2\pi} \right) \cdot \left[\ln\left(\frac{a}{2 \cdot \ell} \right) - 0{,}67278436 \right] \cdot \left(\frac{a}{\ell} \right)^2 \right\} \quad (5.3)$$

Conhecidos os valores de ℓ e de k, retroanalisados conforme as Eqs. 5.1 a 5.3, é possível estimar o valor do módulo de elasticidade do concreto, o que é feito extraindo-se o valor de E da equação original para o raio de rigidez relativa, conforme:

$$E = \frac{12(1-\mu^2)k \cdot \ell^4}{h^3} \quad (5.4)$$

Os modelos aqui descritos, apresentados a título de recordação de uma técnica de modelagem ainda em uso, têm seu campo de aplicação limitado às placas "infinitas", com carga aplicada em seu centro. Desenvolveram-se outros modelos para placas finitas, que podem ser encontrados em Crovetti (2002).

A partir de dados obtidos na pista experimental da USP (Colim, 2009), investigou-se a aplicabilidade da equação desenvolvida por Hall (1991) para o caso dos pavimentos de concreto simples. Esse experimento, composto por cinco seções em PCS, apresentava para as seções A, B, C, D e E espessuras totais (placa e base) em concreto de 150, 250, 350, 250 e 250 mm, respectivamente. Na Fig. 5.11 apresentam-se os pares de ponto AREA versus raio de rigidez relativa calculados a

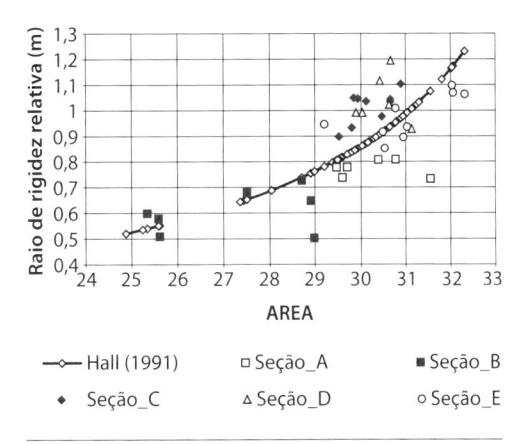

Fig. 5.11 Relação entre AREA e o raio de rigidez relativa

partir dos parâmetros reais na pista experimental, com base nas deflexões medidas com FWD com carga de 40 kN. Dos resultados obtidos, a única afirmação possível, além do fato de o modelo de Hall (1991) estar centrado em relação aos pontos experimentais, é que as estruturas de pavimento mais espessas apresentaram tendência de valores de raio de rigidez relativa superiores àqueles previstos no modelo anterior, em especial as seções C (250 mm de placa sobre 100 mm de CCR) e D (250 mm de placa de concreto).

Deve-se ressaltar, no entanto, que os valores experimentalmente obtidos compõem medidas de deflexões FWD para cargas de 47, 74 e 94 kN, enquanto o modelo de Hall (1991) foi elaborado exclusivamente para cargas de 40 kN. Isso permitiu a estimativa de uma função mais genérica, independente da carga aplicada pelo FWD, dada pela Eq. 5.5 e descrita na Fig. 5.12.

◊ Valores obtidos experimentalmente
— Eq. 5.5
— Modelo de Hall (1991)

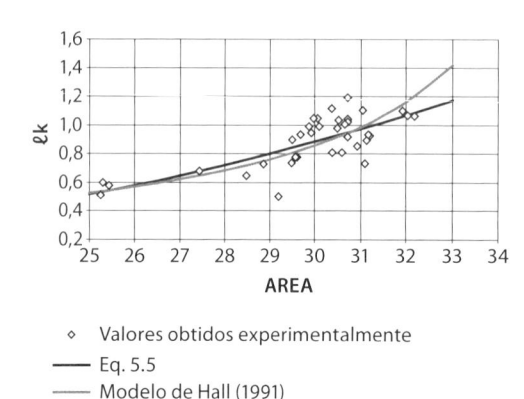

Fig. 5.12 *Modelo de Hall* versus *Eq. 5.5*

$$log_{10}\, \ell = -4,402 + 2,944 \cdot log_{10}\, AREA \qquad (5.5)$$

com 37 observações e $r^2 = 0,6$. Os resultados obtidos apontam o modelo de Hall (1991) como um bom estimador do raio de rigidez relativa a partir das deflexões FWD. Como apresentado, se ℓ for conhecido com base em dados experimentais, dada uma espessura da placa de concreto, chega-se ao valor do módulo de elasticidade por retroanálise. Deve-se ter em vista que esses procedimentos foram empregados para uma carga aplicada no centro da placa de concreto.

5.1.5 Avaliações de deformações em pista: calibração de modelos numéricos para tensões

Balbo et al. (2000) relatam o processo de projeto estrutural do experimento realizado a partir de 1999 na USP, descrevendo as seções experimentais em PCS construídas para o levantamento de medidas pormenorizadas e abrangentes de temperaturas (a cada dez minutos) em várias profundidades de placas de concreto simples, sobre diversos tipos de bases. Além disso, o experimento possibilitaria a realização de ensaios dinâmicos com veículos em movimento, sendo medidas as deformações que ocorriam no concreto, para finalidades de calibração de modelos numéricos de cálculo de tensões. Os *strain gages*, imersos no concreto, foram posicionados próximo ao topo e ao fundo das placas, em ambas as direções, transversal e longitudinal. Os termorresistores foram colocados em diversos pontos das placas (centro e bordas), em cinco profundidades, do topo para o fundo das placas (ver Cap. 2 para algumas das principais conclusões sobre temperaturas nos pavimentos).

Outro experimento com instrumentação de placa de concreto de pavimento, relatado em detalhes por Balbo et al. (2003), foi realizado paralelamente em um dos acessos à rodovia SP-79, no Estado de São Paulo. De ambos os experimentos extraíram-se resultados importantes em termos da calibração de modelos numéricos com as deformações efetivamente medidas em pista.

Balbo et al. (2004) apresentaram diversos resultados de deformações específicas, que permitiram o cálculo de tensões reais em placas de concreto na pista experimental com PCS da USP. Desses resultados, a Tab. 5.1 reproduz um extrato de valores médios de deformações obtidas por meio de prova dinâmica com eixo traseiro simples de rodas duplas de caminhão com carga de 83,6 kN e pressão nos pneus de 638 kPa. As deformações teóricas para as condições da prova de carga foram obtidas por meio do programa de elementos finitos ILSL2, com o uso da malha de elementos finitos apresentada na Fig. 5.13, que mostra um exemplo de posicionamento da carga (medida em pista durante os testes) e a posição dos strain gages na respectiva placa de concreto. A Tab. 5.2 apresenta as tensões de compressão na flexão aferidas em pista (por medidas de deformação nas rosetas dos *strain gages*) e calculadas com base nos parâmetros conhecidos para o concreto empregado, para eixo traseiro de caminhão com 118,7 kN de carga e pressão de roda de 633 kPa. Nesse caso, verificou-se aderência entre placa e base em CCR, o que levava ao abaixamento da posição da linha neutra na placa. As tensões foram calculadas numericamente pelo programa ILSL2 e estão indicadas na Tab. 5.3.

Tab. 5.1 Deformações de tração na flexão medidas e calculadas para a pista USP

SG	Deformação média aferida (με)	Deformações Numéricas (με)	$\varepsilon_{pista}/\varepsilon_{calculada}$
E1x	13,02	27,477	0,47
E1bx	6,26	9,962	0,63
E1y	-3,32	-9,743	0,34
E1by	4,65	9,076	0,51
E2x	8,41	17,293	0,48
E3tx	18,30	15,969	1,15
E3x	4,18	8,155	0,51

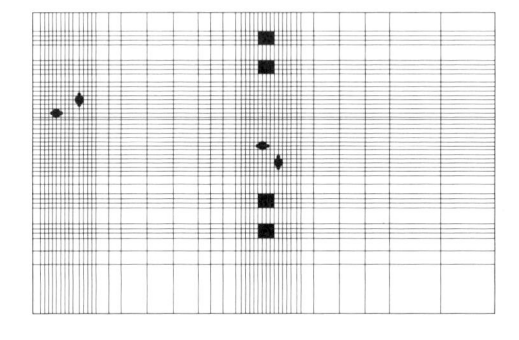

Fig. 5.13 *Exemplo de malha de elementos finitos empregada para a simulação numérica de uma prova de carga. Os círculos representam posições dos* strain gages *(Rodolfo, 2001)*

A análise dos resultados em pista na SP-79 e das simulações numéricas permitiu entender que nas medidas de tensões de compressão na flexão (superfície junto à borda longitudinal), os valores de campo resultaram na média equivalente a 0,9 MPa (*strain gage* 1A) e a 0,94 MPa (*strain gage* 1B), com coeficientes de variação de 24,4% e de 22%, respectivamente (os pares de *strain gages* colocados em posições idênticas forneceram valores em geral muito próximos), que são parâmetros estatísticos absolutamente razoáveis para as condições dos testes. Esses valores, comparados ao valor de tensão numericamente calculada no topo da placa (Tab 5.3), conduzem a relações $\sigma_{pista}/\sigma_{numérica}$ equivalentes a 0,74 e a 0,79, ou seja, da ordem de 80%. Nota-se que tanto na pista experimental da USP como na SP-79, a relação média para $\sigma_{pista}/\sigma_{numérica}$ oscilou entre 0,75 e 0,8, aproximadamente.

A avaliação e a análise estrutural no caso da rodovia SP-79 (em que o CCR recebeu filme de emulsão asfáltica que, após um mês do lançamento do concreto das placas, praticamente já não existia) revelaram uma clara aderência entre a placa e a base em CCR no local da placa instrumentada; caso não existisse aderência, as tensões de topo e de fundo seriam, se determinadas numericamente (programa ISLAB2000), de 0,6 MPa – portanto, quatro vezes maiores do que as tensões aferidas e, assim, muito discrepantes em relação aos resultados de todas as demais análises conduzidas nos trabalhos de pesquisa. Por via absolutamente idêntica, Barenberg e Zollinger (1990) chegaram a conclusões semelhantes sobre a questão da aderência entre base de CCR e placa de concreto, embora tenham concluído, em análises feitas alguns anos depois, que a aderência estaria deixando de existir.

Pereira (2003) também apontou para valores de tensões em placas de concreto ultradelgadas inferiores às expectativas geradas por emprego de modelagem numérica. Os resultados obtidos nos dois trabalhos convergem para conclusões semelhantes quanto às tensões de cálculo normalmente utilizadas em projetos.

TAB. 5.2 TENSÕES DE COMPRESSÃO NA FLEXÃO EM PISTA EM ACESSO DA SP-79 (placas 1A e 1B)

Teste	Tensão de compressão na flexão (MPa)	
	1A	1B
1	-0,92	-1,04
2	-0,52	-0,52
3	-0,78	-1,04
4	-1,05	-1,30
5	-1,05	-1,04
6	-0,78	-0,78
7	-1,31	-1,04
8	-1,04	-1,05
9	-0,78	-0,92
10	-0,78	-1,05

TAB. 5.3 TENSÕES SIMULADAS NUMERICAMENTE PARA AS CONDIÇÕES DA PISTA NA SP-79

Posição do eixo	Tensão de topo (MPa)	Tensão de fundo (MPa)
Borda Longitudinal	-1,22	0,62
Eixo a 1 m da borda	-0,50	0,24

No caso das seções experimentais em PCS na USP, a Tab. 5.1 demonstra que em praticamente todas as simulações numéricas, as tensões recebidas foram superiores àquelas aferidas a partir das deformações em pista, com relações $\varepsilon_{pista}/\varepsilon_{numérica}$ variando entre 0,34 e 1,15. Dessa forma, com base em todos os resultados encontrados, é possível afirmar que, em geral, no pavimento de concreto, as deformações numericamente calculadas por elementos finitos resultam superiores às tensões em pista. Esse tipo de situação foi mencionado no Cap. 4, tendo sido já observada na década de 1930 por outros autores, bem como, mais recentemente, na Pista Experimental do Departamento de Transportes de Minnesota (Burnham, 2005), caso em que as discrepâncias são ainda maiores do que aquelas apresentadas nos testes brasileiros.

Nas condições de campo, por outro lado, é razoável considerar que tanto a resistência do concreto quanto seu módulo de elasticidade variam mais do que intervalos medidos em laboratório, e um bom parâmetro para aceitação de um concreto em pista é, a partir de amostras coletadas e ensaiadas, limitar o coeficiente de variação da resistência em torno de 15%, devido ao processo construtivo. Admitido esse limite de variação, o desvio padrão para o módulo de elasticidade do concreto seria de 3,86 MPa, e o máximo valor estatístico homogêneo para o parâmetro seria de 29,6 GPa. Admitindo-se que nos pontos de medidas de deformação em pista ocorresse o referido incremento no parâmetro considerado, os valores para a relação $\sigma_{pista}/\sigma_{numérica}$ atingiriam a nova faixa entre 0,46 e 1,05. Todavia, é necessário recordar que, em simulações numéricas, o valor médio estatístico do módulo de elasticidade deve ser mantido para a análise de respostas estruturais (ainda hoje, não se projeta admitindo-se anisotropia no concreto).

Apesar disso, outros fatores contribuem para as discrepâncias verificadas, como a heterogeneidade no valor do coeficiente de Poisson e, ainda que de maneira muito mais reduzida, a própria imprecisão dos instrumentos de leitura de deformações e sua calibração. O correto conhecimento do posicionamento de tais instrumentos é também fundamental (o que foi objeto de grande controle durante todos os experimentos apresentados). Independentemente de tais fatos, os dados levantados nas avaliações de deformações permitiram estabelecer a seguinte correlação (com $r^2 = 0,69$):

$$\varepsilon_{pista} = 0,5 \cdot \varepsilon_{numérica} + 1,75 \ (\mu\varepsilon) \qquad (5.6)$$

Com base na Eq. 5.6, para valores de deformação no concreto da ordem de 20 µε, as deformações em pista resultariam em cerca de 60% das deformações específicas calculadas numericamente. Ao se tomar a média e o desvio padrão dos valores $\varepsilon_{pista}/\varepsilon_{numérica}$ apresentados na Tab. 5.1, tem-se ainda um coeficiente de variação alto (44%), o que recomenda prudência no emprego direto da média como fator de conversão de cálculo para pista. Nessas condições, para garantir a representatividade dos valores estatísticos, assumir-se-ia como representativo o valor da média acrescido do desvio padrão, o que resultaria em fator de conversão de 0,85, valor coerente com as demais medidas comparativas obtidas tanto na pista experimental da SP-79 (de 0,80) como em outros experimentos estrangeiros (0,75 em Burnham, 2005).

No caso de um concreto convencional para PCS com $f_{ct,f}$ = 5 MPa, se a faixa de variação de tensões de projeto encontrar-se entre 2,5 e 3,5 MPa, as tensões reais estarão na faixa entre 2,13 e 2,98 MPa, o que tornaria o projeto mais conservador no caso de emprego das tensões numericamente definidas. Isso de fato ocorre ao se utilizar pura e simplesmente os modelos de cálculo da PCA (1984), no que diz respeito a tensões motivadas por ações de eixos rodoviários, bem como quando se emprega o modelo proposto por Balbo e Rodolfo (2003), similar ao modelo de cálculo de tensões da PCA, quanto às solicitações do tráfego. Já no caso do critério de projeto da PMSP (2004), esse redutor de tensões já é automaticamente implícito em relação aos modelos sugeridos (Rodolfo; Balbo, 2002).

Sob tais aspectos, é difícil justificar o emprego de fatores de segurança de cargas para sobrecarregar os eixos de projeto (p.ex. majorando-se as cargas em 20%) quando se usam como critério de projeto métodos baseados em análises por elementos finitos (como é o caso dos sugeridos por Rodolfo e Balbo, 2002; Balbo e Rodolfo, 2003 e PCA, 1984, entre outros menos utilizados). Com base nos resultados apresentados, é possível recomendar, então, que a relação $\varepsilon_{pista}/\varepsilon_{numérica}$ encontrada – em si já majorada em mais de 40% para incluir as variabilidades em parâmetros de projeto como um todo, em especial as referentes ao módulo de elasticidade e ao coeficiente de Poisson do concreto, além de cargas e pressões em pneumáticos, em menor escala – seja empregada mesmo quando se impôs um "fator de segurança de carga", algo necessário e justificável.

5.1.6 Análise de LTE em juntas

Colim e Balbo (2007) avaliaram diferentes situações de transferência de carga em juntas, com e sem barras de transferência, na pista experimental da USP, durante o inverno de 2006 e o verão de 2007. Os estudos permitiram entender que, quando as barras de transferência de carga (BT) estão presentes nas juntas transversais, em qualquer uma das seções experimentais dos testes verificou-se valor de LTE entre 90 e 100%. Já no caso de juntas sem BT, os autores detectaram uma forte dependência do horário do dia e da época do ano (regime térmico) na eficiência da transferência de carga que, nesse caso, se faz puramente por entrosamento de agregados e depende da expansão do concreto para o melhor travamento das faces na junta induzida.

Considerada a aplicação de carga a uma distância conhecida próxima da junta transversal, sendo δ_1 a medida da deflexão sofrida nesse ponto (de aplicação de carga) e δ_2 a deflexão em um ponto simétrico, do lado oposto da junta (na placa subsequente), a LTE será dada pela equação:

$$LTE(\%) = \frac{\delta_2}{\delta_1} \times 100 \qquad (5.7)$$

A Tab. 5.4 mostra alguns resultados da pesquisa. Os valores de LTE determinados em pista com emprego do FWD resultaram bastante variáveis, conforme o período em que se fizeram as medidas, ou seja, a hora do dia e, portanto, a temperatura, ou melhor, o diferencial térmico verificado nas placas de concreto, com variação apreciável, como se observa para a seção E3. O valor de LTE foi bastante baixo pela manhã, enquanto na hora mais quente sofreu incremento de 35% – isto porque as medidas pela manhã foram realizadas após 10h.

Ficou evidente que, com o aumento da temperatura do concreto, causado pela temperatura atmosférica e pela exposição à radiação solar, as placas se expandem, o que melhora a interface entre placas nas juntas, o seu entrosamento e a eficiência da transferência de cargas. Esse estudo, apoiado sobre medidas de deflexões FWD sobre as placas de concreto, trouxe uma melhor compreensão sobre a transferência de carga nas juntas de pavimentos de concreto e os fatores que afetam esse mecanismo, como entender que em juntas sem barras de transferência de carga o LTE é consideravelmente inferior, o que gera maiores níveis de tensões de tração na flexão nas bordas de placas de concreto, certamente afetando o seu desempenho.

TAB. 5.4 VALORES DE LTE MEDIDOS E RETROANALISADOS

Seção	k$_{centro}$ retroanalisado (MPa/m)	E retroanalisado (MPa)	Esp. (m)	ℓ (m)	LTE (%) manhã	LTE (%) tarde
A1	40	73.800	0,15	0,853	99	97
A3	38	57.050	0,15	0,811	96	96
B1	75	45.850	0,15	0,648	96	89
B3	82	35.000	0,15	0,592	99	91
C1	63	53.900	0,25	1,033	98	94
C3	91	37.000	0,25	0,858	91	91
D1	76	39.850	0,25	0,914	94	95
D3	87	45.250	0,25	0,912	91	90
E1	75	33.850	0,25	0,880	97	97
E3	62	58.850	0,25	1,060	55	74

Os resultados levaram Colim e Balbo (2007, p. 14) a algumas considerações de natureza prática:

> Quando não há BT nas juntas transversais, as condições de temperatura mais baixas tenderiam a piorar o desempenho dessas estruturas de pavimento, como ocorre em regiões com climas mais amenos ou frios (temperados) e mesmo onde não há possibilidades de sensível aumento de temperaturas durante parte quente do dia no pavimento, como são os casos de túneis e de áreas industriais cobertas.

Os autores afirmam que, ao se projetar pavimentos de concreto sem BT, é imprescindível considerar as diferentes condições de LTE durante um mesmo dia e entre estações climáticas, que os experimentos indicaram variar entre 40% (diferencial térmico nulo) e 80% (diferencial térmico na hora mais quente, no verão). Do ponto de vista de necessidades de intervenções de manutenção em pavimentos de concreto, o *Federal Highway Administration* (FHWA, 1990) sugere que, quando os valores de LTE em pavimentos de concreto forem inferiores a 70%, sejam restauradas essas estruturas. Observe-se que na seção E3 do experimento em que não havia BT, o valor de LTE superava 70% apenas em horários mais quentes; ou seja, um pavimento ainda não submetido ao tráfego pesado, quando não possui BT, apresenta desempenho aquém do desejável em grande parte dos períodos de dias e anos.

5.1.7 Análise de tensões em armaduras

Marin e Balbo (2004) apresentaram resultados sistemáticos de avaliação de tensões em armaduras de placas de concreto armado, no pavimento experimental em trecho com duas faixas de rolamento e 500 m de extensão, em Jaboatão dos Guararapes, na BR-232, em Pernambuco. Tratou-se de um estudo com bastante caráter experimental, tendo em vista não apenas análises estruturais, como também a exequibilidade do pavimento de concreto armado com pavimentadoras com fôrmas deslizantes. No local, uma placa com comprimento de 20,38 m e largura de 7,2 m foi instrumentada com *strain gages* para o levantamento das medidas de deformações sofridas nas armaduras de borda, superiores e inferiores, das telas soldadas, sob prova de carga de caminhão carregado.

O pavimento de concreto armado havia sido projetado com espessura de CCP armado de 160 mm sobre base de 100 mm em CCR, conforme representado na Fig. 5.14. O aço empregado foi o CA-60 sob a forma de telas soldadas, conforme indicadas. Projetou-se o pavimento para um momento fletor de borda de 11,6 kN.m/m, ou seja, tensão de tração na flexão na seção crítica de 2,72 MN/m^2 (2,72 MPa).

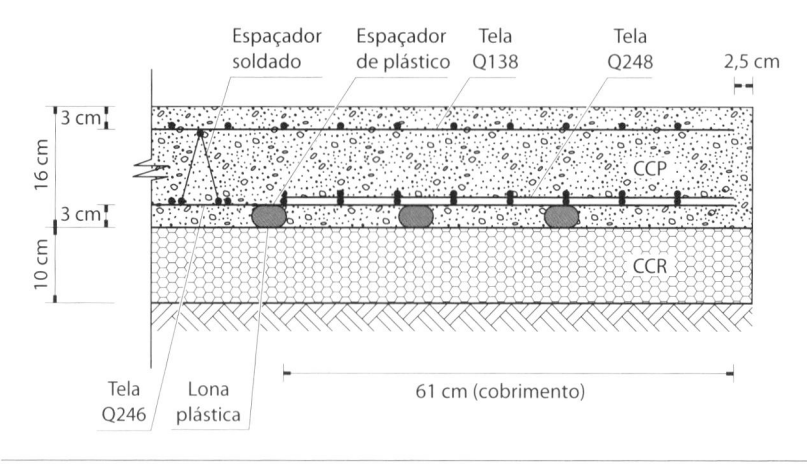

Fig. 5.14 *Seção transversal do PCA para o experimento na BR-232/PE*

As armaduras do pavimento foram instrumentadas em locais estratégicos com emprego de *strain gages* de contato, que permitiriam determinar, sob carga dinâmica, as deformações sofridas em armaduras de topo e de fundo, em função do tempo decorrido durante a passagem do caminhão de prova. O projeto de instrumentação exigiu a simulação preliminar de diversas situações de carregamento durante as futuras provas de carga, por meio do programa ILSL2.

Estabeleceram-se assim as zonas mais críticas na placa a ser instrumentada, sob efeito de eixos de caminhões, o que auxiliou na definição do posicionamento dos sensores de deformação nas armaduras. As análises estruturais preliminares indicaram que os piores efeitos do carregamento dos eixos analisados ocorreriam ao se posicionar cargas sobre a borda longitudinal, e para o eixo simples de rodas duplas (ESRD), a posição mais crítica é aproximadamente a um quarto do comprimento da placa. As posições consideradas foram sempre na borda longitudinal externa, próximo à borda transversal (Posição 1) e também a 25% e a 50% do comprimento da placa (Posições 2 e 3). A Fig. 5.15 mostra alguns detalhes da instrumentação empregada no local.

Fig. 5.15 *Alguns detalhes de instrumentação de telas de aço com* strain gages *de contato*

Após cerca de 40 dias da conclusão da placa de concreto armado, as provas de carga foram realizadas em quantidade de dez passagens de um caminhão com eixo traseiro do tipo tandem duplo, com 173,30 kN e eixo dianteiro de rodado simples com carga de 32,4 kN. Procurou-se, por aproximações sucessivas durante os testes, que as rodas duplas traseiras tangenciassem ao máximo a borda longitudinal da placa de concreto armado instrumentada, simulando-se assim as situações críticas avaliadas anteriormente. A cada passagem das cargas, um sistema de aquisição de dados registrava as deformações sofridas pelos extensômetros eletrônicos instalados nas barras de aço nervuradas. Os resultados para medidas de deformações específicas no aço em pista são apresentados na Tab. 5.5, em que C1...C3, A1...A3 e D1...D3 indicam a numeração dos instrumentos de leitura de deformações específicas colocados em barras paralelas, nas direções consideradas, sendo y a direção da passagem da carga.

TAB. 5.5 RESULTADOS DE DEFORMAÇÕES ($\mu\varepsilon$) EM INSTRUMENTOS INSTALADOS NAS TELAS DE AÇO DO PAVIMENTO DE CONCRETO ARMADO

Prova de carga	Distância da borda (m)	Centro da Placa			
		Fundo em x	Fundo em y		
		C2	C1	C2	C3
1	0,65	sem registro	sem registro	40	7
2	0,28	sem registro	sem registro	400	340
3	0,24	sem registro	sem registro	480	380
4	0,50	sem registro	sem registro	900	380
5	0,18	sem registro	sem registro	430	380
6	0,16	sem registro	sem registro	480	400
7	0,19	sem registro	sem registro	480	410
8	0,18	sem registro	sem registro	870	780
9	0,13	sem registro	sem registro	420	400
10	0,17	sem registro	sem registro	45	18
Prova de carga	Distância da borda (m)	Anterior ao centro			
		Fundo em x	Fundo em y		
		A2	A1	A2	A3
1	0,65	falha	75	-55	-20
2	0,28	35	420	-150	-100
3	0,24	100	550	-120	-125
4	0,50	60	560	-95	-85
5	0,18	75	220	-150	-115
6	0,16	110	600	-140	-135
7	0,19	200	500	-140	-120
8	0,18	70	1000	-270	-250
9	0,13	falha	420	-115	-110
10	0,17	60	100	-35	-13

TAB. 5.5 RESULTADOS DE DEFORMAÇÕES ($\mu\varepsilon$) EM INSTRUMENTOS INSTALADOS NAS TELAS DE AÇO DO PAVIMENTO DE CONCRETO ARMADO (continuação)

Prova de carga	Distância da borda (m)	Posterior ao centro			
		Fundo em x	Fundo em y		
		D2	D1	D2	D3
1	0,65	sem registro	-20	-20	n.r.
2	0,28	sem registro	-120	-80	n.r.
3	0,24	sem registro	-115	-60	n.r.
4	0,50	sem registro	-90	-250	n.r.
5	0,18	sem registro	-110	-120	n.r.
6	0,16	sem registro	-110	-90	n.r.
7	0,19	sem registro	-140	-120	n.r.
8	0,18	sem registro	-230	-200	n.r.
9	0,13	sem registro	-130	-90	n.r.
10	0,17	sem registro	-7	-60	n.r.

Os valores negativos verificados na Tab 5.5 para deformações de fundo em y são consequência apenas de trocas de polaridades de bornes da fiação de instrumentos. Alguns conjuntos de *strain gages* não responderam adequadamente, o que poderia ter sido motivado por defeito na instalação ou durante a vibração do concreto. No entanto, obtiveram-se leituras para a maioria deles, em especial na direção y (longitudinal). Uma comparação entre as leituras de deformação nas armaduras transversais e longitudinais em A1 – para a mesma posição, portanto –, torna evidente que as deformações sofridas pelo aço na posição transversal são de duas a cinco vezes inferiores, dependendo do caso, às deformações nas armaduras longitudinais. Também se observa uma boa coerência entre os resultados de deformações medidas nas armaduras longitudinais de fundo para as posições de carga anteriores às centrais, por comparação entre as leituras de C2 e C3 com A2. Isso denota uma provável pequena diferença entre os esforços nas armaduras de borda ao longo de boa parte interna da placa de concreto armado.

Na Tab. 5.6 apresentam-se os resultados estatísticos de deformações críticas aferidas durante as provas de carga, eliminada a prova de carga de número 1 (muito afastada da borda) e os casos de falhas em leituras.

Observam-se valores máximos de cerca de 500 µε, em média, para deformações de fundo; haveria assim uma tensão máxima de 105 MPa em uma armadura, na direção do tráfego, e de 20 MPa na armadura transversal. Portanto, a tensão na transversal é bastante inferior à verificada na armadura longitudinal.

TAB. 5.6 RESULTADOS ESTATÍSTICOS PARA AS DEFORMAÇÕES ($\mu\varepsilon$) ENCONTRADAS EM BARRAS DE AÇO

Posição do instrumento	Centro		Anterior ao centro				Posterior ao centro	
	Fundo em y		Fundo em x	Fundo em y			Fundo em y	
Estatísticas	C2	C3	A2	A1	A2	A3	D1	D2
Média	501	388	89	486	-104	-87	-103	-104
Desvio padrão	257	192	51	254	111	103	96	101
Média + desvio padrão	757	579	140	739	214	190	199	205

A Tab. 5.7 registra os valores de tensões reais ocorridas nas barras de aço instrumentadas durante os testes em pista, para as posições centrais e anteriores ao centro. Observam-se valores típicos entre 100 e 200 MPa, com pico máximo de tensão de 210 MPa, definidos pela lei de Hooke a partir das deformações medidas em campo e do módulo de elasticidade do aço (210.000 MPa). É interessante notar que a tensão admissível no aço CA-60 é de 521 MPa e que a carga do eixo estava exatamente nos limites de uma carga máxima legal para o tandem duplo (170 kN).

Ao se admitir linearidade entre carga e tensão no aço, poder-se-ia extrapolar o resultado obtido para os demais tipos de eixos, tendo em vista as equivalências entre cargas teóricas para pavimentos de concreto. Para a pequena espessura de placa no local, o efeito de eixo tandem duplo de 170 kN seria aproximadamente equivalente ao eixo simples de rodas duplas de 80 kN. Eixos tandem triplos teriam efeito menos rigoroso do que aqueles que foram obtidos. Dessa forma, caso os eixos tandem duplos ou simples de rodas duplas trafegassem com excesso de carga de 50%, o nível típico de cada solicitação no aço estaria em torno de 315 MPa, ainda abaixo da tensão admissível para o aço CA-60 de 522 MPa. Na pior das hipóteses, ainda que exagerada, com 100% de excesso de carga sobre o eixo (o veículo provavelmente não suportaria), a tensão crítica no aço seria de 420 MPa.

TAB. 5.7 DEFORMAÇÕES E TENSÕES CRÍTICAS OBSERVADAS E CALCULADAS NOS TESTES

Deformações ($\mu\varepsilon$)			Tensões correspondentes (MPa)		
Centro		Anterior ao centro	Centro		Anterior ao centro
Fundo em y		Fundo em y	Fundo em y	Fundo em y	Fundo em y
C2	C3	C2	C3	C2	C2
40	7	75	8	1	16
400	340	420	84	71	88
480	380	550	101	80	116
900	380	560	189	80	118
430	380	220	90	80	46
480	400	600	101	84	126
480	410	500	101	86	105
870	780	1000	183	164	210
420	400	420	88	84	88
45	18	100	9	4	21

Os valores obtidos para tensões nas armaduras transversais indicam que a área da seção transversal da armadura poderia ser diminuída (em termos absolutos) ou, mantidos os mesmos diâmetros, as armaduras poderiam estar mais afastadas (espaçamento de 150 a 200 mm, potencialmente), empregando-se, nesse caso, malhas mais leves e econômicas. As tensões longitudinais (na direção do tráfego) nas armaduras de bordas mostraram níveis compatíveis com os limites de ruptura do aço normalmente impostos em projeto.

Marin e Balbo (2004) concluem que estudos futuros de desempenho de trechos atualmente sob monitoração poderão trazer novas luzes para a interpretação dos dados recolhidos em pista durante as provas de carga, pois o pavimento de concreto armado ainda é pouco estudado experimentalmente no Brasil, por meio de instrumentação, e quase não existem pesquisas sistemáticas de pavimentação no exterior. Considera-se fundamental também a realização de estudos laboratoriais sobre o comportamento à fadiga de aços do tipo CA-60, uma vez que não há, até o momento, seja na literatura técnica nacional ou internacional, estudos com relação ao uso desse tipo de aço em telas industrialmente soldadas.

5.2 Avaliação funcional e de patologias

Embora a presença de defeitos (patologias) nos pavimentos apresente estrita relação com sua qualidade funcional (ou operacional), modernamente, para a averiguação desses padrões de rolamento, empregam-se equipamentos que permitem o levantamento milimétrico do perfil superficial dos pavimentos, o que possibilita a determinação de índices de qualidade funcionais, cujo padrão mundial é o Índice Internacional de Irregularidade (*International Roughness Index* – IRI) (Balbo, 1997b; Barella, 2007). Entre os perfilômetros mais eficientes para a determinação do perfil e do IRI em pavimentos de concreto, atualmente são dois os equipamentos assim enquadrados: o *dipstick* e o perfilômetro a *laser*, que se aplicam diferentemente, conforme as extensões de medições a serem realizadas.

5.2.1 Medidas de planicidade em placas recém-construídas

A avaliação da planicidade superficial do pavimento acabado é um elemento de controle de qualidade importante para a garantia de uma superfície plana e adequada para a instalação de máquinas, *pallets*, armários de estocagem etc., em pisos industriais de concreto. Essa exigência de planicidade justifica-se pelas peculiaridades desses pavimentos e por suas condições específicas de uso. Nos pavimentos em que veículos de linha e especiais trafegam a elevadas velocidades diretrizes, há necessidade de controle da irregularidade superficial em longos trechos, para conforto e qualidade de rolamento – o que não é o caso da planicidade –, sendo requeridos equipamentos que possam medir a irregularidade em velocidades elevadas.

O equipamento mais apropriado para as medidas de planicidade em pisos industriais, em curtos espaços e pequenas áreas pavimentadas, é o medidor de perfil denominado *dipstick* (Fig. 5.16), dada a sua precisão em determinar diferenças entre cotas no perfil da superfície, bem como sua rapidez de operação, comparada ao emprego de métodos convencionais como nível e mira (topográficos). Se o *dipstick* for empregado em distâncias mais longas, como mede o perfil, também possibilita o cálculo da irregularidade transversal ou longitudinal, embora não seja adequado para medidas muito longas, uma vez que é operado manualmente com movimentação proporcionada pelo deslocamento do operador a pé. Embora originário dos Estados Unidos, atualmente existem outros fabricantes de medidores de perfil similares ao *dipstick*, inclusive no Brasil.

O *dipstick* é, portanto, um equipamento de nivelamento eletrônico que funciona apoiado sobre dois pés circulares comumente afastados de 30,48 cm entre si (ou outra distância mais conveniente ao serviço), capaz de medir a diferença de cotas entre esses dois pontos de apoio e registrá-las eletronicamente. As medidas de perfil são realizadas simplesmente com o giro e o caminhamento do equipamento sobre seu próprio pé de apoio, medindo sequencialmente a diferença entre as cotas dos apoios. Em geral, a medida é feita por placa, e não inclui juntas, que podem afetar os resultados. Recomenda-se o uso do *dipstick* em até 72 horas após o acabamento da superfície do concreto ainda em cura.

Fig.5.16 *Uso do* dipstick *em medida de planicidade de superfície de placa de concreto*

O registro da sequência de diferenças entre cotas permite a determinação de dois números, conforme procedimentos estatísticos pautados pela norma ASTM E 1155 (*Standard Test Method for Determining Floor Flatness and Floor Levelness Numbers*), denominados F_F e F_L, que se relacionam com a planicidade e a inclinação da placa de concreto, respectivamente. O cálculo da medida de planicidade emprega uma base de 24 polegadas, e a medida de inclinação emprega uma base de 10 pés (Fig. 5.17). Tais números F (do inglês *flatness*) são determinados a partir

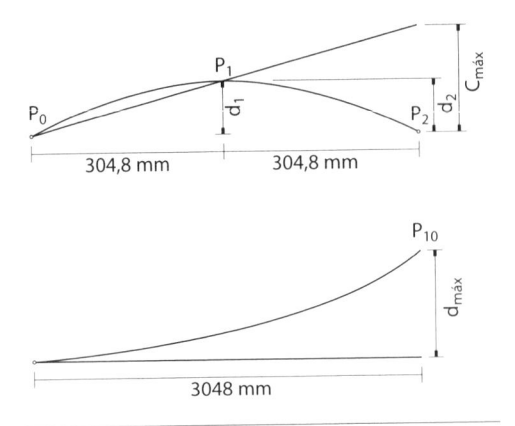

Fig. 5.17 Parâmetros de determinação da planicidade

das leituras de diferenças de cotas entre os pontos feitas pelo *dipstick* ou por outros equipamentos do gênero. Segundo Valera, Nava e Miranda (2003), a obtenção dos números de planicidade F_F e F_L é dada por:

$$C_{máx} = \frac{116,8}{F_F} [mm] \quad (5.8)$$

e

$$d_{máx} = \frac{317,5}{F_L} [mm] \quad (5.9)$$

Tab. 5.8 Valores de números de planicidade e de nivelamento requeridos

Planicidade e nivelamento requeridos	F_F	F_L
Não críticos	18	10
Médios	25	18
Acima da média	35	25
Muito plano	50	35
Superplano	100	70

Os valores $C_{máx}$ e $d_{máx}$ correspondem às taxas máximas permitidas para determinados tipos de pisos e dependem de F_F e F_L, respectivamente. Valera, Nava e Miranda (2003) indicam os valores recomendados para F_F e F_L, conforme os requisitos de planicidade e nivelamento dos pisos (Tab. 5.8).

5.2.2 Medidas de irregularidade longitudinal

Balbo (1997b) esclarece que o IRI foi um índice de avaliação da irregularidade longitudinal estabelecido pelo Banco Mundial (Sayers; Gillespie; Paterson, 1986), fornecendo uma escala de medidas estável e facilmente transportável para outras diferentes escalas adotadas em diversos países, como foi o caso do Quociente de Irregularidade (QI) no Brasil. A Tab. 5.9 mostra uma adaptação da escala original de medida do IRI e suas referências físicas para classificação da qualidade de rolamento proporcionada por um dado pavimento em uma extensão homogênea. O IRI é um parâmetro determinado a partir de um perfil longitudinal de pavimento pela somatória de variações verticais sofridas pela suspensão de um veículo com características pré-definidas, em valor absoluto, em relação à extensão longitudinal avaliada. O experimento internacional realizado permitiu a definição de correlações entre a medida do IRI e outras formas de medida de irregularidade praticadas em diversos países.

Entre os equipamentos para medida de perfil, o mais moderno é o perfilômetro a *laser*, destinado ao registro direto do perfil superficial de pavimentos, constituído de emissores de *laser* e receptores que estão fixos ao chassis de um veículo em movimento, permitindo a medida do afastamento vertical entre os pontos emissores e a superfície de pavimento percorrida (Fig. 5.18). A movimentação vertical do chassis relacionada à suspensão do veículo é compensada pela instalação de acelerômetros verticais (esses sensores são instalados dentro dos módulos *laser* e registram a aceleração vertical do veículo na mesma frequência com que se realizam as medições de distância) que fazem o desconto simultâneo dos movimentos verticais não relacionados à variação pura e simples do perfil da superfície do pavimento.

Barella (2007) apresenta em detalhes o sistema de operação dos equipamentos de emissão e recepção de *laser*, bem como de compensações realizadas pelo acelerômetro. Os levantamentos em pista são realizados com o veículo movendo-se em velocidades superiores a 30 km/h (Cibermétrica, 2007). Os dispositivos de medida de distâncias com emissores e receptores de *laser* perfazem uma triangulação, com uma emissão de feixe *laser* direcionada ortogonalmente à superfície do pavimento, tendo sua posição vertical registrada por um sensor que recebe a onda de luz refletida do pavimento. A precisão das leituras é de décimos de milímetros.

Entre as vantagens do perfilômetro a *laser* em relação a outros equipamentos para a medida do perfil do pavimento, de modo direto ou indireto, destacam-se: (a) o sistema é um real medidor de perfil longitudinal (e transversal), o que equipara os seus resultados àqueles obtidos com o uso de nível e de mira para os comprimentos de onda que causam a irregularidade, embora estes dependam de morosos levantamentos, além de estarem sujeitos a erros grosseiros; (b) pela mesma razão, os valores de IRI ou QI são calculados diretamente a partir do perfil, como no método de nivelamento; (c) permite o registro de irregularidade individuais para cada posição dos rodeiros dos veículos, o que não se consegue com equipamentos de medida de irregularidade tipo resposta; (d) quando se

Tab. 5.9 Escala do IRI para várias condições de pavimentos (Balbo, 1997b)

Escala IRI (m/km)	Condição típica	Vias não pavimentadas e irregulares	Pavimentos deteriorados	Vias não pavimentadas conservadas	Pavimentos antigos	Pavimentos novos	Pistas de aeroportos e autoestradas	Velocidade de uso normal (km/h)
16	depressões fortes e panelas							
14								
12	depressões pequenas e médias frequentes							50
10								60
8	depressões menores e frequentes							
6								80
4	imperfeições na superfície							
2								100
0	perfeição absoluta							

usa mais de dois módulos *laser*, é possível a determinação de características do perfil transversal do pavimento.

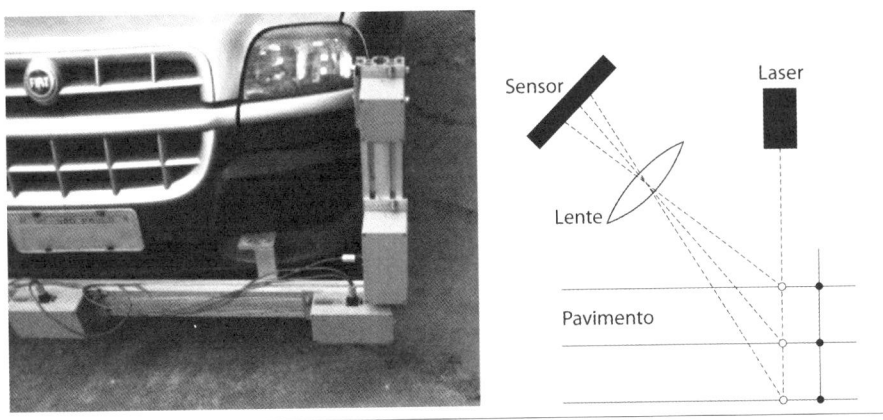

Fig. 5.18 *Perfilômetro a laser da Cibermétrica (gentileza do eng.° Rodrigo M. Barella)*

No Brasil, a norma que trata da determinação e do cálculo do QI é a especificação DNER ES-173/86 do extinto Departamento Nacional de Estradas de Rodagem (DNER), assunto abordado extensivamente por Barella (2007). Nos EUA, as normas ASTM E 1926-98 e ASTM E 1364-95 apresentam os algoritmos de cálculo do IRI, mas os procedimentos são mais bem explicitados em Sayers, Gillespie e Paterson (1986) e em Barella (2007).

5.2.3 Avaliação de patologias em pavimentos de concreto

O levantamento de defeitos nas placas e nos demais elementos de pavimentos de concreto é o primeiro passo para a determinação das atividades de manutenção, comumente corretiva, e pode-se, num dado momento, conforme os tipos e os montantes de serviços de manutenção, chamá-la simplesmente de restauração. Em alguns trabalhos de engenharia, o entendimento da feição ou morfologia do defeito é importante ainda para o conhecimento das suas causas.

Há que se reconhecer que no Brasil, devido ao pequeno montante de rodovias com pavimentos de concreto, pouco se fez até hoje em termos de normalização, seja para o inventário e cadastramento de defeitos, explicitando uma nomenclatura nacional, seja para estabelecer diretrizes de restauração, o que geralmente fica a critério do especialista que inspeciona a pista de rolamento, por observação visual ou remota.

Embora sem amplo apoio em normas ou critérios universais, apresenta-se no Quadro 5.1 uma listagem dos defeitos mais comuns em pavimentos de concreto, com uma breve descrição de suas possíveis gêneses, sem exaurir a questão.

5.2.4 O índice de condição de pavimentos do USACE

O *U.S. Army Corps of Engineers* (USACE, 1982) desenvolveu um dos índices mais consistentes para a avaliação da integridade funcional e estrutural de pavimentos, incluídos os pavimentos de concreto. Esse índice, denominado *Pavement Condition Index* (PCI), é determinado com base em avaliações de defeitos visíveis na superfície dos pavimentos, tendo sido largamente empregado nos EUA para a avaliação e determinação de padrões de restauração e manutenção de pavimentos, por mais de duas décadas. A Fig. 5.19 apresenta a escala de avaliação do PCI, que varia de 0 a 100, representando os extremos de condição de um pavimento: totalmente degradado ou absolutamente perfeito, respectivamente.

O PCI é calculado com base na dedução de "valores deduzidos" do topo da escala (100), por meio da expressão:

$$PCI = 100 - CDV \qquad (5.10)$$

onde CDV é o valor de dedução corrigido, dado pelo somatório dos valores de dedução (TDV) definidos para cada tipo de defeito na seção de pavimento avaliada. Os valores de dedução, por sua vez, são dados por meio de curvas empiricamente obtidas pelo USACE para 19 principais tipos de defeitos em placas de concreto. Na maioria dos casos, esses valores de dedução dependem do grau de severidade (deterioração) dos defeitos, dividido em três níveis: alto, médio e baixo.

Antes de se prosseguir na rotina de determinação do PCI, convém definir os padrões de degradação estabelecidos pelo USACE. Para tanto, o Quadro 5.2 explicita (simplificadamente em relação à lista original) as condições objetivas dos defeitos para se estabelecer o grau de degradação conveniente. Vale ressaltar que as descrições apresentadas pelo USACE para a severidade dos defeitos nem sempre são tão objetivas quanto possam parecer, dependendo muitas vezes da visualização de padrões fotográficos apresentados no manual de identificação de defeitos do próprio USACE (1982).

Quadro 5.1 Principais defeitos encontrados em pavimentos de concreto em placas

Nomenclatura do defeito	Descrição e gênese	Padrão visual
Fissuras de canto	Geralmente ocorrem na forma de semicírculo e são também denominadas *diamond cracking* (foto superior), em referência à sua forma quando em todos os cantos de quatro placas comuns. Estão associadas ao vencimento da resistência por fadiga do concreto na região ou à espessura insuficiente de placa em relação ao tráfego real	
Fissuras em feixes	Ocorrem tanto em direção transversal quanto longitudinal, próximas a bordas ou a fissuras preexistentes, com formato de fissuras próximas e paralelas. Trata-se de progressão de fissuras de canto ou lineares, e estão associadas à baixa resistência do concreto à compressão. Também podem ser causadas por ciclos de congelamento e descongelamento em climas temperados	
Fissuras longitudinais	São fissuras paralelas à direção do tráfego. Estão normalmente associadas ao consumo de resistência à fadiga do concreto ou à insuficiência de sua espessura. Se posicionadas na proximidade de juntas longitudinais, normalmente resultam da retração de secagem do concreto por atraso de serragem de junta ou por serragem em espessura insuficiente	

Quadro 5.1 Principais defeitos encontrados em pavimentos de concreto em placas
(Continuação)

Nomenclatura do defeito	Descrição e gênese	Padrão visual
Fissuras transversais	Manifestam-se paralelamente às juntas transversais das placas de concreto. Se posicionadas mais ao centro das placas, ocorrem por consumo da resistência à fadiga do concreto em longo prazo. É também possível resultarem da baixa resistência do concreto ou de espessura insuficiente em relação ao tráfego (foto inferior). Se posicionadas na proximidade de juntas transversais, normalmente resultam da retração de secagem do concreto (foto superior) por atraso de serragem de junta ou por serragem em espessura insuficiente	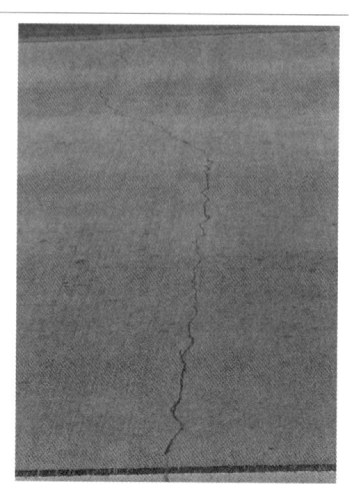 
Perda de selante	Esse defeito está normalmente associado ao clima, ou seja, aos efeitos de umidade, calor e secagem dos elementos de selagem de juntas	
Esborcinamentos	O esborcinamento é um defeito ligado à ação do tráfego nas proximidades das juntas, mais comum quando há problemas de serragem ainda verde, causa de pequenas quebras que tendem a progredir com o tempo. Também por excesso de argamassa no local ou pela ausência de agregados resistentes nessas regiões da placa	

QUADRO 5.1 Principais defeitos encontrados em pavimentos de concreto em placas
(Continuação)

Nomenclatura do defeito	Descrição e gênese	Padrão visual
Fissuras em mapas ou carcaça de tartaruga	Em geral, a causa mais comum para esse defeito é o excesso de desempenamento, que causa excesso de pasta na superfície, a qual rapidamente fissura, inclusive por retração plástica. Uma consequência rápida disso é o efeito do descolamento ou desagregação superficial, que é outro defeito. A típica carcaça de tartaruga é encontrada quando há sinais de reação álcalis-agregados no concreto, o que geralmente leva anos ou mesmo décadas para acontecer	
Polimento de agregados	Trata-se da presença de agregados polidos e lisos na superfície, que ficam expostos, e não mais envolvidos por argamassas. Agregados de excelente qualidade evitam esse tipo de ocorrência em longo prazo	
Buracos	Resultantes da evolução de outros defeitos, como a desagregação de fissuras em feixes ou mesmo a partição do concreto em pequenas peças. O concreto vai sofrendo recalque juntamente com a base e o subleito, ou mesmo vai sendo arrancado por ação dos veículos	

Quadro 5.1 Principais defeitos encontrados em pavimentos de concreto em placas
(Continuação)

Nomenclatura do defeito	Descrição e gênese	Padrão visual
Alçamento ou esmagamento	Também denominado *blow up* na literatura internacional. Causado por pressão e esmagamento de placa contra placa em juntas muito solicitadas por esforços horizontais. Esse tipo de defeito era mais comum em tempos em que se empregavam duas camadas de concreto para a placa, em locais de frenagem de veículos pesados (Fonte: FHWA, 2003)	
Escalonamento de juntas	Defeito em que duas placas sucessivas não estão niveladas nas juntas, o que causa um degrau, bastante inconveniente ao rolamento dos veículos. Normalmente associado à perda de suporte da placa e ao recalque diferencial entre duas placas. Pode também ocorrer em fissuras transversais e longitudinais, ao longo do tempo	
Escalonamento com acostamentos ou entre faixas de rolamento	Muitas vezes trata-se de um defeito construtivo, por falha do nivelamento entre as faixas de rolamento e de acostamento. Contudo, pode ocorrer mesmo entre faixas de rolamento, caso em que a gênese mais comum é a perda de suporte da placa e o recalque diferencial entre duas placas	

QUADRO 5.1 PRINCIPAIS DEFEITOS ENCONTRADOS EM PAVIMENTOS DE CONCRETO EM PLACAS
(Continuação)

Nomenclatura do defeito	Descrição e gênese	Padrão visual
Desgaste superficial	Deterioração da superfície do concreto, da ordem de milímetros, com arrancamento da argamassa (o que poderia ser também denominado descolamento). Na realidade, trata-se de defeito construtivo, por excesso de vibração ou desempenamento da superfície, causando migração de pasta de cimento para cima	
Remendos	Remendos são correções de defeitos que já existiam; contudo, remendos de má qualidade podem apresentar uma série de inconvenientes (como fissuras nos cantos e afundamentos), prejudicando a qualidade de rolamento	
Bombeamento de finos	O fenômeno está relacionado à saturação de camadas inferiores que, por pressão neutra, expulsam a água aprisionada para cima, nas juntas e fissuras. Esse movimento ascensional da água carrega partículas de solos para as bases, contaminando-as, e essas partículas posteriormente são eliminadas também pelas juntas, mostrando uma coloração típica de solo (Fonte: FHWA, 2003)	
Retração plástica	Trata-se de fissuras finas, pequenas e interligadas entre si sobre a superfície da placa de concreto. Ocorrem por falhas de construção e foram detalhadamente discutidas no Cap. 2	

QUADRO 5.1 PRINCIPAIS DEFEITOS ENCONTRADOS EM PAVIMENTOS DE CONCRETO EM PLACAS
(Continuação)

Nomenclatura do defeito	Descrição e gênese	Padrão visual
Abertura de junta	É o aumento indesejável do espaçamento entre duas placas, exatamente na junta. As juntas podem se abrir por ausência de ligação entre as placas, sob a ação de esforços horizontais. Essa abertura apresenta o inconveniente de aumentar o desconforto e o nível de ruídos durante o rolamento. Situações desse tipo facilitam bastante o surgimento de esborcinamentos em juntas pela ação dos veículos (foto inferior)	
Partição de placa	Uma placa é dividida em três ou mais partes, ou uma área específica da placa é subdividida em pedaços. Esse defeito normalmente está associado ao surgimento prévio de fissuras transversais e longitudinais	

O primeiro passo é o levantamento dos defeitos em pista, de forma ordenada, o que pode ser feito com o auxílio da planilha sugerida na Fig. 5.20. Ao lado esquerdo tem-se uma representação da sequência de placas onde são anotados (em pista) os defeitos observados, de acordo com a numeração sugerida na tabela de defeitos à direita (trata-se de uma codificação por simplicidade de anotação); por exemplo, 16 M, ou seja, esborcinamento de canto com severidade média, conforme a descrição fornecida no Quadro 5.2.

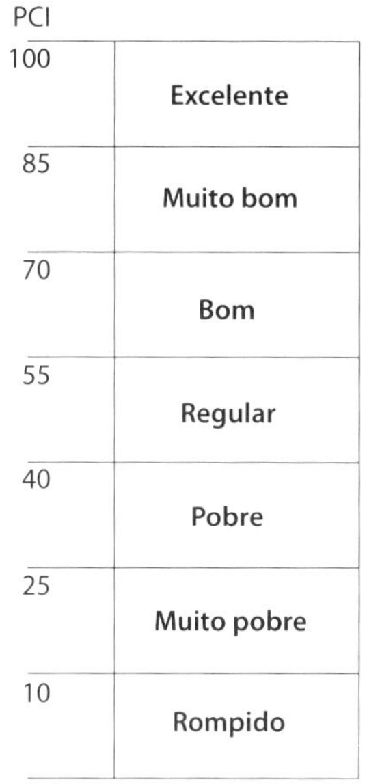

PCI	
100	Excelente
85	Muito bom
70	Bom
55	Regular
40	Pobre
25	Muito pobre
10	Rompido

Fig. 5.19 *Escala de avaliação do PCI*

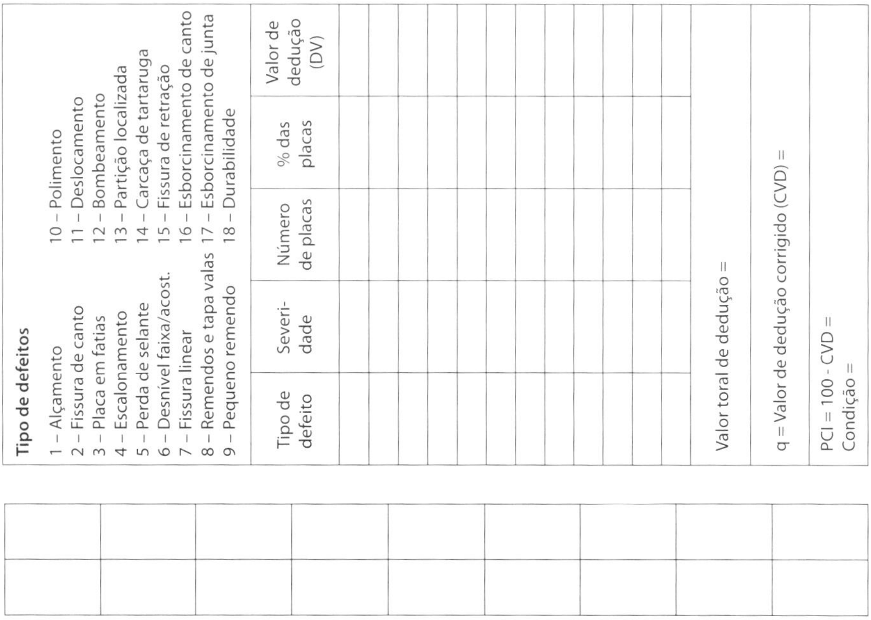

Tipo de defeitos

1 – Alçamento
2 – Fissura de canto
3 – Placa em fatias
4 – Escalonamento
5 – Perda de selante
6 – Desnível faixa/acost.
7 – Fissura linear
8 – Remendos e tapa valas
9 – Pequeno remendo
10 – Polimento
11 – Deslocamento
12 – Bombeamento
13 – Partição localizada
14 – Carcaça de tartaruga
15 – Fissura de retração
16 – Esborcinamento de canto
17 – Esborcinamento de junta
18 – Durabilidade

Tipo de defeito	Severidade	Número de placas	% das placas	Valor de dedução (DV)

Valor total de dedução =
q = Valor de dedução corrigido (CVD) =
PCI = 100 - CVD =
Condição =

Fig. 5.20 *Exemplo de planilha para inventário de defeitos em placas na pista*

QUADRO 5.2 Descrição dos defeitos nos pavimentos por nível de severidade e forma de contagem

Defeito	Nível de severidade	Descrição das condições e dos padrões do defeito	Contagem dos defeitos
Alçamento em juntas	Baixo	A identificação é muito visual. Quando o alçamento causa muito desconforto ao veículo em movimento, é alto; quando não, é baixo	Se afeta uma placa apenas, conta-se como uma placa; se afeta duas placas, contam-se duas placas
	Médio		
	Alto		
Fissura de canto	Baixo	A área entre a fissura e a junta possui no máximo poucas fissuras	Se possui um ou mais de um defeito com a mesma severidade, conta-se uma placa; se os defeitos são de severidades diferentes, conta-se uma placa na maior severidade
	Médio	Intermediário entre ambas	
	Alto	A área entre a fissura e a junta possui muitas fissuras. A placa possui duas ou mais fissuras de canto.	
Placa em fatias similares	Baixo	Abaixo de quatro pedaços. De quatro a cinco pedaços: se as fissuras forem fechadas. De seis a oito pedaços: se as fissuras forem fechadas	Se a placa apresenta média ou alta severidade, conta-se esse defeito e desprezam-se os demais
	Médio	De quatro a cinco pedaços: se as fissuras forem medianas ou abertas. De seis a oito pedaços: se as fissuras forem medianas. Mais de oito pedaços: mesmo com fissuras fechadas	
	Alto	De seis a oito pedaços: se as fissuras forem abertas. Mais de oito pedaços: mesmo com fissuras medianas	

QUADRO 5.2 Descrição dos defeitos nos pavimentos por nível de severidade e forma de contagem (Continuação)

Defeito	Nível de severidade	Descrição das condições e dos padrões do defeito	Contagem dos defeitos
Escalonamento entre placas	Baixo	Se entre 3 e 9,5 mm	Conta-se uma placa apenas. Se ocorre em uma fissura dentro da placa, não é contado
	Médio	Se maior que 9,5 e menor que 19 mm	
	Alto	Se maior que 19 mm	
Perda de selante	Baixo	Quando há apenas pequenas perdas isoladas	Não se conta, mas classifica-se em função de sua condição geral na área total de avaliação
	Médio	Quando se julga necessário resselagem dentro de dois anos no máximo	
	Alto	Necessidade imediata de resselagem	
Degrau entre placa e acostamento	Baixo	De 25 a 50 mm	Conta-se uma placa com o grau de severidade definido
	Médio	De 50 a 100 mm	
	Alto	Superior a 100 mm	
Fissuras lineares (transversais, diagonais ou longitudinais)	Baixo	Não pode ocorrer escalonamento. Qualquer fissura selada ou ainda não selada inferior a 10 mm	Registra-se a severidade em uma placa, e se duas fissuras de média severidade estão sobre a mesma placa, conta-se uma placa com alta severidade. Se a placa estiver dividida em quatro ou mais partes, são contadas como placas separadas
	Médio	Abertura entre 10 e 50 mm. Fissura não preenchida e com qualquer abertura até 50 mm, com escalonamento de até 25 mm. Fissura preenchida de qualquer abertura e escalonamento maior, de até 50 mm	
	Alto	Não preenchida e com abertura superior a 50 mm. Qualquer abertura, resselada ou não, com escalonamento superior a 100 mm	

QUADRO 5.2 DESCRIÇÃO DOS DEFEITOS NOS PAVIMENTOS POR NÍVEL DE SEVERIDADE E FORMA DE CONTAGEM (Continuação)

Defeito	Nível de severidade	Descrição das condições e dos padrões do defeito	Contagem dos defeitos
Remendos e tapa-valas grandes (> 0,01 m²)	Baixo	Remendo em boas condições	Conta-se uma placa com a severidade devida, desde que muitos remendos sejam de iguais severidades. Se diferentes severidades, conta-se uma placa com a maior delas. Se a causa de origem for mais grave, conta-se apenas o defeito original
	Médio	Pouca deterioração e esborcinamento moderado em bordas	
	Alto	Muita deterioração do remendo e recomendação de substituição	
Remendos e tapa-valas pequenos (< 0,01 m²)	Baixo	Remendo em boas condições	
	Médio	Pouca deterioração	
	Alto	Muita deterioração do remendo	
Polimento de agregados	Não definido	Não definido	O polimento é por placa
Descolamento ou desagregação	Não definido	Não definido	Se a média for de até três casos por jarda quadrada, pelo menos três áreas aleatórias de uma jarda quadrada devem ser avaliadas. Se maior, a contagem é por placa
Bombeamento de finos	Não definido	Não definido	Se for em uma junta apenas, conta-se como duas placas. Uma placa é adicionada à contagem por cada junta a mais com o defeito

QUADRO 5.2 DESCRIÇÃO DOS DEFEITOS NOS PAVIMENTOS POR NÍVEL DE SEVERIDADE E FORMA DE CONTAGEM (Continuação)

Defeito	Nível de severidade	Descrição das condições e dos padrões do defeito	Contagem dos defeitos
Partição localizada	Baixo	De dois a três pedaços: se a severidade das fissuras for baixa ou média. De quatro a cinco pedaços: se a severidade das fissuras for baixa	Contar um defeito por placa, porém da maior severidade encontrada
	Médio	De dois a três pedaços: se a severidade das fissuras for alta. De quatro a cinco pedaços: se a severidade das fissuras for média. Mais de cinco pedaços: se a severidade das fissuras for baixa	
	Alto	De quatro a cinco pedaços: se a severidade das fissuras for alta. Mais de cinco pedaços: se a severidade das fissuras for média ou alta	
Fissuras pele de tartaruga	Baixo	Ocorrem sem perda de material na superfície	Não contar
	Médio	Quando a área de perda for inferior a 15% da área da placa	Contar uma placa
	Alto	Quando a área de perda for superior a 15% da área da placa	
Fissura de retração	Não definido	Não definido	Contar uma placa se existir uma ou mais fissuras

QUADRO 5.2 DESCRIÇÃO DOS DEFEITOS NOS PAVIMENTOS POR NÍVEL DE SEVERIDADE E FORMA DE CONTAGEM (Continuação)

Defeito	Nível de severidade	Descrição das condições e dos padrões do defeito	Contagem dos defeitos
Esborcinamento de canto	Baixo	Profundidade até 25 mm e área mesmo superior a 13 cm x 13 cm Profundidade até 50 mm e área até 13 cm x 13 cm	Áreas inferiores a 65 cm² não são consideradas. Se um ou mais ocorrem, com mesma severidade, na mesma placa, conta-se uma placa. Se ocorrem diferentes severidades, a placa é contada com o nível de alta severidade
	Médio	Profundidade até 50 mm e área superior a 13 cm x 13 cm Profundidade superior a 50 mm e área até 13 cm x 13 cm	
	Alto	Profundidade superior a 50 mm e área superior a 13 cm x 13 cm	
Esborcinamento de junta	Baixo	Difícil remoção manual de pedaços, qualquer comprimento, qualquer largura. Faltando alguns pedaços, fácil remoção dos demais, comprimento inferior a 60 cm, qualquer largura	Se é ao longo de uma borda, conta-se uma placa. Se a placa possui duas bordas com o defeito, conta-se uma placa com o defeito mais severo
	Médio	Faltando alguns pedaços, fácil remoção dos demais, comprimento superior a 60 cm, qualquer largura Faltando quase todos os pedaços, largura menor que 10 cm e comprimento maior que 60 cm Faltando quase todos os pedaços, largura maior que 10 cm e comprimento menor que 60 cm	
	Alto	Faltando quase todos os pedaços, largura maior que 10 cm e comprimento maior que 60 cm	

A Fig. 5.21 mostra graficamente esses valores de dedução individuais, em função do tipo de defeito, de sua densidade (% de placas que o apresentam) e de seu grau de severidade. Para os defeitos fissura de retração, bombeamento de finos, descolamento (desagregação) e polimento de agregados não são definidos os graus de severidade; para perda de selante em junta, há um quadro com os valores de dedução fixos para cada grau de severidade. Omitimos aqui dois defeitos originalmente indicados no manual do USACE (1982): durabilidade e cruzamento com ferrovia. O primeiro deles está associado à fissuração por ciclos de congelamento e descongelamento; o segundo é um defeito bastante incomum.

A tabela na Fig. 5.20 é completada, em sua última coluna, com o valor de dedução (DV) obtido. O valor de dedução total necessita ainda de uma correção que resulta no valor de dedução corrigido (CDV), determinado com o apoio da Fig. 5.22. Para uso desse gráfico, é necessário primeiramente indicar o número de valores de dedução individuais (última coluna da tabela de cálculo) superiores a 5, que é representado pela letra "q". Com o valor de dedução total e o valor de q, determina-se o valor de CDV, que não será inferior, obrigatoriamente, a nenhum valor de dedução individual (será, no mínimo, o maior valor de dedução individual). O USACE também estabelece regras para a avaliação de defeitos com base amostral, e não com base no levantamento de defeitos em todas as placas de concreto que constituem a seção de pavimento em avaliação.

5.2.5 Modelos de previsão de escalonamento entre placas e de evolução da irregularidade em PCS

Owusu-Antwi e Darter (1994) apresentaram os primeiros modelos de desempenho para PCS, formulados com base no banco de dados do *Long Term Pavement Performance*, do *National Cooperative Highway Research Program* (NCHRP), com dados de monitoração de mais de cinco mil seções de pavimentos em serviço nos EUA. Apesar de modelos empíricos mais aprimorados terem sido implantados no método da AASHTO (2002) para os pavimentos de concreto, os modelos desses pesquisadores são importantes tanto historicamente quanto para o entendimento dos fatores que afetam o desempenho funcional dos PCS. Os modelos

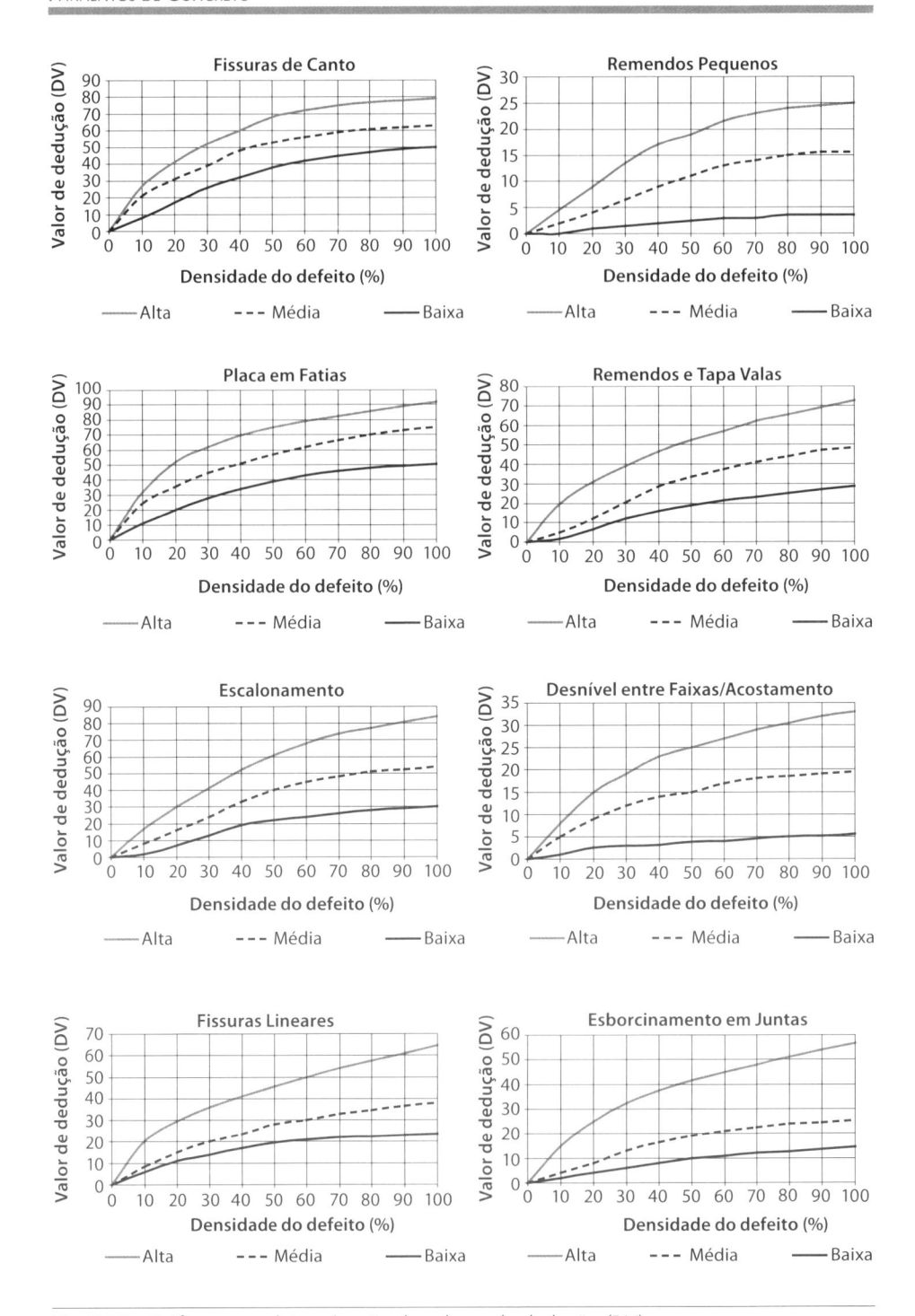

Fig. 5.21 *Gráficos para determinação de valores de dedução (DV)*

5 • Avaliação, diagnóstico e manutenção dos pavimentos de concreto

Perda de selante em junta	
Severidade Alta	DV = 8 pontos
Severidade Média	DV = 4 pontos
Severidade Baixa	DV = 2 pontos

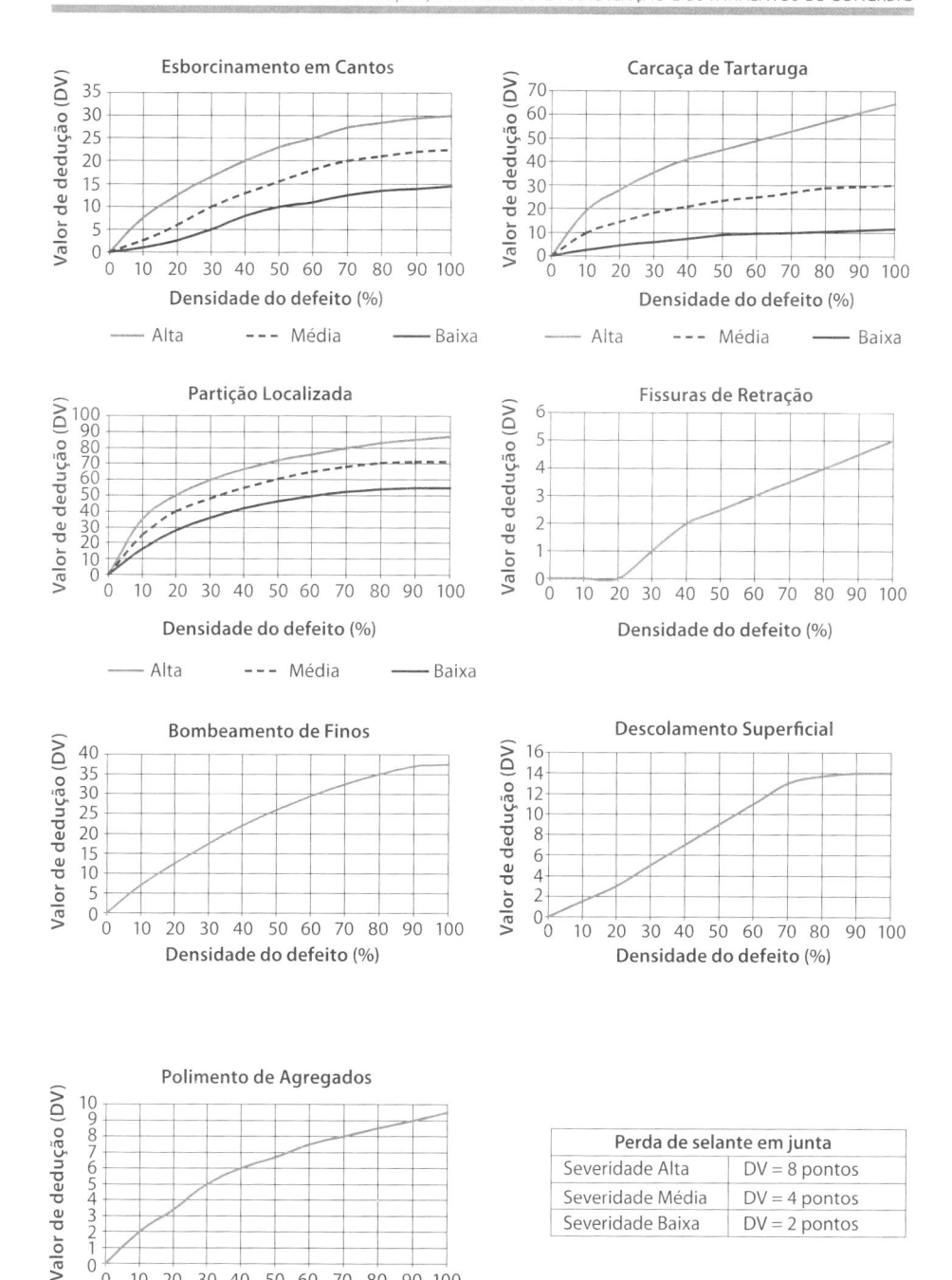

Fig. 5.21 *Gráficos para determinação de valores de dedução (DV) (Continuação)*

empíricos para evolução do escalonamento (FAULT) nas juntas de concreto, para pavimentos com e sem BT em juntas transversais, foram, respectivamente:

$$FAULT = \sqrt[4]{N} \cdot [0{,}0238 + 0{,}0006 \cdot \left(\frac{JT}{10}\right)^2 + 0{,}0037 \cdot \left(\frac{100}{k}\right)^2 + \\ + 0{,}0039 \times \left(\frac{AGE}{10}\right)^2 - 0{,}0037 \cdot SHOU - 0{,}0218 \times \Phi_{BT}]$$ (5.11)

$$FAULT = \sqrt[4]{N} \cdot [-0{,}0757 + 0{,}0251 \times \sqrt{AGE} + 0{,}0013 \times \left(\frac{P}{10}\right)^2 + \\ + 0{,}0012 \times \left(\frac{IF \cdot P}{1000}\right) - 0{,}0378 \cdot D]$$ (5.12)

onde FAULT é o escalonamento (em polegadas); N é o número de repetições de carga do eixo padrão (ESRD) de 80 kN; JT é o espaçamento entre juntas transversais (em pés); k é o módulo de reação do subleito estático (em libras por polegada cúbica); AGE é a idade do pavimento (em anos); SHOU é igual a 1 se o acostamento for de concreto e existirem barras de ligação, e igual a zero se for qualquer outro; Φ_{BT} é o diâmetro da BT; P é a precipitação média anual (em polegadas); IF é o índice de congelamento médio (em graus F por dia); D é igual a 1 se o pavimento possuir drenos longitudinais, e igual a zero se não possuir.

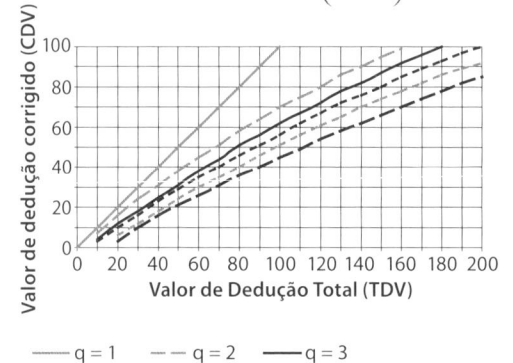

Fig. 5.22 *Gráfico para determinação do valor de dedução corrigido (CDV)*

A Fig. 5.23 apresenta a simulação numérica das Eqs. 5.11 e 5.12. Verifica-se que a presença de acostamentos em concreto e o aumento do diâmetro da BT exercem efeito positivo no desempenho do PCS quanto ao escalonamento; além disso, a melhora no módulo de reação do subleito, que proporciona menores deflexões nas juntas, também promove uma pequena melhoria no desempenho. Da análise da Eq. 5.12 se tem objetivamente que, quando não há BT, o desempenho do PCS é bastante condicionado pelo nível de precipitação atmosférica no local e pela existência ou não de um sistema eficiente de drenos de pavimentos.

Owusu-Antwi e Darter (1994) também apresentaram um modelo de evolução da irregularidade longitudinal em PCS (aferida pelo IRI), dado em função da idade do pavimento (AGE), do índice pluviométrico médio anual (P), do módulo de reação do subleito estático (k), da espessura da placa de concreto (T) e das condições do acostamento (SHOU, que é igual a 1 para acostamentos de concreto e igual a zero para outros tipos), conforme a equação:

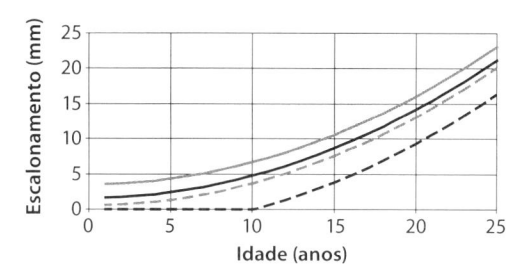

— BT = 25 mm; k = 40 MPa/m; acostamento em CCP com BL
--- BT = 25 mm; k = 80 MPa/m; acostamento em CCP com BL
--- BT = 32 mm; k = 40 MPa/m; acostamento em CCP com BL
— BT = 25 mm; k = 40 MPa/m; acostamento asfáltico

Fig. 5.23 *Análise dos efeitos de alguns parâmetros no escalonamento de juntas em PCS*

(5.13)
$$IRI = -141 + 0,849 \cdot AGE + 0,347 \cdot P + 1390 \times \left(\frac{1}{k}\right) + 21,2 \cdot T + 15,1 \cdot SHOU$$

Cabe ressalvar que modelos dessa natureza, embora muito importantes para a gerência de pavimentos e a análise de custos, tal qual realiza o programa HDM-4, são modelos empíricos, cujo campo de aplicação e validade está atrelado às condições locais para as quais foram desenvolvidos, não sendo aplicáveis de imediato em regiões com diferentes condições climáticas e pedológicas, bem como distintas políticas de cargas rodoviárias. Faz-se necessária, portanto, uma criteriosa avaliação das premissas de fundo dos modelos antes de sua aplicação, em especial no clima tropical úmido, para o qual não existem modelos de desempenho de pavimentos de concreto até hoje estudados.

5.2.6 Modelos de desempenho à fadiga para PCS

A formulação de modelos de fadiga baseados em condições de evolução de fissuração em pista é ainda mais limitada, mesmo porque os pavimentos de concreto, se bem construídos, tendem a durar muito tempo antes de apresentarem sinais e evidências de fadiga, como a presença de fissuras transversais em meio de placas e fissuras de canto em placas sem BT e menos espessas. Dessa forma, é bastante difícil a disponibilidade de resultados de monitoração periódica e consistente, ao longo de anos ou mesmo décadas, para a determinação de modelos baseados em condições de fissuração em pista.

O levantamento sistemático da evolução de defeitos em placas de concreto simples de WTUD, quando de seu primeiro uso no Brasil, permitiu o desenvolvimento de modelo experimental de evolução de fissuras (Balbo, 1999). Para tanto, foi necessário o cadastramento visual e manual dos defeitos que surgiam na pista experimental, o que se realizou em períodos quinzenais. A Fig. 5.24 mostra algumas dessas fichas de levantamentos em pista de rolamento para uma seção experimental de WTUD.

O concreto utilizado no experimento foi o primeiro CAD tipo *fast track* empregado em pavimentação no País, o que se deu no ano de 1997. No Cap. 2 descreveu-se um modelo de fadiga para o CAD que resultou das análises teóricas e observacionais que ocorreram sobre a pista experimental com WTUD até o mês de agosto de 1998. Posteriormente, a reprodução em laboratório do concreto empregado em pista, seguida de estudos convencionais de fadiga com ensaios dinâmicos, permitiu que Cervo (2004) desenvolvesse, de modo pioneiro entre os acadêmicos da área de pavimentação em concreto, o primeiro fator de calibração laboratório-campo para os CAD.

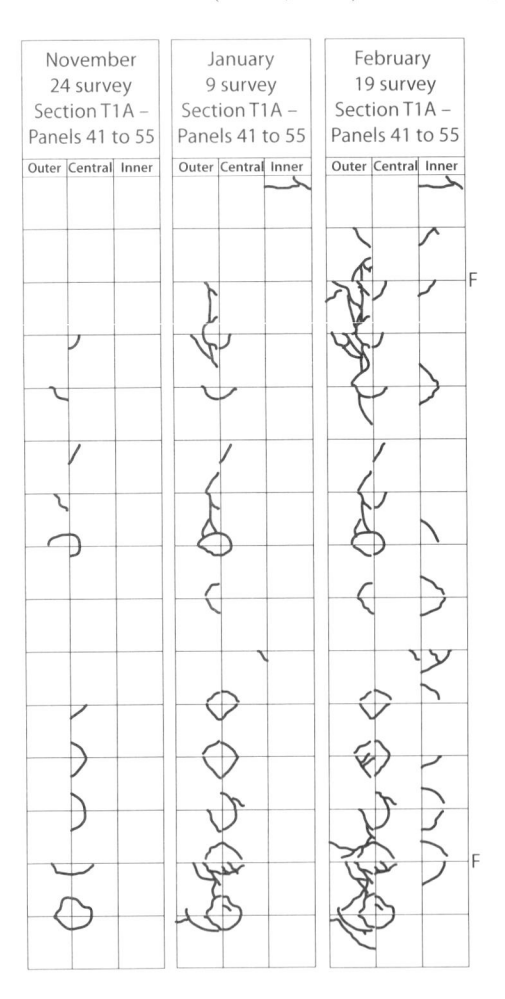

Fig. 5.24 *Extratos de levantamento periódicos em placas de concreto de WTUD (Balbo, 2003)*

5.2.7 Desempenho segundo o PCI

Após dezenas de avaliações de pavimentos de aeroportos civis e militares, bem como de rodovias e vias urbanas, o USACE (1982) desenvolveu uma carta para a determinação da taxa de degradação de um PCS em função de sua idade, uma vez conhecido seu PCI (Fig. 5.25). Trata-se, portanto, de uma forma de determinação também de seu desempenho, que se apresentará normal (próximo à média), acima do esperado ou abaixo do esperado conforme o par PCI/Idade se posicione, respectivamente, entre as duas curvas fornecidas, acima da curva superior ou abaixo da curva inferior.

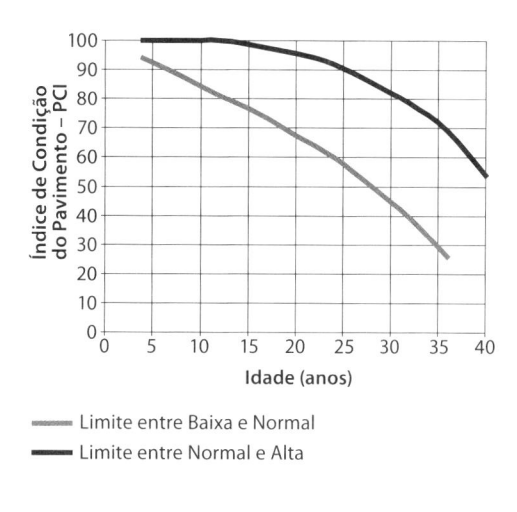

Fig. 5.25 *Taxa de degradação de um PCS em um dado momento de seu serviço*

5.3 Manutenção dos pavimentos de concreto

5.3.1 Diretrizes de recuperação estrutural

Qualquer tipo de revestimento de pavimento está sujeito à deterioração ou degradação com o passar dos anos, em razão das solicitações de tráfego e ambientais que lhe são impostas. Na década de 1980, na Suíça, em um manual geral para pavimentação em concreto editado pela Betonstrassen A. G. (1986), revelou-se que a partir de 1970 tinham-se conseguido diversas melhorias quanto à durabilidade dos pavimentos de concreto, por modificações de materiais e métodos construtivos, como uma redução brutal no alçamento de placas em juntas (com o abandono da construção de placas em duas camadas) e a eliminação de desgastes relacionados à corrosão de armaduras na superfície, bem como de desgastes por ação de géis em presença de sais (empregados para derreter a neve). O USACE também estabelece critérios mínimos para a execução de reparos, nesse caso, em função da severidade do dano existente.

O Quadro 5.3 relaciona os principais tipos de defeitos nos pavimentos de concreto em placas e suas causas mais comuns. O alçamento é um defeito que era bastante relacionado à execução de concretos em duas camadas, prática não comum na atualidade, com exceção da camada superior e pouco espessa de concreto drenante; contudo, não se coloca mais armadura entre ambas as camadas. Os métodos de reparo indicados não são únicos e dependem da avaliação prévia do grau de gravidade dos defeitos observados.

Quadro 5.3 Defeitos mais comuns nos pavimentos de concreto (Betonstrassen, 1986; USACE, 1982)

Nomenclatura	Causas	Métodos de reparo
Desgaste superficial	Qualidade de argamassa insuficiente para a abrasão de pneus de veículos; fissuras de retração plástica	Nada a fazer ou selagem
Fissuras finas e curtas interligadas	Retração plástica (durante a cura)	Nada a fazer ou selagem
Polimento	Intensa abrasão associada a agregados pouco duros	Nada a fazer ou nova ranhura
Fissuras transversais	Retração de secagem; fadiga do concreto; perda de suporte; atraso em serragem de junta (secagem); mau posicionamento de barras de transferência	Selagem; *retrofit*; remendo parcial da placa
Fissuras longitudinais	Retração de secagem	Selagem; *retrofit*; remendo parcial da placa
Abertura de junta longitudinal	Ausência de barras de ligação; insuficiência de barras de ligação	Enchimento de junta
Afundamento	Baixa resistência do terreno	Reconstrução da placa
Perda de suporte em junta com fissura transversal	Vazios sob a placa nas juntas, decorrentes de bombeamento de finos	Remendo parcial
Escalonamento	Afundamento plástico diferencial entre placas sucessivas; vazios sob a placa na junta	Nivelamento por fresagem na região afetada; substituição de placa

Quadro 5.3 Defeitos mais comuns nos pavimentos de concreto (Betonstrassen, 1986; USACE, 1982) (Continuação)

Nomenclatura	Causas	Métodos de reparo
Perda de selante	Envelhecimento natural (com quebras); falta de manutenção em juntas	Resselagem
Alçamento	Compressão de placa contra placa em áreas de frenagem	Remendo parcial ou total e colocação de junta de expansão
Fissuras de canto	Fadiga e resistência	Selagem; remendo parcial
Buraco	Evolução de fissuras interligadas com quebras no concreto	Remendo parcial
Bombeamento de finos	Entrada e acúmulo de água	Selagem de juntas e fissuras; injeção de *grout* na base
Partição de placas	Fadiga e resistência	Selagem de fissuras; remendo parcial; substituição da placa
Fissuras em mapa ou carcaça de tartaruga	Reação álcalis-agregados	Nada a fazer; substituição da placa
Esborcinamentos	Causas construtivas; resistência do concreto na superfície; excesso de pasta ou argamassa	Remendos parciais
Perda de selante	Desgaste do material	Resselagem
Remendos	Deterioração do remendo	Novo remendo
Desnivelamento pista/acostamento	Afundamento	Substituição de placa; recapeamento asfáltico

5.3.2 Técnicas de manutenção de pavimentos de concreto

Alguns procedimentos de manutenção dos pavimentos de concreto merecem atenção especial, tendo em vista alguns aspectos que não devem ser negligenciados. Além disso, existem alguns procedimentos muito empregados no exterior que deverão ser devidamente pesquisados no Brasil, para futuros trabalhos de manutenção. Os principais procedimentos mais específicos de manutenção de placas de concreto para pavimentação são:

Remendo parcial

A execução de um remendo (Fig. 5.26) exige que a placa seja cortada em várias faces. Esses cortes deverão ser verticais e as faces, evidentemente, devem estar limpas antes da nova concretagem. Barras de transferência de carga devem ser instaladas em quaisquer faces transversais de corte, e barras de ligação, nas faces longitudinais. Essas barras são instaladas por meio da furação prévia na face remanescente da placa original, sendo encaixadas antes da concretagem. Telas de aço poderão ser empregadas, para resistir esforços, no topo e no fundo do remendo, apoiadas sobre espaçadores adequados. Após o lançamento do concreto, sua superfície é desempenada e ranhurada. Após a cura, as bordas dos remendos devem ser avaliadas para decisões quanto ao tipo de selagem de juntas a ser utilizado para evitar a infiltração de água nessas posições.

Fig. 5.26 *Fases de execução de remendo (gentileza da eng.ª Valéria J. F. Ganassali)*

Remendo total (substituição da placa por concreto fresco)

Caso a placa necessite de substituição completa (Fig. 5.27), tem-se a oportunidade de fazer o tratamento da base do pavimento existente, quando se tratar de material granular ou solo, para a correção do seu nivelamento, remoção de áreas contaminadas etc. A compactação da base é essencial, bem como sua imprimação, a fim de se prover proteção contra as intempéries enquanto a nova placa não é concretada no local. As mesmas recomendações gerais para os remendos parciais são cabíveis nesse caso.

Fig. 5.27 *Substituição de placa de concreto na estrada Rio-Teresópolis (RJ)*

Retrofit *(inserção de barras de transferência e de ligação)*
Por *retrofit* entende-se a colocação de barras de transferência de cargas ou de ligação em uma posição não prevista originalmente (Fig. 5.28), em geral nas fissuras descontroladas, decorrentes da retração por secagem do concreto. Evidentemente, esse serviço é mais de manutenção preventiva do que propriamente um reparo, pois a placa não é substituída. Com as barras instaladas, cria-se a condição de transferência de cargas entre as duas partes separadas da placa de concreto, evitando-se assim o escalonamento precoce entre ambas. Para a instalação das barras, que normalmente são colocadas na posição de trilhas de rodas, faz-se a serragem precisa de pequenas extensões (em geral, 60 cm) de ambos os lados, sendo as cavidades preparadas com faces verticais e fundo mais horizontal possível.

O emprego de resina epóxica antes do preenchimento por concreto auxilia a aderência entre as faces do concreto antigo e do concreto fresco. As BT são engraxadas em metade de sua extensão, de maneira a aderir apenas a um dos lados. Após a conclusão, recomenda-se sempre a selagem em toda a extensão da fissura de retração, para evitar infiltração de água no local. Detalhes de execução dos serviços podem ser encontrados no manual do *Minnesota Department of Transportation* (2006).

Resselagem
A resselagem nada mais é do que uma nova selagem de juntas ou fissuras (Fig. 5.29) para reposição do elemento que sofreu degradação ao longo

Fig. 5.28 *Colocação de barras de transferência em fissuras (A: <www.its.berkeley.edu>; C e D: <www.stelax.com>)*

do uso do pavimento. Existem várias técnicas para esse serviço, como a aplicação de mástiques asfálticos extrudados a quente, de silicone líquido ou o emprego de elementos pré-moldados, que são fornecidos por diferentes fabricantes. A resselagem requer a remoção completa de resquícios do antigo selante, o que é feito com o uso de serra de disco (utilizada no corte de juntas) e posterior limpeza com jato de ar comprimido. Nada há de especial nesse serviço que já não faça parte do processo convencional de construção de juntas em pavimentos de concreto.

Retexturização (grooving)
Quando a superfície do pavimento perde a texturização adequada para garantia de aderência pneu-pavimento, um dos serviços de manutenção

Fig. 5.29 *Resselagem de junta com elemento pré-moldado fixado com resina epóxica na USP*

mais empregados é a criação de novas ranhuras em sua superfície, o que é realizado com equipamento com serras diamantadas e afastadas entre si, capazes de criar um sulco na superfície do concreto (Fig. 5.30). Esse tipo de serviço é especialmente importante em aeroportos, particularmente em pistas de pouso e decolagem com concreto. Trata-se de uma técnica bastante antiga e muito utilizada no passado, nas rodovias em concreto da Califórnia.

Desgaste de superfície (griding)

O desgaste da superfície do concreto, quando necessário, é realizado com discos especiais (Fig. 5.31) que oferecem a possibilidade de correção, entre outros, dos seguintes defeitos:

- escalonamento em juntas e em fissuras;
- irregularidades de construção (falta de perfil localizado adequado);
- macrotextura inadequada devido a polimento de agregados;
- inclinação transversal inadequada para drenagem.

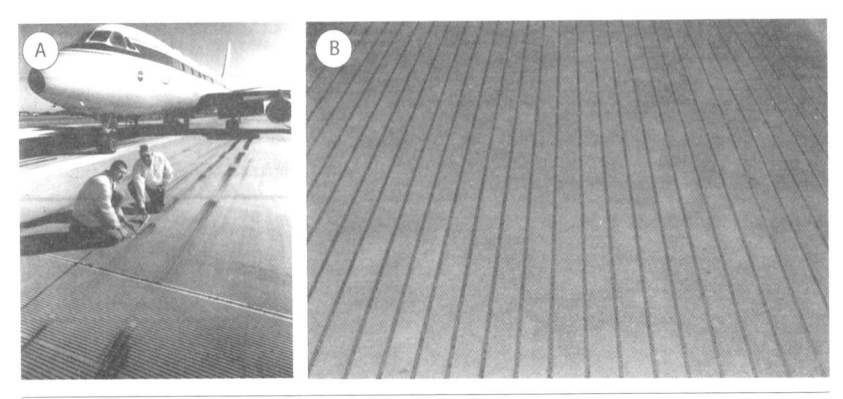

Fig. 5.30 *(A) Superfícies retexturizadas de pavimento de concreto em aeroporto (http://oea.larc.nasa.gov/PAIS/Groove.html); (B) área de galpão (www.agmap.psu.edu)*

Fig. 5.31 *(A) Disco abrasivo para desgaste do concreto; (B) equipamento para desgaste e polimento (www.kgsdiamond.com)*

Remoção e substituição por placa pré-moldada

A execução desses serviços segue os seguintes passos (Fig. 5.32):

i. requadramento (com gabarito metálico e com precisão) da área afetada;
ii. corte (com serra de disco profunda) da área afetada;
iii. remoção do concreto comprometido;

iv. execução de furos nas faces verticais que receberão as barras de transferência, as quais são afixadas dentro dos furos com resina epóxica;
v. acerto da base com precisão, em geral, inferior a 5 mm, com nivelamento adequado para permitir que a placa pré-moldada se apoie por completo;
vi. moldagem e cura industrial da placa nas dimensões corretas para cada local de substituição (os cortes poderão ser padronizados com os tamanhos de placas);
vii. transporte e colocação da placa pré-moldada no local a ser reparado;
viii. execução de *grouts* de preenchimento das zonas de encaixe das barras de transferência;
ix. selagem de juntas.

Fig. 5.32 *(A) Abertura de área com defeito; (B) colocação de placa pré-moldada; (C) finalização do fechamento; (D) colocação de sequência de placas pré-moldadas (A, B e C: <www.egr.msu.edu>; D: <www.tfhrc.gov>)*

Britagem in situ *(rubblization)*

De acordo com a FAA (2004), a britagem *in situ* é um processo de fratura e demolição do pavimento de concreto para tamanhos bastante reduzidos, que é capaz de acabar com o comportamento de placa da camada de concreto, gerando um material granular graúdo que é empregado como base ou sub-base de pavimento. Esse processo permite, após compactação enérgica do material britado *in situ*, a execução de nova camada de revestimento, em concreto ou mistura asfáltica, ou ambas, para a recomposição do pavimento e da superfície de rolamento, sem que ocorra a posterior propagação, para camadas superiores, de fissuras que existiam na placa de concreto, além de regularizar os escalonamentos anteriormente existentes, permitindo uma camada de base nivelada.

Na prática, trata-se da reconstrução do pavimento de concreto, sendo o concreto britado (com equipamentos móveis que possuem martelos de impacto de 5 a 9 t, capazes de britar placas de concreto com mais de 250 mm de espessura) e compactado, servindo como uma camada de material reciclado – ou seja, é aproveitado por completo. Camadas asfálticas e remendos asfálticos devem ser removidos antes da britagem. A Fig. 5.33 ilustra alguns detalhes da britagem *in situ*.

Fig. 5.33 *Britagem* in situ *do pavimento de concreto: (A) com o material recolhido (www.ci.champaign.il.us); (B) aproveitado no local (www.dot.state.fl.us)*

5.3.3 Reciclagem do concreto e o futuro

Contextualização da questão da reciclagem do pavimento de concreto
Um discurso motivacional:

Soluções de engenharia nem sempre caem no gosto popular, seja do público consumidor, dos projetistas e construtores, dos acadêmicos – que geralmente pesquisam concentrados em especialidades. Se você estiver na sala de espera para uma reunião e, lendo uma revista técnica, deparar-se com esta ideia em forma de questão: "O que fazer com as placas de concreto antigas e deterioradas? Como recuperar o pavimento? Isto é um problema sem solução!", verifique se essa opinião é anterior à década de 1960. Se for, tratava-se de um questionamento pertinente na época. Caso contrário, se for da década de 1990 em diante, questione o porquê da tentativa de transmitir tal ideia.

Por inúmeras razões bem conhecidas e ainda muito pouco debatidas no contexto brasileiro, a questão da reciclagem de pavimentos asfálticos e de concreto é bastante emblemática nos países desenvolvidos. Nos dias atuais, dispensa-se completamente a antiga retórica de se afirmar que, após um longo tempo de serviço, não há o que fazer, por exemplo, com as placas de pavimentos de concreto (o que configuraria uma desvantagem intrínseca desse tipo de pavimento). Nos parágrafos seguintes estarão em foco exatamente as técnicas de reciclagem de pavimentos de concreto antigos para a construção de novos pavimentos, um assunto não explorado devidamente na área rodoviária brasileira, em comparação com outros países, onde o espaço para pavimentação em concreto cresceu muito ao longo de várias décadas.

A Universidade de Washington (EUA) lançou a chamada *Green Road Initiative* com a meta de estabelecer padrões nacionais para a construção e a identificação das rodovias construídas de maneira ambientalmente sustentável, pautando-se e espelhando-se nos *U.S. States Green Building Councils* (Söderlund et al., 2008). Para atingir a condição de rodovia sustentável, exige-se que os agregados reciclados sejam utilizados para a produção de nova mistura asfáltica ou de concreto, não recebendo pontuação os casos de uso desses materiais reciclados como camadas bases e de sub-bases de novos pavimentos (Vancura; Tompkins; Khazanovich, 2008). Dessa forma, faz-se distinção entre reaproveitamento e reciclagem.

Na Europa, os primeiros pavimentos de concreto tiveram sua construção e seu uso iniciados há mais de um século. Na Alemanha e na Suíça, esse tipo de pavimento teve expressiva progressão na década de 1930, e depois, nos anos de 1945 a 1965, na Áustria, Holanda, Bélgica e Suécia. Após mais de 50 anos de serviço, em finais da década de 1980, muitos desses pavimentos – que já apresentavam defeitos e características funcionais prejudiciais, bem como defeitos estruturais insanáveis, a princípio – representavam um problema: o que fazer com esses materiais, essas placas de concreto, caso removidos da pista?

Ainda há quem pense que, após longo período de serviço, as placas de concreto não são passíveis de restauração. A britagem *in situ*, como indicada no item anterior, contesta esse tipo de mal-entendido, uma vez que produz uma camada de base granular, dando margem ao emprego de uma nova camada de revestimento que, evidentemente, poderá ser um concreto com uma durabilidade de, quem sabe, 50 anos. Todavia, trata-se de reaproveitamento. Após britagem e remoção, o concreto de pavimento é, sem tirar nem pôr, um resíduo de construção e demolição (RCD), como os concretos de edificações. Dessa forma, esse resíduo britado e classificado poderá ser empregado novamente na construção de um... pavimento de concreto! As experiências nesse campo não são recentes, datando de quase quatro décadas de estudos documentados. Aliás, há inúmeras referências de que esse processo foi utilizado em boa medida na reconstrução da Europa no pós-guerra.

Reciclagem dos pavimentos de concreto em placas

Existem vários métodos de tratamento de um pavimento de concreto antigo, com muitas fissuras, escalonamento de juntas, quebras etc., para finalidades de sua restauração. Esses métodos não deixam de ser processos de reciclagem, já que a forma estrutural e geométrica do pavimento é alterada no processo de restauração, passando o concreto a constituir ao menos novos tipos e padrões de elementos estruturais. Os processos mais comuns são – todos para a construção de bases de pavimentos novos (com nova carga de concreto ou mistura asfáltica como revestimento): quebra, craqueamento e assentamento das placas de concreto; emprego de mantas geotêxteis, malhas e compósitos como dispositivos (absorventes de tensões) antirreflexão de trincas; compósitos absorventes; remoção e britagem de placas para uso em camadas como agregados reciclados ou para a reciclagem com emprego de camadas estabilizadas com betume; remoção e britagem para manufatura de novos concretos.

De acordo com Cuttell et al. (1994), apenas o estudo detalhado das propriedades dos agregados reciclados de antigos pavimentos de concreto e a análise de sua gradual influência nas propriedades das misturas de concretos frescos e endurecidos podem garantir, no futuro, o avanço da tecnologia de reciclagem de pavimentos de concreto. Muitas agências rodoviárias no mundo têm buscado tal desenvolvimento, especialmente nos países onde as rodovias em concreto foram intensamente construídas ao longo do século XX, com destaque para os países do noroeste da Europa, em particular Alemanha e Áustria (Tompkins; Khazanovich; Darter, 2008), e para os Estados Unidos.

Nos Estados Unidos, em finais da década de 1970, houve projetos que utilizaram agregados reciclados de antigos pavimentos de concreto, mas alguns casos iniciais de desempenho insatisfatório dos novos pavimentos de concreto construídos com esses agregados desencorajaram algumas agências rodoviárias estaduais a empregar tais técnicas, até que futuros trabalhos trouxessem melhor luz às dificuldades observadas (Darter, 1988; Snyder et al., 1997). Alguns desses projetos mais recentes são relatados detalhadamente por Cuttell et al. (1994), com destaque para o ótimo desempenho dos pavimentos de concreto construídos com agregados reciclados de antigo pavimento no mesmo local da obra. Esse trabalho de pesquisa foi consequência da análise de pavimentos de concreto em nove rodovias, compreendendo 16 seções de testes.

As investigações em campo envolveram a avaliação de pavimentos de concreto reciclados empregados em cinco Estados dos EUA, cujas atividades compreenderam uma série de técnicas de avaliação, incluindo o inventário das condições dos pavimentos, os testes de carga para avaliações de deflexões reversíveis com o FWD, a extração de amostras em pista e a estimativa do valor de serventia atual (VSA). Os estudos permitiram delinear as seguintes observações e conclusões:

i. concretos reciclados que apresentavam menor quantidade de argamassa – ou seja, durante o processo de reciclagem (britagem e classificação) houve efetiva exclusão de argamassa dos agregados originais – apresentaram melhor desempenho em novos pavimentos;

ii. os efeitos de variações no módulo de finura em diferentes concretos não foram percebidos, embora existisse uma expectativa de interferência na resistência para adições de até 25% de finos reciclados em substituição a finos naturais, tendo em vista estudos anteriormente realizados por Yrjanson (1989);

iii. a densidade dos grãos dos concretos reciclados mostrou-se de 0,2 a 0,3 t/m^3 abaixo da densidade dos grãos empregados em seções de controle, com pavimentos de concreto contendo agregados virgens, o que foi atribuído à presença da antiga argamassa, menos densa;

iv. os dados de controle tecnológico das obras revelaram clara queda na trabalhabilidade das misturas recicladas, o que foi atribuído a fatores como a angularidade dos grãos reciclados, sua superfície rugosa e porosa. As formas naturais que têm sido sugeridas para inverter essa tendência são medidas de limitação na porcentagem de finos reciclados (não superior a 25%), uso de plastificantes e incorporação de cinzas volantes nas misturas;

v. na maioria das seções de pavimentos que respeitaram as limitações quanto a finos de origem reciclada, a resistência à compressão das amostras extraídas de campo aumentou em relação aos concretos convencionais extraídos de seções de controle;

vi. os valores de módulo de elasticidade dinâmico (ultrassom) dos concretos com agregados reciclados de concretos diminuíram, o que é atribuído à maior porosidade dos concretos reciclados. Essa tendência de queda também foi observada por meio de retroanálise de bacias de deflexões medidas em campo com FWD. Ricci e Balbo (2008) apresentam resultados bastante semelhantes para CCR com 10% a 50% de agregados graúdos reciclados e 50% de agregados miúdos reciclados. Concretos com 100% de agregados graúdos reciclados de um antigo pavimento de concreto tiveram seus módulos de elasticidade reduzidos em 50%, em relação a um concreto de controle na pesquisa;

vii. em geral, os valores de coeficiente de expansão térmica dos concretos reciclados mostraram-se maiores do que aqueles de concretos convencionais de controle utilizados, o que significa menores restrições do material à sua expansão volumétrica por flutuações de temperatura. Isso certamente tem implicações no comportamento de placas durante empenamento térmico.

Como principais conclusões do estudo, Cuttell et al. (1994) indicam que os concretos reciclados apresentaram desempenho semelhante ao dos concretos com agregados virgens, uma vez que o processo de reciclagem era eficiente para remover ao máximo a argamassa que envolvia os agregados originais. Como melhores recomendações, os pesquisadores enfatizaram que o concreto reciclado deveria ser considerado um material que requer maior investigação no momento de sua aplicação, em comparação aos agregados novos. Tendo em vista que o concreto reciclado pode apresentar elevada retração de secagem e valores maiores de coeficiente de expansão térmica, é natural a exigência de se repensar o afastamento das juntas serradas durante a construção de pavimentos com esse tipo de material. Quando fresco, juntas menos espaçadas permitem melhor controle de fissuras de retração; quando endurecido, o elevado valor de coeficiente de expansão térmica exige menor afastamento entre as juntas para se evitar a compressão de faces de placas, o que geraria futuros problemas de quebras em juntas.

Sturtevant, Gress e Snyder (2008) apresentam uma avaliação posterior do estudo mencionado, focando no desempenho observado, passada mais de uma década de operação desses pavimentos. Verificou-se, por meio de avaliações de patologias e de padrões de conforto (Tab. 5.10), bem como por meio de avaliações estruturais, que os pavimentos de concreto reciclados apresentaram desempenho semelhante ao de seções de teste de controle executadas com concreto com agregados virgens. Os autores atribuem esse sucesso ao emprego de agregados nos quais o processo de reciclagem eliminou grande parte da argamassa antiga da superfície, embora reconheçam que, sob outro ponto de vista, a reciclagem não se dá a 100% nesse tipo de procedimento.

O aproveitamento dos agregados dos concretos antigos com limitação de britagem a um diâmetro máximo de 25 mm resultou em reaproveitamento de 55% a 65% do concreto existente, enquanto que, quando se tolera até 38 mm, o reaproveitamento atinge 80%. O contraponto feito é que a não eliminação de grande quantidade da argamassa antiga poderá resultar em problemas de trabalhabilidade, durabilidade e resistência do concreto. O único projeto que não havia levado a efeito a eliminação da argamassa antiga é aquele descrito por Minnesota 4-1 na Tab. 5.10, que, desde o princípio, apresentou problemas de fissuração importantes, resultando em perda de serventia de 4 para 3 no tempo de serviço avaliado, ou seja, o pior desempenho entre os demais.

Tab. 5.10 Resultados de desempenho de pavimentos de concreto reciclados nos EUA após mais de uma década de serviço (adaptado de Sturtevant, Gress e Snyder, 2008)

Projeto (identificação)	Tipo de concreto	Escalonamento de juntas (mm)		Fissuras transversais (% de placas)		Esborcinamentos em juntas transversais (% de juntas)		Valor de serventia atual (VSA)	
Ano de levantamento →		1994	2006	1994	2006	1994	2006	1994	2006
Connecticut - 1	Reciclado	0,3	1,0	66	68	27	92	3,4	3,7
Connecticut - 2	Convencional	0,3	1,1	93	93	33	66	3,5	3,2
Kansas - 1	Reciclado	2,3	n/a	0	n/a	0	n/a	3,8	n/a
Kansas - 2	Convencional	3,3	n/a	0	n/a	0	n/a	3,8	n/a
Minnesota 1	Reciclado	0,5	0,9	1	31	3	76	3,9	3,7
Minnesota 1-2	Reciclado	0,5	1,3	0	0	0	54	4,0	4,0
Minnesota 2-1	Reciclado	0,8	0,6	84	90	61	46	4,1	4,0
Minnesota 2-1	Reciclado	n/a	0,5	82	92	42	66	4,3	3,8
Minnesota 3	Reciclado	6,1	0,3	2	12	3	89	3,0	4,3
Minnesota 4-1	Reciclado	1,0	0,9	88	92	80	81	4,0	3,0
Minnesota 5-2	Convencional	0,8	0,9	22	24	0	100	4,2	3,8
Wisconsin 1	Reciclado	2,8	n/a	8	n/a	0	n/a	4,1	2,8
Wisconsin 2	Reciclado	0,5	0,5	2	3	0	91	3,8	3,7
Wisconsin 3	Reciclado	n/a	n/a	n/a	n/a	134	n/a	3,9	n/a
Wisconsin 4	Reciclado	n/a	n/a	n/a	n/a	30	n/a	4,0	n/a
Wyoming 5-1	Reciclado	2,0	0,7	0	0	0	47	3,6	4,5
Wyoming 5-2	Convencional	2,0	0,6	0	0	0	77	3,6	4,2

n/a = não avaliado

Segundo o *U.S. Department of Transportation* (2004), dois bilhões de toneladas de agregados são produzidos anualmente nos EUA, e para o ano de 2020 espera-se que esse número cresça em 25%, o que, naturalmente, causa preocupações de natureza econômica e ambiental. A produção anual de entulho de concreto nos EUA é da ordem de 123 milhões de toneladas, cujo emprego racional como agregado reciclado de concreto poderia mitigar, ainda que apenas parcialmente, os problemas gerados pela grande demanda de agregados. O material gerado por reciclagem é ainda altamente conveniente, pois a legislação sobre bota-fora de entulho nos diversos Estados americanos tem ficado mais restritiva com o passar do tempo, além de serem muito escassas as áreas para tais finalidades, em especial próximo aos aglomerados urbanos. Dois aspectos interessantes recordados nos estudos é que a reciclagem do concreto antigo dos pavimentos, além de evitar alterações indesejáveis do greide de rodovias e vias urbanas, reduz o impacto do transporte de materiais por caminhões nas estradas, durante as fases de construção de novos pavimentos.

Quanto a questões técnicas, o *U.S. Department of Transportation* (2004) ainda informa que, quanto aos finos produzidos na britagem dos concretos antigos, até 30% do volume é empregado para substituição do agregado miúdo virgem que a mistura reciclada requer. Os principais problemas que tiveram de ser superados no uso dos agregados reciclados de pavimentos de concreto (*reclaimed concrete aggregate* – RCA), em vários Estados norte-americanos, com destaque para o Texas, foram: (i) corrigir os problemas de trabalhabilidade relacionados à elevada absorção d'água apresentada pelos agregados reciclados; (ii) controle do aumento da fluência e da retração dos concretos com esses agregados; (iii) perda de resistência imposta por excessiva presença de finos reciclados nas misturas; (iv) surgimento de trincas associadas aos cantos de placas e ao clima invernal rigoroso, quando o agregado reciclado possui dimensões superiores a 25 mm. A Fig. 5.34 ilustra algumas situações referentes à reciclagem dos pavimentos de concreto.

Os problemas de trabalhabilidade estão bastante associados à porosidade dos agregados reciclados de concreto, que são mais porosos do que os agregados originários da maioria das rochas, empregados comumente na construção de pavimentos. Muitos testes de laboratório já realizados e publicados indicaram tal circunstância, e os agregados graúdos e miúdos apresentam em média, respectivamente, absorção 2% a 5% e 6% a 12% acima daquela apresentada por agregados naturais (Vancura; Tompkins; Khazanovich, 2008), o que tem sido controlado com a adição de cinza volante nas misturas. Ricci (2007) obteve valores ainda superiores, com absorção para agregados reciclados provenientes de pavimento de concreto demolido de 8% a 10% no agregado graúdo. Contudo, a literatura europeia registra um caso de 100% de reaproveitamento do agregado do pavimento de concreto demolido e reciclado, com resultados de desempenho amplamente favoráveis, em uma rodovia na Suíça, conforme relata Werner (1994). Nesse caso, a porosidade dos finos aparentemente não teve consequências para o comportamento estrutural do novo pavimento. Contudo, há casos favoráveis de reaproveitamento do agregado fino reciclado em até 50% dos finos, conforme relatam Vancura, Tompkins e Khazanovich (2008).

Chegada de concreto demolido de pavimentos ao estoque

Vista da pilha de agregados reciclados de pavimentos de concreto após britagem

Detalhe dos agregados graúdos após classificação

Detalhe dos agregados miúdos após classificação

Fig. 5.34 *Detalhes de área de produção de agregados obtidos pela demolição de pavimentos antigos da US-41 (*Minnesota Department of Transportation*)*

Quanto ao aumento da fluência e da retração nos concretos reciclados, a princípio é importante reconhecer que já se observou que sua rigidez (mediada pelo módulo de elasticidade, estático ou ultrassônico) diminui em relação a concretos com agregados virgens (Ricci; Balbo, 2008; Cuttell et al., 1994). As deformações por retração e fluência são maiores à medida que a porcentagem de agregados reciclados e concretos antigos aumenta, conforme observaram consistentemente Gomez-Soberon (2002); Kou, Poon e Chan (2007) e Yang, Chung e Ashour (2008). O último grupo de pesquisadores verificou mais profundamente que a retração depende da quantidade de argamassa remanescente nos agregados reciclados. Como a absorção d'água aumenta e a densidade dos grãos diminui com o aumento da quantidade de argamassa antiga nos agregados, a rigidez dos agregados consequentemente diminui, oferecendo menos resistência à retração. Enquanto a taxa inicial de retração dos concretos convencionais é maior do que aquela dos concretos reciclados, após dez dias a taxa de retração dos concretos convencionais decresce rapidamente, enquanto a dos concretos reciclados decresce mais lentamente (Yang; Chung; Ashour, 2008).

Em testes laboratoriais com concretos reciclados, a substituição parcial do cimento por cinza volante e a redução na relação água-cimento resultou na diminuição da retração por secagem e da fluência (Kou; Poon; Chan, 2007). Um terceiro fator que contribui para essa diminuição é o tempo, sendo que a porosidade do concreto reciclado diminuiu em 90 dias sob o efeito da cristalização de produtos de hidratação dos ligantes hidráulicos, diminuindo, evidentemente, o número e o tamanho dos poros nessas misturas (Gomez-Soberon, 2002).

O Estado da Virgínia (EUA) foi mais longe, reduzindo substancialmente a tributação sobre a compra de equipamentos de reciclagem de materiais de rodovias pelas empresas interessadas em utilizar técnicas de reciclagem. As autoridades inclusive estabeleceram um protocolo sobre práticas de emprego de materiais reciclados, incluindo concretos de pavimentos antigos para a construção e a manutenção de rodovias (pavimentos). No Estado de Michigan, desde os anos 1980, 26 obras de pavimentação, compreendendo mais de mil quilômetros de faixas de rolamento em concreto, foram executadas com esse método, e a mais recente foi a reconstrução da rodovia US-41.

O emprego de pavimentos de concreto reciclados é algo que já ocorria na Europa, em especial na Alemanha – em escala de uso, e não experimental –, desde o início dos anos 1980, quando teve início grande parte das reconstruções das *autobahen* construídas na década de 1930 naquele país (Hall, 2007). As principais dificuldades que levaram os alemães aos processos de reciclagem de pavimentos de concreto foram a escassez de matéria-prima virgem, as limitações e diretrizes ambientais de exploração de matérias virgens cada vez mais restritivas, bem como o custo de execução de bota-fora para grandes quantidades de reconstruções (Wolf; Fleischer, 2007). Por outro lado, culturalmente inclusive, na Alemanha já se tinha uma experiência recorrente altamente positiva com relação a rodovias em concreto, de maneira que a opção por construções de pavimentos em concreto era natural (cerca de 40% das vias pavimentadas na Alemanha eram em concreto na década de 1990).

Krenn e Stinglhammer (1994) apresentaram os primeiros resultados de execução de pavimentos de concreto reciclados com o uso de agregados provenientes de britagem de antigos (com mais de 30 anos) pavimentos de concreto que necessitavam de reconstrução. Tratava-se de uma apologia técnica do conceito pós-guerra europeu de "fazer novo com o usado", com o emprego das antigas placas de concreto como jazidas de agregados (evitando-se jazidas de rocha) para a confecção de novos concretos para pavimentação. As maiores motivações para se tentar esse caminho alternativo eram então o já limitado potencial de exploração de pedregulhos (de rios), o consequente aumento muito grande de custos de pedregulhos nos anos 1980, a inexistência de novos espaços para bota-foras e seu elevado custo de utilização e de transporte, além das pesadas exigências de reúso de agregados de demolição.

Assim, em 1989-1990, cerca de 50% do pavimento de concreto da Rodovia A1, ligando Viena a Salzburg, foi reconstruído com agregados com diâmetro de 4 a 32 mm das placas britadas e classificadas, além de adição de areia natural de 0 a 4 mm. A mistura idealizada e estudada em laboratório e em campo poderia eventualmente até conter, em determinadas proporções, material britado de mistura asfáltica existente sobre o pavimento de concreto; suas proporções finais foram: 350 kg/m^3 de cimento Portland comum, 700 kg/m^3 de areia virgem 0/4, 1.150 kg/m^3 de concreto britado e classificado 4/32, relação água-cimento de 0,41 e uso de incorporador de ar na taxa de 0,245 kg/m³. Os resultados obtidos foram inclusive superiores aos de um concreto de controle com pedregulho quartzoso, conforme indicados nas Figs. 5.35 e 5.36. Observa-se que a perda de resistência do material, relativamente a um concreto virgem, está bastante associada ao aumento da presença de reciclados de mistura asfáltica na mistura reciclada total. Isso se justifica pelo fato de o filme asfáltico que envolve os agregados prejudicar o estabelecimento de ligações entre a nova pasta de cimento e tais agregados durante a hidratação dos compostos do ligante hidráulico, ocasionando perda de resistência da mistura, que, todavia, não é expressiva, mesmo para 33% de reciclados de misturas asfálticas presentes, como se extrai dos resultados.

O trabalho de Krenn e Stinglhammer (1994) afirma que, além do possível ganho de resistência dos materiais com o auxílio da introdução de areia virgem, houve um benefício ambiental pela economia de cerca de 205 mil toneladas de pedregulho virgem e também por evitar-se qualquer ocorrência de bota-fora na obra. Além disso, evitaram-se 30 mil carregamentos de longa distância de caminhões, pelo fato de a reciclagem ser feita no canteiro de obras. Em termos de custos, a obra beneficiou-se de uma economia de 10%, em comparação com o uso de concreto virgem, sem levar em conta as economias indiretas relacionadas aos aspectos ambientais.

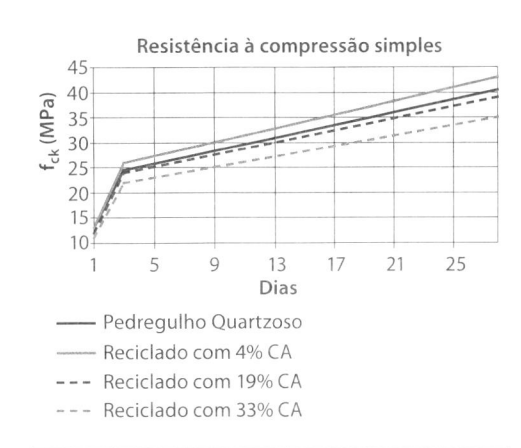

Fig. 5.35 *Concreto reciclado na Rodovia A1 (Áustria), resistência à compressão simples (adaptado de Krenn e Stinglhammer, 1994)*

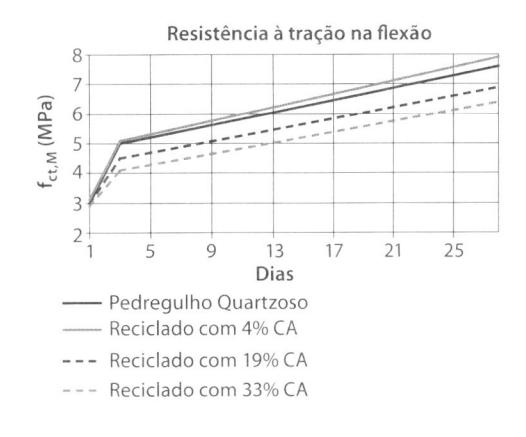

Fig. 5.36 *Concreto reciclado na Rodovia A1 (Áustria), resistência à tração na flexão (adaptado de Krenn e Stinglhammer, 1994)*

Tompkins, Khazanovich e Darter (2008) assinalam que esses pavimentos reconstruídos por processo de reciclagem do concreto entre 1993 e 1994 apresentaram desempenho muito bom (Fig. 5.37, fotos de março de 2008), após inspeção visual da rodovia, tendo-se em conta também que o volume diário médio no local é de 56 mil veículos, sendo 12% caminhões (6.720 caminhões por dia, metade do volume ocorrente por sentido na Avenida dos Bandeirantes, na cidade de São Paulo). Vale lembrar ainda que, durante seis meses por ano, há neve na superfície desses pavimentos, o que exigiu o uso contínuo, nesses períodos, de sais de descongelamento, nos últimos 14 anos. Além disso, a superfície desses pavimentos fica sujeita a pneus envoltos por correntes durante os períodos de neve, o que naturalmente causa desgaste por abrasão.

Fig. 5.37 *Pavimento de concreto reciclado na rodovia Viena-Salzburg, após 14 anos de sua construção (março/2008; gentileza de Derek Tompkins)*

Nota-se que há uma correlação entre a principal conclusão de Cuttell et al. (1994) quanto aos experimentos realizados nos EUA e a exigência austríaca de remover-se a parte fina (de granulometria 0/4 mm) resultante de britagem do antigo pavimento de concreto, pois ambos os casos aludem à argamassa presente no antigo concreto. No caso austríaco, os concretos reciclados foram utilizados como camada de 22 cm sob a camada de 4 cm de concreto novo com agregados expostos. Esse conceito de pavimento de concreto constituído por uma camada superior de concreto com agregados virgens de alta qualidade e uma camada inferior resultante da reciclagem do pavimento de concreto anterior insere-se na questão da economia de materiais, pois, se nesses países mais desenvolvidos tecnológica e socialmente, já existem há décadas exigências de segurança no rolamento dos veículos; uma camada esbelta de concreto novo auxilia na redução de custos e atende ao requisito de desempenho denominado aderência pneu-pavimento (Haider; von Fahrbahnoberflächen, 2007; Fleischer, 2003).

Steigenberger (2003) oferece alguns detalhes sobre outras rodovias austríacas que tiveram seus pavimentos de concreto reciclados mais recentemente, como no caso da própria Rodovia A1 (Viena-Salzburg), em trecho próximo a Vorchdorf, no ano de 1999. Nesse caso, o concreto reciclado foi empregado como camada inferior (de 21 cm) das placas, sendo a camada superior (de 5 cm) constituída de concreto novo com agregados expostos. A base desse pavimento foi uma camada de 21 cm constituída do próprio agregado reciclado de concreto com diâmetro máximo de 32 mm. Para a formação das placas, as juntas serradas foram executadas a cada 5,5 m de distância. Na Europa, esse tipo de pavimento, denominado "pavimento de concreto composto", atualmente é chamado de "pavimento *verde*".

> PAVIMENTOS DE CONCRETO SÃO 100% RECICLÁVEIS!
> Portanto, deve-se desconfiar diante de colocações como:
> - São um problema depois de terminadas suas vidas de serviço...
> - Não há o que fazer após seu esgotamento...
> - O que fazer após sua degradação?
>
> "A tecnologia é para poucos!"
> *(Sílvio Nabeta)*

Na Alemanha, existem inúmeras seções de pavimentos de concreto reciclados ao longo da Rodovia A93, entre Brannenburg e Kiefersfelden. Trata-se de uma rodovia de elevado tráfego, que serve de principal ligação entre Munique e Insbruck, além de ser o maior corredor de ligação para o norte da Itália. O pavimento foi executado entre 1995 e 1996, com reciclagem do concreto para a parte inferior das placas (de 19 cm), tendo a parte superior (de 7 cm) um novo concreto com agregados de diabásio de elevada qualidade e funções de textura. Após dez anos de intenso uso, essa rodovia ainda não apresenta sinais de degradação, apesar do baixíssimo nível de manutenção (Tompkins; Khazanovich; Darter, 2008).

Uso de agregados reciclados para CCR

O uso de fresados de misturas asfálticas apenas em bases e sub-bases de pavimentos, sem a devida potencialização do asfalto existente, não implica vantagem nem vanguarda tecnológica. Quanto aos entulhos de construção e de demolição, seu uso mais nobre também não seria como reforço, sub-base ou base de pavimentos. Embora isso possa ser considerado um pequenino passo para o reaproveitamento de materiais, representa um baixo valor agregado em termos tecnológicos e não atende à totalidade do conceito de reciclagem. Reaproveitamento seria, de fato, o termo mais apropriado nesses casos. Os CCR podem incorporar tanto agregados provenientes de pavimentos de concreto antigos como fresados asfálticos ou agregados de entulho de construção, o que dá um destino a esses resíduos da construção civil, com o aproveitamento de muitas de suas potencialidades.

Yrjanson (1981), da *American Concrete Pavement Association*, apresentou um trabalho clássico que resgata diversos aspectos do uso de concretos reciclados na construção de novos pavimentos de concreto, ou seja, pavimentos de concretos deteriorados voltando a ser novos pavimentos de concreto. Nos EUA, as primeiras investigações laboratoriais foram realizadas pelo USACE em 1972, e em toda a década de 1970, muitos projetos de restauração de pavimentos de concreto implicaram a demolição e britagem dos pavimentos, seguida de dosagem e elaboração de novo concreto para uso especialmente em bases de CCR. O emprego de tais agregados reciclados possibilitou a redução da exploração de novos agregados em jazidas e a disponibilização imediata dos agregados em regiões carentes desse insumo básico para pavimentação.

Mais recentemente, Ho Cho e Hun Yeo (2004), ao estudarem CCR fabricados a partir de agregados reciclados de construção e de demolição (RCD), mostraram ser plenamente possível esse material alcançar resistências e módulos de elasticidade satisfatórios, para seu uso em bases de pavimentos, sejam asfálticos ou de concreto. Observa-se, em geral, na escassa literatura sobre o tema (para fins de pavimentação), que os agregados reciclados apresentam densidade dos grãos diminuída em relação aos agregados virgens de rochas naturais, além de porosidade bastante acentuada, ou seja, elevada absorção.

No Brasil, o primeiro trabalho focado em dosagens e nas características físicas e mecânicas para pavimentação em concreto foi realizado por Ricci (2007), versando sobre o emprego de RCD na substituição parcial ou total de agregados virgens para a formulação de CCR. O trabalho experimental mostrou resultados promissores e interessantes sobre o comportamento dos concretos com RCD em flexão. Conforme demonstra a Fig. 5.38, a resistência dos concretos aumentaram ligeiramente com a substituição de 50% do agregado graúdo e pedrisco (a areia foi mantida constante e natural em todos os casos), para RCD dos tipos 1, 3 e 4, que representam, respectivamente, um RCD composto essencialmente por concretos (cinza), um RCD misto e um RCD com forte composição de frações cerâmicas (avermelhado). Notou-se uma pequena queda de resistência quando todo o agregado graúdo e pedrisco foram substituídos por RCD, embora resistências à tração na flexão ainda fossem bastante favoráveis ao emprego dessa mistura final de 100% de RCD e areia natural.

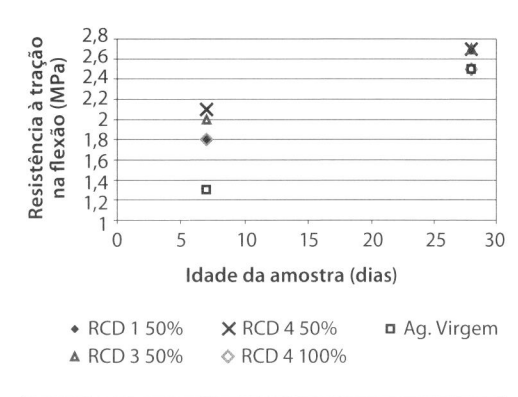

Fig. 5.38 *Resistência à tração na flexão de CCR com RCD (adaptado de Ricci, 2007)*

Ricci (2007) também observou aumento de porosidade e absorção nos concretos com o incremento de agregados reciclados, os quais, durante a compactação na energia normal, atingiram umidade ótima em torno de 10%, sendo comum a exsudação durante os testes, provavelmente devido à expulsão de água absorvida em faces quebradas de grãos durante a compactação. Por meio de testes ultrassônicos e estáticos para a medida de módulos de elasticidade, observou-se que o incremento de material cerâmico no RCD e o incremento de 50% para 100% de RCD na mistura resultaram na queda dos valores desse parâmetro, que variaram entre 30.000 MPa e 10.000 MPa. Futuros ensaios de fadiga são estritamente necessários para uma certeza mais racional quanto à expectativa de durabilidade do CCR com RCD em camadas de base de pavimentos de concreto ou rígido-híbridos.